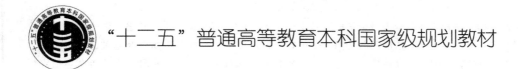

"十二五"普通高等教育本科国家级规划教材

# 电磁场与电磁波

## (第 六 版)

郭辉萍　刘学观　编著

江苏省精品教材

江苏省优秀课件一等奖

西安电子科技大学出版社

# 内 容 简 介

本书从矢量分析与场论入手,着重讨论了电磁基本理论和电磁工程基础两部分内容。电磁基本理论部分主要包括静电场和恒定电场、边值问题的解法、恒定电流的磁场、时变电磁场以及电磁波的基本概念、平面电磁波在不同媒质中的传播特性等,其中对边界条件、电磁能流、极化、色散与群速等基本概念做了详细分析;电磁工程基础部分主要包括电磁波的导引、辐射以及无线信道、电磁干扰与电磁兼容等基本知识,其中着重对传输线、波导、天线基础知识以及电磁兼容做了较深入的介绍。每章都附有习题,书后附有部分习题的参考答案。

本书具有系统性的特点,突出了应用性,并特别注意与无线通信、高速电路设计、电磁兼容认证等知识的关联,使教材更符合时代特色。书中对许多专业词汇给出了英文注解。

本教材配套的视频、动画、课件等资源以二维码的形式与章节知识点一一对应,内容更加丰富、实用。

本书可作为高等学校电子信息类各专业本科教材,也可作为电子工程、通信工程、集成电路设计以及其他相关专业的技术人员的参考书。

本教材配有学习指导书。

## 图书在版编目(CIP)数据

电磁场与电磁波/郭辉萍,刘学观编著. —6 版. —西安:西安电子科技大学出版社,2022.2(2024.3重印)

ISBN 978 - 7 - 5606 - 6366 - 1

Ⅰ. ①电… Ⅱ. ①郭… ②刘… Ⅲ. ①电磁场 ②电磁波 Ⅳ. ①O441.4

中国版本图书馆 CIP 数据核字(2022)第 001938 号

| | |
|---|---|
| 策 划 | 马乐惠 |
| 责任编辑 | 宁晓蓉 |
| 出版发行 | 西安电子科技大学出版社(西安市太白南路 2 号) |
| 电 话 | (029)88202421 88201467 邮 编 710071 |
| 网 址 | www.xduph.com 电子邮箱 xdupfxb001@163.com |
| 经 销 | 新华书店 |
| 印刷单位 | 陕西天意印务有限责任公司 |
| 版 次 | 2022 年 2 月第 6 版 2024 年 3 月第 4 次印刷 |
| 开 本 | 787 毫米×1092 毫米 1/16 印张 19 |
| 字 数 | 444 千字 |
| 定 价 | 45.00 元 |

ISBN 978 - 7 - 5606 - 6366 - 1/O

XDUP 6668006 - 4

＊＊＊如有印装问题可调换＊＊＊

# 前　　言

　　"路与场"是电子信息类专业学生必须掌握的两个重要知识点，而"电磁场与电磁波"是建立"场"观念的重要基础课程。本书是按照教育部高等学校电子信息与电气学科教学指导委员会制订的"电磁场与电磁波"课程教学基本要求编写的，适合本科层次各相关专业的教学要求。

　　本书初次出版是在 2003 年，2006 年底入选教育部高等教育"十一五"国家级规划教材，并于 2007 年再版。2008 年，教育部推出了"使用信息技术工具改造课程"项目，苏州大学"电磁场与电磁波"课程教学组据此提出了详细的改造计划，得到了有关专家和同行的认可，最终成功立项，成为全国首批 18 个"使用信息技术工具改造课程"项目之一。该项目得到了包括北京邮电大学 、南京航空航天大学等 15 所高校专业教师的大力支持与配合。本书编写组成员将信息技术工具与课程内容深度结合，进一步完善了课程教学体系，并将教学改革的最新成果融入到教材、课件、网站中，于 2011 年完成了《电磁场与电磁波（第三版）》《电磁场与电磁波（第三版）学习指导》和多媒体课件的全部出版工作，同年该套教材和课件分别获得了江苏省精品教材和江苏省优秀课件一等奖，并于 2014 年成功入选"十二五"普通高等教育国家级规划教材。2015 年《电磁场与电磁波（第四版）》出版，条理更清晰、内容更加连贯。

　　为了使教材更好地服务于线上线下混合教学模式的开展，编写组对教材进行了立体化转型，将 100 多个教学资源转化为二维码，并于 2017 年正式出版了第五版。自 2017 年至今，苏州大学"电磁场与电磁波"课程组利用课程资源和雨课堂等互动教学平台实施了翻转课堂实践，并就课程知识点串联、课程思维导图、知识拓展和"知识、能力、素养"三维度评价等方面进行了有效探索。2020 年，苏州大学"电磁场与电磁波"课程被教育部批准为首批国家级"线下一流课程"。为了更好地推广和总结教学实践，编写组开展了对本教材的再次修订，将一流课程的教学目标、理念、方法融入教材，努力使其成为理念先进、内容丰富、互动便捷的优秀教材。

　　除绪论部分外，全书共分 10 章。第 1 章为矢量分析与场论，介绍了标量场的梯度、矢量场的散度与旋度，为后续内容打下数学基础；第 2～6 章为电磁基本理论部分，主要讨论了静电场、恒定电场、边值问题的解法、时变电磁场的基本规律以及平面电磁波在不同媒质中的传播特性；第 7～10 章为电磁工程基础部分，第 7 章主要叙述了传输线的基本特性、传输线的等效、史密斯圆图、同轴线、微带传输线及传输线的匹配与滤波等，第 8 章讨论了波导传输系统及谐振器的工作原理，第 9 章讨论了电磁波的辐射与接收，主要叙述电磁波辐射的基本原理以及天线和天线阵的基本知识，第 10 章介绍了无线信道、电磁干扰与电磁兼容的基本知识，为电磁工程应用打下基础。上述内容既有联系又有相对独立性，使用时可根据不同的教学要求进行灵活取舍。

　　本书的多媒体课件对诸如电磁波动、行波、驻波、极化、天线的方向图等一些抽象的电磁概念进行了形象的动画演示。课件采用 Authorware 和 PowerPoint 对各动画、数学公式、原理图、文字等进行合理的编排，为学生提供了一个图文并茂、生动有趣的学习环境。

本书配套《电磁场与电磁波（第五版）学习指导》，将每章的重点、难点、典型例题和部分习题解答呈现给读者，以方便同学们课后学习。

本书有以下特色与创新：

（1）使用信息技术工具打造立体化教材。

本教材的建设得到了教育部专项教改项目的支持，项目利用 Mathematica/Matlab 等信息技术工具编制计算分析软件和演示工程，将难理解的知识点形象化、图形化，并以二维码的形式呈现，读者可用手机扫码观看学习，进一步丰富了教学资源。

（2）跟进学科发展，突出应用。

在满足无线通信、电磁兼容、信号完整性等工程应用需求的基础上，进一步在电耦合、磁耦合、电磁仿真以及天线技术等方面做修订，以突出应用。

（3）教材持续更新，资源日臻完善。

本教材已再版五次，连续印刷 17 次，累计出版 8 万多册。得到了全国许多高校专家和师生的认可。教学指导书、多媒体课件的跟进更便于同学们对知识的理解和掌握。

（4）突出一流课程教学理念。

本此修订增加了绪论部分，将一流课程的教学理念、教学目标、教学方法等融入其中，为全国各高校"电磁场与电磁波"课程的教与学提供参考。

本书第 1～6 章及第 9 章由郭辉萍执笔，绪论及第 7、8、10 章由刘学观执笔，全书由郭辉萍统稿。

近 20 年来，本教材持续改进，得到了教育部高教司、教育部高等学校教学评估中心、全国电磁场教学与教材研究会的领导和专家的关心与支持；得到了包括国家级教学名师、西安电子科技大学前校长梁昌洪教授，国家级教学名师、华北电力大学崔翔教授，"长江学者"特聘教授、上海交通大学毛军发教授，"长江学者"特聘教授、东南大学崔铁军教授，苏州大学资深教授周朝栋等国内电磁领域著名专家的关爱和指导；也得到了包括中国科技大学王刚教授、北京邮电大学王亚峰教授、南京理工大学陈如山教授、华东师范大学高建军教授、南京航空航天大学刘少斌教授、南京邮电大学徐立勤教授、中国传媒大学逯贵祯教授、江苏科技大学田雨波教授、山东科技大学郭银景教授、河南师范大学张瑜教授、青岛科技大学魏崇毓教授、东北林业大学赵伟教授、杭州电子科技大学项铁铭副教授、太原理工大学李鸿鹰老师、江南大学黄芳老师等国内合作高校教师的大力支持；还得到了苏州大学教务部和电子信息学院有关领导和同志的关心和支持，电子信息学院李富华副教授、杨歆汩副教授、刘昌荣副教授、曹洪龙副教授提供了许多帮助，在此一并表示感谢，衷心感谢大家的合力支持！同时，对西安电子科技大学出版社马乐惠编审多年来的大力支持表示感谢。

由于作者水平有限，书中难免还存在一些缺点和错误，敬请广大读者批评指正，我们的电子邮箱是 txdzlxg@suda.edu.cn。

郭辉萍　刘学观

2021 年 11 月

# 第 五 版 前 言

"路"与"场"是电子信息类专业学生必须掌握的两个重要知识点,而电磁场与电磁波是建立"场"观念的重要基础课程。本书是按照教育部高等学校电子信息与电气学科教学指导委员会制订的"电磁场与电磁波"课程教学基本要求而编写的、适合本科层次各相关专业的教学用书。

本书第一版于 2003 年出版,2006 年底入选教育部高等教育"十一五"国家级规划教材,并于 2007 年出版了第二版。2008 年,教育部推出了"使用信息技术工具改造课程"项目,本课程教学组据此提出了详细的改造计划,得到了有关专家和同行的认可,最终成为全国首批 18 个"使用信息技术改造课程"项目之一。该项目得到了包括北京邮电大学、南京航空航天大学等 15 所高校专业教师的大力支持与配合。本书编写组成员将信息技术工具与课程内容深度结合,进一步完善了课程教学体系,并将教学改革的最新成果融入到教材、课件、网站中,于 2011 年完成了教材(第三版)、教学指导书和多媒体课件的全部出版工作,2011 年分别获得了江苏省精品教材和江苏省优秀课件一等奖;并于 2014 年成功入选教育部高等教育"十二五"国家级规划教材。2015 年完成了教材(第四版)的出版工作,在前面三版的基础上进行细加工,使条理更加清晰,内容更加连贯。

为使教材能够更好地服务于线上线下一体模式的教学工作,本次修订在前面四版的基础上对其进行了立体化转型,即将教材配套的视频、动画、课件等资源以二维码的形式呈现,与章节知识点一一对应,使内容更加丰富,形式更加新颖实用。

全书共分 10 章。第 1 章矢量分析与场论,介绍了标量场的梯度、矢量场的散度与旋度,为后续内容打下数学基础;第 2~6 章为电磁基本理论,主要讨论了静电场、恒定电场、边值问题的解法、时变电磁场的基本规律以及平面电磁波在不同媒质中的传播特性;第 7~10 章为电磁工程基础部分,第 7 章主要叙述了传输线的基本特性、传输线的等效、史密斯圆图、同轴线、微带传输线及传输线的匹配与滤波等,第 8 章讨论了波导传输系统及谐振器的工作原理,第 9 章讨论了电磁波的辐射与接收,主要叙述电磁波辐射的基本原理以及天线和天线阵的基本知识,第 10 章介绍了无线信道、电磁干扰与电磁兼容的基本知识,为电磁工程应用打下基础。上述内容既有联系又有相对独立性,使用时可根据不同的教学要求进行灵活取舍。

本书第 1~6 章及第 9 章由郭辉萍执笔,第 7、8、10 章由刘学观执笔,全书由郭辉萍统稿。

本书配套的电子资源对诸如电磁波动、行波、驻波、极化、天线的方向图等一些抽象的电磁概念给出了动画演示,可扫码查看。课件采用 Authorware 和 PowerPoint 对各动画、数学公式、原理图、文字等进行合理的编排,为学生提供了一个图文并茂、生动有趣的学习环境。

另外,本书还配备有指导书,将每章的重点、难点、典型例题和习题呈现给读者,以方便课后学习。

本书有以下特色与创新：

（1）使用信息技术工具打造立体化教材。

本教材的建设得到了教育部专项教改项目的支持，项目利用 Mathematica/Matlab 等信息技术工具编制计算分析软件和演示工程，将难理解的知识点形象化、图形化，进一步丰富了教材、教学指导书、教学课件和课程网站资源。

（2）跟进学科发展，突出应用。

在满足无线通信、电磁兼容、信号完整性等工程应用需求的基础上，进一步在电耦合、磁耦合、电磁仿真以及天线技术等方面做修订，以突出应用。

（3）教材持续更新，资源完善。

本教材已再版四次，连续印刷 10 次，累计销售近 6 万册，得到了全国许多高校专家和师生的认可。

十多年来，本教材持续改进，得到了教育部高教司、教育部高等学校教学评估中心领导和专家的关心与支持；得到了包括国家级教学名师、西安电子科技大学前校长梁昌洪教授，国家级教学名师、华北电力大学崔翔教授，长江特聘教授、上海交通大学毛军发教授，长江特聘教授、东南大学崔铁军教授，苏州大学周朝栋教授等国内电磁领域著名专家的用心指导；也得到了包括中国科技大学王刚教授，北京邮电大学王亚峰教授，南京理工大学陈如山教授，华东师范大学高建军教授，南京航空航天大学刘少斌教授，南京邮电大学徐立勤教授，中国传媒大学逯贵祯教授，江苏科技大学田雨波教授，山东科技大学郭银景教授，河南师范大学张瑜教授，青岛科技大学魏崇毓教授，东北林业大学赵伟教授，杭州电子科技大学项铁铭副教授，太原理工大学李鸿鹰老师，江南大学黄芳老师等国内合作高校教师的大力支持；还得到了苏州大学教务部和电子信息学院有关领导和同志的关心和支持，李富华副教授提出了许多建设性意见，杨歆汨副教授、蔡文锋老师、曹洪龙老师提供了许多帮助，在此一并表示感谢。由于作者水平有限，书中难免还存在一些缺点和错误，敬请广大读者批评指正。

郭辉萍　刘学观

2017 年 4 月

# 第 一 版 前 言

电磁理论一直是电子信息类学科本科教学的基础课程，这与电磁理论在现代信息社会的地位密切相关。19 世纪电磁基础理论基本形成；20 世纪在电报、广播、电视、卫星通信、移动通信、雷达、导航、无线网络及电气控制等领域得到了广泛应用；21 世纪，随着个人无线通信的发展，人们将更加依赖电磁波，处处感到电磁波的重要，同时人们也更加关注电磁波对人类的影响以及电子设备间的相互影响。

电磁理论课程体系主要涉及电磁基本理论及电磁工程两个方面，电磁基本理论主要研究电磁场的源与场的关系以及电磁波在空间传播的基本规律，电磁工程主要讨论电磁波的产生、辐射、传播、电磁干扰、电磁兼容及电磁理论在各方面的应用等。

随着高等教育改革的不断深入以及人才培养模式的转变，学生对知识体系完整性的需求越来越大，因此本书在体系结构上突出基础性和知识体系的完整性，尽量避开繁杂的推导，注意理论与实际应用的结合，使读者易于接受。另外，在教材中给出了许多专业词汇的英文注解。

本书可供高等学校电子信息类学科本科有关各专业用作教材，亦可作为相关学科及有关专业技术人员的参考书。

本书计划教学时数为 72 学时。全书共八章，第 1 章为矢量分析与场论，介绍了标量场的梯度，矢量场的散度与旋度，为后续内容打下数学基础；第 2～4 章为电磁基本理论，主要讨论了静电场、恒定电场、时变电磁场的基本规律以及平面电磁波在不同媒质中的传播特性；第 5～8 章为电磁工程基础部分，第 5 章主要叙述了 TEM 波传输线的基本特性、传输线的等效、史密斯圆图、同轴线、微带传输线及传输线的匹配与滤波等，第 6 章讨论了波导传输系统及谐振器的工作原理，第 7 章讨论了电磁波的辐射与接收，主要叙述电磁波辐射的基本原理以及天线的基本知识，第 8 章介绍了无线信道、电磁干扰与电磁兼容的基本知识，为电磁工程应用打下基础。上述内容既有联系又相对独立，使用时可根据不同的教学要求进行灵活取舍。

本书由郭辉萍和刘学观合编，郭辉萍编写了第 1～4 章及第 7 章，刘学观编写了第 5、6、8 章，周朝栋教授审阅了全书，徐德源编辑和马乐惠编辑对本书提出了许多宝贵的意见，在此表示诚挚的谢意。在本书的成稿过程中得到了苏州大学电子信息学院领导和同志的关心和支持，蔡文锋老师提供了许多帮助，在此一并表示感谢。同时作者对西安电子科技大学出版社的大力支持表示感谢。

由于作者水平有限，书中难免存在一些缺点和错误，敬请广大读者批评指正。

作 者
2003 年 6 月

# 目　　录

绪　　论

### 1. 释名

电磁理论是人们对电磁现象进行长期观察、实验、探索而总结出来的一套理论体系，也是场论在电磁领域的一个具体体现。

电磁场与电磁波其实包括了"电场""磁场""电磁场"和"电磁波"四个概念。不随时间变化的电荷产生电场，电流产生磁场，其中，由静态电荷产生静电场，由恒定速度运动的电荷产生恒定电场，由恒定的电流产生恒定磁场，此时，电场与磁场是可以单独分析的；但当讨论的场随时间变化时，变化的电场可以产生磁场，变化的磁场也会产生电场，此时的电场和磁场已经不能分割了，从而构成电磁场；而在无源的区域，由于时变的电场、磁场可以相互为源，从而形成波动，产生电磁波传播的现象。可以说，电磁波是电磁场的一种表现形式，因此，"电磁场"和"电磁波"是两个不对等的概念。

早年的教学围绕经典电磁理论，所以课程名称叫"电动力学"；后来针对工科专业，一般设置课程名称为"电磁场理论"；随着电子、通信技术的不断发展，电磁波的应用成为了热点，为了强调电磁波的应用，电子信息类专业设置的课程名称一般叫"电磁场与电磁波"，而电气类（强电）专业设置的课程一般称为"工程电磁场"。

本教材主要针对电子信息大类的本科学生，因此定名为"电磁场与电磁波"，将"电磁波"与"电磁场"并列，主要是为了突出电磁波的知识在本大类专业课程中的重要性，同学们在学习时要注意这一点。

### 2. 历史回顾

电磁理论一直是电子信息类学科本科教学的基础课程，这与电磁理论在现代信息社会的地位密切相关。19世纪电磁基础理论基本形成，其主要历史时间节点如下：

1785年，库仑提出了关于两静止点电荷之间作用力的定律；

1820年，奥斯特发现了电流的磁效应；

1831年，法拉第发现了电磁感应现象，并总结出电磁感应定律；

1864年，麦克斯韦提出了位移电流说，总结出麦克斯韦方程组，并预言电磁波的存在；

1888 年，赫兹实验验证了电磁波的存在；

1895 年，马可尼和波波夫分别实现了无线电通信；

1905 年，爱因斯坦创立了狭义相对论，是研究高速运动物体电动力学的有力工具；

1925 年，形成了量子电动力学，同时人们也更加关注电磁波对人类的影响以及电子设备间的相互影响。

20 世纪，电磁波在电报、广播、电视、卫星通信、移动通信、雷达、导航、无线网络及电气控制等领域得到了广泛应用。21 世纪，随着高速集成电路、无线通信的发展，人们将更加依赖电磁波，电磁波的应用领域将不断扩展。

### 3. 核心内容与知识关联

根据场论知识，产生矢量场的源有两类：标量源和矢量源。标量源产生的矢量场具有无旋、保守、有势特性，而矢量源产生的矢量场是无散的、连续的。这是源与场的一般关系，而无论是静电场、恒定电场、恒定磁场还是时变电磁场，它们均是矢量场，可以说电磁理论是场论在电磁领域的具体体现。电磁理论课程体系主要涉及电磁基本理论及电磁工程两个方面，电磁基本理论主要研究电磁场的源与场的关系以及电磁波在空间传播的基本规律，电磁工程主要讨论电磁波的产生、辐射、传播，以及电磁干扰、电磁兼容、电磁理论在各方面的应用等。整个教材分为 10 章，前 6 章为基本理论，后 4 章是工程应用基础，其知识关联如图 0.1 所示。对于基本理论部分，按照"从一般到特殊，再从特殊到一般"的认知路径，将教材编排为场论、静电场、恒定电场、时变电磁场、电磁波五个核心知识模块，形成以场论为基础，以 Maxwell 方程为核心，以静态场和电磁波为两翼的思维导图，如图0.2 所示，使学生在学习过程中能统揽全局；然后梳理总结核心知识点，制成如表 0.1 所示的核心知识点速记表，并在其中突出工程概念，体现工程教育理念。后 4 章是电磁工程应用部分的基础知识，包括传输线理论、波导与谐振器、电磁波的辐射与接收、电磁干扰与电磁兼容等。

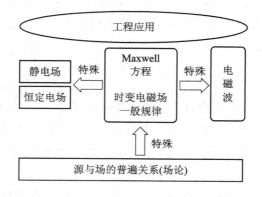

图 0.1 知识关联图

| | |
|---|---|
| 静电场 | $\nabla\times\boldsymbol{E}=\boldsymbol{0}$<br>$\nabla\cdot\boldsymbol{D}=\rho_V$<br>$\oint_S\boldsymbol{D}\cdot\mathrm{d}\boldsymbol{S}=\int_V\rho_V\mathrm{d}V=q$ |
| 恒定电场 | $\nabla\times\boldsymbol{E}=0$<br>$\nabla\cdot\boldsymbol{J}=0$<br>$\oint_S\boldsymbol{E}\cdot\mathrm{d}\boldsymbol{l}=0$<br>$\int_S\boldsymbol{J}\cdot\mathrm{d}\boldsymbol{S}=0$ |
| 恒定磁场 | $\nabla\times\boldsymbol{H}=\boldsymbol{J}$<br>$\nabla\cdot\boldsymbol{B}=0$<br>$\oint_S\boldsymbol{H}\cdot\mathrm{d}\boldsymbol{l}=\int_S\boldsymbol{J}\cdot\mathrm{d}S$<br>$\int_S\boldsymbol{B}\cdot\mathrm{d}\boldsymbol{S}=0$ |

⇒

| Maxwell 方程 | | | |
|---|---|---|---|
| | 时域方程 | 频域方程 | |
| 旋度 | $\begin{cases}\nabla\times\boldsymbol{H}=\mathbf{J}=\dfrac{\partial\boldsymbol{D}}{\partial t}\\\nabla\times\boldsymbol{E}=-\dfrac{\partial\boldsymbol{B}}{\partial t}\end{cases}$ | $\begin{cases}\nabla\times\boldsymbol{H}=\boldsymbol{J}+\mathrm{j}\omega\boldsymbol{D}\\\nabla\times\boldsymbol{E}=-\mathrm{j}\omega\boldsymbol{B}\end{cases}$ | 微分方程 |
| 散度 | $\begin{cases}\nabla\cdot\boldsymbol{B}=0\\\nabla\cdot\boldsymbol{D}=\rho_V\end{cases}$ | $\begin{cases}\nabla\cdot\boldsymbol{B}=0\\\nabla\cdot\boldsymbol{D}=\rho_V\end{cases}$ | |
| 环量 | $\begin{cases}\oint_c\boldsymbol{H}\cdot\mathrm{d}\boldsymbol{l}=\int_S\left\{\boldsymbol{J}+\dfrac{\partial\boldsymbol{D}}{\partial t}\right)\cdot\mathrm{d}\boldsymbol{S}\\\oint_c\boldsymbol{E}\cdot\mathrm{d}\boldsymbol{l}=-\int_S\dfrac{\partial\boldsymbol{B}}{\partial t}\cdot\mathrm{d}S\end{cases}$ | $\begin{cases}\oint_c\cdot\mathrm{d}\boldsymbol{l}=\int_S(\boldsymbol{J}+\mathrm{j}\omega\boldsymbol{D})\cdot\mathrm{d}\boldsymbol{S}\\\oint_c\boldsymbol{E}\cdot\mathrm{d}\boldsymbol{l}=-\mathrm{j}\omega\int_S\boldsymbol{B}\cdot\mathrm{d}\boldsymbol{S}\end{cases}$ | 积分方程 |
| 通量 | $\begin{cases}\oint_S\boldsymbol{B}\cdot\mathrm{d}\boldsymbol{S}=0\\\oint_S\boldsymbol{D}\cdot\mathrm{d}\boldsymbol{S}=\int_V\rho_V\mathrm{d}V=q\end{cases}$ | $\begin{cases}\oint_S\boldsymbol{B}\cdot\mathrm{d}\boldsymbol{S}=0\\\oint_S\boldsymbol{D}\cdot\mathrm{d}\boldsymbol{S}=\int_V\rho_V\mathrm{d}V=q\end{cases}$ | |
| 本构关系 | | | |
| $D=\varepsilon\boldsymbol{E}$ | $\boldsymbol{B}=\mu\boldsymbol{H}$ | $\boldsymbol{J}=\sigma\boldsymbol{E}$ | |
| 边界条件 | | | |
| 电场 | $D_{1n}=D_{2n}=\rho_V$<br>$\boldsymbol{n}\times(\boldsymbol{E}_1-\boldsymbol{E}_2)=0$ | $B_{1n}=B_{2n}$<br>$\boldsymbol{n}\times(\boldsymbol{H}_1-\boldsymbol{H}_2)=\boldsymbol{J}_S$ | 磁场 |

⇒

| | |
|---|---|
| 坡印廷定理 | $-\oint_S(\boldsymbol{E}\times\boldsymbol{H})\cdot\mathrm{d}\boldsymbol{S}=$<br>$\int_V\left[\boldsymbol{H}\cdot\dfrac{\partial\boldsymbol{B}}{\partial t}+\boldsymbol{E}\cdot\dfrac{\partial\boldsymbol{D}}{\partial t}+\boldsymbol{J}\cdot\boldsymbol{E}\right]\mathrm{d}V$<br>单位时间体积内电磁场能量的减少量等于流出闭合曲面的电磁能和热能之和 |
| 波动方程 | $\nabla^2\boldsymbol{E}=\tilde{k}^2\boldsymbol{E}=0$<br>$\nabla^2\boldsymbol{H}+\tilde{k}^2\boldsymbol{H}=0$<br>$\boldsymbol{k}=\omega\sqrt{\mu\varepsilon}=\beta-\mathrm{j}\alpha$<br>$\tilde{\varepsilon}=\varepsilon\left(1-\mathrm{j}\dfrac{\sigma}{\omega\varepsilon}\right)$ |

| | | | | |
|---|---|---|---|---|
| 源与矢量场的关系 | 标量源<br>$\rho_V$ | 无旋场<br>$\nabla\cdot\mathbf{A}_1=0$ | 保守场<br>$\oint_l\mathbf{A}_1\cdot\mathrm{d}l=0$ | 有势场<br>$\mathbf{A}_1=-\nabla\phi$ |
| | 矢量源<br>$\boldsymbol{J}$ | 无散场<br>$\nabla\cdot\mathbf{A}_2=0$ | 有源场<br>$\nabla\times\mathbf{A}_2=\boldsymbol{J}$ | 连续场<br>$\mathbf{A}_2=\nabla\times\boldsymbol{F}$ |

图 0.2 知识思维导图

## 表 0.1　核心知识点速记表

| 章　号 | 核 心 知 识 点 |
|---|---|
| 第一章 | 三量(通量、环量、方向导数)、三度(散度、旋度、梯度)、三定理(高斯定理、斯托克斯定理、亥姆霍兹定理) |
| 第二章 | 三基(基本方程、本构关系、边界条件)、二量(电容、电导)、二应用(电耦合、接地) |
| 第三章 | 一定理(唯一性定理)、三应用(镜像法、分离变量法、有限差分法) |
| 第四章 | 三基(基本方程、本构关系、边界条件)、二量(自感、互感)、一应用(磁耦合) |
| 第五章 | 一核心(Maxwell方程组)、二要素(位移电流、坡印廷矢量)、二应用(简谐场、电磁波) |
| 第六章 | 三种波(介质、导电媒质、良导体)、三参量(极化、相速与群速)、三特性(反射、垂直入射与斜入射) |

**4. 基本理论部分各章教学内容分解矩阵**

对于基本理论部分,我们将各章内容从基本原理、基本方法、工程应用以及科学方法论四个维度进行了详细分解,制成教学内容分解矩阵表(见表0.2),便于同学们理解。同时特别强调在教学中要关注科学方法论,如现象与本质、普遍和特殊、主要矛盾与次要矛盾的转化等,提升同学们的科学思维能力。

## 表 0.2　教学内容分解矩阵表

| 章　节 | 基本原理 | 基本方法 | 工程应用 | 科学方法论 |
|---|---|---|---|---|
| 场论 | 三量(通量、环量、方向导数)、三度(散度、旋度、梯度)、三定理(高斯定理、斯托克斯定理、亥姆霍兹定理)、源的特点与场的规律的关系 | 散度、旋度、梯度的计算,场源分析 | 源与场关系的理解;标量源=散度;矢量源=旋度 | 因果律演绎与归纳 |
| 静电场 | 电场的引入——库仑力与电场的关系;基本方程、介质极化与本构关系、边界条件;电容、决定电容的因素 | 已知电荷分布求场电容的计算、边界条件的应用 | 同轴线单位长电容互耦串扰的原因之一——电耦合 | 现象与本质、作用与反作用、普遍性与特殊性、有害与有用的辩证关系 |
| 恒定电场 | 无耦媒质与导电媒质、基本方程、接地电极原理、漏电流 | 接地电阻、漏电导的计算、边界条件的应用 | 跨步电压、漏电导与信号衰减、电导与电容的对偶 | 对偶法 |

| 章　节 | 基本原理 | 基本方法 | 工程应用 | 科学方法论 |
|---|---|---|---|---|
| 静电场边值问题 | 边值问题的含义、唯一性定理、镜像法的本质、分离变量法的机理、有限差分法的优势 | 唯一性定理的证明，镜像法、分离变量法的应用 | 有限差分法解决复杂问题 | 反证法、数值分析法 |
| 恒定磁场 | 磁场的引入，基本方程，磁化与本构的关系，磁场边界条件，自感、互感和磁耦合 | 已知电流分布求磁场自感、互感的计算，边界条件的应用 | 同轴线单位长电感串扰的原因之一——磁耦合 | 类比法 |
| 时变电磁场 | 位移电流的引入、Maxwell方程及其本质、坡印廷定理及坡印廷矢量场的时谐表达、平均坡印廷矢量、波动方程 | 已知电场求磁场(或反之)、坡印廷矢量及平均坡印廷矢量计算、场时域表达与时谐表达、波动方程的证明 | 位移电流的历史地位、坡印廷定理的本质、时域与频域的转换关系、电磁波动的本质与电磁波 | 科学假设法、普遍性与特殊性的关系、空间变换法 |
| 平面电磁波 | 无限大无耗媒质中电磁波，无限大有耗媒质中电磁波，导电媒质中电磁波，电磁波的极化、色散与群速，电磁波在分界面上的反射与透射 | 平面波特征(电场、磁场、传输方向)，相速、频率、波长、传播常数(衰减与相移)等关系，趋肤效应与趋肤深度，波极化的判断，相速与群速的关系，电磁波反射/透射与波阻抗的关系 | 分析平面电磁波的意义、电磁波参数的关系、趋肤效应的工程应用、色散与信息传输的关系、电磁波反射/透射与信息传输的关系 | 主要矛盾与次要矛盾的转化 |

　　总之，课程核心知识点的分解与串联，是教学环节中重要的一环，而如何将"立德树人、工程认证"两大要素融入教学过程，达到"知识、能力、素养"同步提升的教学目标，是新时代电磁理论与应用教学工作必须思考的课题。

# 第 1 章　矢量分析与场论

在实数域内，只有大小的量称之为标量，既有大小又有方向特性的量称之为矢量。无论是标量还是矢量，一旦被赋予物理单位，则成为一个具有物理意义的量，即所谓的物理量。物理量数值的无穷集合称为场。如果这个物理量是标量，就称其为标量场；如果它是矢量，就称这个场为矢量场。场的一个重要属性是它占有一个空间，而且在该空间域内，除有限个点或表面外它是处处连续的。如果场中各处物理量不随时间变化，则称该场为静态场，否则称它为动态场或时变场。

本章从定义标量和矢量出发，讨论矢量在直角坐标系、圆柱坐标系和球坐标系三种坐标系中的表示法及其代数运算和相互关系；然后介绍矢量及标量的微分和积分及其性质；最后引入亥姆霍兹定理，它总结了源与所产生的场的一般关系。

## 1.1　矢量及其代数运算

1.1 节课件

### 1.1.1　标量和矢量

电磁场中遇到的绝大多数物理量，能够容易地区分为标量（Scalar）和矢量（Vector）。一个仅用大小就能够完整描述的物理量称为标量，例如电压、温度、时间、质量、电荷等。实际上，所有实数都是标量。一个有大小和方向的物理量称为矢量，电场、磁场、力、速度、力矩等都是矢量。例如，矢量 $\boldsymbol{A}$ 可以表示成

$$\boldsymbol{A} = \boldsymbol{a}A \qquad\qquad (1-1-1)$$

其中，$A$ 是矢量 $\boldsymbol{A}$ 的大小；$\boldsymbol{a}$ 代表矢量 $\boldsymbol{A}$ 的方向，$\boldsymbol{a} = \dfrac{\boldsymbol{A}}{A}$，其大小等于 1。

一个大小为零的矢量称为空矢（Null Vector）或零矢（Zero Vector），一个大小为 1 的矢量称为单位矢量（Unit Vector）。在直角坐标系中，用单位矢量 $\boldsymbol{a}_x$、$\boldsymbol{a}_y$、$\boldsymbol{a}_z$ 表征矢量分别沿 $x$、$y$、$z$ 轴分量的方向。

空间中的一点 $P(X, Y, Z)$ 能够由它在三个相互垂直的轴线上的投影唯一地被确定，如图 1-1 所示。从原点指向点 $P$ 的矢量 $\boldsymbol{r}$ 称为位置矢量（Position Vector），它在直角坐标系中表示为

$$\boldsymbol{r} = \boldsymbol{a}_x X + \boldsymbol{a}_y Y + \boldsymbol{a}_z Z \qquad\qquad (1-1-2)$$

式中，$X$、$Y$、$Z$ 是位置矢量 $\boldsymbol{r}$ 在 $x$、$y$、$z$ 轴上的投影。

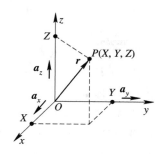

图 1-1　直角坐标系中一点的投影

任一矢量 $\mathbf{A}$ 在三维正交坐标系中都可以给出其三个分量。例如，在直角坐标系中，矢量 $\mathbf{A}$ 的三个分量分别是 $A_x$、$A_y$、$A_z$，利用三个单位矢量 $\mathbf{a}_x$、$\mathbf{a}_y$、$\mathbf{a}_z$ 可以将矢量 $\mathbf{A}$ 表示成

$$\mathbf{A} = \mathbf{a}_x A_x + \mathbf{a}_y A_y + \mathbf{a}_z A_z \qquad (1-1-3)$$

矢量 $\mathbf{A}$ 的大小为

$$A = (A_x^2 + A_y^2 + A_z^2)^{1/2} \qquad (1-1-4)$$

### 1.1.2　矢量的代数运算

#### 1. 矢量的加法和减法

任意两个矢量 $\mathbf{A}$ 与 $\mathbf{B}$ 相加等于两个矢量对应分量相加，它们的和仍然为矢量，即

$$\mathbf{C} = \mathbf{A} + \mathbf{B} = \mathbf{a}_x(A_x + B_x) + \mathbf{a}_y(A_y + B_y) + \mathbf{a}_z(A_z + B_z)$$
$$(1-1-5)$$

任意两个矢量 $\mathbf{A}$ 与 $\mathbf{B}$ 的差等于将其中的一个矢量变号后再相加，即

$$\mathbf{D} = \mathbf{A} - \mathbf{B} = \mathbf{A} + (-\mathbf{B})$$
$$= \mathbf{a}_x(A_x - B_x) + \mathbf{a}_y(A_y - B_y) + \mathbf{a}_z(A_z - B_z) \qquad (1-1-6)$$

#### 2. 矢量的乘积

矢量的乘积包括标量积和矢量积。

1) 标量积

任意两个矢量 $\mathbf{A}$ 与 $\mathbf{B}$ 的标量积（Scalar Product）是一个标量，它等于两个矢量的大小与它们夹角的余弦之乘积，如图 1-2 所示，记为

$$\mathbf{A} \cdot \mathbf{B} = AB\cos\theta \qquad (1-1-7)$$

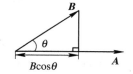

图 1-2　标量积的图示

标量积也称为点积（Dot Product），它实质上是一个矢量在另外一个矢量方向上的投影与该矢量长度的乘积。如果两个不为零的矢量的标量积等于零，则这两个矢量必然相互垂直，或者说两个互相垂直的矢量的点积一定为零，而两个相互平行的单位矢量的点积等于 1。

例如，直角坐标系中的单位矢量有下列关系式：

点积

$$a_x \cdot a_y = a_y \cdot a_z = a_z \cdot a_x = 0 \\ a_x \cdot a_x = a_y \cdot a_y = a_z \cdot a_z = 1 \Big\} \qquad (1-1-8)$$

任意两矢量的标量积用矢量的三个分量表示为

$$A \cdot B = A_x B_x + A_y B_y + A_z B_z \qquad (1-1-9)$$

标量积服从交换律和分配律，即

$$A \cdot B = B \cdot A \qquad (1-1-10)$$

$$A \cdot (B+C) = A \cdot B + A \cdot C \qquad (1-1-11)$$

点乘的
物理意义

2) 矢量积

任意两个矢量 $A$ 与 $B$ 的矢量积（Vector Product）是一个矢量，矢量积的大小等于两个矢量的大小与它们夹角的正弦之乘积，其方向垂直于矢量 $A$ 与 $B$ 组成的平面，如图 1-3 所示，记为

$$C = A \times B = a_n AB \sin\theta \qquad (1-1-12)$$

$$a_n = a_A \times a_B \qquad （右手螺旋）$$

叉积

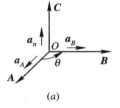 

(a) 　　　　　　　(b)

图 1-3　矢量积的图示及右手螺旋

(a) 矢量积的图示；(b) 右手螺旋

叉乘的特点

矢量积又称为叉积（Cross Product），如果两个非零矢量的叉积等于零矢量，则这两个矢量必然相互平行，或者说，两个相互平行矢量的叉积一定等于零矢量。

矢量的叉积不服从交换律，但服从分配律，即

$$A \times B = -B \times A \qquad (1-1-13)$$

$$A \times (B+C) = A \times B + A \times C \qquad (1-1-14)$$

直角坐标系中的单位矢量有下列关系式：

$$a_x \times a_y = a_z, a_y \times a_z = a_x, a_z \times a_x = a_y \\ a_x \times a_x = a_y \times a_y = a_z \times a_z = 0 \Big\} \qquad (1-1-15)$$

在直角坐标系中，矢量的叉积还可以表示为行列式形式，即

$$A \times B = \begin{vmatrix} a_x & a_y & a_z \\ A_x & A_y & A_z \\ B_x & B_y & B_z \end{vmatrix}$$

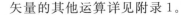

叉乘的计算

$$= a_x(A_y B_z - A_z B_y) + a_y(A_z B_x - A_x B_z) + a_z(A_x B_y - A_y B_x) \qquad (1-1-16)$$

矢量的其他运算详见附录 1。

# 1.2　圆柱坐标系和球坐标系

1.2节课件

在实际应用中，有时采用圆柱坐标系或球坐标系能使问题的分析更简洁、明了。下面我们来介绍圆柱坐标系和球坐标系及其与直角坐标系之间的转换。

## 1.2.1　圆柱坐标系

空间任一点 $P$ 的位置可以用圆柱坐标系中的三个变量$(\rho, \varphi, z)$来表示，如图 1-4 所示。其中，$\rho$ 是位置矢量$\overrightarrow{OP}$在 $xy$ 面上的投影，$\varphi$ 是从 $+x$ 轴到位置矢量$\overrightarrow{OP}$在 $xy$ 面上的投影之间的夹角，$z$ 是$\overrightarrow{OP}$在 $z$ 轴上的投影。由图 1-4 可以看出，圆柱坐标与直角坐标之间的关系为

$$\left. \begin{array}{l} x = \rho \cos\varphi \\ y = \rho \sin\varphi \\ z = z \end{array} \right\} \tag{1-2-1}$$

圆柱坐标

如同直角坐标系一样，圆柱坐标系也具有三个相互垂直的坐标面，如图 1-5 所示。

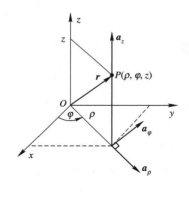

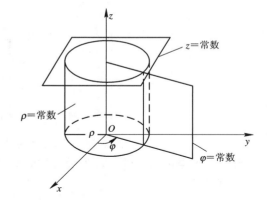

图 1-4　圆柱坐标系一点的投影　　　图 1-5　圆柱坐标系三个相互垂直的坐标面

坐标面

$$\rho = \sqrt{x^2 + y^2} = 常数 \tag{1-2-2}$$

表示一个以 $z$ 轴为轴线的半径为 $\rho$ 的圆柱面，$\rho$ 的变化范围为 $0 \leqslant \rho < \infty$。

坐标面

$$\varphi = \arctan\left(\frac{y}{x}\right) = 常数 \tag{1-2-3}$$

表示一个以 $z$ 轴为界的半平面，$\varphi$ 的变化范围为 $0 \leqslant \varphi < 2\pi$。

坐标面

$$z = 常数 \tag{1-2-4}$$

表示一个平行于 $xy$ 平面的平面，$z$ 的变化范围为 $-\infty < z < +\infty$。

　　由于三个面相交成直角，因此能够建立互相垂直的坐标轴：$\rho$、$\varphi$ 和 $z$，相应的单位矢量为 $a_\rho$、$a_\varphi$ 和 $a_z$，分别指向 $\rho$、$\varphi$ 和 $z$ 增加的方向。应该指出：圆柱坐标系中的三个单位矢量（与直角坐标系的不同）除 $a_z$ 外，$a_\rho$ 和 $a_\varphi$ 都不是常矢量，它们的方向随 $P$ 点的位置不同而变化，但 $a_\rho$、$a_\varphi$ 和 $a_z$ 三者始终保持正交关系，并遵循右手螺旋法则，即

$$\left.\begin{array}{l} a_\rho \times a_\varphi = a_z, \ a_\varphi \times a_z = a_\rho, \ a_z \times a_\rho = a_\varphi \\ a_\rho \times a_\rho = a_\varphi \times a_\varphi = a_z \times a_z = \mathbf{0} \end{array}\right\} \qquad (1-2-5)$$

$$\left.\begin{array}{l} a_\rho \cdot a_\varphi = a_\varphi \cdot a_z = a_z \cdot a_\rho = 0 \\ a_\rho \cdot a_\rho = a_\varphi \cdot a_\varphi = a_z \cdot a_z = 1 \end{array}\right\} \qquad (1-2-6)$$

　　圆柱坐标系的位置矢量 $r$ 可以表示为

$$r = a_\rho \rho + a_z z \qquad (1-2-7)$$

　　圆柱坐标系中的单位矢量 $a_\rho$ 和 $a_\varphi$ 在单位矢量 $a_x$ 和 $a_y$ 上的投影示于图 1-6，显然

$$\left.\begin{array}{l} a_\rho = a_x \cos\varphi + a_y \sin\varphi \\ a_\varphi = a_x(-\sin\varphi) + a_y \cos\varphi \end{array}\right\} \qquad (1-2-8)$$

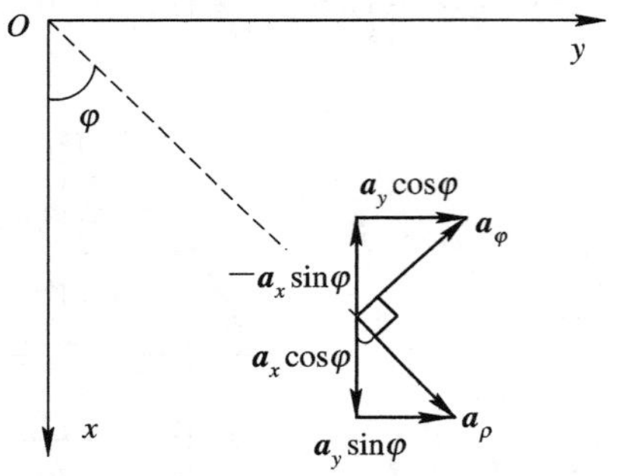

拉梅系数

图 1-6　圆柱坐标系单位矢量的变换

因此，直角坐标系中的单位矢量变换到圆柱坐标系中的单位矢量的表达式写成矩阵形式为

$$\begin{bmatrix} a_\rho \\ a_\varphi \\ a_z \end{bmatrix} = \begin{bmatrix} \cos\varphi & \sin\varphi & 0 \\ -\sin\varphi & \cos\varphi & 0 \\ 0 & 0 & 1 \end{bmatrix} \begin{bmatrix} a_x \\ a_y \\ a_z \end{bmatrix} \qquad (1-2-9)$$

将上式求逆即可得到从圆柱坐标系到直角坐标系的转换关系为

$$\begin{bmatrix} a_x \\ a_y \\ a_z \end{bmatrix} = \begin{bmatrix} \cos\varphi & -\sin\varphi & 0 \\ \sin\varphi & \cos\varphi & 0 \\ 0 & 0 & 1 \end{bmatrix} \begin{bmatrix} a_\rho \\ a_\varphi \\ a_z \end{bmatrix} \qquad (1-2-10)$$

　　式(1-2-9)和式(1-2-10)表明：如果矢量 $A$ 是在圆柱坐标系给定的，根据式(1-2-10)可以得到直角坐标系的表达式；反之，若矢量 $A$ 是在直角坐标系给定的，则根据式(1-2-9)可以得到圆柱坐标系的表达式。无论用何种坐标系表示，矢量的大小和方向是不变的。

　　圆柱坐标系中的任意一点 $P$ 沿 $\rho$、$\varphi$ 和 $z$ 方向的长度增量分别为

$$dl_\rho = d\rho, \quad dl_\varphi = \rho \, d\varphi, \quad dl_z = dz \tag{1-2-11}$$

它们与沿各自坐标增量之比分别为

$$h_1 = \frac{dl_\rho}{d\rho} = 1, \quad h_2 = \frac{dl_\varphi}{d\varphi} = \rho, \quad h_3 = \frac{dl_z}{dz} = 1 \tag{1-2-12}$$

通常将 $h_1$、$h_2$、$h_3$ 称为拉梅系数(Lame Constant),引入拉梅系数,为各种坐标系下的统一表达提供了方便。

圆柱坐标三个坐标面的面元矢量分别为

$$d\boldsymbol{S}_\rho = \boldsymbol{a}_\rho \, dl_\varphi \, dl_z = \boldsymbol{a}_\rho \rho \, d\varphi \, dz \tag{1-2-13}$$

$$d\boldsymbol{S}_\varphi = \boldsymbol{a}_\varphi \, dl_\varphi \, dl_z = \boldsymbol{a}_\varphi \, d\rho \, dz \tag{1-2-14}$$

$$d\boldsymbol{S}_z = \boldsymbol{a}_z \, dl_\rho \, dl_\varphi = \boldsymbol{a}_z \rho \, d\varphi \, d\rho \tag{1-2-15}$$

体积元为

$$dV = dl_\rho \, dl_\varphi \, dl_z = \rho \, d\varphi \, d\rho \, dz \tag{1-2-16}$$

## 1.2.2 球坐标系

在球坐标系中,空间一点 $P$ 唯一地用三个坐标变量 $(r, \theta, \varphi)$ 来表示,如图 1-7 所示。此处,位置矢量 $\boldsymbol{r}$ 又称为矢径(Radius Vector),$r$ 是其大小,$\theta$ 是位置矢量 $\boldsymbol{r}$ 与 $z$ 轴的夹角,$\varphi$ 是从 $+x$ 轴到位置矢量 $\boldsymbol{r}$ 在 $xy$ 面上的投影 $OM$ 之间的夹角。由图 1-7 可以看出,球坐标与直角坐标之间的关系为

$$\left. \begin{array}{l} x = r \sin\theta \cos\varphi \\ y = r \sin\theta \sin\varphi \\ z = r \cos\theta \end{array} \right\} \tag{1-2-17}$$

同样,球坐标系也有三个坐标面,如图 1-8 所示。

球坐标

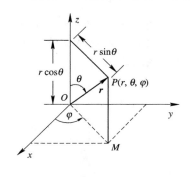 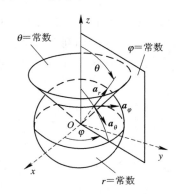

图 1-7 球坐标系一点的投影　　　图 1-8 球坐标系三个互相垂直的坐标面

坐标面

$$r = \sqrt{x^2 + y^2 + z^2} = 常数 \tag{1-2-18}$$

表示一个半径为 $r$ 的球面,$r$ 的变化范围为 $0 \leqslant r < \infty$。

坐标面

$$\theta = 常数$$

表示一个以原点为顶点、以 $z$ 轴为轴线的圆锥面,$\theta$ 的变化范围为 $0 \leqslant \theta \leqslant \pi$。

坐标面

$$\varphi = \arctan\left(\frac{y}{x}\right) = 常数 \qquad (1-2-19)$$

表示一个以 $z$ 轴为界的半平面，$\varphi$ 的变化范围为 $0 \leqslant \varphi < 2\pi$。

球坐标系的位置矢量可以表示为

$$\boldsymbol{r} = \boldsymbol{a}_r r \qquad (1-2-20)$$

球坐标系中任意点 $P(r, \theta, \varphi)$ 的三个单位矢量为 $\boldsymbol{a}_r$、$\boldsymbol{a}_\theta$ 和 $\boldsymbol{a}_\varphi$，它们互相正交且遵循右手螺旋法则，即

$$\left.\begin{array}{l} \boldsymbol{a}_r \times \boldsymbol{a}_\theta = \boldsymbol{a}_\varphi, \ \boldsymbol{a}_\theta \times \boldsymbol{a}_\varphi = \boldsymbol{a}_r, \ \boldsymbol{a}_\varphi \times \boldsymbol{a}_r = \boldsymbol{a}_\theta \\ \boldsymbol{a}_r \times \boldsymbol{a}_r = \boldsymbol{a}_\theta \times \boldsymbol{a}_\theta = \boldsymbol{a}_\varphi \times \boldsymbol{a}_\varphi = \boldsymbol{0} \end{array}\right\} \qquad (1-2-21)$$

$$\left.\begin{array}{l} \boldsymbol{a}_r \cdot \boldsymbol{a}_\theta = \boldsymbol{a}_\theta \cdot \boldsymbol{a}_\varphi = \boldsymbol{a}_\varphi \cdot \boldsymbol{a}_r = 0 \\ \boldsymbol{a}_r \cdot \boldsymbol{a}_r = \boldsymbol{a}_\theta \cdot \boldsymbol{a}_\theta = \boldsymbol{a}_\varphi \cdot \boldsymbol{a}_\varphi = 1 \end{array}\right\} \qquad (1-2-22)$$

单位矢量 $\boldsymbol{a}_r$、$\boldsymbol{a}_\theta$ 和 $\boldsymbol{a}_\varphi$ 在单位矢量 $\boldsymbol{a}_x$、$\boldsymbol{a}_y$ 和 $\boldsymbol{a}_z$ 上的投影分别示于图 $1-9$ $(a)$、$(b)$ 和 $(c)$。由图 $1-9$ 可以得到直角坐标系中的单位矢量变换到球坐标的表达式为

$$\begin{bmatrix} \boldsymbol{a}_r \\ \boldsymbol{a}_\theta \\ \boldsymbol{a}_\varphi \end{bmatrix} = \begin{bmatrix} \sin\theta\cos\varphi & \sin\theta\sin\varphi & \cos\theta \\ \cos\theta\cos\varphi & \cos\theta\sin\varphi & -\sin\theta \\ -\sin\varphi & \cos\varphi & 0 \end{bmatrix} \begin{bmatrix} \boldsymbol{a}_x \\ \boldsymbol{a}_y \\ \boldsymbol{a}_z \end{bmatrix} \qquad (1-2-23)$$

将上式求逆即可得到球坐标中的单位矢量变换到直角坐标的表达式为

$$\begin{bmatrix} \boldsymbol{a}_x \\ \boldsymbol{a}_y \\ \boldsymbol{a}_z \end{bmatrix} = \begin{bmatrix} \sin\theta\cos\varphi & \cos\theta\cos\varphi & -\sin\varphi \\ \sin\theta\sin\varphi & \cos\theta\sin\varphi & \cos\varphi \\ \cos\theta & -\sin\theta & 0 \end{bmatrix} \begin{bmatrix} \boldsymbol{a}_r \\ \boldsymbol{a}_\theta \\ \boldsymbol{a}_\varphi \end{bmatrix} \qquad (1-2-24)$$

式 $(1-2-23)$ 和 $(1-2-24)$ 表明：如果矢量 $\boldsymbol{A}$ 是在球坐标系给定的，根据式 $(1-2-24)$ 可以得到直角坐标系的表达式；反之，若矢量 $\boldsymbol{A}$ 是在直角坐标系给定的，则根据式 $(1-2-23)$ 可以得到球坐标系的表达式。

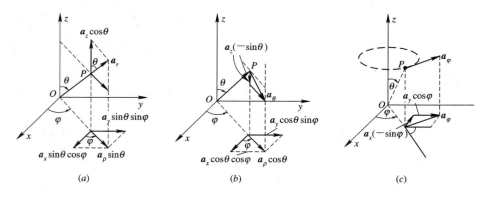

$(a)$   $(b)$   $(c)$

图 $1-9$ 球坐标系的三个单位矢量在 $\boldsymbol{a}_x$、$\boldsymbol{a}_y$ 和 $\boldsymbol{a}_z$ 上的投影

空间一点 $P$ 沿 $r$、$\theta$ 和 $\varphi$ 方向的长度增量分别为

$$\mathrm{d}l_r = \mathrm{d}r, \ \mathrm{d}l_\theta = r\,\mathrm{d}\theta, \ \mathrm{d}l_\varphi = r\sin\theta\,\mathrm{d}\varphi \qquad (1-2-25)$$

则球坐标中的拉梅系数为

$$h_1 = \frac{\mathrm{d}l_r}{\mathrm{d}r} = 1, \; h_2 = \frac{\mathrm{d}l_\theta}{\mathrm{d}\theta} = r, \; h_3 = \frac{\mathrm{d}l_\varphi}{\mathrm{d}\varphi} = r\,\sin\theta \qquad (1-2-26)$$

而沿球面、$\theta=$ 常数平面和 $\varphi=$ 常数平面的三个面元矢量分别为

$$\mathrm{d}\boldsymbol{S}_r = \boldsymbol{a}_r\,\mathrm{d}l_\theta\,\mathrm{d}l_\varphi = \boldsymbol{a}_r r^2\,\sin\theta\,\mathrm{d}\theta\,\mathrm{d}\varphi \qquad (1-2-27)$$

$$\mathrm{d}\boldsymbol{S}_\theta = \boldsymbol{a}_\theta\,\mathrm{d}l_r\,\mathrm{d}l_\varphi = \boldsymbol{a}_\theta r\,\sin\theta\,\mathrm{d}r\,\mathrm{d}\varphi \qquad (1-2-28)$$

$$\mathrm{d}\boldsymbol{S}_\varphi = \boldsymbol{a}_\varphi\,\mathrm{d}l_r\,\mathrm{d}l_\theta = \boldsymbol{a}_\varphi r\,\mathrm{d}r\,\mathrm{d}\theta \qquad (1-2-29)$$

球坐标的体积元为

$$\mathrm{d}V = \mathrm{d}l_r\,\mathrm{d}l_\theta\,\mathrm{d}l_\varphi = r^2\,\sin\theta\,\mathrm{d}r\,\mathrm{d}\theta\,\mathrm{d}\varphi \qquad (1-2-30)$$

**【例 1-1】**　将圆柱坐标系中的矢量表达式 $\boldsymbol{A} = \boldsymbol{a}_\rho \dfrac{k}{\rho^2} + \boldsymbol{a}_z 5\,\sin2\varphi$ 转换为直角坐标系的表达形式。

**解**　由题设可知矢量在圆柱坐标系中的三个分量为

$$A_\rho = \frac{k}{\rho^2}, \quad A_\varphi = 0, \quad A_z = 5\,\sin2\varphi$$

将其代入式(1-2-10)中,得

$$\begin{bmatrix} A_x \\ A_y \\ A_z \end{bmatrix} = \begin{bmatrix} \cos\varphi & -\sin\varphi & 0 \\ \sin\varphi & \cos\varphi & 0 \\ 0 & 0 & 1 \end{bmatrix} \begin{bmatrix} A_\rho \\ A_\varphi \\ A_z \end{bmatrix}$$

再根据

$$\rho = \sqrt{x^2 + y^2}, \quad \cos\varphi = \frac{x}{\rho}, \quad \sin\varphi = \frac{y}{\rho}$$

因此,矢量在直角坐标系中的表达式为

$$\boldsymbol{A} = \boldsymbol{a}_x \frac{kx}{(x^2+y^2)^{\frac{3}{2}}} + \boldsymbol{a}_y \frac{ky}{(x^2+y^2)^{\frac{3}{2}}} + \boldsymbol{a}_z \frac{10xy}{x^2+y^2}$$

# 1.3　矢　量　场

**1.3 节课件**

赋予物理意义的矢性函数称为矢量场(Vector Field),一般矢量场均占有空间。为了考察矢量场在空间的分布状况及变化规律,我们引入矢量线、矢量场的通量和散度以及环量和旋度的概念。

## 1.3.1　矢量场的矢量线

**场的含义**

矢量场空间中任意一点 $P$ 处的矢量可以用一个矢性函数 $\boldsymbol{A} = \boldsymbol{A}(P)$ 来表示。当选定了直角坐标系后,它就可以写成如下形式:

$$\boldsymbol{A} = \boldsymbol{A}(x, y, z) \qquad (1-3-1)$$

设 $A_x$、$A_y$、$A_z$ 为矢性函数 $\boldsymbol{A}$ 在直角坐标系中的三个坐标分量,且假定它们都具有一阶连续偏导数,则 $\boldsymbol{A}$ 又可以表示为

$$\boldsymbol{A} = \boldsymbol{a}_x A_x(x, y, z) + \boldsymbol{a}_y A_y(x, y, z) + \boldsymbol{a}_z A_z(x, y, z) \qquad (1-3-2)$$

所谓矢量线(Vector Line),乃是这样一些曲线:在曲线上的每一点处,

场的矢量都位于该 点处的切线上（如图 1 - 10 所示），像静电场的电力线、磁场的磁力线、流速场中的流线等，都是矢量线的例子。

正交及应用

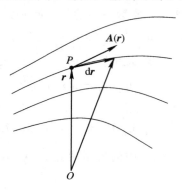

图 1 - 10　力线图

现在我们来讨论矢量线方程的表达式。

设 $P$ 为矢量线上任一点，其矢径为 $r$，则根据矢量线的定义，必有

$$\boldsymbol{A} \times \mathrm{d}\boldsymbol{r} = \boldsymbol{0} \tag{1-3-3}$$

在直角坐标系中，矢径 $r$ 的表达式为

$$\boldsymbol{r} = \boldsymbol{a}_x x + \boldsymbol{a}_y y + \boldsymbol{a}_z z \tag{1-3-4}$$

将其代入式（1 - 3 - 3）即得矢量场的矢量线满足的微分方程为

$$\frac{\mathrm{d}x}{A_x} = \frac{\mathrm{d}y}{A_y} = \frac{\mathrm{d}z}{A_z} \tag{1-3-5}$$

上式表明：如果已知矢量场的表达式，解式（1 - 3 - 5）即可得到其矢量线的表达式。矢量场的矢量线可以使我们直观、形象地了解矢量场在空间的分布状况。

矢量线的应用

【例 1 - 2】　设点电荷 $q$ 位于坐标原点，它在空间任一点 $P(x, y, z)$ 处所产生的电场强度矢量为

$$\boldsymbol{E} = \frac{q}{4\pi\varepsilon_0 r^3}\boldsymbol{r}$$

式中，$q$、$\varepsilon_0$ 均为常数，$\boldsymbol{r} = \boldsymbol{a}_x x + \boldsymbol{a}_y y + \boldsymbol{a}_z z$ 为 $P$ 点的位置矢量。求 $\boldsymbol{E}$ 的矢量线方程并画出矢量线图。

解　　　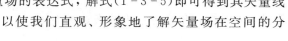

$$\boldsymbol{E} = \frac{q}{4\pi\varepsilon_0 r^3}\boldsymbol{r} = \frac{q}{4\pi\varepsilon_0 r^3}(\boldsymbol{a}_x x + \boldsymbol{a}_y y + \boldsymbol{a}_z z) = \boldsymbol{a}_x E_x + \boldsymbol{a}_y E_y + \boldsymbol{a}_z E_z$$

由式（1 - 3 - 5）简化得矢量线方程为

$$\frac{\mathrm{d}x}{x} = \frac{\mathrm{d}y}{y} = \frac{\mathrm{d}z}{z}$$

此方程的解为

$$\left.\begin{array}{r} y = C_1 x \\ z = C_2 y \end{array}\right\}$$

式中，$C_1$、$C_2$ 为任意常数。电场的矢量线如图 1 - 11 所示。

由图 1 - 11 可见，电力线是一簇从点电荷出发向空间发散的径向辐射线，

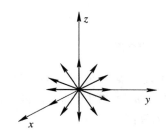

图 1 - 11　点电荷的电场矢量线

它形象地描绘出点电荷的电场在空间的分布状况。

### 1.3.2　矢量场的通量及散度

#### 1. 矢量场的通量

在矢量场 $A$ 中取一个面元 $dS$ 及与该面元垂直的单位矢量 $n$（外法向矢量，如图 1 - 12 所示），则面元矢量表示为

$$dS = n\, dS \qquad (1 - 3 - 6)$$

图 1 - 12　面元矢量

由于所取的面元 $dS$ 很小，因此可认为在面元上各点矢量场 $A$ 的值相同，$A$ 与面元 $dS$ 的标量积称为矢量场 $A$ 穿过 $dS$ 的通量（Flux），记作

$$A \cdot dS = A\cos\theta\, dS \qquad (1 - 3 - 7)$$

因此矢量场 $A$ 穿过整个曲面 $S$ 的通量为

$$\Phi = \int_S A \cdot dS = \int_S A\cos\theta\, dS \qquad (1 - 3 - 8)$$

如果 $S$ 是一个闭曲面，则通过闭合曲面的总通量可表示为

$$\Phi = \oint_S A \cdot dS = \oint_S A \cdot n\, dS \qquad (1 - 3 - 9)$$

通量

通量与散度

假定矢量场 $A$ 为流体的速度，则式（1 - 3 - 9）的物理意义为：通量表示在单位时间内流体从闭合曲面内流出曲面 $S$ 的正流量与流入闭合曲面 $S$ 内部的负流量的代数和，即净流量。若 $\Phi > 0$，则表示流出多于流入，说明此时在 $S$ 内必有产生流体的正源（Source）；若 $\Phi < 0$，则表示流入多于流出，此时在 $S$ 内必有吸收流体的负源，我们称之为沟（Sink）；当 $\Phi = 0$，则表示流入等于流出，此时在 $S$ 内正源与负源的代数和为零，或者 $S$ 内没有源。

矢量场在闭合面 $S$ 上的通量是由 $S$ 内的源决定的，它是一个积分量，因而它描绘的是闭合面较大范围内的源（我们把该类源称为发散源）的分布情况，而我们往往需要知道场中每一点上源的性质，为此，引入矢量场散度的

概念。

**2. 矢量场的散度**

1）散度的定义

设有矢量场 $A$，在场中任一点 $P$ 处作一个包含 $P$ 点在内的任一闭合曲面 $S$，设 $S$ 所限定的体积为 $\Delta V$，$n$ 为该闭合曲面的外法向矢量，当体积 $\Delta V$ 以任意方式缩向 $P$ 点时，取下列极限：

$$\lim_{\Delta V \to 0} \frac{\oint_S A \cdot n \, dS}{\Delta V} \qquad (1-3-10)$$

如果上式的极限存在，则称此极限为矢量场 $A$ 在点 $P$ 处的散度（Divergence），记作

$$\text{div} A = \lim_{\Delta V \to 0} \frac{\oint_S A \cdot n \, dS}{\Delta V} \qquad (1-3-11)$$

显然，式$(1-3-11)$的物理意义是从点 $P$ 单位体积内散发的通量。在直角坐标系中，散度的表达式为

$$\text{div} A = \frac{\partial A_x}{\partial x} + \frac{\partial A_y}{\partial y} + \frac{\partial A_z}{\partial z} \qquad (1-3-12)$$

2）哈米尔顿（Hamilton）算子

为了方便，我们引入一个矢性微分算子，在直角坐标系中有

$$\nabla = a_x \frac{\partial}{\partial x} + a_y \frac{\partial}{\partial y} + a_z \frac{\partial}{\partial z} \qquad (1-3-13)$$

式$(1-3-13)$称作哈米尔顿算子，记号$\nabla$（读作 del）是一个微分符号，同时又要当作矢量看待。算子$\nabla$与矢性函数 $A$ 的点积为一标量函数。

在直角坐标系中，散度的表达式可以写为

$$\nabla \cdot A = \left( a_x \frac{\partial}{\partial x} + a_y \frac{\partial}{\partial y} + a_z \frac{\partial}{\partial z} \right) \cdot (a_x A_x + a_y A_y + a_z A_z)$$

即

$$\nabla \cdot A = \frac{\partial A_x}{\partial x} + \frac{\partial A_y}{\partial y} + \frac{\partial A_z}{\partial z} \qquad (1-3-14)$$

矢量函数 $A$ 在圆柱坐标系和球坐标系中的散度表达式分别为

$$\nabla \cdot A = \frac{1}{\rho} \frac{\partial}{\partial \rho}(\rho A_\rho) + \frac{1}{\rho}\left(\frac{\partial A_\varphi}{\partial \varphi}\right) + \frac{\partial A_z}{\partial z} \qquad (1-3-15)$$

$$\nabla \cdot A = \frac{1}{r^2} \frac{\partial}{\partial r}(r^2 A_r) + \frac{1}{r \sin\theta} \frac{\partial}{\partial \theta}(\sin\theta A_\theta) + \frac{1}{r \sin\theta}\left(\frac{\partial A_\varphi}{\partial \varphi}\right) \qquad (1-3-16)$$

若采用拉梅系数，上两式可以统一表示为

$$\nabla \cdot A = \frac{1}{h_1 h_2 h_3}\left[ \frac{\partial}{\partial q_1}(h_2 h_3 A_{q_1}) + \frac{\partial}{\partial q_2}(h_1 h_3 A_{q_2}) + \frac{\partial}{\partial q_3}(h_1 h_2 A_{q_3}) \right] \qquad (1-3-17)$$

式中，$q_1$、$q_2$ 和 $q_3$ 在圆柱坐标系中分别代表 $\rho$、$\varphi$ 和 $z$，在球坐标系中分别代表 $r$、$\theta$ 和 $\varphi$。

　　由上述分析可见：散度 div$\boldsymbol{A}$ 为一标量，它表示场中一点处的通量对体积的变化率，也就是在该点处对一个单位体积来说所穿出的通量，称为该点处源的强度。它描述的是场分量沿着各自方向上的变化规律。因此，矢量场的散度用于研究矢量场标量源在空间的分布状况。当 div$\boldsymbol{A}$ 的值不为零时，其符号为正或为负；当 div$\boldsymbol{A}$ 的值为正时，表示矢量场 $\boldsymbol{A}$ 在该点处有散发通量之正源，称为源点(Source Point)；当 div$\boldsymbol{A}$ 的值为负时，表示矢量场 $\boldsymbol{A}$ 在该点处有吸收通量之负源，称之为汇点(Sink Point)；当 div$\boldsymbol{A}$ 的值等于零时，则表示矢量场 $\boldsymbol{A}$ 在该点处无源。我们称 div$\boldsymbol{A}\equiv0$ 的场是连续的(Continuous)或无散的(螺线管式)矢量场(Solenoidal Vector Field)。将在第 4 章中讲的磁场就是连续的或无散的矢量场。

　　3) 高斯散度定理(Divergence Theorem)

　　在矢量分析中，一个重要的定理是

$$\int_V \nabla \cdot \boldsymbol{A} \, \mathrm{d}V = \oint_S \boldsymbol{A} \cdot \mathrm{d}\boldsymbol{S} \qquad (1-3-18)$$

上式称为散度定理。它说明了矢量场散度的体积分等于矢量场在包围该体积的闭合面上的法向分量沿闭合面的面积分。散度定理广泛地用于将一个封闭面积分变成等价的体积分，或者将一个体积分变成等价的封闭面积分。有关它的证明这里略去。

　　【**例 1 - 3**】　在矢量场 $\boldsymbol{A}=\boldsymbol{a}_x x^2+\boldsymbol{a}_y xy+\boldsymbol{a}_z yz$ 中，有一个边长为 1 的立方体，它的一个顶点在坐标原点上，如图 1 - 13 所示。试求：

　　(1) 矢量场 $\boldsymbol{A}$ 的散度；

　　(2) 从六面体内穿出的通量，并验证高斯散度定理。

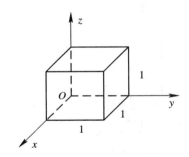

图 1 - 13　单位立方体

　　**解**　(1) 根据公式(1 - 3 - 14)，矢量场 $\boldsymbol{A}$ 的散度：

$$\nabla \cdot \boldsymbol{A} = \frac{\partial (x^2)}{\partial x} + \frac{\partial (xy)}{\partial y} + \frac{\partial (yz)}{\partial z} = 3x + y$$

　　(2) 从单位立方体内穿出的通量：

$$\boldsymbol{\Phi} = \oint_S \boldsymbol{A} \cdot \mathrm{d}\boldsymbol{S} = \int_{前} \boldsymbol{A} \cdot \mathrm{d}\boldsymbol{S} + \int_{后} \boldsymbol{A} \cdot \mathrm{d}\boldsymbol{S} + \int_{左} \boldsymbol{A} \cdot \mathrm{d}\boldsymbol{S} + \int_{右} \boldsymbol{A} \cdot \mathrm{d}\boldsymbol{S}$$

$$+ \int_{上} \boldsymbol{A} \cdot \mathrm{d}\boldsymbol{S} + \int_{下} \boldsymbol{A} \cdot \mathrm{d}\boldsymbol{S}$$

$$\int_{前} \boldsymbol{A} \cdot \mathrm{d}\boldsymbol{S} + \int_{后} \boldsymbol{A} \cdot \mathrm{d}\boldsymbol{S} = \int_{前} \boldsymbol{A} \cdot \boldsymbol{a}_x \, \mathrm{d}y\mathrm{d}z \Big|_{x=1} + \int_{后} \boldsymbol{A} \cdot (-\boldsymbol{a}_x) \, \mathrm{d}y\mathrm{d}z \Big|_{x=0}$$
$$= 1 + 0 = 1$$

$$\int_{左} \boldsymbol{A} \cdot \mathrm{d}\boldsymbol{S} + \int_{右} \boldsymbol{A} \cdot \mathrm{d}\boldsymbol{S} = \int_{左} \boldsymbol{A} \cdot (-\boldsymbol{a}_y) \, \mathrm{d}x\mathrm{d}z \Big|_{y=0} + \int_{右} \boldsymbol{A} \cdot \boldsymbol{a}_y \, \mathrm{d}x\mathrm{d}z \Big|_{y=1}$$
$$= 0 + \frac{1}{2} = \frac{1}{2}$$

$$\int_{上} \boldsymbol{A} \cdot \mathrm{d}\boldsymbol{S} + \int_{下} \boldsymbol{A} \cdot \mathrm{d}\boldsymbol{S} = \int_{上} \boldsymbol{A} \cdot \boldsymbol{a}_z \, \mathrm{d}x\mathrm{d}y \Big|_{z=1} + \int_{下} \boldsymbol{A} \cdot (-\boldsymbol{a}_z) \, \mathrm{d}x\mathrm{d}y \Big|_{z=0}$$
$$= \frac{1}{2} + 0 = \frac{1}{2}$$

$$\int_V \nabla \cdot \boldsymbol{A} \, \mathrm{d}V = \int_0^1 \int_0^1 \int_0^1 (3x + y) \, \mathrm{d}x\mathrm{d}y\mathrm{d}z = 2$$

可见，从单位立方体内穿出的通量为 2，且高斯散度定理

$$\int_V \nabla \cdot \boldsymbol{A} \, \mathrm{d}V = \oint_S \boldsymbol{A} \cdot \mathrm{d}\boldsymbol{S}$$

成立。

### 1.3.3 矢量场的环量及旋度

#### 1. 环量的定义

设有矢量场 $\boldsymbol{A}$，$l$ 为场中的一条封闭的有向曲线，定义矢量场 $\boldsymbol{A}$ 环绕闭合路径 $l$ 的线积分为该矢量的环量（Circulation），如图 1-14 所示，记作

$$\Gamma = \oint_l \boldsymbol{A} \cdot \mathrm{d}\boldsymbol{l} = \oint_l A \cos\theta \, \mathrm{d}l \qquad (1-3-19)$$

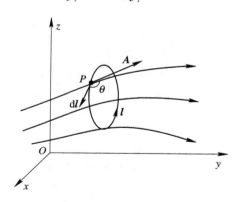

图 1-14 矢量场的环量

可见，矢量的环量也是一标量。如果矢量的环量不等于零，则在 $l$ 内必然有产生这种场的旋涡源；如果矢量的环量等于零，则我们说在 $l$ 内没有旋涡源。

矢量的环量和矢量穿过闭合面的通量一样，都是描绘矢量场 $\boldsymbol{A}$ 性质的重要物理量，同样都是积分量。为了知道场中每个点上旋涡源的性质，我们引入矢量场旋度的概念。

矢量的线积分

**2. 矢量场的旋度**

1) 旋度的定义

设 $P$ 为矢量场中的任一点，作一个包含 $P$ 点的微小面元 $\Delta S$，其周界为 $l$，它的正向与面元 $\Delta S$ 的法向矢量 $\boldsymbol{n}$ 成右手螺旋关系（如图 $1-15$ 所示）。当曲面 $\Delta S$ 在 $\boldsymbol{P}$ 点处保持以 $\boldsymbol{n}$ 为法矢不变的条件下，以任意方式缩向 $P$ 点，若其极限

$$\lim_{\Delta S \to P} \frac{\oint_l \boldsymbol{A} \cdot \mathrm{d}\boldsymbol{l}}{\Delta S} \qquad (1-3-20)$$

存在，则称矢量场 $\boldsymbol{A}$ 沿 $l$ 之正向的环量与面积 $\Delta S$ 之比为矢量场在点 $P$ 处沿 $\boldsymbol{n}$ 方向的环量面密度（亦即环量对面积的变化率）。

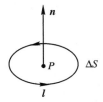

图 $1-15$　闭合曲线方向与面元的方向示意图

环量与旋度

　　　不难看出，环量面密度与 $l$ 所围成的面元 $\Delta S$ 的方向有关。例如，在流体情形中，某点附近的流体沿着一个面呈旋涡状流动时，如果 $l$ 围成的面元矢量与旋涡面的方向重合，则环量面密度最大；如果所取面元矢量与旋涡面的方向之间有一夹角，得到的环量面密度总是小于最大值；若面元矢量与旋涡面方向相垂直，则环量面密度等于零。可见，必存在某一固定矢量 $\boldsymbol{R}$，它在任意面元方向上的投影就给出该方向上的环量面密度，$\boldsymbol{R}$ 的方向为环量面密度最大的方向，其模即为最大环量面密度的数值。我们称固定矢量 $\boldsymbol{R}$ 为矢量 $\boldsymbol{A}$ 的旋度（Curl 或 Rotation），记作

$$\mathrm{rot}\boldsymbol{A} = \boldsymbol{R} \qquad (1-3-21)$$

旋度

式 $(1-3-20)$ 为旋度矢量在 $\boldsymbol{n}$ 方向的投影，如图 $1-16$ 所示，即

$$\lim_{\Delta S \to P} \frac{\oint_l \boldsymbol{A} \cdot \mathrm{d}\boldsymbol{l}}{\Delta S} = \mathrm{rot}_n\boldsymbol{A} \qquad (1-3-22)$$

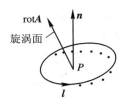

图 $1-16$　旋度及其投影

因此，矢量场的旋度仍为矢量。在直角坐标系中，旋度的表达式为

$$\mathrm{rot}\boldsymbol{A} = \boldsymbol{a}_x \left( \frac{\partial A_z}{\partial y} - \frac{\partial A_y}{\partial z} \right) + \boldsymbol{a}_y \left( \frac{\partial A_x}{\partial z} - \frac{\partial A_z}{\partial x} \right) + \boldsymbol{a}_z \left( \frac{\partial A_y}{\partial x} - \frac{\partial A_x}{\partial y} \right)$$

$$(1-3-23)$$

为方便起见，也引入算子$\nabla$，则旋度在直角坐标系中的表达式为

$$\text{rot}\boldsymbol{A} = \nabla \times \boldsymbol{A} = \begin{vmatrix} \boldsymbol{a}_x & \boldsymbol{a}_y & \boldsymbol{a}_z \\ \dfrac{\partial}{\partial x} & \dfrac{\partial}{\partial y} & \dfrac{\partial}{\partial z} \\ A_x & A_y & A_z \end{vmatrix} \qquad (1-3-24)$$

矢量函数$\boldsymbol{A}$在圆柱坐标系和球坐标系中的旋度表达式分别为

$$\nabla \times \boldsymbol{A} = \begin{vmatrix} \dfrac{\boldsymbol{a}_\rho}{\rho} & \boldsymbol{a}_\varphi & \dfrac{\boldsymbol{a}_z}{\rho} \\ \dfrac{\partial}{\partial \rho} & \dfrac{\partial}{\partial \varphi} & \dfrac{\partial}{\partial z} \\ A_\rho & \rho A_\varphi & A_z \end{vmatrix} \qquad (1-3-25)$$

$$\nabla \times \boldsymbol{A} = \begin{vmatrix} \dfrac{\boldsymbol{a}_r}{r^2 \sin\theta} & \dfrac{\boldsymbol{a}_\theta}{r \sin\theta} & \dfrac{\boldsymbol{a}_\varphi}{r} \\ \dfrac{\partial}{\partial r} & \dfrac{\partial}{\partial \theta} & \dfrac{\partial}{\partial \varphi} \\ A_r & r A_\theta & r\sin\theta A_\varphi \end{vmatrix} \qquad (1-3-26)$$

若采用拉梅系数，上两式可以统一表示为

$$\nabla \times \boldsymbol{A} = \frac{1}{h_1 h_2 h_3} \begin{vmatrix} h_1 \boldsymbol{a}_{q_1} & h_2 \boldsymbol{a}_{q_2} & h_3 \boldsymbol{a}_{q_3} \\ \dfrac{\partial}{\partial q_1} & \dfrac{\partial}{\partial q_2} & \dfrac{\partial}{\partial q_3} \\ h_1 \boldsymbol{A}_{q_1} & h_2 \boldsymbol{A}_{q_2} & h_3 \boldsymbol{A}_{q_3} \end{vmatrix} \qquad (1-3-27)$$

式中，$q_1$、$q_2$和$q_3$在圆柱坐标系中分别代表$\rho$、$\varphi$和$z$，在球坐标系中分别代表$r$、$\theta$和$\varphi$。

由上述分析可见：一个矢量场的旋度表示该矢量场单位面积上的最大环量，它描述的是场分量沿着与它相垂直的方向上的变化规律。矢量场的旋度为一矢量，它用以研究矢量场的矢量源在空间的分布状况。若矢量场的旋度不为零，则称该矢量场是有旋的(Rotational)。水从槽子流出或流入是流体旋转速度场最好的例子。若矢量场的旋度等于零，即$\nabla \times \boldsymbol{A} = 0$，则称此矢量场是无旋的(Irrotational)或保守的(Conservative)。静电场中的电场强度就是一个保守场。

旋度的一个重要性质就是任意矢量旋度的散度恒等于零，即

$$\nabla \cdot (\nabla \times \boldsymbol{A}) \equiv 0 \qquad (1-3-28)$$

这就是说，如果有一个矢量场$\boldsymbol{B}$的散度等于零，则该矢量$\boldsymbol{B}$就可以用另一个矢量$\boldsymbol{A}$的旋度来表示，即当

$$\nabla \cdot \boldsymbol{B} = 0$$

则有

$$\boldsymbol{B} = \nabla \times \boldsymbol{A} \qquad (1-3-29)$$

2）斯托克斯定理(Stokes' Theorem)

矢量分析中另一个重要定理是

$$\oint_l \boldsymbol{A} \cdot \mathrm{d}\boldsymbol{l} = \int_S \mathrm{rot}\boldsymbol{A} \cdot \mathrm{d}\boldsymbol{S} \qquad (1-3-30)$$

式(1-3-30)称为斯托克斯定理，其中 $S$ 是闭合路径 $l$ 所围成的面积，它的方向与 $l$ 的方向符合右手螺旋关系。

式(1-3-30)表明：矢量场 $\boldsymbol{A}$ 的旋度沿曲面 $S$ 法向分量的面积分等于该矢量沿围绕此面积曲线边界的线积分(证明从略)。

【**例 1-4**】　已知一矢量场 $\boldsymbol{F} = \boldsymbol{a}_x xy - \boldsymbol{a}_y 2x$，试求：

(1) 该矢量场的旋度；

(2) 该矢量沿半径为 3 的四分之一圆盘边界的线积分，如图 1-17 所示，验证斯托克斯定理。

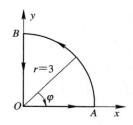

图 1-17　四分之一圆盘

**解**　(1)

$$\mathrm{rot}\boldsymbol{F} = \nabla \times \boldsymbol{F} = \begin{vmatrix} \boldsymbol{a}_x & \boldsymbol{a}_y & \boldsymbol{a}_z \\ \dfrac{\partial}{\partial x} & \dfrac{\partial}{\partial y} & \dfrac{\partial}{\partial z} \\ xy & -2x & 0 \end{vmatrix} = -\boldsymbol{a}_z(2+x)$$

(2) 矢量沿四分之一圆盘边界的线积分：

$$\Gamma = \oint_l \boldsymbol{F} \cdot \mathrm{d}\boldsymbol{l} = \int_A^B \boldsymbol{F} \cdot \mathrm{d}\boldsymbol{l} + \int_B^O \boldsymbol{F} \cdot \mathrm{d}\boldsymbol{l} + \int_O^A \boldsymbol{F} \cdot \mathrm{d}\boldsymbol{l} = \int_A^B \boldsymbol{F} \cdot \mathrm{d}\boldsymbol{l}$$

由极坐标与直角坐标的关系：

$$x = r\cos\varphi, \qquad y = r\sin\varphi$$

$$\mathrm{d}\boldsymbol{l} = \boldsymbol{a}_\varphi r\,\mathrm{d}\varphi = [\boldsymbol{a}_x(-r\sin\varphi) + \boldsymbol{a}_y(r\cos\varphi)]\mathrm{d}\varphi$$

$$\int_A^B \boldsymbol{F} \cdot \mathrm{d}\boldsymbol{l} = \int_0^{\frac{\pi}{2}} (-r^3\sin^2\varphi\cos\varphi - 2r^2\cos^2\varphi)\,\mathrm{d}\varphi = -9\left(1+\frac{\pi}{2}\right)$$

$$\int_S (\nabla \times \boldsymbol{F}) \cdot \mathrm{d}\boldsymbol{S} = \int_S \boldsymbol{a}_z(-2 - r\cos\varphi) \cdot \boldsymbol{a}_z r\,\mathrm{d}r\mathrm{d}\varphi$$

$$= \int_0^3 \int_0^{\frac{\pi}{2}} -(2 + r\cos\varphi)r\,\mathrm{d}r\mathrm{d}\varphi$$

$$= -9\left(1+\frac{\pi}{2}\right)$$

可见，斯托克斯定理 $\oint_l \boldsymbol{F} \cdot \mathrm{d}\boldsymbol{l} = \int_S \mathrm{rot}\boldsymbol{F} \cdot \mathrm{d}\boldsymbol{S}$ 成立。

# 1.4 标 量 场

1.4 节课件

正如前面所述，一个仅用其大小就可以完整表征的场称为标量场（Scalar Field）。为了考察标量场在空间的分布和变化规律，我们引入等值面、方向导数和梯度的概念。

## 1.4.1 标量场的等值面

一个标量场 $u$ 可以用一个标量函数来表示。在直角坐标系中，可将 $u$ 表示为

$$u = u(x, y, z) \qquad (1-4-1)$$

令

$$u(x, y, z) = C, \qquad C \text{ 为任意常数} \qquad (1-4-2)$$

式(1-4-2)在几何上一般表示一个曲面，这个曲面上的各点虽然坐标$(x, y, z)$不同，但函数值相等，称此曲面为标量场 $u$ 的等值面。随着 $C$ 的取值不同，得到一系列不同的等值面，如图 1-18$(a)$ 所示。同理，对于由二维函数 $v = v(x, y)$ 所给定的平面标量场，可按 $v(x, y) = C$ 得到一系列不同值的等值线，如图 1-18$(b)$ 所示。

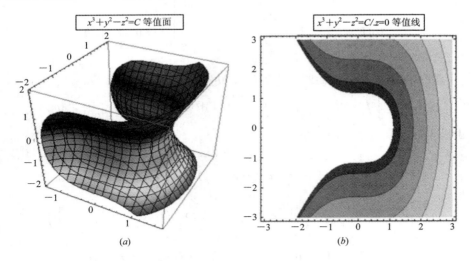

图 1-18 标量场的三维等值面和二维等值线
$(a)$ 三维等值面；$(b)$ 二维等值线

标量场的等值面或等值线，可以直观地帮助我们了解标量场在空间中的分布情况。例如，根据地形图上等高线及其所标出的高度，我们就能了解到该地区的高低情况，根据等高线分布的疏密程度可以判断该地区各个方向上地势的陡度。

等值面与
等值线

等值线的应用

### 1.4.2　方向导数

#### 1. 方向导数的定义

设 $P_0$ 为标量场 $u=u(P)$ 中的一点，从点 $P_0$ 出发引出一条射线 $l$，如图 1-19 所示。在 $l$ 上 $P_0$ 点邻近取一点 $P$，记线段 $\overline{P_0P}=\Delta l$，如果当 $P\to P_0$ 时，$\dfrac{\Delta u}{\Delta l}=\dfrac{u(P)-u(P_0)}{\Delta l}$ 的极限存在，则称它为函数 $u(P)$ 在点 $P_0$ 处沿 $l$ 方向的方向导数(Directional Derivative)，记作

$$\left.\frac{\partial u}{\partial l}\right|_{P_0}=\lim_{\Delta l\to 0}\frac{u(P)-u(P_0)}{\Delta l} \qquad (1-4-3)$$

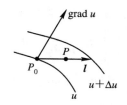

图 1-19　$u$ 沿不同方向的变化率

由此定义可知，方向导数是函数 $u(P)$ 在一个点处沿某一方向对距离的变化率，故当 $\dfrac{\partial u}{\partial l}>0$ 时，$u$ 沿 $l$ 方向是增加的；当 $\dfrac{\partial u}{\partial l}<0$ 时，$u$ 沿 $l$ 方向是减小的。

#### 2. 方向导数的计算公式

在直角坐标系中，设函数 $u=u(x,\ y,\ z)$ 在 $P_0(x_0,\ y_0,\ z_0)$ 处可微，则有

$$\Delta u=u(P)-u(P_0)=\frac{\partial u}{\partial x}\Delta x+\frac{\partial u}{\partial y}\Delta y+\frac{\partial u}{\partial z}\Delta z+\delta\Delta l \qquad (1-4-4)$$

式(1-4-4)中，当 $\Delta l\to 0$ 时，$\delta\to 0$。

将上式两边同除以 $\Delta l$ 并取极限得到方向导数的计算公式：

$$\frac{\partial u}{\partial l}=\frac{\partial u}{\partial x}\cos\alpha+\frac{\partial u}{\partial y}\cos\beta+\frac{\partial u}{\partial z}\cos\gamma \qquad (1-4-5)$$

式中，$\cos\alpha$、$\cos\beta$、$\cos\gamma$ 为 $l$ 方向的方向余弦。

### 1.4.3　标量场的梯度

#### 1. 梯度的定义

方向导数为我们解决了函数 $u(P)$ 在给定点处沿某个方向的变化率问题。然而从场中的给定点 $P$ 出发，标量场 $u$ 在不同方向上的变化率一般说来是不同的，那么，可以设想，必定在某个方向上变化率为最大。为此，我们定义一个矢量 $\boldsymbol{G}$，其方向就是函数 $u$ 在点 $P$ 处变化率为最大的方向，其大小就是这个最大变化率的值，这个矢量 $\boldsymbol{G}$ 称为函数 $u$ 在点 $P$ 处的梯度(Gradient)，记为

$$\text{grad } u = \boldsymbol{G} = \boldsymbol{a}_x \frac{\partial u}{\partial x} + \boldsymbol{a}_y \frac{\partial u}{\partial y} + \boldsymbol{a}_z \frac{\partial u}{\partial z} \tag{1-4-6}$$

算子 $\nabla$ 与标量函数 $u$ 相乘为一矢量函数。在直角坐标系中，梯度又可以表示为

$$\nabla u = \boldsymbol{a}_x \frac{\partial u}{\partial x} + \boldsymbol{a}_y \frac{\partial u}{\partial y} + \boldsymbol{a}_z \frac{\partial u}{\partial z} \tag{1-4-7}$$

另外，以后我们还经常用到标量拉普拉斯算子(Laplace Operator)，即

$$\nabla^2 = \nabla \cdot \nabla \tag{1-4-8}$$

在直角坐标系中标量函数的拉普拉斯表达式为

$$\nabla^2 u = \frac{\partial^2 u}{\partial x^2} + \frac{\partial^2 u}{\partial y^2} + \frac{\partial^2 u}{\partial z^2} \tag{1-4-9}$$

标量函数 $u$ 在圆柱坐标系中的梯度和拉普拉斯表达式分别为

$$\nabla u = \boldsymbol{a}_\rho \frac{\partial u}{\partial \rho} + \boldsymbol{a}_\varphi \frac{1}{\rho} \frac{\partial u}{\partial \varphi} + \boldsymbol{a}_z \frac{\partial u}{\partial z} \tag{1-4-10}$$

$$\nabla^2 u = \frac{1}{\rho} \frac{\partial}{\partial \rho}\left(\rho \frac{\partial u}{\partial \rho}\right) + \frac{1}{\rho^2}\left(\frac{\partial^2 u}{\partial \varphi^2}\right) + \frac{\partial^2 u}{\partial z^2} \tag{1-4-11}$$

方向导数
与梯度

标量函数 $u$ 在球坐标系中的梯度和拉普拉斯表达式分别为

$$\nabla u = \boldsymbol{a}_r \frac{\partial u}{\partial r} + \boldsymbol{a}_\theta \frac{1}{r} \frac{\partial u}{\partial \theta} + \boldsymbol{a}_\varphi \frac{1}{r \sin\theta} \frac{\partial u}{\partial \varphi} \tag{1-4-12}$$

$$\nabla^2 u = \frac{1}{r^2} \frac{\partial}{\partial r}\left(r^2 \frac{\partial u}{\partial r}\right) + \frac{1}{r^2 \sin\theta} \frac{\partial}{\partial \theta}\left(\sin\theta \frac{\partial u}{\partial \theta}\right) + \frac{1}{r^2 \sin^2\theta}\left(\frac{\partial^2 u}{\partial \varphi^2}\right) \tag{1-4-13}$$

圆柱坐标系和球坐标系中的梯度和拉普拉斯表达式，采用拉梅系数可以统一表示为

$$\nabla u = \frac{1}{h_1} \frac{\partial u}{\partial q_1}\boldsymbol{a}_{q_1} + \frac{1}{h_2} \frac{\partial u}{\partial q_2}\boldsymbol{a}_{q_2} + \frac{1}{h_3} \frac{\partial u}{\partial q_3}\boldsymbol{a}_{q_3} \tag{1-4-14}$$

$$\nabla^2 u = \frac{1}{h_1 h_2 h_3}\left[\frac{\partial}{\partial q_1}\left(\frac{h_2 h_3}{h_1} \frac{\partial u}{\partial q_1}\right) + \frac{\partial}{\partial q_2}\left(\frac{h_1 h_3}{h_2} \frac{\partial u}{\partial q_2}\right) + \frac{\partial}{\partial q_3}\left(\frac{h_1 h_2}{h_3} \frac{\partial u}{\partial q_3}\right)\right]$$
$$\tag{1-4-15}$$

梯度与负梯度

**2. 梯度的性质**

梯度有以下重要性质：

(1) 方向导数等于梯度在该方向上的投影，即

$$\frac{\partial u}{\partial l} = \nabla u \cdot \boldsymbol{a}_l \tag{1-4-16}$$

(2) 标量场 $u$ 中每一点 $P$ 处的梯度，垂直于过该点的等值面，且指向函数 $u(P)$ 增大的方向。也就是说，梯度就是该等值面的法向矢量。

(3) $$\nabla \times \nabla u \equiv \boldsymbol{0} \tag{1-4-17}$$

式(1-4-17)表明：如果一个矢量场 $\boldsymbol{F}$ 满足 $\nabla \times \boldsymbol{F} = 0$，即 $\boldsymbol{F}$ 是一个无旋场，则矢量场 $\boldsymbol{F}$ 可以用一个标量函数 $u$ 的梯度来表示，即 $\boldsymbol{F} = \nabla u$，该标量函数称为势函数(Potential Function)，对应的矢量场称为有势场。如静电场中的电场强度就可以用一个标量函数的梯度来表示。

等值线与梯度

### 3. 梯度的积分

设标量场 $u$，根据梯度的性质：标量场的梯度 $F$ 是一个无旋场，则由斯托克斯定理知，无旋场沿闭合路径的积分必然为零，即

$$\oint_l \nabla u \cdot \mathrm{d}l = \int_S (\nabla \times \nabla u) \cdot \mathrm{d}S = 0$$

而

$$\oint_l \nabla u \cdot \mathrm{d}l = \int_{P_1 C_1 P_2} \nabla u \cdot \mathrm{d}l + \int_{P_2 C_2 P_1} \nabla u \cdot \mathrm{d}l = 0$$

如图 1-20 所示，即

$$\int_{P_1 C_1 P_2} \nabla u \cdot \mathrm{d}l = \int_{P_1 C_2 P_2} \nabla u \cdot \mathrm{d}l$$

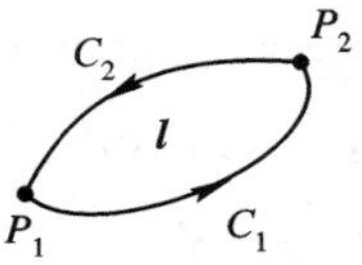

图 1-20　无旋场沿不同路径的积分

这说明积分与路径无关，仅与始点 $P_1$ 和终点 $P_2$ 的位置有关。

又

$$\int_{P_1}^{P_2} \nabla u \cdot \mathrm{d}l = \int_{P_1}^{P_2} \frac{\mathrm{d}u}{\mathrm{d}l} \mathrm{d}l = u(P_2) - u(P_1)$$

假如选定始点 $P_1$ 为不动的固定点（参考点），$P_2$ 点为任意动点，则 $P_2$ 点的函数值可表示为

$$u(P_2) = \int_{P_1}^{P_2} \nabla u \cdot \mathrm{d}l + u(P_1) = \int_{P_1}^{P_2} F \cdot \mathrm{d}l + C \qquad (1-4-18)$$

式(1-4-18)表明：如果已知一个无旋场，选定一个参考点，就可由式(1-4-18)求得其标量场 $u$。如在静电场中，已知电场强度，就可求得电位函数（第 2 章中介绍）。

总之，一个标量场 $u$，求其梯度得到的矢量场一定为无旋场，无旋场沿闭合路径的积分一定为零，因此也称无旋场为保守场。

## 1.5　亥姆霍兹定理

**1.5 节课件**

前面我们介绍了矢量分析中的一些基本概念和运算方法，其中矢量场的散度、旋度和标量场的梯度都是场的重要量度，或者说，一个矢量场的性质，完全可以由它的散度和旋度来表明；一个标量场的性质则完全可由它的梯度来表明。如果一个矢量场的旋度为零，则称为无旋场；如果一个矢量场的散度为零，则称为无散场。但就矢量场的整体而言，无旋场的散度不能处处为零；同样，无散场的旋度也不能处处为零，否则矢量场就不存在。任何一个物理矢量场(Field)都必须有源(Source)。假如我们把源看作是场的起因，矢量

场的散度便对应于一种源，称为发散源（Divergence Source）；而矢量场的旋度则对应另一种源，称为旋涡源（Rotational Source）。

设一个矢量场 $\boldsymbol{A}$ 既有散度，又有旋度，则可将其分解为一个无旋场分量 $\boldsymbol{A}_1$ 和一个无散场分量 $\boldsymbol{A}_2$ 之和，即

$$\boldsymbol{A} = \boldsymbol{A}_1 + \boldsymbol{A}_2 \tag{1-5-1}$$

其中无旋场分量 $\boldsymbol{A}_1$ 的散度不等于零，设为 $\rho_V$，无散场分量 $\boldsymbol{A}_2$ 的旋度不等于零，设为 $\boldsymbol{J}$，因此有

$$\nabla \cdot \boldsymbol{A} = \nabla \cdot (\boldsymbol{A}_1 + \boldsymbol{A}_2) = \nabla \cdot \boldsymbol{A}_1 = \rho_V \tag{1-5-2}$$

$$\nabla \times \boldsymbol{A} = \nabla \times (\boldsymbol{A}_1 + \boldsymbol{A}_2) = \nabla \times \boldsymbol{A}_2 = \boldsymbol{J} \tag{1-5-3}$$

源与场的关系

如上可见，矢量场 $\boldsymbol{A}$ 的散度代表着形成矢量场的一种源——标量源 $\rho_V$，而矢量场 $\boldsymbol{A}$ 的旋度代表着形成矢量场的另一种源——矢量源 $\boldsymbol{J}$。一般来说，当一个矢量场的两类源（$\rho_V$, $\boldsymbol{J}$）在空间的分布确定时，该矢量场就唯一地确定了，这一规律称为亥姆霍兹定理（Helmholtz Theorem）。

亥姆霍兹定理告诉我们，研究任意一个矢量场（如电场、磁场等）都应该从散度和旋度两个方面去进行，其中

$$\nabla \cdot \boldsymbol{A} = \rho_V$$
$$\nabla \times \boldsymbol{A} = \boldsymbol{J} \tag{1-5-4}$$

称此为矢量场基本方程的微分形式。

或者从矢量场的通量和环量两个方面去研究，即

$$\oint_S \boldsymbol{A} \cdot \mathrm{d}\boldsymbol{S} = \int_V \rho_V \, \mathrm{d}V$$
$$\oint_l \boldsymbol{A} \cdot \mathrm{d}\boldsymbol{l} = \int_S \boldsymbol{J} \cdot \mathrm{d}\boldsymbol{S} \tag{1-5-5}$$

上式称为矢量场基本方程的积分形式。

应该指出，只有在矢量函数 $\boldsymbol{A}$ 连续的区域内，$\nabla \cdot \boldsymbol{A}$ 和 $\nabla \times \boldsymbol{A}$ 才有意义，也就是说，不能利用散度和旋度来分析不连续表面邻近的场的性质，此时一般用其积分形式来分析。

本章小结

从前面分析我们可以得到以下几点结论：

（1）矢量场的散度表示该矢量场中一点处通量对体积的变化率，它代表了该矢量场的标量源在空间的分布状况。如果矢量场的散度等于零，我们称该矢量场为无散场。

（2）矢量场的旋度表示该矢量场单位面积上的环量，它代表了该矢量场的矢量源在空间的分布状况。如果矢量场的旋度等于零，我们称该矢量场为无旋场。

（3）无旋场的散度不能处处为零，同样无散场的旋度也不能处处为零，否则该矢量场就不存在。反过来说一个矢量场可能散度和旋度都不等于零，也就是这个矢量场是由标量源和矢量源共同产生的。

（4）研究一个矢量场，必须既要研究它的标量源又要研究它的矢量源。如果一个矢量场的标量源和矢量源在空间的分布确定了，则该矢量场就唯一

地确定了。

（5）任一个矢量场都应该由两个方程来描述，这两个方程可以是微分形式的或积分形式的。微分形式的两个方程就是该矢量场的散度和旋度，积分形式的就是该矢量场的通量和环量。这些方程就构成了矢量场的基本方程。这一点在后续的电磁场分析中得到了很好的体现。

总之，任意矢量场都可分为由标量源（也称为发散源）产生的无旋场和由矢量源（也称为漩涡源）产生的无散场两部分，即 $A = A_1 + A_2$。两部分场的特点如下：

$$\nabla \cdot A_1 = \rho \quad \text{发散源（标量源）} \qquad \nabla \cdot A_2 = 0 \quad \text{无散场}$$

$$\nabla \times A_1 = 0 \quad \text{无旋场} \qquad \nabla \times A_2 = J \quad \text{漩涡源（矢量源）}$$

$$\oint_S A_1 \cdot dS = \int_V \rho dV \qquad \text{通量为标量源的总量}$$

$$\oint_S A_2 \cdot dS = 0 \qquad \text{连续场}$$

$$\oint_l A_1 \cdot dl = 0 \qquad \text{保守场}$$

$$\oint_l A_2 \cdot dl = \int_S J \cdot dS \qquad \text{环量为矢量源的总量}$$

$$A_1 = -\nabla \phi \qquad \text{有势场；负号代表矢量场下降方向}$$

其中，标量源产生的矢量场一定是无旋场、有势场及保守场；而由矢量源产生的矢量场一定是无散场、有旋场及连续场。这些场的特征在电磁场中得到了充分体现。

# 习 题

1.1 已知 $A$、$B$ 和 $C$ 为任意矢量，

（1）若 $A \cdot B = A \cdot C$，则是否意味着 $B$ 总等于 $C$ 呢？试讨论之；

（2）试证明：$A \cdot (B \times C) = B \cdot (C \times A) = C \cdot (A \times B)$。

1.2 给定三个矢量 $A$、$B$ 和 $C$ 如下：

$$A = a_x + 2a_y - 3a_z$$

$$B = -4a_y + a_z$$

$$C = 5a_x - 2a_z$$

求：

（1）矢量 $A$ 的单位矢量 $a_A$；

（2）矢量 $A$ 和 $B$ 的夹角 $\theta_{AB}$；

（3）$A \cdot B$ 和 $A \times B$；

（4）$A \cdot (B \times C)$ 和 $(A \times B) \cdot C$；

（5）$A \times (B \times C)$ 和 $(A \times B) \times C$。

1.3 有一个二维矢量场 $F(r) = a_x(-y) + a_y(x)$，求其矢量线方程，并定性画出该矢量场图形。

典型例题

1.4 已知直角坐标系中的点 $P_1(-3,1,4)$ 和 $P_2(2,-2,3)$：

(1) 在直角坐标系中写出点 $P_1$、$P_2$ 的位置矢量 $\boldsymbol{r}_1$ 和 $\boldsymbol{r}_2$；

(2) 求点 $P_1$ 到 $P_2$ 的距离矢量的大小和方向；

(3) 求矢量 $\boldsymbol{r}_1$ 在 $\boldsymbol{r}_2$ 的投影。

1.5 写出空间任一点在直角坐标系的位置矢量表达式，并将此位置矢量分别变换成在圆柱坐标系中和球坐标系中的位置矢量。

1.6 求数量场 $\psi=\ln(x^2+y^2+z^2)$ 通过点 $P(1,2,3)$ 的等值面方程。

1.7 用球坐标表示的场 $\boldsymbol{E}=\boldsymbol{a}_r\dfrac{25}{r^2}$，求：

(1) 在直角坐标系中的点 $(-3,4,-5)$ 处的 $|\boldsymbol{E}|$ 和 $E_z$；

(2) $\boldsymbol{E}$ 与矢量 $\boldsymbol{B}=2\boldsymbol{a}_x-2\boldsymbol{a}_y+\boldsymbol{a}_z$ 之间的夹角。

1.8 试计算 $\oint_S \boldsymbol{r}\cdot \mathrm{d}\boldsymbol{S}$ 的值，式中的闭合曲面 $S$ 是以原点为顶点的单位立方体，$\boldsymbol{r}$ 为空间任一点的位置矢量。

1.9 求标量场 $\psi(x,y,z)=6x^2y^3+\mathrm{e}^z$ 在点 $P(2,-1,0)$ 的梯度。

1.10 在圆柱体 $x^2+y^2=9$ 和平面 $x=0$、$y=0$、$z=0$ 及 $z=2$ 所包围的第一象限区域，设此区域的表面为 $S$：

(1) 求矢量场 $\boldsymbol{A}$ 沿闭合曲面 $S$ 的通量，其中矢量场 $\boldsymbol{A}$ 的表达式为
$$\boldsymbol{A}=\boldsymbol{a}_x 3x^2+\boldsymbol{a}_y(3y+z)+\boldsymbol{a}_z(3z-x)$$

(2) 验证散度定理。

1.11 从 $P(0,0,0)$ 到 $Q(1,1,0)$ 计算 $\displaystyle\int_C \boldsymbol{A}\cdot \mathrm{d}\boldsymbol{l}$，其中矢量场 $\boldsymbol{A}$ 的表达式为
$$\boldsymbol{A}=\boldsymbol{a}_x 4x-\boldsymbol{a}_y 14y^2$$
曲线 $C$ 沿下列路径：

(1) $x=t$，$y=t^2$；

(2) 从 $(0,0,0)$ 沿 $x$ 轴到 $(1,0,0)$，再沿 $x=1$ 到 $(1,1,0)$。

此矢量场为保守场吗？

1.12 (1) 若矢量场 $\boldsymbol{A}=(2+16r^2)\boldsymbol{a}_z$，在半径为 2 和 $0\leqslant\theta\leqslant\pi/2$ 的半球面上计算 $\displaystyle\int_S \boldsymbol{A}\cdot \mathrm{d}\boldsymbol{S}$ 的值；

(2) 若矢量场 $\boldsymbol{A}=10\cos^2\varphi\,\boldsymbol{a}_z$，求穿过 $xy$ 平面上半径为 2 的圆面的通量 $\displaystyle\int_S \boldsymbol{A}\cdot \mathrm{d}\boldsymbol{S}$。

1.13 求矢量 $\boldsymbol{A}=\boldsymbol{a}_x x+\boldsymbol{a}_y xy^2$ 沿圆周 $x^2+y^2=a^2$ 的线积分，再求 $\nabla\times\boldsymbol{A}$ 对此圆周所包围的表面积分，验证斯托克斯定理。

1.14 在球坐标系中，已知标量函数 $\phi=\dfrac{p_e\cos\theta}{4\pi\varepsilon_0 r^2}$，其中 $p_e$ 和 $\varepsilon_0$ 均为常数，求矢量场 $\boldsymbol{E}=-\nabla\phi$。

1.15 求下列标量场的梯度：

（1）$u = xyz + x^2$

（2）$u = 4x^2 y + y^2 z - 4xz$

（3）$u = 5yz + x^3$

1.16　求下列矢量场在给定点的散度：

（1）$\boldsymbol{A} = \boldsymbol{a}_x x^3 + \boldsymbol{a}_y y^3 + \boldsymbol{a}_z (3z - x)$在点 $P(1, 0, -1)$；

（2）$\boldsymbol{A} = \boldsymbol{a}_x x^2 y + \boldsymbol{a}_y yz + \boldsymbol{a}_z 3z^2$ 在点 $P(1, 1, 0)$。

1.17　求下列矢量场的旋度：

（1）$\boldsymbol{A} = \boldsymbol{a}_x x^2 + \boldsymbol{a}_y y^2 + \boldsymbol{a}_z 3z^2$

（2）$\boldsymbol{A} = \boldsymbol{a}_x yz + \boldsymbol{a}_y xz + \boldsymbol{a}_z xy$

1.18　现有三个矢量场 $\boldsymbol{A}$、$\boldsymbol{B}$ 和 $\boldsymbol{C}$，已知：

$$\boldsymbol{A} = \boldsymbol{a}_r \sin\theta \cos\varphi + \boldsymbol{a}_\theta \cos\theta \cos\varphi - \boldsymbol{a}_\varphi \sin\varphi$$

$$\boldsymbol{B} = \boldsymbol{a}_\rho z^2 \sin\varphi + \boldsymbol{a}_\varphi z^2 \cos\varphi + \boldsymbol{a}_z 2\rho z \sin\varphi$$

$$\boldsymbol{C} = \boldsymbol{a}_x (3y^2 - 2x) + \boldsymbol{a}_y 3x^2 + \boldsymbol{a}_z 2z$$

（1）试问：哪些矢量场为无旋场？哪些矢量场为无散场？

（2）试问：哪些矢量场可以用一个标量函数的梯度来表示？哪些矢量场可以用一个矢量函数的旋度来表示？

（3）求出它们的源分布。

1.19　已知直角坐标系中的点 $P(x, y, z)$ 和点 $Q(x', y', z')$，求：

（1）$P$ 点的位置矢量 $\boldsymbol{r}$ 和 $Q$ 点的位置矢量 $\boldsymbol{r}'$；

（2）从 $Q$ 点到 $P$ 点的距离矢量 $\boldsymbol{R}$；

（3）$\nabla \times \boldsymbol{r}$ 和 $\nabla \cdot \boldsymbol{r}$；

（4）$\nabla \left( \dfrac{1}{R} \right)$。

1.20　证明矢量场

$$\boldsymbol{A} = \boldsymbol{a}_x (y^2 + 2xz^2) + \boldsymbol{a}_y (2xy - z) + \boldsymbol{a}_z (2x^2 z - y + 2z)$$

为有势场。

1.21　在直角坐标中，证明

$$\nabla \cdot (\psi \boldsymbol{A}) = \psi \nabla \cdot \boldsymbol{A} + \boldsymbol{A} \cdot \nabla \psi$$

1.22　在直角坐标中，证明

$$\nabla \times (\psi \boldsymbol{A}) = \psi \nabla \times \boldsymbol{A} + (\nabla \psi) \times \boldsymbol{A}$$

1.23　求函数 $\phi = 3x^2 y - y^2$ 在点 $P(2, 3)$ 处沿曲线 $y = x^2 - 1$ 朝 $x$ 增大方向的方向导数。

1.24　若矢量场

$$\boldsymbol{A} = \boldsymbol{a}_x (5 + 2z) + \boldsymbol{a}_y (3x - 2) + \boldsymbol{a}_z (4x - 1)$$

试在由半球面 $x^2 + y^2 + z^2 = 4$ 和平面 $z = 0$ 组成的闭合曲面上验证高斯定理。

1.25　在直角坐标中，证明：

（1）一个矢量场的旋度的散度恒等于零，即 $\nabla \cdot (\nabla \times \boldsymbol{A}) \equiv 0$；

（2）一个标量场的梯度的旋度恒等于零，即 $\nabla \times (\nabla \psi) \equiv \boldsymbol{0}$。

# 第 2 章　静电场和恒定电场

　　对于观察者静止且量值不随时间变化的电荷产生的电场称为静电场 (Static Electric Field 或 Electrostatics)，这些电荷可以集中在一点（点电荷）或以某种形式分布在空间中。而在恒定电流空间中存在的电场称为恒定电场 (Steady Electric Field)。

　　本章从库仑定律出发，定义电场强度矢量，导出电位函数，证明静电场是无旋场或保守场，给出静电场的两个基本方程；介绍电介质对静电场的影响和导体间的电容及电耦合；应用基本方程的积分形式，导出不同介质分界面的边界条件，分析恒定电流空间中的电场即恒定电场问题；同时介绍了接地电阻和同轴线的单位长漏电导。

## 2.1　电场强度与电位函数

2.1 节课件

### 2.1.1　库仑定律

　　库仑定律(Coulom's Law)是静电现象的基本实验定律，它表明固定在真空中相距为 $R$ 的两点电荷 $q_1$ 与 $q_2$ 之间的作用力：正比于它们的电荷量的乘积；反比于它们之间距离的平方；作用力的方向沿两者间的连线；两点电荷同性为斥力，异性为吸力（如图 2-1 所示），表达式为

$$F_{12} = a_R \frac{q_1 q_2}{4\pi\varepsilon_0 R^2} = \frac{q_1 q_2}{4\pi\varepsilon_0 R^3} R \qquad (2-1-1)$$

式中，$a_R = \dfrac{R}{R}$，是从 $q_1$ 到 $q_2$ 的距离矢量 $R$ 上的单位矢量；$\varepsilon_0 = \dfrac{1}{36\pi} \times 10^{-9}$ F/m （法/米），是真空中的介电常数。

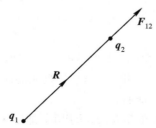

图 2-1　两个点电荷的相互作用

库仑定律表明了两个点电荷之间相互作用力的大小和方向，但没有表明这种作用力是如何传递的。实验表明，任何电荷都在自己的周围空间产生电场，而电场对处在其场中的任何电荷都产生作用力，称为电场力，电荷间的相互作用就是通过电场来传递的。

### 2.1.2　电场强度

#### 1. 点电荷的电场强度

电场

设 $q$ 为位于点 $S(x', y', z')$ 处的点电荷，在其电场中点 $P(x, y, z)$ 处引入试验电荷 $q_t$，如图 $2-2$ 所示。根据库仑定律，$q_t$ 受到的作用力为 $\boldsymbol{F}$，则该点处的电场强度（Electric Field Intensity）定义为

$$\boldsymbol{E} = \lim_{q_t \to 0} \frac{\boldsymbol{F}}{q_t} = \frac{q\boldsymbol{R}}{4\pi\varepsilon_0 R^3} \tag{2-1-2}$$

其中，$\boldsymbol{F}$ 的单位为 N（牛），$q$ 的单位为 C（库），电场强度的单位为 V/m（伏/米），取极限 $q_t \to 0$ 是为了使引入试验电荷时不致影响源电荷的状态。

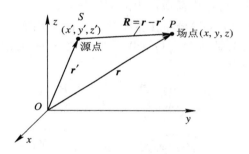

图 $2-2$　场点与源点

为了方便，我们将观察点 $P$ 称为场点，其位置用不带撇的坐标 $(x, y, z)$ 或 $\boldsymbol{r}$ 来表示，把点电荷所在的点 $S$ 称为源点，其位置用带撇的坐标 $(x', y', z')$ 或 $\boldsymbol{r}'$ 来表示，源点到场点的距离矢量可表示为 $\boldsymbol{R} = \boldsymbol{r} - \boldsymbol{r}'$。在直角坐标系中，$\boldsymbol{R} = \boldsymbol{a}_x(x-x') + \boldsymbol{a}_y(y-y') + \boldsymbol{a}_z(z-z')$，其大小为 $R = \sqrt{(x-x')^2 + (y-y')^2 + (z-z')^2}$。

当空间同时有 $n$ 个点电荷时，则场点 $\boldsymbol{r}$ 处的电场等于各点电荷 $q_i$ 在该点产生的电场强度的矢量和，即

$$\boldsymbol{E} = \boldsymbol{E}_1 + \boldsymbol{E}_2 + \cdots + \boldsymbol{E}_n = \sum_{i=1}^{n} \frac{q_i}{4\pi\varepsilon_0 R_i^3} \boldsymbol{R}_i \tag{2-1-3}$$

点电荷的
电力线

式中，$\boldsymbol{R}_i = \boldsymbol{r} - \boldsymbol{r}_i'$，$\boldsymbol{r}_i'(i=1, 2, \cdots, n)$ 为 $n$ 个点电荷的位置矢量，$R_i$ 为第 $i$ 个点电荷 $q_i$ 到场点的距离。

#### 2. 分布电荷的电场强度

上述的分析，我们假设电荷是集中在一个或若干个离散点上，从宏观的角度讲，电荷是连续分布在一段线上、一个面上或一个体积内的，因此，我们先定义电荷分布。

线电荷密度(Charge Line Density)：当电荷分布在一细线(其横向尺寸与长度的比值很小)上时，定义线电荷密度为单位长度上的电荷

$$\rho_l = \lim_{\Delta l \to 0} \frac{\Delta q}{\Delta l} \quad (C/m) \tag{2-1-4}$$

式中，$\Delta q$ 是长度元 $\Delta l$ 上的电荷量。

面电荷密度(Charge Areal Density)：当电荷分布在一个表面上时，定义面电荷密度为单位面积上的电荷

$$\rho_S = \lim_{\Delta S \to 0} \frac{\Delta q}{\Delta S} \quad (C/m^2) \tag{2-1-5}$$

式中，$\Delta q$ 是面积元 $\Delta S$ 上的电荷量。

体电荷密度(Charge Volume Density)：如果电荷分布在一个体积空间内，定义体电荷密度为单位体积内的电荷

$$\rho_V = \lim_{\Delta V \to 0} \frac{\Delta q}{\Delta V} \quad (C/m^3) \tag{2-1-6}$$

式中，$\Delta q$ 是体积元 $\Delta V$ 内所包含的电荷量。

下面我们来讨论分布电荷所产生的电场强度。

设电荷以体密度 $\rho_V(\boldsymbol{r'})$ 分布在体积 $V$ 内。在 $V$ 内取一微小体积元 $dV'$ 如图 2-3 所示，其电荷量 $dq = \rho_V(\boldsymbol{r'})dV'$，我们将其视为点电荷，则它在场点 $P(\boldsymbol{r})$ 处产生的电场为

$$d\boldsymbol{E} = \frac{dq}{4\pi\varepsilon_0} \frac{\boldsymbol{R}}{R^3} = \frac{\rho_V(\boldsymbol{r'})}{4\pi\varepsilon_0} \frac{\boldsymbol{R}}{R^3} dV'$$

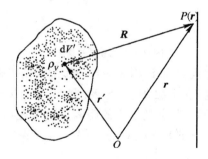

图 2-3 体电荷产生的场

体积 $V$ 内所有电荷在 $P(\boldsymbol{r})$ 处所产生的总电场为

$$\boldsymbol{E} = \frac{1}{4\pi\varepsilon_0} \int_V \frac{\rho_V(\boldsymbol{r'})}{R^3} \boldsymbol{R} \, dV' \tag{2-1-7}$$

用类似的方法可求得电荷分布为 $\rho_S(\boldsymbol{r'})$ 和 $\rho_l(\boldsymbol{r'})$ 时电场强度的表达式分别为

$$\boldsymbol{E} = \frac{1}{4\pi\varepsilon_0} \int_s \frac{\rho_S(\boldsymbol{r'})}{R^3} \boldsymbol{R} \, dS' \tag{2-1-8}$$

$$\boldsymbol{E} = \frac{1}{4\pi\varepsilon_0} \int_l \frac{\rho_l(\boldsymbol{r'})}{R^3} \boldsymbol{R} \, dl' \tag{2-1-9}$$

电场计算

式(2-1-7)、式(2-1-8)和式(2-1-9)称为电场强度的矢量积分公式。当我们已知电荷分布时，就可由它们求得其电场强度。

线电荷的场

【**例 2 - 1**】　有限长直线 $l$ 上均匀分布着线密度为 $\rho_l$ 的线电荷,如图 2 - 4 所示,求线外一点的电场强度。

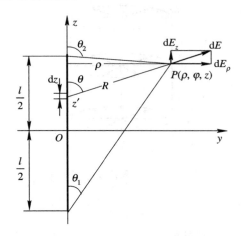

图 2 - 4　有限长直线电荷的电场

**解**　采用圆柱坐标系,在直线 $l$ 上选一线元 $\mathrm{d}z'$,则其上的电荷为 $\rho_l \mathrm{d}z'$,它在场点 $P(\rho,\varphi,z)$ 处产生的电场强度为 $\mathrm{d}\boldsymbol{E}$,由于直线电荷具有轴对称特性,因此电场 $\mathrm{d}\boldsymbol{E}$ 可以分解为如下三个分量:

$$\mathrm{d}E_\rho = \mathrm{d}E \sin\theta = \frac{1}{4\pi\varepsilon_0} \frac{\rho_l \, \mathrm{d}z'}{R^2} \sin\theta$$

$$\mathrm{d}E_z = \mathrm{d}E \cos\theta = \frac{1}{4\pi\varepsilon_0} \frac{\rho_l \, \mathrm{d}z'}{R^2} \cos\theta$$

$$\mathrm{d}E_\varphi = 0$$

由图 2 - 4 中三角形关系式知,$R = \rho \csc\theta$,$z - z' = \rho \operatorname{ctan}\theta$,而 $\mathrm{d}z' = \rho \csc^2\theta \, \mathrm{d}\theta$,因此有

$$\mathrm{d}E_\rho = \frac{1}{4\pi\varepsilon_0} \frac{\rho_l \rho \, \csc^2\theta \, \mathrm{d}\theta}{\rho^2 \csc^2\theta} \sin\theta = \frac{1}{4\pi\varepsilon_0} \frac{\rho_l}{\rho} \sin\theta \, \mathrm{d}\theta$$

$$\mathrm{d}E_z = \frac{1}{4\pi\varepsilon_0} \frac{\rho_l \rho \, \csc^2\theta \, \mathrm{d}\theta}{\rho^2 \csc^2\theta} \cos\theta = \frac{1}{4\pi\varepsilon_0} \frac{\rho_l}{\rho} \cos\theta \, \mathrm{d}\theta$$

将上两式积分得

$$E_\rho = \frac{\rho_l}{4\pi\varepsilon_0 \rho} \int_{\theta_1}^{\theta_2} \sin\theta \, \mathrm{d}\theta = \frac{\rho_l}{4\pi\varepsilon_0 \rho} ( \cos\theta_1 - \cos\theta_2 )$$

$$E_z = \frac{\rho_l}{4\pi\varepsilon_0 \rho} \int_{\theta_1}^{\theta_2} \cos\theta \, \mathrm{d}\theta = \frac{\rho_l}{4\pi\varepsilon_0 \rho} ( \sin\theta_2 - \sin\theta_1 )$$

如果直线无限长,则 $\theta_1 = 0$,$\theta_2 = \pi$,此时 $E_z = 0$,$E_\rho = \dfrac{\rho_l}{2\pi\varepsilon_0 \rho}$,即线密度为 $\rho_l$ 的无限长直线电荷的电场强度为

$$\boldsymbol{E} = \boldsymbol{a}_\rho \frac{\rho_l}{2\pi\varepsilon_0 \rho} \qquad\qquad (2 - 1 - 10)$$

可见,由无限长线电荷产生的电场是以线电荷为轴沿径向发散分布的,这是

由电荷标量源的性质所决定的，如图 2-5 所示。

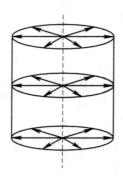

图 2-5　无限长线电荷的场

### 2.1.3　电位函数

电位

在静电场中，某点 $P$ 处的电位定义为把单位正电荷从 $P$ 点移到参考点 $Q$ 的过程中静电力所做的功。若正试验电荷 $q_t$ 从 $P$ 点移到 $Q$ 点的过程中电场力做功为 $W$，则 $P$ 点处的电位为

$$\phi = \lim_{q_t \to 0} \frac{W}{q_t} = \int_P^Q \boldsymbol{E} \cdot \mathrm{d}\boldsymbol{l} \qquad (2-1-11)$$

当电荷不延伸到无穷远处时，一般把电位参考点 $Q$ 选在无限远处，这将会给电位的计算带来很大的方便。这时，任意 $P$ 点的电位为

$$\phi = \int_P^{\infty} \boldsymbol{E} \cdot \mathrm{d}\boldsymbol{l} \qquad (2-1-12)$$

将式(2-1-2)代入上式得点电荷的电位表达式为

$$\phi = \frac{q}{4\pi\varepsilon_0} \frac{1}{R} \qquad (2-1-13)$$

这就是点电荷产生的电位。上式中隐含无穷远处的电位为零。

实际上，由于

$$\nabla\left(\frac{1}{R}\right) = \left(\boldsymbol{a}_x \frac{\partial}{\partial x} + \boldsymbol{a}_y \frac{\partial}{\partial y} + \boldsymbol{a}_z \frac{\partial}{\partial z}\right)\left(\frac{1}{R}\right) = -\boldsymbol{a}_R \frac{1}{R^2} = -\frac{\boldsymbol{R}}{R^3} \qquad (2-1-14)$$

因此，式(2-1-2)又可以表示为

$$\boldsymbol{E} = -\frac{q}{4\pi\varepsilon_0} \nabla\left(\frac{1}{R}\right) \quad 即 \quad \boldsymbol{E} = -\nabla\left(\frac{q}{4\pi\varepsilon_0} \frac{1}{R}\right) \qquad (2-1-15)$$

不难发现，电位与电场强度有如下关系：

$$\boldsymbol{E} = -\nabla\phi \qquad (2-1-16)$$

式(2-1-16)也可以从静电场的本质上来理解，因为产生静电场的源是标量源，所产生的场是有势场，可以用一个标量场的梯度来表示，这里的负号表示电场的方向是电位的下降方向。

如果电荷以体密度 $\rho_V(\boldsymbol{r}')$ 分布于体积 $V$ 内，则式(2-1-9)可以表示为

$$\boldsymbol{E} = -\frac{1}{4\pi\varepsilon_0} \int_V \rho_V(\boldsymbol{r}') \nabla\left(\frac{1}{R}\right) \mathrm{d}V'$$

将积分(对带撇的变量积分)与微分(对不带撇的变量微分)符号互换,得

$$\boldsymbol{E} = - \nabla \left( \frac{1}{4\pi\varepsilon_0} \int_V \frac{\rho_V(\boldsymbol{r}')}{R} \, dV' \right)$$

因而可得体电荷分布所产生的电位为

$$\phi = \frac{1}{4\pi\varepsilon_0} \int_V \frac{\rho_V(\boldsymbol{r}')}{R} \, dV' \qquad (2-1-17)$$

用类似的方法可得电荷分布为 $\rho_S(\boldsymbol{r}')$ 和 $\rho_l(\boldsymbol{r}')$ 时电位函数(Electric Potential Function)的表达式分别为

$$\phi = \frac{1}{4\pi\varepsilon_0} \int_S \frac{\rho_S(\boldsymbol{r}')}{R} \, dS' \qquad (2-1-18)$$

$$\phi = \frac{1}{4\pi\varepsilon_0} \int_l \frac{\rho_l(\boldsymbol{r}')}{R} \, dl' \qquad (2-1-19)$$

式(2-1-17)至式(2-1-19)都是将参考点选在无穷远处。

应该注意的是,当源延伸到无穷远时,就要重新选定参考点,以表达式简捷、有意义为原则。

由于电位是标量函数,一般情况下,标量运算比矢量运算方便,所以在已知电荷分布时,可以先求其电位,然后通过梯度运算求得电场强度,这样往往比直接求电场强度来得简单。

**【例 2 - 2】**  真空中一个带电导体球,半径为 $a$,所带电量为 $Q$,试计算球内外的电位与电场强度。

**解**  我们知道,导体的电荷是分布在导体表面的,孤立带电导体球的电荷必定均匀分布于球表面上(如图 2 - 6 所示),因而它在空间产生的电位也是球对称的。为了方便,我们将场点选在 $z$ 轴上。电荷面密度 $\rho_S = \dfrac{Q}{4\pi a^2}$,在球面上取面元 $dS'$,其坐标为 $S(a, \theta', \varphi')$,它在场点 $P(r, 0, \varphi)$ 产生的电位 $d\phi = \dfrac{\rho_S}{4\pi\varepsilon_0 R} \, dS'$,此时整个导体球所产生的电位为

$$\phi = \frac{\rho_S}{4\pi\varepsilon_0} \int_S \frac{1}{R} \, dS' = \frac{\rho_S}{4\pi\varepsilon_0} \int_0^\pi \int_0^{2\pi} \frac{1}{R} a^2 \sin\theta' \, d\theta' \, d\varphi'$$

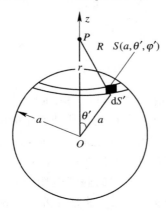

图 2 - 6  孤立带电导体球的场

由余弦定理：

$$R^2 = r^2 + a^2 - 2ar\cos\theta'$$

考虑到观察点不变的前提下，$r$ 和 $a$ 均为常数，对上式两边取微分可得

$$2R\mathrm{d}R = 2ar\sin\theta'\,\mathrm{d}\theta'$$

整理得

$$\sin\theta'\,\mathrm{d}\theta' = \frac{R}{ar}\,\mathrm{d}R$$

当 $r > a$ 时，

$$\phi = \frac{\rho_S}{4\pi\varepsilon_0}\int_0^{2\pi}\mathrm{d}\varphi'\int_{r-a}^{r+a}\frac{1}{R}a^2\frac{R}{ar}\,\mathrm{d}R = \frac{\rho_S}{4\pi\varepsilon_0 r}4\pi a^2 = \frac{Q}{4\pi\varepsilon_0 r}$$

当 $r < a$ 时，

$$\phi = \frac{\rho_S}{4\pi\varepsilon_0}\int_0^{2\pi}\mathrm{d}\varphi'\int_{a-r}^{a+r}\frac{1}{R}a^2\frac{R}{ar}\,\mathrm{d}R = \frac{\rho_S}{4\pi\varepsilon_0}4\pi a = \frac{Q}{4\pi\varepsilon_0 a}$$

因此，带电导体球（如图 2-7 所示）的电位分布：

$$\phi = \begin{cases} \dfrac{Q}{4\pi\varepsilon_0 r}, & r > a \\[2mm] \dfrac{Q}{4\pi\varepsilon_0 a}, & r \leqslant a \end{cases}$$

其电场强度：

$$\boldsymbol{E} = -\nabla\phi = \begin{cases} \boldsymbol{a}_r\dfrac{Q}{4\pi\varepsilon_0 r^2}, & r > a \\[2mm] 0, & r \leqslant a \end{cases}$$

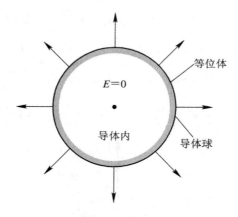

图 2-7 带电导体球的场分布

上述结果表明，总带电量为 $Q$ 的导体球产生的电位和电场与集中在球心处的电荷为 $Q$ 的点电荷所产生的电位和电场相同，在 $r = a$ 处电位是连续的，导体是一等电位体，它的表面是等位面；电场在 $r = a$ 处有一跃变，这是由于球面上存在面电荷的缘故，导体球的内部电场为零，而在导体的表面上只有电场的法向分量，切向分量等于零。这是在静电平衡状态下导体普遍适用的结论。

### 2.1.4　电偶极子

电偶极子(Electric Dipole)是指相距很近的两个等值异号的电荷。

设每个电荷的电量为 $q$，它们相距为 $d$，如图 2-8 所示。现在我们选用球坐标来求电偶极子在点 $P$ 的电位及电场。

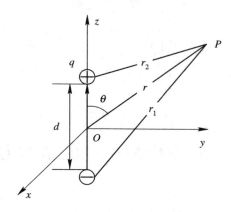

图 2-8　电偶极子的场

根据点电荷电位的表达式，电偶极子在 $P$ 点的电位为

$$\phi = \frac{q}{4\pi\varepsilon_0}\left(\frac{1}{r_2} - \frac{1}{r_1}\right) = \frac{q}{4\pi\varepsilon_0}\frac{r_1 - r_2}{r_1 r_2}$$

当两电荷之间距相对于到观察点的距离非常小，即 $r \gg d$ 时，$r_1$、$r_2$、$r$ 三者近乎平行，因此有

$$r_1 - r_2 \approx d\cos\theta$$

$$r_1 r_2 \approx r^2$$

将其代入上式得电偶极子的电位表达式为

$$\phi = \frac{qd\,\cos\theta}{4\pi\varepsilon_0 r^2} \tag{2-1-20}$$

我们定义电偶极矩矢量(Dipole Moment Vector)$\boldsymbol{p}$ 的大小为 $p = qd$，方向由负电荷指向正电荷，即

$$\boldsymbol{p} = \boldsymbol{a}_z qd \tag{2-1-21}$$

则 $P$ 点的电位可以写成下列形式：

$$\phi = \frac{qd\,\cos\theta}{4\pi\varepsilon_0 r^2} = \frac{\boldsymbol{p}\cdot\boldsymbol{a}_r}{4\pi\varepsilon_0 r^2} \tag{2-1-22}$$

对式(2-1-20)取负梯度得电偶极子在 $P$ 点处的电场强度为

$$\boldsymbol{E} = -\nabla\phi = \frac{p}{4\pi\varepsilon_0 r^3}(\boldsymbol{a}_r 2\cos\theta + \boldsymbol{a}_\theta \sin\theta) \tag{2-1-23}$$

上述分析表明，电偶极子的电位与距离的平方成反比，电场强试与距离的三次方成反比。显然，离电荷越远，电偶极子比单个点电荷的电场衰减得更快，这是因为在远处正负电荷的电场互相抵消。电偶极子的电场和电位的另一个特点是具有轴对称性，如图 2-9 所示。

偶极子的
场与位

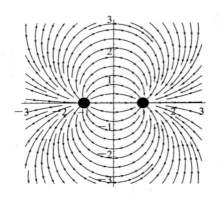

图 2-9 电偶极子的电场线

# 2.2 真空中静电场的基本方程

**2.2节课件**

根据亥姆霍兹定理，研究一个矢量场，如果从积分的角度就是研究其通量和环量，从微分的角度就是研究其散度和旋度，从而得到其基本的积分方程和微分方程。下面我们对静电场从这两个方面进行讨论。

## 2.2.1 电通(量)和电通(量)密度

把一个试验电荷 $q_t$ 放入电场中，让它自由移动，作用在此电荷上的静电力将使它按一定的路线移动，这个路线我们称之为力线(Line of Force)或通量线(Flux Line)。若把电荷放在不同的位置，就能描绘出任意多条力线。为了不使区域内被无数条力线塞满，通常人为地规定一个电荷产生的力线条数等于用库仑表示的电荷的大小，于是说场线(Field Line)表示电通量(Electric Flux)。虽然电通线实际上不存在，但它们可以直观、形象地描绘电场的分布，如图2-10所示。

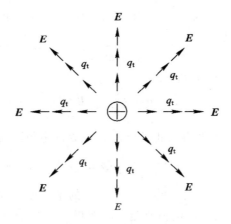

图 2-10 孤立正电荷的电通

早期研究发现，电通量有如下特性：

（1）与媒质无关；

（2）大小仅与发出电通量的电荷有关；

（3）如果点电荷被包围在半径为 $R$ 的假想球内，则电通量必将垂直并均匀穿过球面；

（4）单位面积上的电通量即电通密度反比于 $R^2$。

而电场强度除了大小与媒质的介电常数有关外，也满足这些约束，因此可以用电场强度定义电通密度（Electric Flux Density）$\boldsymbol{D}$，也称为电位移矢量，其表达式为

$$\boldsymbol{D} = \varepsilon_0 \boldsymbol{E} \qquad\qquad (2-2-1)$$

显然，点电荷 $q$ 在半径 $R$ 处的电通密度为

$$\boldsymbol{D} = \boldsymbol{a}_R \frac{q}{4\pi R^2} \qquad\qquad (2-2-2)$$

$\boldsymbol{D}$ 的单位为 $C/m^2$（库仑/平方米）。

由矢量分析得穿过某个曲面 $\boldsymbol{S}$ 的电通量定义为

$$\varPhi = \int_S \boldsymbol{D} \cdot \mathrm{d}\boldsymbol{S} \qquad\qquad (2-2-3)$$

如果 $\boldsymbol{D}$ 与 $\mathrm{d}\boldsymbol{S}$ 方向相同，则穿过曲面 $\boldsymbol{S}$ 的电通量最大。

## 2.2.2　高斯定律

设在无限大真空中有以体密度 $\rho_V$ 分布在闭合面包围的体积内的电荷，由式（2-1-7）可得该电荷分布在空间所产生的电场强度为

$$E = \frac{1}{4\pi\varepsilon_0} \int_V \frac{\rho_V(\boldsymbol{r}')}{R^3} \boldsymbol{R} \mathrm{d}V' \qquad\qquad (2-2-4)$$

再由真空中的本构关系式（2-2-1）得到相应的电通量密度矢量为

$$\boldsymbol{D} = \varepsilon_0 \boldsymbol{E} = \frac{1}{4\pi} \int_V \frac{\rho_V(\boldsymbol{r}')}{R^3} \boldsymbol{R} \mathrm{d}V' \qquad\qquad (2-2-5)$$

对上式求散度，并考虑到矢量恒等式 $\nabla^2 \left( \frac{1}{R} \right) = -4\pi\delta(\boldsymbol{r}-\boldsymbol{r}')$，可得

$$\nabla \cdot \boldsymbol{D} = -\frac{1}{4\pi} \int_V \rho_V(\boldsymbol{r}') \nabla^2 \left( \frac{1}{R} \right) \mathrm{d}V' = \int_V \rho_V(\boldsymbol{r}')\delta(\boldsymbol{r}-\boldsymbol{r}')\mathrm{d}V' = \rho_V(\boldsymbol{r})$$

$$(2-2-6)$$

再应用高斯散度定理，可得

$$\oint_S \boldsymbol{D} \cdot \mathrm{d}\boldsymbol{S} = \int_V \nabla \cdot \boldsymbol{D}\mathrm{d}V = \int_V \rho_V \mathrm{d}V = Q \qquad\qquad (2-2-7)$$

如果电荷以面密度分布或线密度分布，也可写出类似公式。式（2-2-7）称为高斯定律（Gauss' law），它表明从封闭面发出的总电通量在数值上等于包含在该封闭面内的净正电荷。

应该指出，应用高斯定律需要注意以下两点：

（1）在计算总电荷时，不必考虑闭合面外的电荷，也不必考虑包在闭合面内部的电荷是如何分布的及分散在什么位置。

（2）如果已知封闭面上的电场强度或电通密度，通过高斯定律便可求出封闭面内的总电荷。对于一些特殊的分布，如电荷呈对称分布，则很容易选择一个恒电通密度的面，从而用高斯定律能大大降低分析电场问题的难度，如后面的例 2-3。

重写式（2-2-6）有

$$\nabla \cdot \boldsymbol{D} = \rho_V \qquad\qquad (2-2-8)$$

上式称为微分形式的高斯定律，其物理意义是：空间任意存在正电荷密度的点都发出电通量线，如果电荷密度为负，电通量线指向电荷所在的点。或者说电荷是产生电场的标量源，因此电通量密度矢量的散度即是该点处的电荷密度。

如果在真空中，利用本构关系，式（2-2-8）还可以写为

$$\nabla \cdot \boldsymbol{E} = \frac{\rho_V}{\varepsilon_0} \qquad\qquad (2-2-9)$$

**【例 2-3】**　用高斯定律求无限长线电荷 $\rho_l$ 在任意 $P$ 点产生的电场强度。

**解**　以线电荷为轴，构造一个经 $P$ 点、半径为 $\rho$ 的圆柱面（见图 2-11），由于线电荷无限长，电通量密度只有径向分量（即与圆柱面垂直）且在同一圆柱面上，电通量密度有相同的值，即在 $\rho=$ 常数的圆柱面上，电通量密度为一常数，而上、下底面通量为零，于是便有

$$\oint_S \boldsymbol{D} \cdot \mathrm{d}\boldsymbol{S} = D2\pi\rho l = \rho_l l$$

$$\boldsymbol{D} = \boldsymbol{a}_\rho D = \boldsymbol{a}_\rho \frac{\rho_l}{2\pi\rho}$$

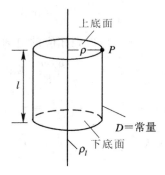

图 2-11　无限长线电荷的场

因而电场强度

$$\boldsymbol{E} = \boldsymbol{a}_\rho \frac{\rho_l}{2\pi\varepsilon_0\rho}$$

这与用电场强度的矢量积分式（例 2-1）求得的结果完全相同，但方法却简单得多。

### 2.2.3　电场强度的环量

设电场强度为 $\boldsymbol{E}$，$\boldsymbol{l}$ 为场中任意闭合路径，电场强度沿闭合路径的积分称

为环量。根据斯托克斯定理有

$$\oint_l \boldsymbol{E} \cdot \mathrm{d}\boldsymbol{l} = \int_s \nabla \times \boldsymbol{E} \cdot \mathrm{d}\boldsymbol{S} = -\int_s \nabla \times (\nabla \phi) \cdot \mathrm{d}\boldsymbol{S} = 0$$

即

$$\oint_l \boldsymbol{E} \cdot \mathrm{d}\boldsymbol{l} = 0 \qquad\qquad (2-2-10)$$

$$\nabla \times \boldsymbol{E} = \boldsymbol{0} \qquad\qquad (2-2-11)$$

式(2-2-10)表明电场强度沿任意闭合路径的积分等于零，电场强度为无旋场或保守场。

式(2-2-7)和式(2-2-10)称为静电场基本方程的积分形式，式(2-2-8)和式(2-2-11)称为静电场基本方程的微分形式。

2.3节课件

## 2.3　电介质的极化及介质中的场方程

　　理想的电介质(Ideal Dielectric)内部没有自由电子，它的所有带电粒子受很强的内部约束力束缚着，因此称为束缚电荷(Bound Charge)。

　　就物质的分子结构来讲，电介质的分子可以分成无极分子和有极分子两大类。在通常情况下，无极分子正负电荷的作用中心是重合的，如图 2-12(a)所示，有极分子正负电荷的作用中心不相重合而形成一个电偶极子，但由于分子的热运动，不同电偶极子的偶极矩的方向是不规则的，因此就宏观来说，它们所有分子的等效电偶极矩的矢量和为零，因而对外不呈现电性。但在外加电场力的作用下，无极分子正、负电荷的作用中心不再重合，有极分子的电矩发生转向，这时它们的等效电偶极矩的矢量和不再为零，如图 2-12(b)所示。这种情况称为电介质的极化(Polarized)。极化的结果是在电介质的内部和表面形成极化电荷，这些极化电荷在介质内激发出与外电场方向相反的电场，从而使介质中的电场不同于介质外的电场。

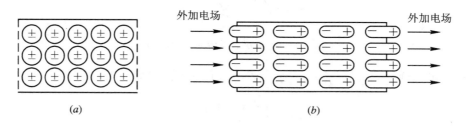

图 2-12　电介质的极化

(a) 正常状态下正负电荷中心重合；(b) 极化电介质的等效电偶极矩

　　设介质在外电场作用下发生了极化，为了描述介质极化的状态，引入极化强度矢量。在极化电介质中取一小体积 $\Delta V$，则 $\Delta V$ 内的电矩总和记为 $\sum \boldsymbol{p}$，定义单位体积内的电偶极矩为极化强度矢量(Polarization Intensity Vector)，即

$$P = \lim_{\Delta V \to 0} \frac{\sum p}{\Delta V} \qquad (2-3-1)$$

如果 $p_{av}$ 表示 $\Delta V$ 内每个分子的平均偶极矩，$N$ 是每单位体积内的分子数，则极化强度也可以表示为

$$P = N p_{av} \qquad (2-3-2)$$

如果极化强度与外加电场强度成正比，则我们就说此介质为线性的(Linear)；如果介质的电特性与方向无关，则说这种介质是各向同性的(Isotropic)；如果介质的各部分性质相同，则说这种介质是均匀的(Homogenous)。如果介质具有上述所有性质，我们称之为线性、均匀、各向同性介质。

在线性、均匀、各向同性的介质中，极化强度与电场强度满足下列关系：

$$P = \chi_e \varepsilon_0 E \qquad (2-3-3)$$

式中，$\chi_e$ 称为介质的电极化率(Electric Susceptibility)，是一个无量纲的常数，其大小取决于电介质本身的性质。

下面我们来分析极化介质所产生的电位。

如图 2-13 所示，极化介质内取一微小体积元 $dV'$，$dV'$ 内电偶极矩为 $dp = P dV'$，电偶极矩 $dp$ 在 $P$ 点产生的电位相当于一个电偶极子产生的电位，其表达式为

$$d\phi = \frac{P \cdot a_R}{4\pi\varepsilon_0 R^2} dV' \qquad (2-3-4)$$

式中，$R = r - r' = |r - r'| a_R = R a_R$。

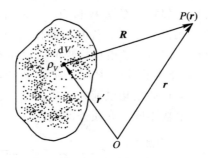

图 2-13 极化电介质外一点的场

考虑到 $\nabla' \left( \dfrac{1}{R} \right) = \dfrac{1}{R^2} a_R$，则式(2-3-4)又可以写成

$$d\phi = \frac{P \cdot \nabla'(1/R)}{4\pi\varepsilon_0} dV' \qquad (2-3-5)$$

利用矢量恒等式

$$P \cdot \nabla' \left( \frac{1}{R} \right) = \nabla' \cdot \left( \frac{P}{R} \right) - \frac{\nabla' \cdot P}{R}$$

式(2-3-5)可以表达为

$$d\phi = \frac{1}{4\pi\varepsilon_0} \left[ \nabla' \cdot \left( \frac{P}{R} \right) - \frac{\nabla' \cdot P}{R} \right] dV'$$

因此，整个极化电介质在 $P$ 点所产生的电位表达式为

$$\phi = \frac{1}{4\pi\varepsilon_0}\left[\int_V \nabla' \cdot \left(\frac{\mathbf{P}}{R}\right) \mathrm{d}V' - \int_V \frac{\nabla' \cdot \mathbf{P}}{R} \mathrm{d}V'\right]$$

对上式的第一项应用散度定理得

$$\phi = \frac{1}{4\pi\varepsilon_0}\left[\oint_S \left(\frac{\mathbf{P} \cdot \mathbf{a}_n}{R}\right) \mathrm{d}S' - \int_V \frac{\nabla' \cdot \mathbf{P}}{R} \mathrm{d}V'\right] \qquad (2-3-6)$$

式（2 - 3 - 6）表明，极化介质在 $P$ 点产生的电位是两项的代数和。我们定义：

$$\rho_{Sb} = \mathbf{P} \cdot \mathbf{a}_n \qquad (2-3-7)$$

为束缚面电荷密度，

$$\rho_{Vb} = -\nabla \cdot \mathbf{P} \qquad (2-3-8)$$

为束缚体电荷密度，于是式（2 - 3 - 6）可写成

$$\phi = \frac{1}{4\pi\varepsilon_0}\left[\oint_S \frac{\rho_{Sb}}{R} \mathrm{d}S' + \int_V \frac{\rho_{Vb}}{R} \mathrm{d}V'\right] \qquad (2-3-9)$$

束缚电荷密度的产生是由于无极分子电荷对的分离和有极分子电偶极矩的有序排列。如果电介质中除了束缚电荷密度还有自由电荷密度，则电介质中的电场 $\mathbf{E}$ 是自由电荷和束缚电荷共同作用的结果，即

基本方程

$$\nabla \cdot \mathbf{E} = \frac{\rho_V + \rho_{Vb}}{\varepsilon_0} = \frac{\rho_V - \nabla \cdot \mathbf{P}}{\varepsilon_0}$$

也就是

$$\nabla \cdot (\varepsilon_0 \mathbf{E} + \mathbf{P}) = \rho_V \qquad (2-3-10)$$

式（2 - 3 - 10）右边仅有自由体电荷密度一项。当我们讨论自由空间的电场时，曾经得到电通量密度的散度等于自由电荷密度，即 $\nabla \cdot \mathbf{D} = \rho_V$。事实上，在自由空间极化强度 $\mathbf{P} = 0$，对比式（2 - 2 - 7），式（2 - 3 - 10）仍然是成立的。因此，我们给出任意媒质中的电通量密度的定义：

$$\mathbf{D} = \varepsilon_0 \mathbf{E} + \mathbf{P} = \varepsilon_0 \mathbf{E} + \chi_e \varepsilon_0 \mathbf{E} = \varepsilon_r \varepsilon_0 \mathbf{E} = \varepsilon \mathbf{E} \qquad (2-3-11)$$

式中，$\varepsilon$ 为电介质的介电常数（Permittivity），$\varepsilon_r$ 为电介质的相对介电常数（Relative Dielectric Constant），式（2 - 3 - 11）称为媒质的本构关系（Constitutive Relation）。

在自由空间中，$\varepsilon_r = 1$，因此有 $\mathbf{D} = \varepsilon_0 \mathbf{E}$。在任意介质中，静电场满足下列方程式：

本构关系

$$\oint_S \mathbf{D} \cdot \mathrm{d}\mathbf{S} = q \qquad (2-3-12)$$

$$\oint_l \mathbf{E} \cdot \mathrm{d}\mathbf{l} = 0 \qquad (2-3-13)$$

$$\nabla \times \mathbf{E} = \mathbf{0} \qquad (2-3-14)$$

$$\nabla \cdot \mathbf{D} = \rho_V \qquad (2-3-15)$$

当增大外加电场强度 $\mathbf{E}$ 到能使电子完全脱离分子的内部束缚力时，电介质将发生击穿，击穿后它将如同导体一样。电介质在击穿前所能承受的最大电场强度称之为电介质强度（Dielectric Strength）或绝缘强度。

# 2.4  导体间的电容及电耦合

2.4 节课件

## 2.4.1  导体间的电容

在很多情况下,电荷分布在导体上或导体系统中,因此导体是储存电荷的容器。储存电荷的容器称为电容器(Capacitor)。实际上,相互接近而又相互绝缘的任意形状的导体都可构成电容器,如图2-14所示。

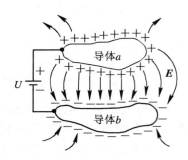

图2-14  任意形状导体构成的电容器

典型的平板式电容器由两块相互靠近的平板导体组成,导体间充填有介质$\varepsilon$。现将电压为$U$的直流电源与平板电容器相接,即电源给电容器充电。在整个充电过程中,这两块导体上有着等量的异性电荷。分隔开的电荷在介质中产生电场,并使导体间存在电位差。若继续充电,显然会有更多的电荷在导体上积聚,导体之间的电位差也将增大。不难发现,导体间的电位差与导体上的电量成正比关系。一个导体上的电荷量与此导体相对于另一导体的电位之比定义为电容(Capacitance),其表达式为

$$C = \frac{Q_a}{U_{ab}} \qquad\qquad (2-4-1)$$

式中,$C$表示电容,单位为F(法拉);$Q_a$表示导体$a$的电荷,单位为C(库仑);$U_{ab}$表示导体$a$相对于导体$b$的电位,单位为V(伏特)。电容器的电容与良导体的相对位置、几何形状、尺寸及周围空间的介质有关,而与两导体带电量的多少无关。

常用的传输系统有平行双导线及同轴线,如图2-15所示。图(a)所示的平行双导线,每根导线的直径为$d$,双导线间的距离为$D$,其间充填有介质$\varepsilon$。设平行双导线间的电压为$U$,单位长度的电荷为$\rho_l$,则双导线间的电场强度为

$$\boldsymbol{E} = \boldsymbol{a}_x \left( \frac{\rho_l}{2\pi\varepsilon x} + \frac{\rho_l}{2\pi\varepsilon (D-x)} \right) \qquad \frac{d}{2} < x < D - \frac{d}{2}$$

将上式积分得双导线间的电压,即

$$U = \int_{d/2}^{D-d/2} \boldsymbol{E} \cdot \boldsymbol{a}_x \, \mathrm{d}x = \frac{\rho_l}{2\pi\varepsilon} \ln\frac{x}{D-x} \bigg|_{d/2}^{D-d/2}$$

$$= \frac{\rho_l}{\pi \varepsilon} \ln \frac{D - d/2}{d/2} \approx \frac{\rho_l}{\pi \varepsilon} \ln \frac{D}{d/2}$$

根据电容的定义可得平行双导线单位长度的电容为

$$C_0 = \frac{\pi \varepsilon}{\ln \dfrac{2D}{d}} \qquad\qquad (2-4-2)$$

导体间电容

如图 2-15(b)所示的同轴线的内、外导体半径分别为 $a$、$b$，其间充填有介质 $\varepsilon$，由类似的推导可得同轴线单位长度的电容为

$$C_0 = \frac{2\pi \varepsilon}{\ln \dfrac{b}{a}} \qquad\qquad (2-4-3)$$

同轴线

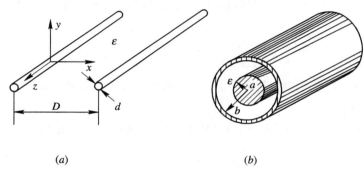

$(a)$　　　　　　　　　　　　　　　$(b)$

图 2-15　双导线与同轴线的电容

$(a)$ 双导线；$(b)$ 同轴线

对于一个单导体也可计算其电容，以单导线为例。设导线单位长度上所带的电荷为 $\rho_l$，则它在空间产生的电场为

$$\boldsymbol{E} = \frac{\rho_l}{2\pi \varepsilon \rho} \boldsymbol{a}_\rho$$

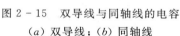

平行双导线

设导线的直径为 $d$，它与大地的距离为 $h(h \gg d)$（见图 2-16），则单导线与大地间的电位差为

$$U = \int_{d/2}^{h} \frac{\rho_l}{2\pi \varepsilon \rho} \, \mathrm{d}\rho = \frac{\rho_l}{2\pi \varepsilon} \ln \frac{2h}{d}$$

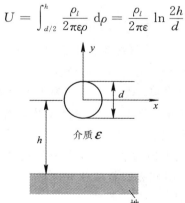

图 2-16　单导线的电容

根据电容的定义，可得单位长度的单导线与大地间的电容为

$$C = \frac{\rho_l}{U} = \frac{2\pi\varepsilon}{\ln\frac{2h}{d}} \qquad (2-4-4)$$

电容计算

　　当有三个或三个以上的导体存在时，称之为多导体系统。此时每两个导体间的电压要受到其余导体上电荷的影响，这时要计算系统中两导体之间的电容时就必须考虑其他导体的存在，因此必须引入部分电容的概念。在由 $N$ 个导体组成的系统中，第 $i$ 个导体的电位 $\phi_i$ 不仅取决于其本身的形状、尺寸及其所带的电量 $q_i$，还取决于系统中其他导体的大小、形状、尺寸、相对位置、所带的电荷量及周围空间所填充的介质。

　　若已知各导体的电荷，则根据电位叠加原理，各导体上的电位 $\phi_i$ 可以表示为

$$\phi_i = \sum_{j=1}^{N} \alpha_{ij} q_j \quad i = 1, 2, 3, \cdots, N \qquad (2-4-5)$$

式中，$\alpha_{ij}$ 称为电位系数。其中，若 $i=j$，则称为自电位系数；若 $i \neq j$，则称为互电位系数。

　　若已知各导体的电位，则各导体上的电荷量 $q_i$ 可以表达为

$$q_i = \sum_{j=1}^{N} \beta_{ij} \phi_j \quad i = 1, 2, 3, \cdots, N \qquad (2-4-6)$$

式中，$\beta_{ij}$ 称为电容系数。其中，若 $i=j$，则称为自电容系数；若 $i \neq j$，则称为互电容系数。

$$\begin{aligned}
q_i &= -\beta_{i1}(\phi_i - \phi_1) - \beta_{i2}(\phi_i - \phi_2) - \cdots - \beta_{ii}(\phi_i - \phi_i) - \cdots \\
&\quad - \beta_{iN}(\phi_i - \phi_N) + (\beta_{i1} + \beta_{i2} + \cdots + \beta_{ii} + \cdots + \beta_{iN})\phi_i \\
&= C_{ii}\phi_i + \sum_{j=1, j\neq i}^{N} C_{ij}(\phi_i - \phi_j) \qquad (2-4-7)
\end{aligned}$$

其中，$C_{ij}$ 和 $C_{ii}$ 分别表示为

$$C_{ij} = -\beta_{ij} \quad j \neq i \qquad (2-4-8)$$

$$C_{ii} = \sum_{j=1}^{N} \beta_{ij} \qquad (2-4-9)$$

　　式(2-4-7)表示任何一个导体都是由 $N$ 部分的电量组成的，比如导体 1 的电荷量 $q_1$ 的第一部分为 $C_{11}\phi_1$，第二部分为 $C_{12}(\phi_1 - \phi_2)$……式(2-4-8)称为 $i$ 与 $j$ 间的互有部分电容，式(2-4-9)称为导体与大地间的自有部分电容。所有部分电容都为正值，且 $C_{ij} = C_{ji}$。从系统来看，一个多导体静电系统可等效为一个多端电容网络。

　　实际上，如果考虑到大地的话，上面介绍的双导线和同轴线都属于三个导体的多导体系统，两导线间有互有部分电容 $C_{12}$，每根导线对地分别有自有部分电容 $C_{11}$ 和 $C_{22}$，如图 2-17 所示。

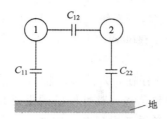

图 2-17　两导体系统的部分电容

导体 1、2 两端的等效输入电容为

$$C_1 = C_{12} + \frac{C_{11}C_{22}}{C_{11} + C_{22}} \qquad (2-4-10)$$

导体 1 对地的等效输入电容为

$$C_2 = C_{11} + \frac{C_{12}C_{22}}{C_{12} + C_{22}} \qquad (2-4-11)$$

导体 2 对地的等效输入电容为

$$C_3 = C_{22} + \frac{C_{11}C_{12}}{C_{11} + C_{12}} \qquad (2-4-12)$$

用实验测得 $C_1$、$C_2$ 和 $C_3$ 后，由以上三式即可求得各部分电容，也可以用静电分析法求出各部分电容。（思考：式(2-4-2)和式(2-4-4)中电容的量级。）

## 2.4.2　电耦合

电耦合也称为电场耦合，在低频电路中又称为电压耦合。任意两个靠近的导体之间都存在着电容，比如印刷线路板上相邻两导线间存在着电容，集成块的相邻引脚之间存在着电容，相邻两台仪器之间存在着电容，等等。这些电容也称为分布电容，其对应的容抗为

电耦合

$$Z_c = \frac{1}{j\omega C} \qquad (2-4-13)$$

当频率较低时，容抗比较大，流经电容的电流很小，其影响往往可以忽略；而当频率较高时，容抗变得越来越小，流经电容的电流变大，由此而产生的效应称为电耦合。图 2-18 是典型的集成电路封装形式，其引脚之间就存在分布电容，从而会引起信号的串扰(Crosstalk)。

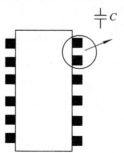

图 2-18　集成电路引脚之间的电容

事实上，随着现代数字电子系统突破 1 GHz 的壁垒，PCB 板级设计和 IC 封装设计必须考虑信号的完整性和电气性能问题。所谓信号完整性问题，是指高速数字系统中互连结构与数字信号相互作用产生的信号波形变化的问题。而多导体间分布电容的存在，为信号的耦合提供了通路，也是信号相互串扰(Crosstalk)或者说导致信号完整性问题的重要原因之一。

因此，在设计电路时必须考虑分布电容所产生的影响，快速估计该电容对电路的影响程度。读者在理解分布电容概念的基础上可进一步学习信号完整性分析以及高速数字电路设计方面的知识，以提高分析处理相关技术难题的能力。

# 2.5　静电场的边界条件

2.5 节课件

在静电场问题中，经常遇到不同介质的分界面。分界面可以是电介质与导体之间，也可以是两种不同的电介质之间。决定分界面两侧电场变化关系的方程称为边界条件(Boundary Conditions)。

## 2.5.1　电通量密度 $D$ 的法向分量

在介电常数分别为 $\varepsilon_1$ 与 $\varepsilon_2$ 的媒质 1 与媒质 2 的分界面上作一个小的柱形闭合面，分界面的法线方向 $n$ 由媒质 2 指向媒质 1，如图 2-19 所示。因柱形面上、下底的面积 $\Delta S$ 很小，故穿过截面 $\Delta S$ 的电通量密度可视为常数，假设柱形面的高 $h \to 0$，则其侧面积可以忽略不计。

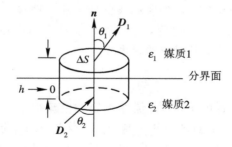

图 2-19　电通量密度的边界条件

设分界面上存在的自由面电荷密度为 $\rho_S$，根据高斯定理，有

$$\oint_S \boldsymbol{D} \cdot \mathrm{d}\boldsymbol{S} = \boldsymbol{D}_1 \cdot \boldsymbol{n} \Delta S - \boldsymbol{D}_2 \cdot \boldsymbol{n} \Delta S = \rho_S \Delta S$$

$$\boldsymbol{n} \cdot (\boldsymbol{D}_1 - \boldsymbol{D}_2) = \rho_S \qquad (2-5-1)$$

或

$$D_{1n} - D_{2n} = \rho_S \qquad (2-5-2)$$

边界条件

由于 $\boldsymbol{D} = \varepsilon \boldsymbol{E}$，因而有

$$\varepsilon_1 E_{1n} - \varepsilon_2 E_{2n} = \rho_S \quad 或 \quad \boldsymbol{n} \cdot (\varepsilon_1 \boldsymbol{E}_1 - \varepsilon_2 \boldsymbol{E}_2) = \rho_S \qquad (2-5-3)$$

将 $\boldsymbol{E} = -\nabla \phi$ 代入式(2-5-3)得到用电位函数表示的边界条件为

$$\varepsilon_1 \frac{\partial \phi_1}{\partial n} - \varepsilon_2 \frac{\partial \phi_2}{\partial n} = -\rho_S \qquad (2-5-4)$$

当分界面在两种不同介质之间时，若非特意放置，分界面上一般不存在自由面电荷，此时 $\rho_S = 0$，穿过介质分界面的电通量密度的法向分量是连续的，即

$$D_{1n} = D_{2n} \qquad (2-5-5)$$

或

$$\varepsilon_1 E_{1n} = \varepsilon_2 E_{2n} \qquad (2-5-6)$$

或

$$\varepsilon_1 \frac{\partial \phi_1}{\partial n} = \varepsilon_2 \frac{\partial \phi_2}{\partial n} \qquad (2-5-7)$$

当媒质 2 为导体时，由静电场条件知 $\boldsymbol{D}_2$ 必然为零。若媒质 1 中存在着 $\boldsymbol{D}_1$ 的法向分量，则导体表面必然存在自由面电荷密度，即

$$D_{1n} = \rho_S \qquad (2-5-8)$$

或

$$\varepsilon_1 E_{1n} = \rho_S \qquad (2-5-9)$$

或

$$\varepsilon_1 \frac{\partial \phi_1}{\partial n} = -\rho_S \qquad (2-5-10)$$

式(2-5-8)表明，紧挨导体表面介质中的电通密度的法向分量等于导体表面上的面电荷密度；而电场永远垂直于导体表面。

### 2.5.2　电场强度 $\boldsymbol{E}$ 的切向分量

由于静电场是保守场，因此 $\oint_l \boldsymbol{E} \cdot \mathrm{d}\boldsymbol{l} = 0$。将这一结论应用于穿越媒质分界面的矩形闭合路径 $abcda$，如图 2-20 所示。

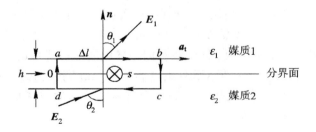

图 2-20　电场强度的边界条件

图 2-20 中，$ab$ 和 $cd$ 的长度为 $\Delta l$，$ab$ 的方向为 $\boldsymbol{a}_t$，闭合路径所包围的矩形平面的方向为 $\boldsymbol{s}$，$bc$ 和 $da$ 的长度为 $h$，分界面的法线方向 $\boldsymbol{n}$ 由媒质 2 指向媒质 1，显然有 $\boldsymbol{s} \times \boldsymbol{n} = \boldsymbol{a}_t$。当 $h \to 0$ 时 $bc$ 和 $da$ 对积分 $\oint_l \boldsymbol{E} \cdot \mathrm{d}\boldsymbol{l}$ 的贡献可忽略不计，因此有

$$\oint_l \boldsymbol{E} \cdot \mathrm{d}\boldsymbol{l} = \boldsymbol{E}_1 \cdot \boldsymbol{a}_t \Delta l - \boldsymbol{E}_2 \cdot \boldsymbol{a}_t \Delta l = 0$$

所以

$$\boldsymbol{a}_t \cdot (\boldsymbol{E}_1 - \boldsymbol{E}_2) = 0 \qquad\qquad (2-5-11)$$

或

$$E_{1t} = E_{2t} \qquad\qquad (2-5-12)$$

上式表明，分界面上电场强度的切向分量总是连续的。式(2-5-11)又可以写成

$$(\boldsymbol{s} \times \boldsymbol{n}) \cdot (\boldsymbol{E}_1 - \boldsymbol{E}_2) = 0$$

由矢量恒等式

$$(\boldsymbol{A} \times \boldsymbol{B}) \cdot \boldsymbol{C} = \boldsymbol{A} \cdot (\boldsymbol{B} \times \boldsymbol{C})$$

因此，分界面上电场强度的矢量形式的表达式为

$$\boldsymbol{n} \times (\boldsymbol{E}_1 - \boldsymbol{E}_2) = \boldsymbol{0} \qquad\qquad (2-5-13)$$

如果媒质 1 是介质，媒质 2 是导体，由于导体内部不存在电场，故与导体邻接的媒质 1 的电场强度的切向分量必然为零。因此，导体表面上的静电场总是垂直于导体表面。

将式(2-5-12)写成电位的形式有

$$\phi_1 = \phi_2 \qquad\qquad (2-5-14)$$

式(2-5-14)表明，两种不同媒质的分界面上电位是连续的。

### 2.5.3　分界面上电场的方向

设分界面两侧的电场与法线 $\boldsymbol{n}$ 的夹角分别为 $\theta_1$ 和 $\theta_2$，如图 2-20 所示，则式(2-5-6)和式(2-5-12)又可以写成 $\varepsilon_1 E_1 \cos\theta_1 = \varepsilon_2 E_2 \cos\theta_2$ 和 $E_1 \sin\theta_1 = E_2 \sin\theta_2$，将两式相除得

$$\frac{\tan\theta_1}{\tan\theta_2} = \frac{\varepsilon_1}{\varepsilon_2} \qquad\qquad (2-5-15)$$

式(2-5-15)表明，一般情况下，在两种不同介质的分界面上，电场强度 $\boldsymbol{E}$ 和电通量密度 $\boldsymbol{D}$ 一定会改变方向，只有当 $\theta_1$ 或 $\theta_2$ 等于零时，分界面上的电场方向才不改变，像平行板、同轴线和同心球中的电场就是这种情况。

【**例 2-4**】　图 2-21 所示平行板电容器的长和宽分别为 $a$ 和 $b$，板间距离为 $d$，电容器的一半厚度($0 \sim d/2$)用介电常数为 $\varepsilon$ 的玻璃填充，另一半为空气。若板上外加电压为 $U_0$：

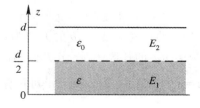

图 2-21　平行板电容器

（1）分别求出有介质填充区域（0～$d/2$）和无填充区域（$d/2$～$d$）中的电场强度；

（2）求板上及分界面上的自由面电荷密度、束缚电荷密度；

（3）求电容器的电容量；

（4）若玻璃的相对介电常数 $\varepsilon_r = 7$，绝缘强度为 60 kV/cm，空气的绝缘强度为30 kV/cm，板间距离为 $d = 0.5$ cm，当两极板间接电压为 10 kV 时电容器是否会击穿？

**解**　（1）设平行板电容器上极板所加电压为负，下极板所加电压为正，在 0～$d/2$ 区间电场为 $E_1$，电通量密度为 $D_1$，在 $d/2$～$d$ 区间电场为 $E_2$，电通量密度为 $D_2$，若不考虑边缘效应，电场和电通量密度的方向均沿 $z$ 轴方向。

在 $z = d/2$ 处两种不同介质的分界面上，满足边界条件 $D_1 = D_2$，即 $\varepsilon E_1 = \varepsilon_0 E_2$，而平行板电容器应满足方程

$$E_1 \frac{d}{2} + E_2 \frac{d}{2} = U_0$$

因而可以求得电容器两区域中的电场强度分别为

$$\boldsymbol{E}_1 = \frac{2U_0}{(1+\varepsilon_r)d}\boldsymbol{a}_z$$

$$\boldsymbol{E}_2 = \frac{2\varepsilon_r U_0}{(1+\varepsilon_r)d}\boldsymbol{a}_z$$

（2）对于上极板其外法向矢量 $\boldsymbol{n} = -\boldsymbol{a}_z$，则上极板（$z = d$）上的自由电荷面密度为

$$\rho_{S上} = -\boldsymbol{a}_z \cdot \boldsymbol{D}_2 = -D_2 = -\frac{2\varepsilon U_0}{(1+\varepsilon_r)d}$$

对于下极板其外法向矢量 $\boldsymbol{n} = \boldsymbol{a}_z$，则下极板（$z = 0$）上的自由电荷面密度为

$$\rho_{S下} = \boldsymbol{a}_z \cdot \boldsymbol{D}_1 = D_1 = \frac{2\varepsilon U_0}{(1+\varepsilon_r)d}$$

分界面上的自由电荷面密度为零。

介质中的极化强度为

$$\boldsymbol{P} = \chi_e \varepsilon_0 \boldsymbol{E}_1 = \frac{(\varepsilon_r - 1)}{(\varepsilon_r + 1)}\frac{2\varepsilon_0 U_0}{d}\boldsymbol{a}_z$$

在 $z = d/2$ 处介质分界面上的束缚电荷面密度为

$$\rho_{Sb上} = \boldsymbol{P} \cdot \boldsymbol{a}_z = \frac{(\varepsilon_r - 1)\varepsilon_0}{(\varepsilon_r + 1)}\frac{2U_0}{d}$$

在 $z = 0$ 处介质分界面上的束缚电荷面密度为

$$\rho_{Sb下} = -\boldsymbol{P} \cdot \boldsymbol{a}_z = -\frac{(\varepsilon_r - 1)\varepsilon_0}{(\varepsilon_r + 1)}\frac{2U_0}{d}$$

在上述计算中特别要注意外法向矢量方向的确定。

（3）电容器的总电荷为

$$Q = \frac{2\varepsilon U_0}{(1+\varepsilon_r)d}ab$$

电容器的电容为

$$C = \frac{Q}{U_0} = \frac{2\varepsilon ab}{(1 + \varepsilon_r)d}$$

从上述分析可见，介质中的电场强度小于真空中的电场强度，即 $E_1 < E_2$，这是由于介质表面的束缚电荷产生的电场与外加电场相反，且介质填充后电容器的电容增大。

（4）将 $\varepsilon_r = 7$ 和 $d = 0.5$ cm 及 $U_0 = 10$ kV 代入电场的表达式得

$$E_1 = \frac{2U_0}{(1 + \varepsilon_r)d} = \frac{2 \times 10^4}{(1 + 7) \times 0.5} = 5 \text{ kV/cm}$$

$$E_2 = \frac{2\varepsilon_r U_0}{(1 + \varepsilon_r)d} = \frac{2 \times 7 \times 10^4}{(1 + 7) \times 0.5} = 35 \text{ kV/cm}$$

可见，$E_2$ 大于空气的绝缘强度，空气介质被击穿。空气击穿后，玻璃板承受全部电压，其场强为

$$E' = \frac{U_0}{d/2} = 40 \text{ kV/cm}$$

由于 $E' < 60$ kV/cm，所以玻璃介质不会被击穿。

【例 2 - 5】　如图 2 - 22 所示的无限大平板电容器一半为空气，另一半为介电常数 $\varepsilon = 6\varepsilon_0$ 的介质。设电容器外加电压为 $U_0$，板间距离为 $d$，试求空气和介质中的电通量密度的比值。

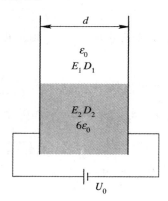

图 2 - 22　平板电容器

**解**　平板电容器为无限大，而空气部分和介质部分的板距和电压均相等，所以空气中的电场强度 $E_1$ 与介质中的电场强度 $E_2$ 大小相等、方向相同且沿着空气与介质的分界面的切线方向。电场强度在空气与介质的分界面上满足切向分量连续的边界条件，即

$$E_1 = E_2 = \frac{U_0}{d}$$

根据电场强度与电通量密度的关系式

$$D = \varepsilon E$$

得到空气和介质中的电通量密度的比值为

$$\frac{D_1}{D_2} = \frac{\varepsilon_0 E_1}{\varepsilon E_2} = \frac{1}{6}$$

**【例 2 - 6】** 如图 2 - 23 所示为两层介质的同轴电缆，介质分界面为同轴圆柱面，内导体半径为 $a$，分界面半径为 $b$，外导体半径为 $c$，两层介质的介电常数分别为 $\varepsilon_1$ 和 $\varepsilon_2$。当外加电压为 $U$ 时，计算该同轴电缆的单位长度的电容。

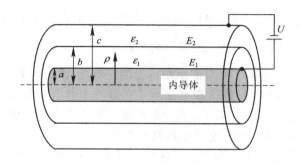

图 2 - 23　两层介质的同轴电缆

**解**　设内导体上单位长度的电荷量为 $\rho_l$，由高斯定理和电通量密度的法向分量在两种媒质的分界面上连续的条件可得两媒质中的电场强度分别为

$$\boldsymbol{E}_1 = \frac{\rho_l}{2\pi\rho\varepsilon_1}\boldsymbol{a}_\rho \qquad \text{和} \qquad \boldsymbol{E}_2 = \frac{\rho_l}{2\pi\rho\varepsilon_2}\boldsymbol{a}_\rho$$

由于

$$\int_a^b \boldsymbol{E}_1 \cdot \mathrm{d}\boldsymbol{\rho} + \int_b^c \boldsymbol{E}_2 \cdot \mathrm{d}\boldsymbol{\rho} = U$$

经整理可得单位长度的电荷量 $\rho_l$ 与外加电压 $U$ 的关系为

$$\rho_l = \frac{2\pi U}{\dfrac{1}{\varepsilon_1}\ln\dfrac{b}{a} + \dfrac{1}{\varepsilon_2}\ln\dfrac{c}{b}}$$

双层同轴线

因此分层同轴电缆单位长度的电容为

$$C = \frac{\rho_l}{U} = \frac{2\pi}{\dfrac{1}{\varepsilon_1}\ln\dfrac{b}{a} + \dfrac{1}{\varepsilon_2}\ln\dfrac{c}{b}}$$

由上式可知，分层电容可以看成是由两个电容串联而成的，特别地，当 $\varepsilon_1 = \varepsilon_2 = \varepsilon$ 时，$C = \dfrac{2\pi\varepsilon}{\ln\dfrac{c}{a}}$ 与式(2 - 4 - 3)完全相同。

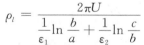

# 2.6　恒　定　电　场

电荷在电场作用下作定向运动形成电流，若电流不随时间变化，则称为恒定电流。在恒定电流空间中存在的电场，称为恒定电场。本节研究恒定电场的基本变量、场方程及其性质。

2.6节课件

### 2.6.1 电流与电流密度

设空间分布的电荷在电场作用下作定向运动，则该体积空间中就存在电流。我们任取一个面积 $S$，如果在 $\Delta t$ 时间内穿过 $S$ 的电量为 $\Delta q$，则电流的大小定义为

静恒定电
场关系

$$i = \lim_{\Delta t \to 0} \frac{\Delta q}{\Delta t} = \frac{\mathrm{d}q}{\mathrm{d}t} \qquad (2-6-1)$$

电流的单位是 A(安培，Ampere)，通常它是时间的函数。若电荷流动的速度不变，则 $i = \frac{\mathrm{d}q}{\mathrm{d}t} = I$(恒定值)就称为恒定电流(Steady Current)，也称为直流电流(Direct Current)，对应的电场称为恒定电场(Steady Field)。

电流是一个标量，从场的观点来看，它是一个具有通量概念的量，它没有表明导体横截面上每一点的电流分布状况。为了研究导体中同一截面上不同点的电流流动情况，我们定义电流密度矢量。

假定体电荷密度为 $\rho_v$ 的电荷以速度 $v$ 沿某方向运动，如图 2-24 所示。设在垂直于电荷流动的方向上取一面积元 $\Delta S$，若流过 $\Delta S$ 的电流为 $\Delta I$，则定义矢量 $\boldsymbol{J}$ 的大小为

$$J = \lim_{\Delta S \to 0} \frac{\Delta I}{\Delta S} = \frac{\mathrm{d}I}{\mathrm{d}S} \qquad (2-6-2)$$

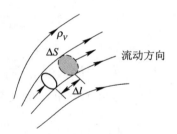

图 2-24　体电流密度

$\boldsymbol{J}$ 的方向规定为正电荷的运动方向，单位为 $\mathrm{A/m^2}$（安/平方米）。矢量 $\boldsymbol{J}$ 称为电流密度矢量(Current Density Vector)。因为它描述电流在体积空间中流动的情况，一般称之为体电流密度。显然，电荷流动的空间是一个电流密度矢量场，场中任意面积上通过的电流量为

$$I = \int_S \boldsymbol{J}(\boldsymbol{r'}) \cdot \mathrm{d}\boldsymbol{S} \qquad (2-6-3)$$

式(2-6-3)表明，电流密度 $\boldsymbol{J}$ 与电流 $I$ 的关系是一个矢量场与它的通量的关系；或者说电流是电流密度矢量场的通量。

现在我们来说明电流密度矢量与电荷密度的关系。设体电荷密度 $\rho_v$ 在 $\Delta t$ 时间内流过的距离为 $\Delta l$，如图 2-24 所示，圆柱形体积内总的电荷为 $\Delta q = \rho_v \Delta l \Delta S$，而 $\Delta q$ 在 $\Delta t$ 时间内全部通过面积 $\Delta S$，故穿过面积 $\Delta S$ 的电流为

$$\Delta I = \frac{\Delta q}{\Delta t} = \frac{\rho_v \Delta l \Delta S}{\Delta t} = \rho_v v \Delta S$$

式中，$v$ 为电荷流动的速度。

由电流密度的定义得

$$J = \rho_v v$$

将上式写成矢量表达式为

$$\boldsymbol{J} = \rho_v \boldsymbol{v} \qquad (2-6-4)$$

式$(2-6-4)$表明，体电流密度的大小正比于体电荷密度与其运动速度的乘积，电流密度的方向就是电荷运动的方向。

如果电流只分布于导电媒质的表面，我们可以用面电流密度来描述，如图$2-25$所示。我们在垂直于电荷流动的方向上取一线元 $\Delta l$，若流过线元 $\Delta l$ 的电流为 $\Delta I$，则定义面电流密度矢量（Current Areal Density Vector）$\boldsymbol{J}_S$ 的大小为

$$J_S = \lim_{\Delta l \to 0} \frac{\Delta I}{\Delta l} = \frac{\mathrm{d}I}{\mathrm{d}l} \qquad (2-6-5)$$

$\boldsymbol{J}_S$ 的方向仍为正电荷的运动方向，单位为 A/m（安/米）。

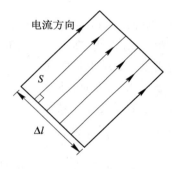

图 $2-25$　面电流密度

同样可得面电流密度与电荷密度的关系为

$$\boldsymbol{J}_S = \rho_S \boldsymbol{v} \qquad (2-6-6)$$

**注意面电流与体电流概念的区别**：面电流是在厚度为零的表面上流动的电流，其所占体积为零，这实际上是一种抽象的概念；体电流密度是分布于体积内的有限值，在厚度为零的表面上流过的电流只能为零，否则将会得到体电流密度为无穷大的后果。

除体电流和面电流之外，还有一种常用的电流概念，称为线电流。实际中，当电荷在一根很细的导线中流过或电荷通过的横截面很小时，可以把电流看作是在一根无限细的线上流过的，理想情况下线电流 $\boldsymbol{I} = \rho_l \boldsymbol{v}$。不论是体电流、面电流还是线电流，它们的大小都正比于相应电荷的运动速度，方向均为正电荷的运动方向。

### 2.6.2　恒定电场的基本方程

根据电荷守恒定律，电荷既不能产生，也不能被消灭，它们只能从一个物体转移到另一个物体，因此从任意闭合面 $S$ 流出的电流应等于由 $S$ 所包围

的体积 $V$ 中单位时间内电荷减少的数量，即

$$\oint_S \boldsymbol{J} \cdot \mathrm{d}\boldsymbol{S} = -\frac{\mathrm{d}}{\mathrm{d}t} \int_V \rho_V \, \mathrm{d}V \qquad (2-6-7)$$

式(2-6-7)称为电流连续性方程(Equation of Current Continuity)的积分形式。

应用散度定理，式(2-6-7)可改写为

$$\int_V \left( \nabla \cdot \boldsymbol{J} + \frac{\partial \rho_V}{\partial t} \right) \mathrm{d}V = 0$$

由于所考察的体积是任意的，因而有

$$\nabla \cdot \boldsymbol{J} = -\frac{\partial \rho_V}{\partial t} \qquad (2-6-8)$$

式(2-6-8)称为连续性方程的微分形式，它表明电荷密度 $\rho_V$ 随时间变化的点为体电流密度 $\boldsymbol{J}$ 的源点。

实验证明，在线性导电媒质中，电流密度矢量与电场强度有如下关系：

$$\boldsymbol{J} = \sigma\boldsymbol{E} \qquad (2-6-9)$$

式中，$\sigma$ 为导电媒质的电导率(Conductivity)，其单位是 S/m(西门子/米)，式(2-6-9)也称为欧姆定律的微分形式(Differential Form of Ohm's Law)，它表明电流密度与电场强度成正比，对于各向同性媒质(以后如不作特别声明，均指线性各向同性媒质)，$\boldsymbol{J}$ 与 $\boldsymbol{E}$ 的方向相同。

当电流密度 $\boldsymbol{J}$ 已知时，电场强度可以表示为

$$\boldsymbol{E} = \frac{\boldsymbol{J}}{\sigma}$$

显然，当电流密度 $\boldsymbol{J}$ 恒定时，电导率 $\sigma$ 越大，导电媒质中的电场强度 $\boldsymbol{E}$ 越小，当电导率 $\sigma \to \infty$ 时，$\boldsymbol{E} \to 0$。这就是说，恒定电场中(与静电场不同的是)，仅在理想导体内才有电场强度 $\boldsymbol{E} = 0$。

对于均匀各向同性媒质来说，$\nabla \cdot \boldsymbol{D} = \rho_V$，再结合本构关系，$\boldsymbol{D} = \varepsilon\boldsymbol{E}$，$\boldsymbol{J} = \sigma\boldsymbol{E}$，代入式(2-6-8)，可得

$$\frac{\partial \rho_V}{\partial t} + \frac{\sigma}{\varepsilon} \rho_v = 0 \qquad (2-6-10)$$

上式的解应该为

$$\rho_v = \rho_{v0} \mathrm{e}^{-t/\tau}$$

其中，$\rho_{v0}$ 为 $t=0$ 时刻初始电荷分布，$\tau = \dfrac{\varepsilon}{\sigma}$ 称为导体的驰豫时间。对于良导体来说，驰豫时间为 $10^{-18}$ s 左右，可见导体中的电荷很快衰减为零。

对于流过恒定电流(直流)或者稳态电流的导电媒质，其中电荷密度不随时间变化，此时电流连续性方程简化为

$$\oint_S \boldsymbol{J} \cdot \mathrm{d}\boldsymbol{S} = 0 \qquad (2-6-11a)$$

或

$$\nabla \cdot \boldsymbol{J} = 0 \qquad (2-6-11b)$$

式(2-6-11a)表明，通过任一闭合曲面的净恒定电流为零，式(2-6-11b)

则表明导电媒质中通过恒定电流时，其内部电流密度是无散或连续的。

由于电流恒定时，电荷分布 $\rho_V$ 不随时间变化，所以恒定电场必定与静止电荷产生的静电场具有相同的性质，即它也是保守场，或者说恒定电场沿任一闭合路径的积分等于零，即

$$\oint_l \boldsymbol{E} \cdot \mathrm{d}\boldsymbol{l} = 0, \ \nabla \times \boldsymbol{E} = \boldsymbol{0} \quad (\text{或 } \boldsymbol{E} = -\nabla \phi) \qquad (2-6-12)$$

将式（2-6-12）与 $\boldsymbol{E}$ 点积，得导体内单位体积内的功率损耗为

$$p = \boldsymbol{J} \cdot \boldsymbol{E} = \sigma E^2 = \frac{J^2}{\sigma} \qquad (2-6-13)$$

一般称式（2-6-13）为焦耳定律（Joule's Law）的微分形式。

综上所述，恒定电场基本方程的积分形式和微分形式分别为

$$\left.\begin{array}{r} \oint_s \boldsymbol{J} \cdot \mathrm{d}\boldsymbol{S} = 0 \\[2mm] \oint_l \boldsymbol{E} \cdot \mathrm{d}\boldsymbol{l} = 0 \\[2mm] \nabla \cdot \boldsymbol{J} = \boldsymbol{0} \\[2mm] \nabla \times \boldsymbol{E} = \boldsymbol{0} \end{array}\right\}$$

### 2.6.3　接地电阻与漏电导

工程上，典型的导电媒质中的场问题有与接地技术相关的接地电阻与跨步电压和与传输技术有关的漏电导。下面分别进行讨论。

**1. 接地电阻与跨步电压**

无线电设备或电气装置常需要接地。所谓接地，就是将金属导体埋入地内，而将设备中需要接地的部分与该导体连接，这种埋在地内的导体或导体系统称为接地体或接地电极。电流由电极流向大地时所遇到的电阻称为接地电阻（Ground Resistance）。当远离电极时，电流流过的面积很大，而在接地电极附近，电流流过的面积很小，或者说电极附近电流密度最大，因此，接地电阻主要集中在电极附近，如图 2-26 所示。

接地半球

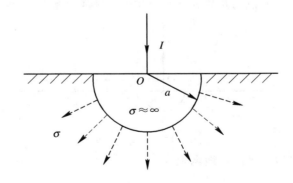

图 2-26　接地电阻

实际上，求接地电阻就是研究地中的电流分布。在电力系统中，由于短

路等原因有大的电流流入大地时，接地电极附近地面两点间的电压可能达到相当大的数值。人跨一步(约 0.8 m)的两脚间的电压称为跨步电压(Stepping Voltage)。

接地体

作为一个例子，我们来研究半径为 $a$ 的半球形良导体接地电极的接地电阻，如图 2-26 所示。设经引线由 $O$ 点流入半球形电极的电流为 $I$，则距球心为 $r$ 处的地中任一点的电流密度为

$$J = \frac{I}{2\pi r^2}$$

相应的电场强度为

$$E = \frac{I}{2\pi\sigma r^2}$$

由于电流沿径向一直流出去，直至无穷远处，电极在大地中的电压为

$$U = \int_a^\infty E\,\mathrm{d}r = \frac{I}{2\pi\sigma a}$$

故得接地电阻为

$$R = \frac{U}{I} = \frac{1}{2\pi\sigma a} \qquad (2-6-14)$$

式(2-6-14)表明，接地电极的尺寸越大，或者说接地体的表面积越大，接地电阻越小，则接地仪器设备的外壳越接近大地的电位(零电位)。增大接地电极面积的具体办法有：① 简单采用大块接地导体；② 采用由若干个具有一定粗细、一定长度的导体柱组成的一个接地系统；③ 采用多根细长导体辐射状散开平铺于地下。另外，接地电阻的大小还与土壤的电导率有关，电导率越大接地电阻越小。改善土壤电导率的一个典型方法是在接地电极附近的地质中灌入盐液或其他导电液。

【例 2-7】 一个半径为 10 cm 的半球形接地导体电极，电极平面与地面重合，如图 2-27 所示。已知土壤的导电率 $\sigma = 10^{-2}$ S/m。

(1) 求接地电阻；

(2) 若有短路电流 100 A 流入地中，某人正以 0.5 m 的步距向接地点前进，前脚距半球中心点的距离为 2 m，求此人的跨步电压及土壤的损耗功率。

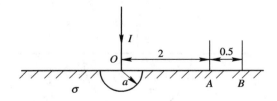

图 2-27 接地电阻及跨步电压

**解** (1) 接地电极的接地电阻为

$$R = \frac{1}{2\pi\sigma a} = \frac{1}{2\pi \times 0.01 \times 0.1} = 159 \ \Omega$$

(2) 已知流入地中的电流 $I$，则在距球心 $r$ 处的电场强度为

$$E = \frac{I}{2\pi\sigma r^2}$$

因此，人在距半球中心点 2 m 处的跨步电压为

$$U_{AB} = \int_{OA}^{OB} E\,\mathrm{d}r = \frac{I}{2\pi\sigma}\left(\frac{1}{OA} - \frac{1}{OB}\right) = \frac{100}{2\pi \times 0.01}\left(\frac{1}{2} - \frac{1}{2.5}\right) = 159.2\text{ V}$$

土壤的损耗功率为

$$P = I^2 R = 100^2 \times 1.59 \times 10^2 = 1.59 \times 10^6\text{ W}$$

从上面例子可以看出，当有大电流流向电极时，距离电极较近的地方会有较大的跨步电压，这就是高压线、建筑物接地线附近需设置安全围栏的原因。

**2. 漏电导**

如图 2 - 28 所示的平行板电容器，当两极板间填充理想介质的时候，由于介质不导电，在极板两端加电压时其稳态电流应该为零，但当极板间填充导电媒质时，即使是在稳态情况下也会有电流持续流过，我们将此种由导电媒质引起的信号损失称为漏电现象，其表征参数为漏电导（Leakage Conductance））。其定义为

$$G = \frac{I}{U} \tag{2-6-15}$$

其中，$I$ 为导电媒质流过的电流，$U$ 为导电媒质所加的电压。

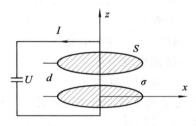

图 2 - 28　平行板电容器

假设平行极板面积为 $S$，两极板间距离为 $d$，中间填充的是导电媒质，假设其电导率为 $\sigma$，总的漏电流为 $I$，则导电媒质中的电流密度矢量为

$$\boldsymbol{J} = \frac{I}{S}\boldsymbol{a}_z$$

对应的电场为

$$\boldsymbol{E} = \frac{\boldsymbol{J}}{\sigma} = \frac{I}{\sigma S}\boldsymbol{a}_z$$

于是两极板间的电压为

$$U = \int_0^d \boldsymbol{E} \cdot \boldsymbol{a}_z \mathrm{d}z = \frac{I}{\sigma S}d$$

则漏电导为

$$G = \frac{I}{U} = \frac{\sigma S}{d}$$

可见，**漏电导**也是一个与电压、电流无关的，仅与导体结构、尺寸、介质

特性有关的特征参数；对比平行板电容器的电容计算公式 $C=\dfrac{\varepsilon S}{d}$，在计算漏电导时只要将电导率和介电常数互换，即 $\sigma \leftrightarrow \varepsilon$，就可以从电容公式得到，反之亦然。进一步研究发现，具有相同结构的漏电导 $G$ 和电容 $C$ 均具有上述互换特性，一般称之为对偶特性。据此，同轴线的单位长漏电导很容易从单位长电容计算式(2-4-3)对偶得到：

$$G = \frac{2\pi\sigma}{\ln\dfrac{b}{a}}$$

从上面的分析可知，求解电导的方法通常有两种：

(1) 假设导电媒质流过的电流为 $I$，然后按 $I \to J \to E \to U \to G$ 即可求得电导，或者按 $U \to E \to J \to I \to G$ 也可以求得漏电导。这种方法也同样仅适用于场分布具有对称性的情况。

(2) 当恒定电场与静电场具有相同的边界条件时，利用静电对偶，若已求得静电场中两导体间的电容，则利用 $G/C=\sigma/\varepsilon$ 即可求出漏电导。

### 2.6.4  电动势

电场是驱使电荷运动不可缺少的。以金属为例，金属中质量较大的正离子，在晶格(Crystal Lattice)中的正常位置是相对固定的，无助于形成电流。因此金属中的电流是自由电子在电场作用下逆电场方向运动形成的(等效为正电荷沿电场方向运动，如图2-29所示)。自由电子在运动时不断与正离子碰撞而失去动能，与此同时电场又对自由电子做功，使其获得动能，最终这些动能又在自由电子与晶格的碰撞中转化为热能。因此要在导体中维持一恒定电流，就必须给导体接上电源。电源是一种将其他形式的(机械的、化学的、热的等)能量转换为电能的装置。在电源内部，有非静电力存在。这种非静电力使正电荷由负极向正极运动，不断补充电极上的电荷，使电极上的电荷维持不变，从而维持了恒定电流。非静电力和静电力都有推动电荷运动的作用，但它们在性质上是不同的。我们把非静电力与电荷的比值定义为非库仑场强 $E'$，也称局外场，它只存在于电源内部，而静电场 $E$ 不仅存在于电源内部，还存在于电源外部，且在电源内部 $E'$ 与 $E$ 的方向相反。因此电流是静电力与非静电力共同作用的结果，于是，包含电源的欧姆定律的微分形式为

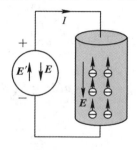

图 2-29  导电回路中的电场

$$J \doteq \sigma(E + E')  \tag{2-6-16}$$

这就是说，含电源的闭合回路中的总电场为 $E + E'$，若回路中有恒定电流 $I$ 且是均匀分布的，则相应的总功率为

$$P = I \oint_l (E + E') \cdot \mathrm{d}l = I \oint_l E' \cdot \mathrm{d}l$$

定义：

$$\mathcal{E} = \oint_l E' \cdot \mathrm{d}l  \tag{2-6-17}$$

电源电动势

$\mathcal{E}$ 为回路中的电动势(Electromotive Force)，单位为 V(伏)，它是非保守场沿闭合路径的积分。

当我们把研究范围限制在电源外的导体中时，则电场都具有无旋特性，可以用 $E = -\nabla \phi$ 来分析。

假设导电媒质是均匀的，导电率 $\sigma$ 为常数，由基本方程 $\nabla \cdot J = 0$，可得 $\nabla \cdot E = 0$，乘以导电媒质的介电常数 $\varepsilon$ 得

$$\nabla \cdot D = 0  \tag{2-6-18}$$

式(2-6-18)表明，在均匀导体中不会有体电荷存在，即达到稳态时导体内的自由电荷体密度 $\rho_V$ 处处等于零，这与静电平衡状态下导体的电荷分布在表面的结论是一致的。

## 2.6.5　边界条件

根据恒定电场的基本方程，用与静电场的边界条件相似的推导可得：在两种不同导电媒质的分界面上，电流密度矢量 $J$ 的法向分量和电场强度 $E$ 的切向分量均连续，其数学表达式为式(2-6-19)和式(2-6-20)，上述边界条件也可用图 2-30 和图 2-31 表示。

$$J_{1n} = J_{2n}  \tag{2-6-19}$$

$$E_{1t} = E_{2t}  \tag{2-6-20}$$

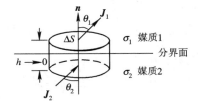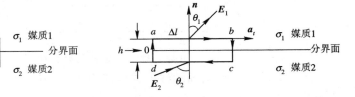

图 2-30　电流密度的边界条件　　　图 2-31　恒定电场的边界条件

将上述边界条件用电位函数表示为

$$\sigma_1 \frac{\partial \phi_1}{\partial n} = \sigma_2 \frac{\partial \phi_2}{\partial n}  \tag{2-6-21}$$

$$\phi_1 = \phi_2  \tag{2-6-22}$$

由式(2-6-19)和式(2-6-20)可得

$$\frac{\tan\theta_1}{\tan\theta_2} = \frac{\sigma_1}{\sigma_2} \qquad (2-6-23)$$

式(2-6-23)表明：若媒质 2 为理想导体，即 $\sigma_2\to\infty$，$\sigma_1$ 为有限值，只要 $\theta_2\neq\frac{\pi}{2}$，则 $\theta_1\to0$。也就是说，只要媒质 2 为理想导体，那么媒质 1 中的电流密度 $\boldsymbol{J}_1$ 和电场强度 $\boldsymbol{E}_1$ 一定垂直于交界面，此交界面可认为是等位面。

由上面的分析可知，一般情况下，当恒定电流通过导电率不同的两种媒质的分界面时，电流和电场都要发生突变，这时分界面上必有电荷分布。

例如在导电率为 $\sigma_1$ 和 $\sigma_2$ 的两种导电媒质分界面上有下列式子成立：

$$D_{1n} - D_{2n} = \rho_S \quad\Rightarrow\quad \varepsilon_1 E_{1n} - \varepsilon_2 E_{2n} = \rho_S$$
$$J_{1n} = J_{2n} \quad\Rightarrow\quad \sigma_1 E_{1n} = \sigma_2 E_{2n}$$

联立以上两式得

$$\rho_S = \varepsilon_0\left(\frac{\varepsilon_1}{\sigma_1} - \frac{\varepsilon_2}{\sigma_2}\right)J_{2n} \qquad (2-6-24)$$

式(2-6-24)表明，只要 $\frac{\varepsilon_1}{\sigma_1}\neq\frac{\varepsilon_2}{\sigma_2}$，分界面上必然有面电荷存在，这是在接通电源后的瞬间积累的电荷，并很快达到恒定值。

**【例 2-8】** 如图 2-32 所示的两层介质的同轴电缆，介质分界面为同轴的圆柱面，内导体半径为 $a$，分界面半径为 $b$，外导体半径为 $c$；两层介质的介电常数分别为 $\varepsilon_1$ 和 $\varepsilon_2$，电导率为 $\sigma_1$ 和 $\sigma_2$。当外加电压为 $U$ 时，计算介质中的电场强度、分界面上的自由面电荷密度及单位长度的漏电导。

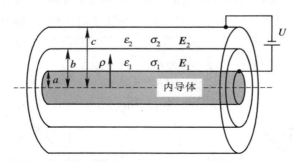

图 2-32 两层介质的同轴线

**解** 设单位长度上同轴线的漏电流为 $I$，由 $\boldsymbol{J}$ 的法向分量连续保证了在两种漏电媒质中半径为 $\rho$ 处的电流密度为

$$\boldsymbol{J} = \frac{I}{2\pi\rho}\boldsymbol{a}_\rho$$

由 $\boldsymbol{J}=\sigma\boldsymbol{E}$ 可得两种漏电媒质中的电场强度分别为

$$\boldsymbol{E}_1 = \frac{I}{2\pi\rho\,\sigma_1}\boldsymbol{a}_\rho, \quad \boldsymbol{E}_2 = \frac{I}{2\pi\rho\,\sigma_2}\boldsymbol{a}_\rho$$

当外加电压为 $U$ 时，有

$$\int_a^b \boldsymbol{E}_1\cdot\mathrm{d}\boldsymbol{\rho} + \int_b^c \boldsymbol{E}_2\cdot\mathrm{d}\boldsymbol{\rho} = U$$

求得

$$I = \frac{2\pi U}{\frac{1}{\sigma_1} \ln \frac{b}{a} + \frac{1}{\sigma_2} \ln \frac{c}{b}}$$

单位长度上的漏电导为

$$G = \frac{I}{U} = \frac{2\pi}{\frac{1}{\sigma_1} \ln \frac{b}{a} + \frac{1}{\sigma_2} \ln \frac{c}{b}}$$

对称与对偶

两介质中的电场强度分别为

$$\boldsymbol{E}_1 = \frac{U}{\left( \frac{1}{\sigma_1} \ln \frac{b}{a} + \frac{1}{\sigma_2} \ln \frac{c}{b} \right)\sigma_1 \rho} \boldsymbol{a}_\rho$$

$$\boldsymbol{E}_2 = \frac{U}{\left( \frac{1}{\sigma_1} \ln \frac{b}{a} + \frac{1}{\sigma_2} \ln \frac{c}{b} \right)\sigma_2 \rho} \boldsymbol{a}_\rho$$

分界面上的自由电荷面密度为

$$\rho_S = \left( \frac{\varepsilon_1}{\sigma_1} - \frac{\varepsilon_2}{\sigma_2} \right) J \bigg|_{\rho=b} = \frac{(\varepsilon_1 \sigma_2 - \varepsilon_2 \sigma_1)U}{\left( \sigma_2 \ln \frac{b}{a} + \sigma_1 \ln \frac{c}{b} \right)b}$$

本章小结

由前面关于漏电导与电容具有对偶关系的分析，很容易得到单位长度的电容为

$$C = \frac{2\pi}{\frac{1}{\varepsilon_1} \ln \frac{b}{a} + \frac{1}{\varepsilon_2} \ln \frac{c}{b}}$$

这与例 2-6 得到的结果一致。事实上，对偶分析在工程上很有意义，值得关注。

# 习　题

2.1　两点电荷 $q_1 = 8$ C，位于 $x$ 轴上 $x = 4$ 处，$q_2 = -4$ C，位于 $y$ 轴上 $y = 4$ 处，求 $z$ 轴上点 $(0, 0, 4)$ 处的电场强度。

2.2　一个半径为 $a$ 的半圆上均匀分布着线电荷密度 $\rho_l$，求垂直于圆平面的轴线上 $z = a$ 处的电场强度。

2.3　一个点电荷 $+q$ 位于 $(-a, 0, 0)$ 处，另一个点电荷 $-2q$ 位于 $(a, 0, 0)$ 处，求电位等于零的面；空间中有电场强度等于零的点吗？

2.4　真空中一个球心在原点的半径为 $a$ 的球面，在点 $(0, 0, a)$ 和 $(0, 0, -a)$ 处分别放置点电荷 $+q$ 和 $-q$，试计算球赤道圆平面上电通密度的通量。

2.5　试求半径为 $a$、带电量为 $Q$ 的均匀带电球体的电场。

2.6　两无限长的同轴圆柱导体，半径分别为 $a$ 和 $b(a < b)$，内外导体间为空气，如题 2.6 图所示。设同轴圆柱导体内、外导体上的电荷均匀分布，其电荷密度分别为 $\rho_{S_1}$ 和 $\rho_{S_2}$，求：

（1）空间各处的电场强度；

（2）两导体间的电压；

（3）要使 $\rho > b$ 区域内的电场强度等于零，则 $\rho_{s_1}$ 和 $\rho_{s_2}$ 应满足什么关系？

典型例题

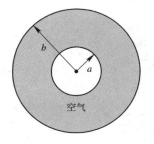

空气

题 2.6 图

$\rho_V$

题 2.7 图

思考题

2.7　半径分别为 $a$ 和 $b(a > b)$，球心距离为 $c(c < a - b)$ 的两球面间均匀分布有体密度为 $\rho_V$ 的电荷，如题 2.7 图所示。求空间各区域的电通量密度。

2.8　长度为 $2l$ 的线电荷，电荷的线密度为 $\rho_l$，求：

（1）空间任一点的电位函数 $\phi$；

（2）线电荷平分面上的电位函数。

2.9　一半径为 $a$ 的薄导体球壳，在其内表面涂覆了一层薄的绝缘膜，球内充满总电量为 $Q$ 的电荷，球壳上又另充了电量为 $Q$ 的电荷，已知内部的电场为 $\boldsymbol{E} = \boldsymbol{a}_r \left( \dfrac{r}{a} \right)^4$，计算：

（1）球内的电荷分布；

（2）球的外表面的电荷分布；

（3）球壳的电位；

（4）球心的电位。

2.10　电场中有一半径为 $a$ 的圆柱体，已知圆柱内、外的电位为

$$\phi = \begin{cases} 0, & \rho \leqslant a \\ A \left( \rho - \dfrac{a^2}{\rho} \right) \cos\varphi, & \rho \geqslant a \end{cases}$$

（1）求圆柱体内、外的电场强度；

（2）这个圆柱是由什么材料制成的？表面有电荷吗？试求之。

2.11　电场中一半径为 $a$ 的介质球，已知球内、外的电位函数分别为

$$\begin{cases} \phi_1 = -E_0 r \cos\theta + \dfrac{\varepsilon - \varepsilon_0}{\varepsilon + 2\varepsilon_0} a^3 E_0 \dfrac{\cos\theta}{r^2}, & r > a \\ \phi_2 = -\dfrac{3\varepsilon_0}{\varepsilon + 2\varepsilon_0} E_0 r \cos\theta, & r \leqslant a \end{cases}$$

此介质球表面的边界条件如何？计算球表面的电荷密度。

2.12　设 $z = 0$ 为两电介质的分界面，在 $z > 0$ 的区域 1 中充满相对介电常数为 $\varepsilon_{r1} = 2$ 的介质，而在 $z < 0$ 的区域 2 中充满相对介电常数为 $\varepsilon_{r2} = 3$ 的介质。已知区域 1 中的电通量密度为

$$\boldsymbol{D}_1 = \boldsymbol{a}_x 2y - \boldsymbol{a}_y 2x + \boldsymbol{a}_z (2+z)$$

我们能求出区域 2 中哪些地方的 $\boldsymbol{E}_2$ 和 $\boldsymbol{D}_2$？能求出区域 2 中任意点处的 $\boldsymbol{E}_2$ 和 $\boldsymbol{D}_2$ 吗？

2.13　一平行板电容器的板长为 $a$，宽为 $b$，板间距为 $d$。设 $x=d$ 处的极板上所带的电荷为 $Q$，如题 2.13 图所示。求极板间的电位分布。

题 2.13 图　　　　　　　　　　　　题 2.14 图

2.14　无限大空气平行板电容器的电容量为 $C_0$，将相对介电常数为 $\varepsilon_r = 4$ 的一块平板平行地插入两极板之间，如题 2.14 图所示。

(1) 在保持电荷一定的条件下，使该电容器的电容值升为原值的 2 倍，问所插入板的厚度 $d_1$ 与电容器两板之间的距离 $d$ 的比值为多少；

(2) 若插入板的厚度 $d_1 = \dfrac{2}{3} d$，在保持电容器电压不变的条件下，电容器的电容量将变为多少？

2.15　同轴电容器的内导体半径为 $a$，外导体内直径为 $b$，在 $a < r < b'$ 部分填充介电常数为 $\varepsilon$ 的电介质，求：

(1) 单位长度的电容；

(2) 若 $a = 5$ mm，$b = 10$ mm，$b' = 8$ mm，内外导体间所加电压为 10 000 V，介质的相对介电常数为 $\varepsilon_r = 5$，空气的击穿场强为 $3 \times 10^6$ V/m，介质的击穿场强为 $20 \times 10^6$ V/m，问电介质是否会被击穿。

2.16　在介电常数为 $\varepsilon$ 的无限大均匀介质中，开有如下空腔：

(1) 平行于 $\boldsymbol{E}$ 的针形空腔；

(2) 底面垂直于 $\boldsymbol{E}$ 的薄盘形空腔。

求各空腔中的 $\boldsymbol{E}$ 和 $\boldsymbol{D}$。

2.17　一个有两层介质 $(\varepsilon_1, \varepsilon_2)$ 的平行板电容器，两种介质的电导率分别为 $\sigma_1$ 和 $\sigma_2$，电容器极板的面积为 $S$，如题 2.17 图所示。当外加电压为 $U$ 时，求：

(1) 电容器的电场强度；

(2) 两种介质分界面上表面的自由电荷密度；

(3) 电容器的漏电导；

(4) 当满足参数 $\sigma_1 \varepsilon_2 = \sigma_2 \varepsilon_1$ 时，$G/C = ?$（$C$ 为电容器电容）

2.18　半球形电极位置靠近一直而深的陡壁，如题 2.18 图所示。若 $a = 0.3$ m，$h = 10$ m，土壤的电导率 $\sigma = 10^{-2}$ S/m，求接地电阻。

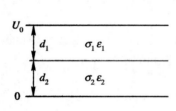

題 2.17 图　　　　　　　　　　　　題 2.18 图

2.19　已知在所研究的区域没有电荷，问下列标量函数中哪些可能是电位函数的解？

(1) $r^{-n}\cos(n\varphi)$ 圆柱坐标系；

(2) $r^{-2}\cos\varphi$ 球坐标系；

(3) $\exp(-\sqrt{2}y)\sin x\cos x$ 直角坐标系。

2.20　半径为 $R_1$ 和 $R_2(R_1 < R_2)$ 的两个同心球面之间充满了电导率为 $\sigma = \sigma_0\left(\dfrac{1+K}{r}\right)$ 的材料（$K$ 为常数），试求两理想导体球面间的电阻。

# 第 3 章　边值问题的解法

在第 2 章中，我们讨论了已知电荷分布或电流分布的情况下求无界空间的静电场或恒定电场问题。然而，实际中还会遇到一些在给定边界条件下求有界空间的静电场和电源外恒定电场的问题，这类问题通称为边值问题（Boundary Value Problem）。

求解边值问题时，通常可以归结为在给定的边界条件下，求解泊松方程或拉普拉斯方程的问题。

求解边值问题的方法，一般可以分为解析法和数值法两大类。本章介绍解析法中的镜像法和分离变量法及数值法中的有限差分法。

## 3.1　边值问题的提法

**3.1 节课件**

所谓边值问题，就是在给定边界条件下如何求解电场或电位函数所满足的方程。就边界条件而言，不同的问题有不同的给定方式，通常可以分为三类；而要求解的方程对于静电场或恒定电场问题通常是电位函数满足的方程。因此下面首先来讨论边界条件的分类和电位函数应满足的方程。

### 3.1.1　边值问题的分类

**边值问题**

实际问题总是有边界的。所有的边值问题可以归结为以下三类：

（1）已知场域边界面 $S$ 上各点电位的值，即给定

$$\phi \mid_s = f_1(S) \tag{3-1-1}$$

称为第一类边界条件或狄利克利条件。这类问题称为第一类边值问题。

（2）已知场域边界面 $S$ 上各点电位法向导数的值，即给定

$$\frac{\partial \phi}{\partial n}\bigg|_s = f_2(S) \tag{3-1-2}$$

称为第二类边界条件或诺伊曼条件。这类问题称为第二类边值问题。

（3）已知场域边界面 $S$ 上各点电位和电位法向导数的线性组合值，即给定

$$\left(\phi + \beta \frac{\partial \phi}{\partial n}\right)\bigg|_s = f_3(S) \tag{3-1-3}$$

称为第三类边界条件或混合边界条件。这类问题称为第三类边值问题。

如果边界面 $S$ 是导体，则上述三类问题分别变为：已知各导体表面的电位；已知各导体的总电量；已知一部分导体电位和另一部分导体的电荷量。

如果场域伸展到无限远处,必须提出所谓无限远处的边界条件。对于电荷分布在有限区域的情况,则在无限远处电位应满足:

$$\lim_{r \to \infty} r\phi = \text{有限值} \qquad (3-1-4)$$

式(3-1-4)称为自然边界条件。

必须指出,如果给定边界上的电位,则该给定边界上的法向导数也就确定。因为在任意边界上,它的电位和它上面的电荷密度是相互制约的,若给定了边界上的电位后,电位的法向导数就不能再任意给定了,反之亦然。

### 3.1.2　泊松方程和拉普拉斯方程

在线性、各向同性、均匀的电介质中,将式(2-1-16)代入式(2-2-9),得

$$\nabla^2 \phi = -\frac{\rho_V}{\varepsilon} \qquad (3-1-5)$$

式(3-1-5)称为静电场的泊松方程(Poisson's Equation),它表示求解区域的电位分布取决于当地的电荷分布。

对于那些电荷分布在导体表面的静电场问题,在感兴趣的区域内多数点的体电荷密度等于零,即 $\rho_V = 0$,因而有

$$\nabla^2 \phi = 0 \qquad (3-1-6)$$

式(3-1-6)称为拉普拉斯方程(Laplace's Equation)。

求有界空间的静电场和电源外恒定电场的问题,通常都可以归结为在给定边值条件下,求解泊松方程或拉普拉斯方程的问题。

# 3.2　唯 一 性 定 理

3.2 节课件

如前所述,所有的边值问题都可以归结为在给定的边界条件下,求解泊松方程或拉普拉斯方程的问题。

在静电场中,在每一类边界条件下,泊松方程或拉普拉斯方程的解必定是唯一的,这称为静电场的唯一性定理(Uniqueness Theorem)。

下面用反证法来证明在第一类边界条件下,拉普拉斯方程的解是唯一的。

考虑一个由表面边界 $S$ 包围的体积 $V$,由格林第一定理,有以下恒等式:

$$\int_V (\varphi \nabla^2 \psi + \nabla \varphi \cdot \nabla \psi)\, \mathrm{d}V = \oint_S \varphi \frac{\partial \psi}{\partial n}\, \mathrm{d}S \qquad (3-2-1)$$

令上式中 $\psi = \varphi = \phi$,得

$$\int_V (\phi \nabla^2 \phi + \nabla \phi \cdot \nabla \phi)\, \mathrm{d}V = \oint_S \phi \frac{\partial \phi}{\partial n}\, \mathrm{d}S \qquad (3-2-2)$$

因为 $\nabla^2 \phi = 0$,所以有

$$\int_V (\nabla \phi)^2\, \mathrm{d}V = \oint_S \phi \frac{\partial \phi}{\partial n}\, \mathrm{d}S \qquad (3-2-3)$$

唯一性定理

设在给定边界上的电位时，拉普拉斯方程有 $\phi_1$ 和 $\phi_2$ 两个解，由于拉普拉斯方程是线性的，两个解的差 $\phi' = \phi_1 - \phi_2$ 也满足方程 $\nabla^2 \phi' = 0$，因此有

$$\int_V (\nabla \phi')^2 \, \mathrm{d}V = \oint_S \phi' \frac{\partial \phi'}{\partial n} \, \mathrm{d}S \qquad (3-2-4)$$

在边界 $S$ 上，电位 $\phi_1|_S = \phi_2|_S = \phi|_S$，所以 $\phi'$ 在边界 $S$ 上的值为 $\phi'|_S = \phi_1|_S - \phi_2|_S = 0$，式(3-2-4)变为

$$\int_V (\nabla \phi')^2 \, \mathrm{d}V = 0 \qquad (3-2-5)$$

因为 $(\nabla \phi')^2$ 非负，故只有 $\nabla \phi' = 0$，由此必然得到电位函数 $\phi' = $ 常数。又由于边界上电位的值等于零，即 $\phi'|_S = 0$，因此 $\phi' = 0$。所以可以推得 $\phi_1 = \phi_2$，这就证明了解的唯一性。其他两类边界条件的证明与上面的证明类似，在此略去。

唯一性定理给出了拉普拉斯方程(或泊松方程)定理的充分必要条件，这个定理启发我们，在解拉普拉斯方程(或泊松方程)的时候，不管采用什么方法，只要能找到一个既能满足给定的边界条件，又能满足拉普拉斯方程(或泊松方程)的电位函数，则这个解就是正确的。任何一种方法求得的同一问题的解必然是完全相同的。下面介绍的镜像法和分离变量法就是唯一性定理的具体应用。

# 3.3 镜 像 法

3.3 节课件

镜像法是解静电场问题的一种间接方法，它巧妙地应用唯一性定理，使某些看来难解的边值问题易于解决。

当实际电荷(或电荷分布)靠近导体表面时，由于导体表面上出现感应电荷，必然会对实际电荷的场产生影响。例如地球对架空传输线所产生电场的影响就不可忽略。类似的，发射或接收天线的场分布会因支撑它们的金属导电体的出现而显著地改变。也就是说，为了计算空间的场，不仅要考虑原电荷的电场，还要考虑感应电荷产生的电场，这就必须知道导体表面的电荷分布。但是要直接分析这些问题往往是复杂而困难的。

镜像

所谓镜像法，就是暂时忽略边界的存在，在所求的区域之外放置虚拟电荷来代替实际导体表面上复杂的电荷分布来进行计算。这个虚拟的电荷被称为实际电荷的镜像(Image)。根据唯一性定理，只要镜像电荷与实际电荷一起产生的电位能满足给定的边界条件，又在所求的区域内满足拉普拉斯方程，这个结果就是正确的。

使用镜像法时要注意以下三点：

(1) 镜像电荷是虚拟电荷；

(2) 镜像电荷置于所求区域之外；

(3) 导电体的表面是等位面。

### 3.3.1 点电荷与平面边界

在无限大导电平面上方 $d$ 处有一点电荷，则导电平面对点电荷的影响可以用置于导电平面下方的镜像电荷 $-q$ 来代替，如图 3-1 所示，空间任一点 $P(x,y,z)$ 的电位为

$$\phi = \frac{q}{4\pi\varepsilon_0}\left(\frac{1}{R_1} - \frac{1}{R_2}\right)$$

$$= \frac{q}{4\pi\varepsilon_0}\left(\frac{1}{\sqrt{x^2+y^2+(z-d)^2}} - \frac{1}{\sqrt{x^2+y^2+(z+d)^2}}\right) \quad (3-3-1)$$

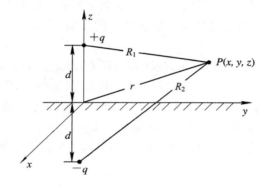

图 3-1 平面边界上的点电荷与其镜像

下面来验证解的正确性。

显然，电位函数 $\phi$ 在上半平面(除点电荷所在的点外)均满足拉普拉斯方程，即 $\nabla^2\phi=0$，而在边界($z=0$ 的平面)上，电位函数满足 $\phi|_{z=0}=0$ 的边界条件。根据唯一性定理，式(3-3-1)必是所求问题的解。

点电荷的镜像

由此可知，点 $P(x,y,z)$ 处的电场强度为

$$\boldsymbol{E} = -\nabla\phi = -\frac{q}{4\pi\varepsilon_0}\left[\left(\frac{x}{R_2^3}-\frac{x}{R_1^3}\right)\boldsymbol{a}_x + \left(\frac{y}{R_2^3}-\frac{y}{R_1^3}\right)\boldsymbol{a}_y + \left(\frac{z+d}{R_2^3}-\frac{z-d}{R_1^3}\right)\boldsymbol{a}_z\right]$$

$$(3-3-2)$$

在导电平面上，有 $R_1=R_2=R=\sqrt{x^2+y^2+d^2}$，电场强度简化为

$$\boldsymbol{E} = -\frac{2qd}{4\pi\varepsilon_0 R^3}\boldsymbol{a}_z \quad (3-3-3)$$

导体表面的感应电荷密度为

$$\rho_S = \boldsymbol{a}_z \cdot (\varepsilon_0\boldsymbol{E}) = -\frac{2qd}{4\pi r^3} \quad (3-3-4)$$

如果将无限大导电平面看作半径为无限大的圆，则无限大导电平面表面的感应电荷为

$$Q = \int_S \rho_S \, \mathrm{d}S = -\frac{2qd}{4\pi}\int_0^\infty \frac{\rho \, \mathrm{d}\rho}{(\rho^2+d^2)^{\frac{3}{2}}}\int_0^{2\pi} \mathrm{d}\varphi = -q \quad (3-3-5)$$

可见，导体表面感应的总电荷正是预期值 $-q$。

　　当一点电荷置于两平行导电平面之中时，其镜像电荷数趋于无穷。然而，对于两相交平面，若两平面的夹角为 $\theta$，且 $360°/\theta$ 为偶数，则可以用镜像法来求解，此时镜像电荷的个数为 $360°/\theta-1$，再加上原电荷总共有 $360°/\theta$ 个。对于平面边界，这些点电荷位于与原电荷关于边界对称的位置上，且两者大小相等、符号相反。若 $360°/\theta$ 不是偶数，则镜像电荷就会出现在所求区域之内，这将改变该区域内电位所满足的方程，因而不能用镜像法求解。

　　**【例 3-1】**　图 3-2 所示为自由空间垂直放置的两个半无限大导电接地平面组成的直角劈，今有一电量为 100 nC 的点电荷置于点 (3，4，0)，求点 (3，5，0) 处的电位和电场强度，其中各坐标单位为 m。

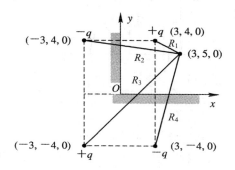

图 3-2　两垂直平面间的点电荷

　　**解**　两平面夹角为 $90°$，则 $n=360°/90°=4$。为满足边界上电位为零的条件，需要三个虚拟电荷，如图 3-2 所示，则所求点 (3，5，0) 处的电位为

$$\phi = \frac{q}{4\pi\varepsilon_0}\left(\frac{1}{R_1} - \frac{1}{R_2} + \frac{1}{R_3} - \frac{1}{R_4}\right)$$

其中，

$$R_1 = \sqrt{(x-3)^2 + (y-4)^2 + z^2}$$
$$R_2 = \sqrt{(x+3)^2 + (y-4)^2 + z^2}$$
$$R_3 = \sqrt{(x+3)^2 + (y+4)^2 + z^2}$$
$$R_4 = \sqrt{(x-3)^2 + (y+4)^2 + z^2}$$

所以点 (3，5，0) 处的电位为

$$\phi = 735.2 \text{ V}$$

根据

$$\boldsymbol{E} = -\nabla\phi = -\frac{\partial\phi}{\partial x}\boldsymbol{a}_x - \frac{\partial\phi}{\partial y}\boldsymbol{a}_y - \frac{\partial\phi}{\partial z}\boldsymbol{a}_z$$

该点处的电场强度为

$$\boldsymbol{E} = -19.8\boldsymbol{a}_x + 891.36\boldsymbol{a}_y \quad \text{V/m}$$

　　对于曲面边界情形，镜像电荷的量值与原电荷量值不一定相等，且其位置一般也不与实际电荷关于边界对称。

### 3.3.2　点电荷与球面边界

自由空间中接地导体球半径为 $a$，一个点电荷 $q$ 置于距球心 $d$ 处，如图 3-3 所示。此时仍然用镜像法讨论，即接地导体球对点电荷的影响可以用置于导体球内部的镜像电荷来代替。那么，此时镜像电荷的大小和位置如何确定呢？

点电荷与
导体球的场

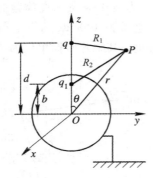

图 3-3　接地导体球外的点电荷

由于导电球面弯曲，因此镜像电荷在数量上一般不等于真实电荷 $q$。假设为 $q_1 = -mq$，其位置应在球内，又因为导体球在靠近点电荷的一边感应电荷密度大，而远离点电荷的一边感应电荷密度小，同时考虑到球上的电荷分布左右应对称，所以镜像电荷将位于上半球内的球心与实际电荷的连线上，设在距原点 $b$ 处，则球外任意点处由原电荷和镜像电荷共同产生的电位为

$$\phi = \frac{q}{4\pi\varepsilon_0}\left(\frac{1}{R_1} - \frac{m}{R_2}\right) \tag{3-3-6}$$

式中，

$$R_1 = \sqrt{r^2 + d^2 - 2rd\,\cos\theta}$$
$$R_2 = \sqrt{r^2 + b^2 - 2rb\,\cos\theta}$$

电位函数在球表面处满足电位为零的边界条件，即在 $r=a$ 处对任意角度 $\theta$，有

$$\left.\frac{1}{\sqrt{r^2 + d^2 - 2rd\,\cos\theta}}\right|_{r=a} = \left.\frac{m}{\sqrt{r^2 + b^2 - 2rb\,\cos\theta}}\right|_{r=a} \tag{3-3-7}$$

为确定 $m$ 和 $b$，需要两个方程。将上式两边平方，并令 $\cos\theta$ 的系数及其余项相等，可得

$$\left.\begin{array}{l}(a^2 + d^2)m^2 = a^2 + b^2 \\ 2adm^2 = 2ab\end{array}\right\} \tag{3-3-8}$$

由此解出

$$b = \frac{a^2}{d}, \quad m = \frac{a}{d} \tag{3-3-9}$$

因此，镜像电荷的大小为

$$q_1 = -\frac{a}{d}q \qquad\qquad (3-3-10)$$

显然，$m \leqslant 1$，只有当 $d=a$ 时，才有 $m=1$。亦即仅当真实电荷在球面上时，镜像电荷在数量上才等于真实电荷。当电荷 $q$ 向远离球体的方向移动时，镜像电荷则趋向于球心。

球体表面的电荷密度等于电通量密度的法向分量，即

$$\rho_S = \boldsymbol{a}_r \cdot \boldsymbol{D} = \boldsymbol{a}_r \cdot (-\varepsilon_0 \nabla \phi)$$

$$= -\varepsilon_0 \frac{\partial \phi}{\partial r}\Big|_{r=a} = -\frac{q}{4\pi a}\left[\frac{d^2-a^2}{(a^2+d^2-2ad\ \cos\theta)^{3/2}}\right] \qquad (3-3-11)$$

将球体表面电荷密度沿整个球面积分即可得其总的感应电荷量为 $-mq$，显然与镜像电荷相同。这正说明了镜像法是利用镜像电荷代替复杂感应电荷分布以实现原区域中场的分析。

当球不接地时，球面电位不等于零，而球面上的净电荷为零。为满足导体表面净电荷等于零的边界条件，需再加入一个镜像电荷 $q_2 = -q_1$，其位置在球心以保持球面仍为等位面。此时，球外任一点的电位为

$$\phi = \frac{q}{4\pi\varepsilon_0}\left(\frac{1}{R_1} - \frac{m}{R_2} + \frac{m}{r}\right) \qquad (3-3-12)$$

此时，球的电位等于 $q_2$ 在球面上产生的电位，即

$$\phi = \frac{q_2}{4\pi\varepsilon_0 a} = \frac{q}{4\pi\varepsilon_0 d} \qquad (3-3-13)$$

镜像法不仅适用于原电荷为点电荷的情况，也同样适用于原电荷为线电荷的情况。下面讨论线电荷的镜像问题。

### 3.3.3　线电荷的镜像

自由空间中无限长接地导体圆柱半径为 $a$，一个线电荷密度为 $\rho_l$ 的无限长带电直线与圆柱轴线的距离为 $d$，如图 3-4 所示，求圆柱外空间任一点处的电位，分析方法与 3.3.2 节相似。

外加电场下的
接地球

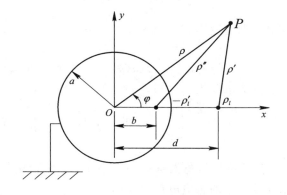

图 3-4　接地无限长导体圆柱外的线电荷

线电荷的镜像

因为导体圆柱接地，所以导体圆柱内的电位和电场均为零，在无限长带电直线所在的位置以外的区域(亦在导体圆柱外)，电位函数应满足拉普拉斯

方程，即

$$\left.\begin{array}{l} \nabla^2 \phi = 0 \\ \phi \mid_s = 0 \end{array}\right\} \tag{3-3-14}$$

其中，$S$ 代表圆柱表面。

在带电直线的作用下，导体圆柱柱面上将出现感应电荷。导体圆柱外空间任一点的电位应该为带电直线上感应电荷和柱面上感应电荷分别产生的电位叠加。假设感应电荷为 $-\rho_l'$，其位置应在导体圆柱内，因为导体圆柱在靠近线电荷的一边感应电荷密度大，而远离线电荷的一边感应电荷密度小，同时考虑到圆柱上的电荷分布上下应对称，所以镜像电荷将位于圆柱轴线与实际带电线电荷的连线上，设在距原点 $b$ 处，则柱外任意点 $P$ 处的电位为

$$\phi = \frac{1}{2\pi\varepsilon_0}\left(\rho_l \ln\frac{d-a}{\rho'} - \rho_l' \ln\frac{a-b}{\rho''}\right) \tag{3-3-15}$$

式中：

$$\rho' = \sqrt{\rho^2 + d^2 - 2\rho d \cos\varphi}$$

$$\rho'' = \sqrt{\rho^2 + b^2 - 2\rho b \cos\varphi}$$

电位函数在圆柱表面处满足电位为零的边界条件，即在 $\rho = a$ 处对任意角度 $\varphi$，有

$$\rho_l \ln\frac{a^2 + d^2 - 2ad \cos\varphi}{(d-a)^2} = \rho_l' \ln\frac{a^2 + b^2 - 2ab \cos\varphi}{(a-b)^2} \tag{3-3-16}$$

另外，导体圆柱表面电场强度的切向分量等于零，即

$$\left.\frac{\partial\phi}{\partial\varphi}\right|_{\rho=a} = 0 \tag{3-3-17}$$

由此得到合理的解为

$$b = \frac{a^2}{d}, \quad \rho_l' = \rho_l \tag{3-3-18}$$

此时圆柱外空间任一点处的电位为

$$\phi = \frac{\rho_l}{2\pi\varepsilon_0} \ln\frac{d\rho''}{a\rho'} \tag{3-3-19}$$

圆柱面上的感应电荷面密度为

$$\rho_S = -\varepsilon_0 \left.\frac{\partial\phi}{\partial\rho}\right|_{\rho=a} = -\frac{\rho_l(d^2 - a^2)}{2\pi a(a^2 + d^2 - 2ad \cos\varphi)} \tag{3-3-20}$$

单位长度圆柱上的感应电荷为

$$\int_S \rho_S \, \mathrm{d}S = -\frac{\rho_l(d^2 - a^2)}{2\pi a}\int_0^1 \mathrm{d}z \int_0^{2\pi} \frac{a}{a^2 + d^2 - 2ad \cos\varphi} \, \mathrm{d}\varphi = -\rho_l$$
$$\tag{3-3-21}$$

可见，感应电荷的总量与镜像电荷的大小相等。镜像法的本质就是用集中镜像电荷作用代替分布的感应电荷的作用。

【例 3 - 2】 两半径均为 $a$ 的无限长平行双导线，导线间距为 $D$，若导线间的电压为 $U$，求空间内任一点的电位和单位长度的电容。

**解** 由于两圆柱导体间的电压为 $U$，因此两圆柱导体带等量异号的电

荷。当两导体间距离较近时，由于正、负电荷相互吸引，因此两导体表面上的电荷分布不均匀，相互靠近的一侧电荷密度大，相互远离的一侧电荷密度小。可以将两圆柱导体上的电荷分布看成是集中分布的线电荷 $\rho_l$ 和 $-\rho_l$，设它们的位置如图 3-5 所示，则利用接地导体圆柱的镜像得

$$b = \frac{a^2}{h}$$

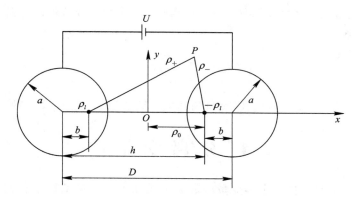

图 3-5　无限长平行双导线的电位与单位长度的电容

由于 $h+b=D$，因此可得

$$h = \frac{D}{2} + \sqrt{\frac{D^2}{4} - a^2}$$

而

$$b = D - h = \frac{D}{2} - \sqrt{\frac{D^2}{4} - a^2}$$

以原点为参考点，线电荷 $\rho_l$ 和 $-\rho_l$ 在空间任意点 $P$ 处所产生的电位分别为

$$\phi_+ = \frac{\rho_l}{2\pi\varepsilon_0} \ln \frac{\rho_0}{\rho_+}$$

$$\phi_- = -\frac{\rho_l}{2\pi\varepsilon_0} \ln \frac{\rho_0}{\rho_-}$$

$P$ 处的总电位为

$$\phi = \phi_+ + \phi_- = \frac{\rho_l}{2\pi\varepsilon_0} \ln \frac{\rho_-}{\rho_+}$$

右边圆柱上任一点的电位为

$$\phi_{右} = \frac{\rho_l}{2\pi\varepsilon_0} \ln \frac{a}{h}$$

左边圆柱上任一点的电位为

$$\phi_{左} = \frac{\rho_l}{2\pi\varepsilon_0} \ln \frac{h}{a}$$

因此，两圆柱导体间的电压为

$$U = \phi_{左} - \phi_{右} = \frac{\rho_l}{\pi\varepsilon_0} \ln \frac{h}{a}$$

于是单位长度的电容为

$$C = \frac{\pi\varepsilon_0}{\ln\left(\dfrac{D}{2a} + \sqrt{\left(\dfrac{D}{2a}\right)^2 - 1}\right)}$$

上式与第 2 章中求得的电容计算公式(2-4-2)有所不同,这是由于上面的计算过程考虑了两导线间电荷的相互作用,使电荷的中心位置发生了偏移。

如果 $D \gg a$,此时电荷中心不会偏离圆柱中心轴,或者说两电荷的相互影响可以忽略,则有

$$C \approx \frac{\pi\varepsilon_0}{\ln\left(\dfrac{D}{a}\right)}$$

可见,不考虑两电荷之间的影响时的结果与第 2 章的结果完全一致。

# 3.4　分离变量法

3.4 节课件

分离变量法是把一个多变量函数表示成几个单变量函数乘积的方法。它首先要求给定边界与一个适当坐标系的坐标面相合;其次要求在坐标系中,待求偏微分方程的解可表示为三个函数的乘积,且其中的每个函数仅是一个坐标的函数。在直角、圆柱、球等坐标系中都可以应用分离变量法。

## 3.4.1　直角坐标系中的分离变量法

如果待求问题的边界面形状适合用直角坐标系表示,则用直角坐标系中的分离变量法求解。在直角坐标系中,电位函数的拉普拉斯方程为

$$\frac{\partial^2 \phi}{\partial x^2} + \frac{\partial^2 \phi}{\partial y^2} + \frac{\partial^2 \phi}{\partial z^2} = 0 \qquad (3-4-1)$$

当边界结构满足各坐标相互独立时,可将待求的电位函数 $\phi$ 用三个单变量函数的乘积来表示,即

$$\phi(x,\ y,\ z) = f(x)g(y)h(z) \qquad (3-4-2)$$

将式(3-4-2)代入式(3-4-1)中,并除 $\phi$ 以后,得

分离变量法
(文本)

$$\frac{1}{f}\frac{\mathrm{d}^2 f}{\mathrm{d}x^2} + \frac{1}{g}\frac{\mathrm{d}^2 g}{\mathrm{d}y^2} + \frac{1}{h}\frac{\mathrm{d}^2 h}{\mathrm{d}z^2} = 0 \qquad (3-4-3)$$

注意到式(3-4-3)三项中的每一项都是一个单变量的函数,因此要使上式成立,只有每项等于常数,且三个常数之和等于 0,即

$$\frac{1}{f}\frac{\mathrm{d}^2 f}{\mathrm{d}x^2} = -k_x^2 \qquad (3-4-4)$$

$$\frac{1}{g}\frac{\mathrm{d}^2 g}{\mathrm{d}y^2} = -k_y^2 \qquad (3-4-5)$$

分离变量法

$$\frac{1}{h}\frac{\mathrm{d}^2 h}{\mathrm{d}z^2} = -k_z^2 \qquad (3-4-6)$$

$$k_x^2 + k_y^2 + k_z^2 = 0 \qquad (3-4-7)$$

上面各式中，$k_x$、$k_y$ 和 $k_z$ 称为分离常数。由式(3-4-7)可知，$k_x$、$k_y$、$k_z$ 中只有两个是独立的，且它们不能全为实数，也不能全为虚数或者为零。常系数二阶微分方程式(3-4-4)～式(3-4-6)的解的形式由分离常数的取值决定。

以 $f(x)$ 为例，若 $k_x$ 为实数，则微分方程式(3-4-4)的解为

$$f(x) = A_1 \sin k_x x + A_2 \cos k_x x \qquad (3-4-8)$$

若 $k_x$ 为虚数，令 $k_x = j\alpha_x$（$\alpha_x$ 为实数），则微分方程(3-4-4)的解为

$$f(x) = B_1 \sinh \alpha_x x + B_2 \cosh \alpha_x x \qquad (3-4-9)$$

或

$$f(x) = B_1' \exp(\alpha_x x) + B_2' \exp(-\alpha_x x) \qquad (3-4-10)$$

若 $k_x = 0$，则微分方程式(3-4-4)的解为

$$f(x) = C_1 x + C_2 \qquad (3-4-11)$$

$g(y)$、$h(z)$ 和 $f(x)$ 的情况类似，$k_y$ 和 $k_z$ 的取值不同，方程式(3-4-5)和式(3-4-6)对应的解的形式亦不同。这样，根据满足式(3-4-7)的 $k_x$、$k_y$ 和 $k_z$ 取值的不同组合情况，拉普拉斯方程的解 $\phi(x, y, z) = f(x)g(y)h(z)$ 也将有不同的组合形式。然而，根据唯一性定理，在给定的边界条件下，拉普拉斯方程的解是唯一的。因此，对于给定边界条件的具体问题的解，拉普拉斯方程解的形式由边界条件来确定。下面举例说明。

**【例 3-3】** 图 3-6 为截面为长方形的导体槽，槽可以视为无限长，其上有一块与槽绝缘的盖板，槽的电位为 0，盖板的电位为 $U_0$，求槽内的电位函数。

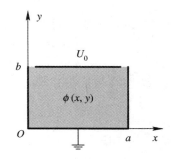

图 3-6　导体槽中的电位

**解**　因为槽沿 $z$ 方向无限长，所以电位函数与 $z$ 无关，这是一个矩形域的二维场问题。

在直角坐标系中，电位函数 $\phi(x, y)$ 的拉普拉斯方程为

$$\frac{\partial^2 \phi}{\partial x^2} + \frac{\partial^2 \phi}{\partial y^2} = 0 \quad 0 < x < a, \, 0 < y < b$$

其边界条件为

$$\phi \big|_{x=0, \, 0 \leqslant y \leqslant b} = 0, \quad \phi \big|_{x=a, \, 0 \leqslant y \leqslant b} = 0$$

$$\phi \big|_{y=0, \, 0 \leqslant x \leqslant a} = 0, \quad \phi \big|_{y=b, \, 0 \leqslant x \leqslant a} = U_0$$

令 $\phi(x, y) = f(x)g(y)$，则由分离变量法可得以下三个方程：

$$\frac{1}{f}\frac{\mathrm{d}^2 f}{\mathrm{d}x^2} = -k_x^2$$

$$\frac{1}{g}\frac{\mathrm{d}^2 g}{\mathrm{d}y^2} = -k_y^2$$

$$k_x^2 + k_y^2 = 0$$

在 $f(x)$ 的三种可能的解中，只有 $f(x) = A_1 \sin k_x x$，且 $k_x$ 的取值必须为 $k_x = \dfrac{n\pi}{a}(n = 1, 2, 3, \cdots)$，才能满足 $\phi|_{x=0, 0\leqslant y\leqslant b} = 0$ 和 $\phi|_{x=a, 0\leqslant y\leqslant b} = 0$ 的边界条件，$\sin\dfrac{n\pi}{a}x$ 称为方程式 (3-4-4) 在上述边界条件下的本征函数 (Eigenfunction)，$k_x = \dfrac{n\pi}{a}$ 称为本征值 (Eigenvalue)。

由于 $k_y^2 = -k_x^2 = \left(\mathrm{j}\dfrac{n\pi}{a}\right)^2$，若要 $g(y)$ 的解满足 $\phi|_{y=0, 0\leqslant x\leqslant a} = 0$ 的边界条件，只有

$$g(y) = B_1 \sinh\frac{n\pi}{a}y$$

因此，电位函数 $\phi(x, y)$ 的通解为

$$\phi(x, y) = \sum_{n=1}^{\infty} A_n B_n \sin\frac{n\pi}{a}x \ \sinh\frac{n\pi}{a}y = \sum_{n=1}^{\infty} D_n \sin\frac{n\pi}{a}x \ \sinh\frac{n\pi}{a}y$$

式中，系数 $D_n$ 由 $\phi|_{y=b, 0\leqslant x\leqslant a} = U_0$ 的边界条件决定，即

$$\phi(x, b) = U_0 = \sum_{n=1}^{\infty} D_n \sin\frac{n\pi}{a}x \ \sinh\frac{n\pi}{a}b$$

将上式进行傅立叶级数展开，即等式两边同乘以 $\sin\dfrac{m\pi}{a}x$，再对 $x$ 从 0 到 $a$ 积分，得

$$\int_0^a \left(U_0 \sin\frac{m\pi}{a}x\right)\mathrm{d}x = \int_0^a \left(\sum_{n=1}^{\infty} D_n \sinh\frac{n\pi}{a}b \ \sin\frac{n\pi}{a}x \ \sin\frac{m\pi}{a}x\right)\mathrm{d}x$$

等式的左边：

$$\int_0^a \left(U_0 \sin\frac{m\pi}{a}x\right)\mathrm{d}x = U_0\frac{a}{m\pi}(1 - \cos m\pi)$$

利用三角函数的正交性质，有

$$\int_0^a \left(\sin\frac{n\pi}{a}x \ \sin\frac{m\pi}{a}x\right)\mathrm{d}x = \begin{cases} 0 & n \neq m \\ \dfrac{a}{2} & n = m \end{cases}$$

等式的右边：

$$\int_0^a \left(\sum_{n=1}^{\infty} D_n \sinh\frac{n\pi}{a}b \ \sin\frac{n\pi}{a}x \ \sin\frac{m\pi}{a}x\right)\mathrm{d}x = \frac{a}{2}D_m \sinh\frac{m\pi}{a}b$$

故

$$D_m = \frac{4U_0}{m\pi \ \sinh\dfrac{m\pi}{a}b} \quad m = 1, 3, 5, \cdots$$

因此，槽内的电位函数为

$$\phi(x,\,y)=\sum_{n=1}^{\infty}\frac{4U_0}{n\pi\,\sinh\dfrac{n\pi}{a}b}\sin\frac{n\pi}{a}x\,\sinh\frac{n\pi}{a}y\quad n=1,\,3,\,5,\,\cdots$$

以上为直角坐标系中二维拉普拉斯方程的求解过程。三维拉普拉斯方程的求解过程与上述过程类似，只是解答形式较复杂，在展成傅立叶级数时会遇到双重傅立叶积分。

满足泊松方程的边值问题也可以用分离变量法来求解。

**【例 3-4】**　图 3-7 所示的两板距离为 $d$ 的平行板电容器中存在着体密度为 $\rho_V$ 的恒定电荷，其中一块板的电位为 0，另一块板的电位为 $U_0$，求电容器内的电位分布。

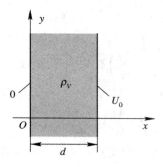

图 3-7　电容器中的电位

**解**　因为平行板电容器中的电荷体密度 $\rho_V$ 是恒定的，介质为空气，且两极板的电位为给定值，所以它属于第一类边值问题。

由于平行板电容器中的电荷体密度为 $\rho_V$，因此电容器内的电位函数应满足泊松方程：

$$\nabla^2\phi=-\frac{\rho_V}{\varepsilon_0}$$

其边界条件为

$$\phi\big|_{x=0}=0\quad\text{和}\quad\phi\big|_{x=d}=U_0$$

由于平行板电容器在 $y$ 和 $z$ 方向均为无限大，因此待求区域内的电位函数仅是变量 $x$ 的函数。泊松方程可以写为

$$\frac{\mathrm{d}^2\phi}{\mathrm{d}x^2}=-\frac{\rho_V}{\varepsilon_0}$$

将上式积分两次，得到通解

$$\phi=-\frac{\rho_V}{2\varepsilon_0}x^2+C_1x+C_2$$

应用边界条件得

$$C_2=0$$
$$C_1=\frac{U_0}{d}+\frac{\rho_V d}{2\varepsilon_0}$$

因此，电容器内的电位函数为

$$\phi = -\frac{\rho_V}{2\varepsilon_0}x^2 + \left(\frac{U_0}{d} + \frac{\rho_V d}{2\varepsilon_0}\right)x \quad (0 \leqslant x \leqslant d)$$

分离变量法的本质是在一定的结构条件下，场在各个坐标方向上的分量相互独立，为此求得各分量满足方程的可能解答形式（即通解），然后再使其满足边界条件，从而得到特定解。由唯一性定理可知，该特定解一定是原问题的解。

## *3.4.2　圆柱坐标系中的分离变量法

在求解圆柱空间或有柱面边界的场问题时，采用圆柱坐标系较为方便。圆柱坐标系中电位的拉普拉斯方程为

$$\frac{1}{\rho}\frac{\partial}{\partial\rho}\left(\rho\frac{\partial\phi}{\partial\rho}\right) + \frac{1}{\rho^2}\frac{\partial^2\phi}{\partial\varphi^2} + \frac{\partial^2\phi}{\partial z^2} = 0 \tag{3-4-12}$$

采用分离变量法，令 $\phi(\rho, \varphi, z) = f(\rho)g(\varphi)h(z)$，代入上式，得

$$\frac{gh}{\rho}\frac{\mathrm{d}}{\mathrm{d}\rho}\left(\rho\frac{\mathrm{d}f}{\mathrm{d}\rho}\right) + \frac{fh}{\rho^2}\frac{\mathrm{d}^2 g}{\mathrm{d}\varphi^2} + fg\frac{\mathrm{d}^2 h}{\mathrm{d}z^2} = 0 \tag{3-4-13}$$

将上式两边同除以 $\phi$，得

$$\frac{1}{f\rho}\frac{\mathrm{d}}{\mathrm{d}\rho}\left(\rho\frac{\mathrm{d}f}{\mathrm{d}\rho}\right) + \frac{1}{g\rho^2}\frac{\mathrm{d}^2 g}{\mathrm{d}\varphi^2} = -\frac{1}{h}\frac{\mathrm{d}^2 h}{\mathrm{d}z^2} \tag{3-4-14}$$

要使上式对所有的 $\rho$、$\varphi$ 和 $z$ 均成立，等式的两端必须等于常数，令其为 $-k^2$，则有

$$\frac{1}{h}\frac{\mathrm{d}^2 h}{\mathrm{d}z^2} = k^2 \tag{3-4-15}$$

$$\frac{\rho}{f}\frac{\mathrm{d}}{\mathrm{d}\rho}\left(\rho\frac{\mathrm{d}f}{\mathrm{d}\rho}\right) + k^2\rho^2 = -\frac{1}{g}\frac{\mathrm{d}^2 g}{\mathrm{d}\varphi^2} \tag{3-4-16}$$

要使方程式（3-4-16）对所有的 $\rho$、$\varphi$ 都成立，必须使方程两端都等于常数，令此常数为 $n^2$，则有

$$\frac{\mathrm{d}^2 g}{\mathrm{d}\varphi^2} + n^2 g = 0 \tag{3-4-17}$$

$$\frac{\rho}{f}\frac{\mathrm{d}}{\mathrm{d}\rho}\left(\rho\frac{\mathrm{d}f}{\mathrm{d}\rho}\right) + k^2\rho^2 - n^2 = 0 \tag{3-4-18}$$

方程式（3-4-15）和式（3-4-17）的解的形式分别为

$$h(z) = A\sinh kz + B\cosh kz \tag{3-4-19}$$

$$g(\varphi) = C\sin n\varphi + D\cos n\varphi \tag{3-4-20}$$

其中，$n$ 为整数。

将方程式（3-4-18）两边同乘以 $f/\rho^2$，得

$$\frac{1}{\rho}\frac{\mathrm{d}}{\mathrm{d}\rho}\left(\rho\frac{\mathrm{d}f}{\mathrm{d}\rho}\right) + \left(k^2 - \frac{n^2}{\rho^2}\right)f = 0 \tag{3-4-21}$$

由数学物理方程的知识，可知方程式（3-4-21）为贝塞尔方程，其解为

$$f(k\rho) = F\mathrm{J}_n(k\rho) + G\mathrm{N}_n(k\rho) \tag{3-4-22}$$

式中，$\mathrm{J}_n(k\rho)$ 为 $n$ 阶第一类贝塞尔函数，$\mathrm{N}_n(k\rho)$ 为第二类贝塞尔函数（也称纽

曼函数）。它们的表达式分别为

$$J_n(k\rho) = \left(\frac{k\rho}{2}\right)^n \sum_{m=0}^{\infty} \frac{(-1)^m}{m!\,\Gamma(m+n+1)}\left(\frac{k\rho}{2}\right)^{2m}$$

$$(3-4-23)$$

$$N_n(k\rho) = \frac{2}{\pi}J_n(k\rho)\left(\ln\frac{k\rho}{2}+\gamma\right) - \frac{1}{\pi}\sum_{m=0}^{n-1}\frac{(n-m-1)!}{m!}\left(\frac{k\rho}{2}\right)^{-n+2m}$$

$$- \frac{1}{\pi}\sum_{m=0}^{\infty}\frac{(-1)^m}{m!(n+m)!}\left(\frac{k\rho}{2}\right)^{n+2m}\left(\sum_{k=1}^{n+m}\frac{1}{k}+\sum_{k=1}^{m}\frac{1}{k}\right) \qquad m \text{ 为奇数}$$

$$(3-4-24)$$

式中，$\gamma = 0.577\ 72$ 为欧拉常数，而 $\Gamma(x) = \int_0^{\infty} e^{-t}t^{x-1}\,dt$。

贝塞尔函数具有以下正交关系：

$$\int_0^a \rho J_n(k_i\rho)J_n(k_j\rho)\,d\rho = \begin{cases} 0 & i \neq j \\ H_i & i = j \end{cases} \qquad (3-4-25)$$

式中，

$$H_i = \int_0^a \rho J_n^2(k_i\rho)\,d\rho = \frac{a^2}{2}\left\{[J_n'(k_ia)]^2 + \left[1-\left(\frac{n}{k_ia}\right)^2 J_n^2(k_ia)\right]\right\}$$

$$(3-4-26)$$

对于第一类边界条件 $J_n(k_ia)=0$，有

$$H_i = \frac{a^2}{2}[J_n'(k_ia)]^2 = \frac{a^2}{2}J_{n+1}^2(k_ia) \qquad (3-4-27)$$

对于第二类边界条件 $J_n'(k_ia)=0$，有

$$H_i = \frac{a^2}{2}\left[1-\left(\frac{n}{k_ia}\right)^2 J_n^2(k_ia)\right] \qquad (3-4-28)$$

圆柱坐标系中拉普拉斯方程的一个解为

$$\phi = (A\sinh kz + B\cosh kz)(C\sin n\varphi + D\cos n\varphi)[FJ_n(k\rho) + GN_n(k\rho)]$$

$$(3-4-29)$$

有时也将式（3-4-29）中的 $\sinh kz$ 和 $\cosh kz$ 改用 $e^{-kz}$ 和 $e^{kz}$ 的形式表示，具体用什么函数取决于边界条件。式中的所有系数均由边界条件确定。

如果研究的问题是圆柱沿 $z$ 方向无限长，则电位与 $z$ 无关，此时拉普拉斯方程变为

$$\frac{1}{\rho}\frac{\partial}{\partial\rho}\left(\rho\frac{\partial\phi}{\partial\rho}\right) + \frac{1}{\rho^2}\frac{\partial^2\phi}{\partial\varphi^2} = 0 \qquad (3-4-30)$$

应用分离变量法，方程式（3-4-30）的解为

$$\phi = C_1 + C_2\ln\rho + \sum_{n=1}^{\infty}(A_n\sin n\varphi + B_n\cos n\varphi)(D_n\rho^n + F_n\rho^{-n})$$

$$(3-4-31)$$

其中的系数由边界条件确定。

如果圆柱的电位是圆对称的，且沿 $z$ 方向无限长，即电位与 $\varphi$ 和 $z$ 的方向无关，则拉普拉斯方程为

$$\frac{1}{\rho}\frac{\mathrm{d}}{\mathrm{d}\rho}\left(\rho\frac{\mathrm{d}\phi}{\mathrm{d}\rho}\right)=0 \tag{3-4-32}$$

方程式(3-4-32)的解为

$$\phi=C_1\ln\rho+C_2 \tag{3-4-33}$$

系数 $C_1$ 和 $C_2$ 由边界条件确定。

以上分析了各种圆柱结构条件下拉普拉斯方程解的可能形式,下面通过举例来说明其具体应用。

**【例 3-5】** 半径为 $a$、介电常数为 $\varepsilon$ 的无限长介质圆柱置于均匀电场 $\boldsymbol{E}_0$ 中,圆柱轴线与 $\boldsymbol{E}_0$ 垂直,求圆柱内、外的电位和电场分布。

**解** 在均匀电场作用下,介质圆柱表面将出现极化电荷,因而空间任一点的电位是均匀电场的电位和圆柱面上的极化电荷所产生的电位的叠加。根据坐标面一致的要求,选择圆柱坐标系如图 3-8 所示。此时均匀电场的电位和圆柱表面的极化电荷所产生的电位均与坐标 $z$ 无关。设圆柱内、外的电位分别为 $\phi_1$ 和 $\phi_2$,则根据式(3-4-31)可知

$$\phi_1=C_1+C_2\ln\rho+\sum_{n=1}^{\infty}(A_n\sin n\varphi+B_n\cos n\varphi)(D_n\rho^n+F_n\rho^{-n}) \quad \rho\leqslant a$$

$$\phi_2=C_1'+C_2'\ln\rho+\sum_{n=1}^{\infty}(A_n'\sin n\varphi+B_n'\cos n\varphi)(D_n'\rho^n+F_n'\rho^{-n}) \quad \rho\geqslant a$$

式中的常数由边界条件给出,其边界条件为

(1) 在圆柱轴线 $\rho=0$ 处,$\phi_1$ 应为有限值;

(2) 当 $\rho\to\infty$ 时,$\phi_2$ 应为 $-E_0\rho\cos\varphi$;

(3) 在 $\rho=a$ 的圆柱面上,$\phi_1=\phi_2$,$\varepsilon\dfrac{\partial\phi_1}{\partial\rho}=\varepsilon_0\dfrac{\partial\phi_2}{\partial\rho}$。

由边界条件(1)得

$$C_2=0, \quad F_n=0$$

此时圆柱内的电位可以表达为

$$\phi_1=C_1+\sum_{n=1}^{\infty}(A_n\sin n\varphi+B_n\cos n\varphi)\rho^n$$

由边界条件(2)得

$$C_1'=0, \ C_2'=0, \ A_n'D_n'=0, \ B_1'D_1'=-E_0, \ B_n'D_n'=0 \ (n\neq1)$$

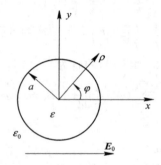

图 3-8 均匀电场中介质圆柱的电位

此时圆柱外的电位表达式为

$$\phi_2 = -E_0 \rho \cos\varphi + \sum_{n=1}^{\infty}(A_n' \sin n\varphi + B_n' \cos n\varphi)\rho^{-n}$$

由边界条件(3)得

$$C_1 + \sum_{n=1}^{\infty}(A_n \sin n\varphi + B_n \cos n\varphi)a^n = -E_0 a \cos\varphi + \sum_{n=1}^{\infty}(A_n' \sin n\varphi + B_n' \cos n\varphi)a^{-n}$$

$$\varepsilon \sum_{n=1}^{\infty} n(A_n \sin n\varphi + B_n \cos n\varphi)a^{n-1} = -\varepsilon_0 E_0 \cos\varphi - \varepsilon_0 \sum_{n=1}^{\infty} n(A_n' \sin n\varphi + B_n' \cos n\varphi)a^{-n-1}$$

上式对任意角度 $\varphi$ 都成立。比较上述两式中 $\sin\varphi$ 和 $\cos\varphi$ 的系数，得

$$C_1 = 0, \quad A_1 a = A_1' a^{-1}, \quad B_1 a = -E_0 a + B_1' a^{-1}$$

$$\varepsilon A_1 = -\varepsilon_0 A_1' a^{-2}, \quad \varepsilon B_1 = -\varepsilon_0 E_0 - \varepsilon_0 B_1' a^{-2}$$

联立两组方程，解得

$$B_1 = -\frac{2\varepsilon_0}{\varepsilon + \varepsilon_0}E_0, \quad B_1' = \frac{\varepsilon - \varepsilon_0}{\varepsilon + \varepsilon_0}E_0 a^2, \quad A_1 = A_1' = 0, \quad C_1 = 0$$

再比较其他正弦和余弦项的系数，得

$$A_n = A_n' = B_n = B_n' = 0 \quad n > 1$$

综合上述各系数，可得圆柱内、外的电位为

$$\phi_1 = -\frac{2\varepsilon_0}{\varepsilon + \varepsilon_0}E_0 \rho \cos\varphi \quad \rho \leqslant a$$

$$\phi_2 = -E_0 \rho \cos\varphi\left[1 - \frac{\varepsilon - \varepsilon_0}{\varepsilon + \varepsilon_0}\left(\frac{a}{\rho}\right)^2\right] \quad \rho \geqslant a$$

分别对上述电位函数求负梯度，可得相应的电场强度为

$$\boldsymbol{E}_1 = \frac{2\varepsilon_0}{\varepsilon + \varepsilon_0}\boldsymbol{E}_0 \quad \rho \leqslant a$$

$$\boldsymbol{E}_2 = \left[\frac{\varepsilon - \varepsilon_0}{\varepsilon + \varepsilon_0}\left(\frac{a}{\rho}\right)^2 + 1\right]E_0 \cos\varphi \boldsymbol{a}_\rho + \left[\frac{\varepsilon - \varepsilon_0}{\varepsilon + \varepsilon_0}\left(\frac{a}{\rho}\right)^2 - 1\right]E_0 \sin\varphi \boldsymbol{a}_\varphi \quad \rho \geqslant a$$

由 $\boldsymbol{E}_1$ 的表达式可见，介质圆柱内的电场比原外加电场 $\boldsymbol{E}_0$ 要小，这是由于介质圆柱在外加电场作用下发生极化，极化后在右半圆柱面上产生正的极化电荷，在左半圆柱面上产生负的极化电荷，极化电荷在介质圆柱内产生的电场与 $\boldsymbol{E}_0$ 反向，因而总电场减弱。

【例 3 - 6】　无限长同轴线内导体半径为 $a$，电位为 $U$，外导体半径为 $b$，电位为 0，其间充填有介质 $\varepsilon$，如图 3 - 9 所示，求内、外导体间的电位和电场分布。

**解**　根据坐标面一致的要求，选择圆柱坐标系。根据题意圆柱的电位是圆对称的且沿 $z$ 方向无限长，即电位与 $\varphi$ 和 $z$ 的方向无关。设内、外导体间的电位为 $\phi$，则根据式(3 - 4 - 33)可得其表达式为

$$\phi = C_1 \ln\rho + C_2$$

式中的常数由边界条件确定。其边界条件为：

(1) $\rho \leqslant a$ 时，$\phi = U$；

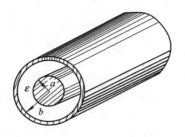

图 3 - 9　同轴线的电位和电场

(2) $\rho=b$ 时，$\phi=0$。

将上述边界条件代入电位的表达式中，可得内、外导体间的电位为

$$\phi = \frac{U}{\ln\dfrac{b}{a}}\ln\left(\frac{b}{\rho}\right)$$

其电场强度为

$$\boldsymbol{E} = -\nabla\phi = \boldsymbol{a}_\rho\,\frac{U}{\rho\,\ln\dfrac{b}{a}}$$

这与第 2 章用高斯定理求得的结果完全相同。

## *3.4.3　球坐标系中的分离变量法

在求解球空间或有球面边界的场问题时，采用球坐标系较为方便。球坐标系中电位的拉普拉斯方程为

$$\frac{1}{r^2}\frac{\partial}{\partial r}\left(r^2\frac{\partial\phi}{\partial r}\right)+\frac{1}{r^2\sin\theta}\frac{\partial}{\partial\theta}\left(\sin\theta\frac{\partial\phi}{\partial\theta}\right)+\frac{1}{r^2\sin^2\theta}\frac{\partial^2\phi}{\partial\varphi^2}=0 \qquad (3-4-34)$$

采用分离变量法，令 $\phi(r,\theta,\varphi)=f(r)g(\theta)h(\varphi)$，代入上式得

$$\frac{gh}{r^2}\frac{\mathrm{d}}{\mathrm{d}r}\left(r^2\frac{\mathrm{d}f}{\mathrm{d}r}\right)+\frac{fh}{r^2\sin\theta}\frac{\mathrm{d}}{\mathrm{d}\theta}\left(\sin\theta\frac{\mathrm{d}g}{\mathrm{d}\theta}\right)+\frac{fg}{r^2\sin^2\theta}\frac{\mathrm{d}^2h}{\mathrm{d}\varphi^2}=0 \qquad (3-4-35)$$

将上式两边同乘以 $\dfrac{r^2\sin^2\theta}{fgh}$ 得

$$\frac{\sin^2\theta}{f}\frac{\mathrm{d}}{\mathrm{d}r}\left(r^2\frac{\mathrm{d}f}{\mathrm{d}r}\right)+\frac{\sin\theta}{g}\frac{\mathrm{d}}{\mathrm{d}\theta}\left(\sin\theta\frac{\mathrm{d}g}{\mathrm{d}\theta}\right)=-\frac{1}{h}\frac{\mathrm{d}^2h}{\mathrm{d}\varphi^2} \qquad (3-4-36)$$

要使上式对所有的 $r$、$\theta$ 和 $\varphi$ 均成立，等式的两端必须等于常数，令其为 $m^2$，则有

$$\frac{1}{h}\frac{\mathrm{d}^2h}{\mathrm{d}\varphi^2}=-m^2 \qquad (3-4-37)$$

$$\frac{1}{f}\frac{\mathrm{d}}{\mathrm{d}r}\left(r^2\frac{\mathrm{d}f}{\mathrm{d}r}\right)=\frac{m^2}{\sin^2\theta}-\frac{1}{g\sin\theta}\frac{\mathrm{d}}{\mathrm{d}\theta}\left(\sin\theta\frac{\mathrm{d}g}{\mathrm{d}\theta}\right) \qquad (3-4-38)$$

要使方程式(3-4-38)对所有的 $r$、$\theta$ 都成立，必须使方程两端都等于常数，令此常数为 $l(l+1)$，则有

$$\frac{\mathrm{d}}{\mathrm{d}r}\left(r^2\frac{\mathrm{d}f}{\mathrm{d}r}\right)-l(l+1)f=0 \qquad (3-4-39)$$

$$\frac{1}{\sin\theta}\frac{\mathrm{d}}{\mathrm{d}\theta}\left(\sin\theta\frac{\mathrm{d}g}{\mathrm{d}\theta}\right)+\left[l(l+1)-\frac{m^2}{\sin^2\theta}\right]g = 0 \qquad (3-4-40)$$

方程式(3-4-37)的解为

$$h(\varphi) = C_m \sin m\varphi + D_m \cos m\varphi \qquad (3-4-41)$$

式中，$m$ 为整数。方程式(3-4-39)称为欧拉方程，其通解为

$$f(r) = A_l r^l + B_l r^{-(r+1)} \qquad (3-4-42)$$

令 $x = \cos\theta$，则方程式(3-4-40)变为

$$\frac{\mathrm{d}}{\mathrm{d}x}\left[(1-x^2)\frac{\mathrm{d}g}{\mathrm{d}x}\right]+\left[l(l+1)-\frac{m^2}{1-x^2}\right]g = 0 \qquad (3-4-43)$$

式(3-4-43)称为连带勒让德方程。

如果所研究问题的电位具有球对称性，则电位与坐标 $\varphi$ 无关，此时 $m=0$，方程式(3-4-43)变为

$$\frac{\mathrm{d}}{\mathrm{d}x}\left[(1-x^2)\frac{\mathrm{d}g}{\mathrm{d}x}\right]+[l(l+1)]g = 0 \qquad (3-4-44)$$

式(3-4-44)称为 $l$ 次勒让德方程。在球坐标中 $\theta$ 的取值范围为 $[0,\pi]$，实际问题中，要求勒让德方程的解在 $\theta=0$ 和 $\theta=\pi$ 时为确定的有限值，即要求它在 $x=\pm1$ 内有界，因此 $l$ 的取值只能是 $0, 1, 2, \cdots$，则勒让德方程的解为 $l$ 次勒让德多项式 $g(\theta)=\mathrm{P}_l(\cos\theta)=\mathrm{P}_l(x)$。下面是前几次勒让德多项式：

$$\mathrm{P}_0(x) = 1$$

$$\mathrm{P}_1(x) = x$$

$$\mathrm{P}_2(x) = \frac{1}{2}(3x^2-1)$$

$$\mathrm{P}_3(x) = \frac{1}{2}(5x^3-3x)$$

$$\mathrm{P}_4(x) = \frac{1}{8}(35x^4-30x^2+3)$$

$$\mathrm{P}_5(x) = \frac{1}{8}(63x^5-70x^3+15x)$$

勒让德多项式有以下特点：① 当 $l$ 为偶数时，$\mathrm{P}_l(x)$ 只有偶次项；② 当 $l$ 为奇数时，$\mathrm{P}_l(x)$ 只有奇次项；③ 当 $x=1$ 时，$\mathrm{P}_l(1)=1$；④ 当 $x=-1$ 时，$\mathrm{P}_l(-1)=(-1)^l$。

勒让德多项式还可以写成以下微分形式：

$$\mathrm{P}_l(x) = \frac{1}{2^l l!}\frac{\mathrm{d}^l}{\mathrm{d}x^l}(x^2-1)^l \qquad (3-4-45)$$

勒让德多项式与三角函数一样具有正交性，即

$$\int_{-1}^{1}\mathrm{P}_l(x)\mathrm{P}_n(x)\,\mathrm{d}x = \begin{cases} 0 & l \neq n \\ \dfrac{2}{2l+1} & l = n \end{cases} \qquad (3-4-46)$$

因此，具有球对称性问题的拉普拉斯方程的通解为

$$\phi = \sum_{l=0}^{\infty}[A_l r^l + B_l r^{-(l+1)}]\mathrm{P}_l(\cos\theta) \qquad (3-4-47)$$

式中，系数 $A_l$ 和 $B_l$ 由边界条件确定。

对于 $m \neq 0$，即电位与 $\varphi$ 有关的情况，在整个所研究的区域内解是有限的，则 $l$ 的取值只能是 $0，1，2，\cdots$，且 $l \geqslant m$。于是连带勒让德方程式(3-4-43)的解为

$$P_l^m(x) = (-1)^m (1-x^2)^{m/2} \frac{\mathrm{d}^m}{\mathrm{d}x^m} P_l(x) \tag{3-4-48}$$

$P_l^m(x)$ 称为 $m$ 阶 $l$ 次第一类连带勒让德函数。将式(3-4-45)代入上式中，可得

$$P_l^m(x) = \frac{(-1)^m}{2^l l!} (1-x^2)^{m/2} \frac{\mathrm{d}^{l+m}}{\mathrm{d}x^{l+m}} (x^2-1)^l \tag{3-4-49}$$

$P_l^m(x)$ 的正交关系为

$$\int_{-1}^{1} P_l^m(x) P_n^m(x) \, \mathrm{d}x = \begin{cases} 0 & l \neq n \\ \dfrac{2}{2l+1} \dfrac{(l+m)!}{(l-m)!} & l = n \end{cases} \tag{3-4-50}$$

因此，在 $m \neq 0$ 时，拉普拉斯方程的通解为

$$\phi = \sum_{l, m}^{\infty} [A_{lm} r^l + B_{lm} r^{-(l+1)}] P_l^m(\cos\theta) \cos m\varphi$$
$$+ \sum_{l, m}^{\infty} [C_{lm} r^l + D_{lm} r^{-(l+1)}] P_l^m(\cos\theta) \sin m\varphi \tag{3-4-51}$$

式中，系数 $A_{lm}$、$B_{lm}$、$C_{lm}$ 和 $D_{lm}$ 由边界条件确定。

**【例 3-7】** 设有一半径为 $a$ 的接地导体球(如图 3-10 所示)，放置于均匀的外电场 $\boldsymbol{E}_0$ 中，球外为真空。试求空间任一点处的电位和电场分布。

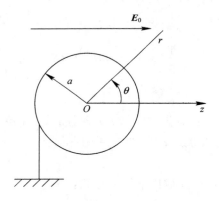

图 3-10 均匀电场中导体球的电位

**解** 静电平衡状态下球面和球内的电位处处相等，因为导体球接地，所以球面和球内的电位均为零。取球心为球坐标的原点，极轴沿 $\boldsymbol{E}_0$ 方向。由于电位对极轴对称，因此电位与坐标 $\varphi$ 无关，此时电位函数的通解如式(3-4-47)，即

$$\phi = \sum_{l=0}^{\infty} [A_l r^l + B_l r^{-(l+1)}] P_l(\cos\theta)$$
$$r \geqslant a, 0 \leqslant \theta \leqslant \pi$$

其边界条件为：

(1) 当 $r \to \infty$ 时，电位 $\phi = -E_0 r \cos\theta$；

(2) 在导体球上有 $\phi|_{r=a} = 0$。

由边界条件(1)可得，$A_1 = -E_0$。当 $l \neq 1$ 时，$A_l = 0$，因此

$$\phi = -E_0 r \cos\theta + \sum_{l=0}^{\infty} B_l r^{-(l+1)} \mathrm{P}_l(\cos\theta)$$

由边界条件(2)得

$$-E_0 a \cos\theta + \sum_{l=0}^{\infty} B_l a^{-(l+1)} \mathrm{P}_l(\cos\theta) = 0$$

上式可展开成如下形式：

$$B_0 a^{-1} + (B_1 a^{-2} - E_0 a)\mathrm{P}_1(\cos\theta) + B_2 a^{-3}\mathrm{P}_2(\cos\theta) + \cdots = 0$$

因而有

$$B_1 = E_0 a^3, \quad B_l = 0 \qquad l \neq 1$$

所以球外任意点的电位为

$$\phi = -E_0 r \cos\theta + \frac{E_0 a^3}{r^2}\cos\theta$$

球外任意点的电场强度为

$$\boldsymbol{E} = -\nabla\phi = \boldsymbol{a}_r\left(1 + \frac{2a^3}{r^3}\right)E_0\cos\theta - \boldsymbol{a}_\theta\left(1 - \frac{a^3}{r^3}\right)E_0\sin\theta$$

由上式可见，在导体球表面仅有电场的法向分量，导体表面感应电荷密度为 $3\varepsilon_0 E_0 \cos\theta$，导体球外的电位(电场)是由均匀电场 $\boldsymbol{E}_0$ 和感应电荷共同产生的。

事实上，能用分离变量法进行求解的结构是十分有限的，对于复杂结构的电磁场问题，一般采用数值法求解。下节将讨论数值解法中的有限差分法。

# \*3.5　有 限 差 分 法

3.5 节课件

前面讨论的分离变量法和镜像法都是求解边值问题的解析法。事实上，所求问题的边界往往是复杂的，一般难于用解析的方法得到它们的解。在这些情况下，通常采用数值解法。目前，比较成熟的求解电磁场问题的数值解法很多，如矩量法、有限差分法、有限元法、边界元法等。采用计算机求数值解，理论上可以得到任意要求的精度。本节主要介绍有限差分法。

有限差分法

有限差分法是一种比较容易实现的数值解法，它是把微分方程在给定点附近用差分代数方程代替而计算电位的一种近似方法。它把求解区域划分成网格，把求解区域内连续的场分布用网格节点上的离散的数值解代替。一般来说，网格划分得愈细，所能达到的精度愈高，当然计算时间也就愈长。网格的划分有不同的方法，在这里只讨论正方形网格划分。

将如图 3-11 所示的二维平面场划分成若干正方形格子，每个格子的边长为 $h$。线与线的交点称为节点。设区域中某点 $(i, j)$ 的电位为 $\phi_{i,j}$，则其上下

左右四个点的电位分别为 $\phi_{i,j+1}$、$\phi_{i,j-1}$、$\phi_{i-1,j}$ 和 $\phi_{i+1,j}$。$\phi_{i-1,j}$ 和 $\phi_{i+1,j}$ 可以用在 $(i,j)$ 点附近的泰勒级数展开为

电磁问题的
数值计算

$$\phi_{i-1,j} = \phi_{i,j} - \left(\frac{\partial \phi}{\partial x}\right)_{(i,j)} h + \frac{1}{2!}\left(\frac{\partial^2 \phi}{\partial x^2}\right)_{(i,j)} h^2 - \frac{1}{3!}\left(\frac{\partial^3 \phi}{\partial x^3}\right)_{(i,j)} h^3 + \cdots$$

$$(3-5-1)$$

$$\phi_{i+1,j} = \phi_{i,j} + \left(\frac{\partial \phi}{\partial x}\right)_{(i,j)} h + \frac{1}{2!}\left(\frac{\partial^2 \phi}{\partial x^2}\right)_{(i,j)} h^2 + \frac{1}{3!}\left(\frac{\partial^3 \phi}{\partial x^3}\right)_{(i,j)} h^3 + \cdots$$

$$(3-5-2)$$

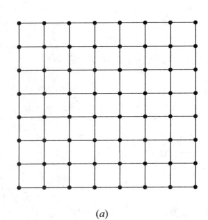

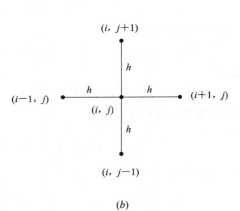

(a)                                        (b)

图 3-11  有限差分法的正方形网格

同理可得 $\phi_{i,j+1}$ 和 $\phi_{i,j-1}$ 的表达式为

$$\phi_{i,j+1} = \phi_{i,j} + \left(\frac{\partial \phi}{\partial y}\right)_{(i,j)} h + \frac{1}{2!}\left(\frac{\partial^2 \phi}{\partial y^2}\right)_{(i,j)} h^2 + \frac{1}{3!}\left(\frac{\partial^3 \phi}{\partial y^3}\right)_{(i,j)} h^3 + \cdots$$

$$(3-5-3)$$

仿真软件

$$\phi_{i,j-1} = \phi_{i,j} - \left(\frac{\partial \phi}{\partial y}\right)_{(i,j)} h + \frac{1}{2!}\left(\frac{\partial^2 \phi}{\partial y^2}\right)_{(i,j)} h^2 - \frac{1}{3!}\left(\frac{\partial^3 \phi}{\partial y^3}\right)_{(i,j)} h^3 + \cdots$$

$$(3-5-4)$$

在 $h$ 足够小的情况下，四阶以上的高次项可以忽略。

将式(3-5-1)~式(3-5-4)相加，得

$$\frac{\partial^2 \phi}{\partial x^2} + \frac{\partial^2 \phi}{\partial y^2} = \frac{1}{h^2}(\phi_{i-1,j} + \phi_{i+1,j} + \phi_{i,j+1} + \phi_{i,j-1} - 4\phi_{i,j}) \quad (3-5-5)$$

设所研究区域中的电荷密度为 $\rho_V$，则任意$(i,j)$点电位满足泊松方程，因此有

$$\phi_{i,j} = \frac{\phi_{i-1,j} + \phi_{i+1,j} + \phi_{i,j+1} + \phi_{i,j-1} + \dfrac{h^2 \rho_V}{\varepsilon_0}}{4} \quad (3-5-6)$$

如果所研究的区域的 $\rho_V = 0$，则二维拉普拉斯方程的有限差分形式为

$$\phi_{i,j} = \frac{\phi_{i-1,j} + \phi_{i+1,j} + \phi_{i,j+1} + \phi_{i,j-1}}{4} \quad (3-5-7)$$

式(3-5-7)表明，在没有体电荷分布的区域，任意点的电位等于围绕它的四

个点的电位的平均值。

下面我们讨论式(3-5-7)的求解方法。

## 3.5.1　简单迭代法

首先对待求节点设置初值，这个初值可以任意给定。虽然最终结果与初值无关，但若初值选择得当，可以较快地得到结果。当利用计算机来实现迭代计算时，为了简化程序，初值电位一般可取为零。

当初值给定后，再按一个固定的顺序(点的顺序是从左到右，从下到上)依次计算每点的电位，即利用式(3-5-7)，用围绕它的四个点的电位平均值作为新值，当所有的点计算完后，用它们的新值代替旧值就完成了一次迭代。然后再进行下一次迭代，直到每一点计算的新值和旧值之差小于指定的范围为止。

简单迭代法的特点是用前一次迭代得到的节点电位作为下一次迭代的初值，迭代公式为

$$\phi_{i,j}^{(n+1)} = \frac{\phi_{i-1,j}^{(n)} + \phi_{i+1,j}^{(n)} + \phi_{i,j+1}^{(n)} + \phi_{i,j-1}^{(n)}}{4} \qquad (3-5-8)$$

其中，上标$(n)$表示第$n$次的迭代结果，上标$(n+1)$表示新的迭代结果。

## 3.5.2　超松弛法

一般说来，简单迭代法的收敛速度比较慢，所以它的实用价值不大，实际中常采用超松弛法。与简单迭代法相比，超松弛法有两点重大改进：

第一，当计算每一节点电位时，把刚才得到的邻近点第二电位新值代入，即在计算$(i,j)$点的电位时，把它左边的点和下面的点的电位新值代入，即

$$\phi_{i,j}^{(n+1)} = \frac{\phi_{i-1,j}^{(n+1)} + \phi_{i+1,j}^{(n)} + \phi_{i,j+1}^{(n)} + \phi_{i,j-1}^{(n+1)}}{4} \qquad (3-5-9)$$

式(3-5-9)称为松弛法或赛德尔法(Relaxation Method)。在该式中，由于提前使用了新值，因此加快了收敛速度。

第二，把式(3-5-9)写成增量的形式：

$$\phi_{i,j}^{(n+1)} = \phi_{i,j}^{(n)} + \frac{\phi_{i-1,j}^{(n+1)} + \phi_{i+1,j}^{(n)} + \phi_{i,j+1}^{(n)} + \phi_{i,j-1}^{(n+1)} - 4\phi_{i,j}^{(n)}}{4} \qquad (3-5-10)$$

这时每次的增量(即上式右边的第二项)就是要求方程局部达到平衡时应补充的量。为了加快收敛速度，将式(3-5-10)改写为

$$\phi_{i,j}^{(n+1)} = \phi_{i,j}^{(n)} + \frac{s}{4}(\phi_{i-1,j}^{(n+1)} + \phi_{i+1,j}^{(n)} + \phi_{i,j+1}^{(n)} + \phi_{i,j-1}^{(n+1)} - 4\phi_{i,j}^{(n)}) \qquad (3-5-11)$$

式中，$s$称为松弛因子，即我们给予每点的增量超过使方程局部达到平衡时所需要的值，这将加快收敛速度。用式(3-5-11)的迭代方法称为超松弛迭代法。

松弛因子$s$的取值一般在$1\sim2$之间，不同的$s$取值有不同的收敛速度，它有一个最优值。

**【例 3 - 8】**　长方形截面的无限长导体槽如图 3 - 12 所示，其上有一块与槽绝缘的盖板，槽的电位为零，盖板的电位为 100 V，求槽内的电位函数。

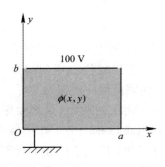

图 3 - 12　导体槽中的电位

**解**　在直角坐标系中，矩形槽的电位满足拉普拉斯方程，即

$$\frac{\partial^2 \phi}{\partial x^2} + \frac{\partial^2 \phi}{\partial y^2} = 0$$

电位函数的边界条件为

$$\phi\mid_{x=0,\,0\leqslant y\leqslant b} = 0 \quad \text{和} \quad \phi\mid_{x=a,\,0\leqslant y\leqslant b} = 0$$

$$\phi\mid_{y=0,\,0\leqslant x\leqslant a} = 0 \quad \text{和} \quad \phi\mid_{y=b,\,0\leqslant x\leqslant a} = 100 \text{ V}$$

取步长为 1，将长方形截面划分成 $x$ 方向格子数为 16、$y$ 方向格子数为 10 的网格，共有 $16\times10=160$ 个网孔、$17\times11=187$ 个节点，其中槽内节点有 $15\times9=135$ 个（待求），边界节点有 $187-135=52$ 个（电位已知）。设迭代精度为 $10^{-6}$，利用 MATLAB 编程实现的矩形槽内电位分布的计算结果如表 3 - 1 所示。导体槽内的电位分布三维曲面、等位线和电场线分布等如图 3 - 13 所示。由表 3 - 1 可见，矩形槽内的电位分布是左右对称的，这说明计算的场域可以缩小一半。

**表 3 - 1　例 3 - 8 矩形槽内电位分布的计算结果**

| | 1 | 2 | 3 | 4 | 5 | 6 | 7 | 8 | 9 | 10 | 11 | 12 | 13 | 14 | 15 | 16 | 17 |
|---|---|---|---|---|---|---|---|---|---|---|---|---|---|---|---|---|---|
| 1 | 0 | 100 | 100 | 100 | 100 | 100 | 100 | 100 | 100 | 100 | 100 | 100 | 100 | 100 | 100 | 100 | 0 |
| 2 | 0 | 49.4 | 68.5 | 77.2 | 81.7 | 84.1 | 85.5 | 86.3 | 86.5 | 86.3 | 85.5 | 84.1 | 81.7 | 77.2 | 68.5 | 49.4 | 0 |
| 3 | 0 | 29.0 | 47.6 | 58.7 | 65.3 | 69.4 | 71.7 | 73.0 | 73.4 | 73.0 | 71.7 | 69.4 | 65.3 | 58.7 | 47.6 | 29.0 | 0 |
| 4 | 0 | 19.1 | 34.0 | 44.5 | 51.6 | 56.2 | 59.1 | 60.7 | 61.2 | 60.7 | 59.1 | 56.2 | 51.6 | 44.5 | 34.0 | 19.1 | 0 |
| 5 | 0 | 13.4 | 24.9 | 33.8 | 40.3 | 44.8 | 47.7 | 49.4 | 49.9 | 49.4 | 47.7 | 44.8 | 40.3 | 33.8 | 24.9 | 13.4 | 0 |
| 6 | 0 | 9.7 | 18.4 | 25.5 | 31.0 | 35.0 | 37.7 | 39.1 | 39.7 | 39.2 | 37.7 | 35.0 | 31.0 | 25.5 | 18.4 | 9.7 | 0 |
| 7 | 0 | 7.0 | 13.4 | 18.9 | 23.2 | 26.5 | 28.7 | 30.0 | 30.4 | 30.0 | 28.7 | 26.5 | 23.2 | 18.9 | 13.4 | 7.0 | 0 |
| 8 | 0 | 4.9 | 9.4 | 13.3 | 16.6 | 19.0 | 20.7 | 21.7 | 22.0 | 21.7 | 20.7 | 19.0 | 16.6 | 13.3 | 9.4 | 4.9 | 0 |
| 9 | 0 | 3.1 | 6.0 | 8.5 | 10.6 | 12.3 | 13.4 | 14.1 | 14.3 | 14.1 | 13.4 | 12.3 | 10.6 | 8.5 | 6.0 | 3.1 | 0 |
| 10 | 0 | 1.5 | 2.9 | 4.2 | 5.2 | 6.0 | 6.6 | 6.9 | 7.0 | 6.9 | 6.6 | 6.0 | 5.2 | 4.2 | 2.9 | 1.5 | 0 |
| 11 | 0 | 0 | 0 | 0 | 0 | 0 | 0 | 0 | 0 | 0 | 0 | 0 | 0 | 0 | 0 | 0 | 0 |

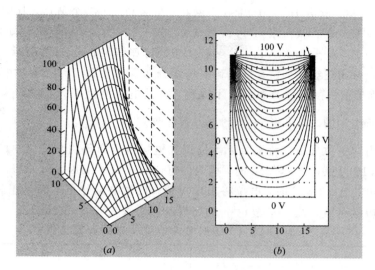

图 3-13　矩形槽内电位分布

(a) 电位分布三维曲面；(b) 等位线和电场线分布

对于上述问题采用简单迭代法，需要的迭代次数为 222，而采用超松弛法，当松弛因子取 1.591 时，在同样的精度下迭代次数只有 40。显然，超松弛法要比简单迭代法收敛速度快。

**【例 3-9】**　长方形截面的无限长导体槽，边界条件如图 3-14 所示，求槽内的电位函数。

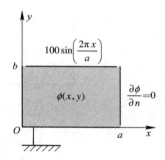

图 3-14　导体槽中的电位

**解**　在直角坐标系中，矩形槽的电位满足拉普拉斯方程，即

$$\frac{\partial^2 \phi}{\partial x^2} + \frac{\partial^2 \phi}{\partial y^2} = 0$$

电位函数的边界条件为

$$\phi \big|_{x=0,\,0 \leqslant y \leqslant b} = 0 \quad \text{和} \quad \frac{\partial \phi}{\partial n}\bigg|_{x=a,\,0 \leqslant y \leqslant b} = 0$$

$$\phi \big|_{y=0,\,0 \leqslant x \leqslant a} = 0 \quad \text{和} \quad \phi \big|_{y=b,\,0 \leqslant x \leqslant a} = 100 \sin \frac{\pi x}{a}$$

这是一个含第二类边界条件的问题，仍然可以采用有限差分法，只要保证每次迭代后第二类边界上各节点的取值相等即可。

仍取步长为 1，将长方形截面划分成 $x$ 方向格子数为 16、$y$ 方向格子数

为 10 的网格，共有 $16 \times 10 = 160$ 个网孔、$17 \times 11 = 187$ 个节点，其中槽内节点有 $15 \times 9 = 135$ 个（待求），边界节点有 $187 - 135 = 52$ 个（电位已知）。设迭代精度为 $10^{-6}$，利用 MATLAB 编程实现的计算结果如表 3 - 2 所示。导体槽内的电位分布三维曲面、等位线和电场线分布等如图 3 - 15 所示。由表 3 - 2 可见，矩形槽内的电位分布左右不对称，且其电位值全部大于零，这是由边界条件所决定的。如果将 $y = b$ 的边界条件改为 $\phi|_{y=b, \, 0 \leqslant x \leqslant a} = 100 \sin \frac{2\pi x}{a}$，则导体槽内的电位分布三维曲面、等位线和电场线分布等将如图 3 - 16 所示。由图 3 - 16 可见，当 $x \leqslant a/2$ 时，槽内的电位分布满足正弦规律分布，且电位值大于零；当 $x > a/2$ 时，电位将出现负值，且其电位分布不满足正弦分布，越靠近边缘越是如此，这是 $x = a$ 的边界条件所致。

表 3 - 2　例 3 - 9 矩形槽内电位分布的计算结果

|  | 1 | 2 | 3 | 4 | 5 | 6 | 7 | 8 | 9 | 10 | 11 | 12 | 13 | 14 | 15 | 16 | 17 |
|---|---|---|---|---|---|---|---|---|---|---|---|---|---|---|---|---|---|
| 1 | 0 | 19.5 | 38.3 | 55.6 | 70.7 | 83.1 | 92.4 | 98.1 | 100 | 98.1 | 92.4 | 83.1 | 70.7 | 55.6 | 38.3 | 19.5 | 0.0 |
| 2 | 0 | 15.9 | 31.3 | 45.4 | 57.8 | 68.0 | 75.7 | 80.5 | 82.3 | 81.1 | 77.0 | 70.3 | 61.3 | 50.9 | 40.3 | 31.9 | 31.9 |
| 3 | 0 | 13.0 | 25.4 | 36.9 | 47.1 | 55.5 | 61.8 | 65.6 | 67.7 | 67.1 | 64.3 | 59.6 | 53.4 | 46.6 | 40.2 | 35.8 | 35.8 |
| 4 | 0 | 10.5 | 20.5 | 29.9 | 38.1 | 45.0 | 50.2 | 53.7 | 55.3 | 55.2 | 53.4 | 50.3 | 46.2 | 41.8 | 37.9 | 35.5 | 35.5 |
| 5 | 0 | 8.4 | 16.4 | 23.9 | 30.5 | 36.1 | 40.3 | 43.3 | 44.8 | 45.0 | 44.0 | 42.0 | 39.3 | 36.5 | 34.1 | 32.7 | 32.7 |
| 6 | 0 | 6.6 | 12.9 | 18.8 | 24.0 | 28.4 | 31.9 | 34.3 | 35.6 | 36.0 | 35.5 | 34.3 | 32.6 | 30.9 | 29.4 | 28.5 | 28.5 |
| 7 | 0 | 5.0 | 9.8 | 14.3 | 18.3 | 21.7 | 24.4 | 26.3 | 27.5 | 27.9 | 27.7 | 27.0 | 26.0 | 24.9 | 24.0 | 23.5 | 23.5 |
| 8 | 0 | 3.6 | 7.1 | 10.3 | 13.2 | 15.7 | 17.7 | 19.1 | 20.0 | 20.4 | 20.4 | 20.0 | 19.4 | 18.8 | 18.3 | 18.0 | 18.0 |
| 9 | 0 | 2.3 | 4.6 | 6.7 | 8.6 | 10.2 | 11.5 | 12.5 | 13.1 | 13.4 | 13.4 | 13.2 | 12.9 | 12.6 | 12.3 | 12.1 | 12.1 |
| 10 | 0 | 1.2 | 2.3 | 3.3 | 4.2 | 5.0 | 5.7 | 6.2 | 6.5 | 6.6 | 6.7 | 6.6 | 6.4 | 6.3 | 6.2 | 6.1 | 6.1 |
| 11 | 0 | 0 | 0 | 0 | 0 | 0 | 0 | 0 | 0 | 0 | 0 | 0 | 0 | 0 | 0 | 0 | 0 |

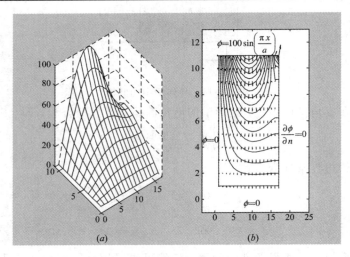

图 3 - 15　矩形槽内电位分布
（a）电位分布三维曲面；（b）等位线和电场线分布

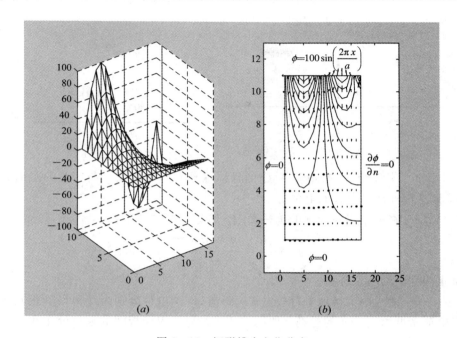

图 3-16　矩形槽内电位分布

(a) 电位分布三维曲面；(b) 等位线和电场线分布

本章小结

　　由上述分析可见，一个问题的解取决于其结构形状及其边界条件。如果其结构形式相同，但边界条件改变，那么解也随之改变。因此可以说，边界条件对解的形式起至关重要的作用。

　　事实上，用差分代替微分进行数值计算是重要的电磁数值解法之一，也是许多商用电磁分析软件的基础。

　　电磁分析软件中普遍采用时域有限差分法（FDTD）、矩量法（MOM）、高频法等数值方法，有兴趣的读者可参考相关书籍，在此不再赘述。

# 习　　题

典型例题

　　3.1　设一点电荷 $q$ 与无限大接地导体平面的距离为 $d$，如题 3.1 图所示。求：

　　(1) 空间的电位分布和电场强度；

　　(2) 导体平面上的感应电荷密度；

　　(3) 点电荷 $q$ 所受的力。

　　3.2　两无限大导体平板成 $60°$ 角放置，在其内部 $x=1$、$y=1$ 处有一点电荷 $q$，如题3.2图所示。求：

思考题

　　(1) 所有镜像电荷的位置和大小；

　　(2) $x=2$、$y=1$ 处的电位。

　　3.3　自由空间中无限长导体圆柱半径为 $a$，一个线电荷密度为 $\rho_l$ 的无限长带电直线置于离圆柱轴线距离 $d$ 处，求圆柱外空间任一点处的电位。

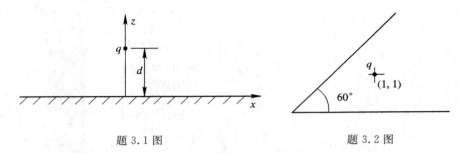

题 3.1 图          题 3.2 图

3.4 半径为 $a$，带电量为 $Q$ 的导体球外有一点电荷 $q$ 与球心的距离为 $d$，试求球外任一点处的电位。

3.5 在一个半径为 $a$ 的圆柱面上，给定的电位分布为

$$\phi = \begin{cases} U_0 & 0 < \varphi < \pi \\ 0 & -\pi < \varphi < 0 \end{cases}$$

试求圆柱内的电位分布。

3.6 两无限大接地平行板电极，距离为 $d$，电位分别为 $0$ 和 $U_0$，板间充满电荷密度为 $\rho_0 x/d$ 的电荷，如题 3.6 图所示。求极板间的电位分布和极板上的电荷密度。

3.7 两平行无限大接地平板间有一无限大的电荷片，电荷片与两平板平行，其电荷密度为 $\rho_S$，如题 3.7 图所示。求平行平板间的电位分布和电场强度。

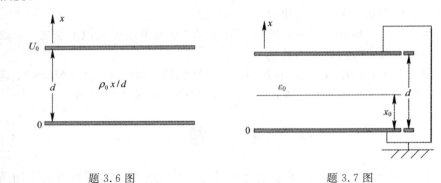

题 3.6 图          题 3.7 图

3.8 一个沿 $z$ 轴方向的长且中空的金属管，其横截面为矩形，金属管的三边保持零电位，而第四边的电位为 $U$，如题 3.8 图所示。求：

(1) 当 $U = U_0$ 时，管内的电位分布；

(2) 当 $U = U_0 \sin \dfrac{\pi y}{b}$ 时，管内的电位分布。

3.9 一个沿 $+y$ 轴方向无限长的导体槽，其底面保持电位为 $U_0$，其余两面的电位为零，如题 3.9 图所示。求槽内的电位函数。

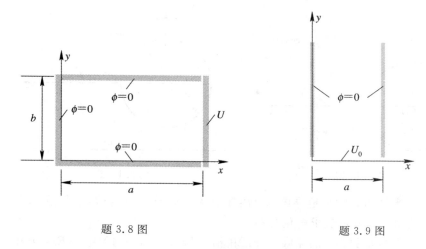

题 3.8 图　　　　　　　　题 3.9 图

3.10  两平行的距离为 $b$ 的无限大导体平面，其间有一沿 $x$ 方向无限长的极薄的导体片由 $y=d$ 到 $y=b$，如题 3.10 图所示。上板和薄片保持电位为 $U_0$，下板保持零电位，求板间的电位分布。设在薄片平面上，从 $y=0$ 到 $y=d$ 电位线性变化，即 $\phi=(U_0/d)y$。

3.11  一个沿 $z$ 轴方向的长且中空的矩形金属管，管子的边界条件如题 3.11 图所示。求管内的电位分布。

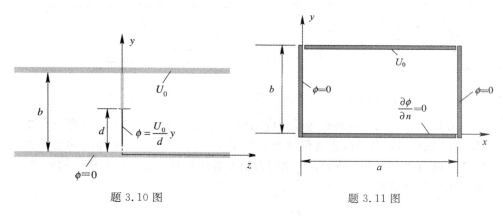

题 3.10 图　　　　　　　　题 3.11 图

3.12  介电常数为 $\varepsilon$ 的无限长的介质圆柱，半径为 $a$，在距离轴线为 $d$ $(d>a)$ 处有一无限长线电荷与圆柱平行，如题 3.12 图所示。计算空间各部分的电位。

3.13  介电常数为 $\varepsilon$ 的无限大的介质处于外加电场中，其间有一半径为 $a$ 的球形空腔，如题 3.13 图所示。求空腔中的电场强度和空腔表面的极化电荷密度。

3.14  在均匀电场中放入半径为 $a$ 的导体球，如果：

（1）导体球的电位为 $U_0$；

（2）导体球的电量为 $Q$。

试在这两种情况下计算球外部分的电位。

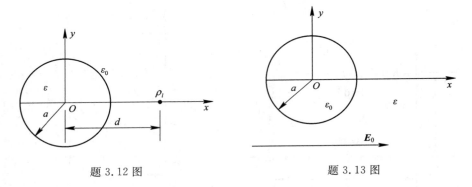

题 3.12 图                    题 3.13 图

3.15　半径为 $a$ 的接地导体球，离球心为 $h$ 处有一点电荷 $q$，如题 3.15 图所示。试用分离变量法求电位分布。

3.16　介电常数为 $\varepsilon$ 的无限大介质中沿 $x$ 轴方向加一均匀电场 $\boldsymbol{E}_0$，其中有一个半径为 $a$ 且无限长的介质圆柱空腔，圆柱空腔轴线与 $\boldsymbol{E}_0$ 垂直，如题 3.16 图所示。求空腔内、外的电位和电场分布。

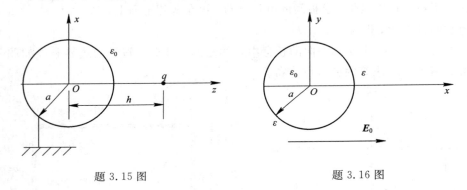

题 3.15 图                    题 3.16 图

3.17　一个二维的静电场，其内的电位分布为 $\phi(x, y)$，其边界条件如题 3.17 图所示，求槽内的电位函数。若在 $y=0$、$0 \leqslant x \leqslant a$ 边界上的电位为 50 V，槽内的电位分布将如何？试用有限差分法计算两种情况下槽内的电位，并画出电位分布图。

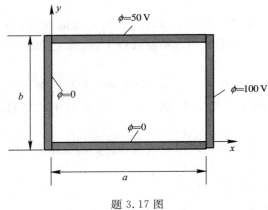

题 3.17 图

# 第 4 章　恒定电流的磁场

实验表明，在运动电荷或电流的周围，除电场外还存在磁场，磁场表现为对运动电荷或电流有力的作用。当产生磁场的电流恒定时，它所产生的磁场也不随时间变化，这种磁场称为恒定磁场（Magnetostatics）。

本章首先从安培力定律和毕奥-萨伐尔定律（Biot-Savart's Law）出发，证明了磁通（量）密度（Magnetic Flux Density）矢量为无散场或连续场，引入磁矢位（Magnetic Vector Potential）函数，给出恒定磁场的基本方程；然后讨论磁介质对恒定磁场的影响，并由基本方程的积分形式给出不同媒质分界面上的边界条件；最后介绍了导体回路的电感及磁耦合。

## 4.1　真空中恒定磁场的基本方程

4.1 节课件

### 4.1.1　磁通（量）密度

设真空中有两个载有线电流的回路 $C_1$ 和 $C_2$，$I_1 \mathrm{d}\boldsymbol{l}_1$ 和 $I_2 \mathrm{d}\boldsymbol{l}_2$ 分别为 $C_1$ 和 $C_2$ 回路上的电流元（如图 4-1 所示），则电流回路 $C_1$ 对 $C_2$ 的作用力 $\boldsymbol{F}_{12}$ 为

$$\boldsymbol{F}_{12} = \frac{\mu_0}{4\pi} \oint_{C_2} \oint_{C_1} \frac{I_2 \mathrm{d}\boldsymbol{l}_2 \times (I_1 \mathrm{d}\boldsymbol{l}_1 \times \boldsymbol{a}_R)}{R^2} \qquad (4-1-1)$$

式中，$\boldsymbol{R} = \boldsymbol{r}_2 - \boldsymbol{r}_1$，$\boldsymbol{a}_R = \dfrac{\boldsymbol{R}}{R}$，$\mu_0 = 4\pi \times 10^{-7}$ H/m（亨/米）为真空中的磁导率。

上式称为安培力定律（Ampere's Force Law）。

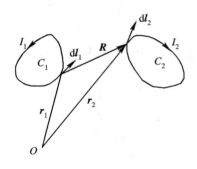

图 4-1　两电流回路间的相互作用力

对安培力定律，用场的观点来解释，可以认为电流回路之间的相互作用力是通过磁场来传递的。因此，将式（4-1-1）改写为

$$\boldsymbol{F}_{12} = \oint_{C_2} I_2 \, \mathrm{d}\boldsymbol{l}_2 \times \left( \frac{\mu_0}{4\pi} \oint_{C_1} \frac{I_1 \, \mathrm{d}\boldsymbol{l}_1 \times \boldsymbol{a}_R}{R^2} \right)$$

式中，括号中的量值取决于电流回路 $C_1$ 的电流分布及源点到场点的距离矢量 $\boldsymbol{R}$，而与电流回路 $C_2$ 无关，故可定义：

$$\boldsymbol{B}_1 = \frac{\mu_0}{4\pi} \oint_{C_1} \frac{I_1 \, \mathrm{d}\boldsymbol{l}_1 \times \boldsymbol{a}_R}{R^2}$$

上式为电流回路 $C_1$ 在 $\boldsymbol{R}$ 处的磁场矢量，称为磁通密度（Magnetic Flux Density）有时也称为磁感应强度矢量。与静电场中采用的方法相似，为了方便讨论，用不带撇的坐标表示场点，用带撇的坐标表示源点，如图 4-2 所示。将上式改写为

$$\boldsymbol{B}(\boldsymbol{r}) = \frac{\mu_0}{4\pi} \oint_C \frac{I \, \mathrm{d}\boldsymbol{l}' \times \boldsymbol{a}_R}{R^2} \qquad (4-1-2)$$

式（4-1-2）称为毕奥-萨伐尔定律（Biot-Savart's Law），它表示载有恒定电流 $I$ 的导线在场点 $(x, y, z)$ 或 $\boldsymbol{r}$ 处所产生的磁通密度。

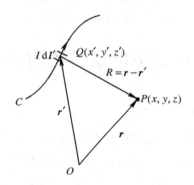

图 4-2 由 $Q$ 点电流元在 $P$ 点产生的场

若产生磁通密度的电流不是线电流，而是体电流分布 $\boldsymbol{J}(\boldsymbol{r}')$ 或面电流分布 $\boldsymbol{J}_S(\boldsymbol{r}')$，则它们所产生的磁通密度分别为

$$\boldsymbol{B}(\boldsymbol{r}) = \frac{\mu_0}{4\pi} \int_V \frac{\boldsymbol{J}(\boldsymbol{r}') \times \boldsymbol{a}_R}{R^2} \, \mathrm{d}V' \qquad (4-1-3)$$

$$\boldsymbol{B}(\boldsymbol{r}) = \frac{\mu_0}{4\pi} \int_S \frac{\boldsymbol{J}_S(\boldsymbol{r}') \times \boldsymbol{a}_R}{R^2} \, \mathrm{d}S' \qquad (4-1-4)$$

磁场

磁通密度 $\boldsymbol{B}$ 的单位为 T（特斯拉，Tesla）或 Wb/m²（韦伯/平方米），工程上，常因这个单位太大而选用高斯（Gaussion），1 高斯（G）$= 10^{-4}$ 特斯拉（T）。通常将式（4-1-2）~式（4-1-4）称为磁通密度矢量积分公式。

【例 4-1】 一根长为 $2l$ 的直导线沿 $z$ 轴放置，通过 $z$ 方向的电流为 $I$，求其在周围产生的磁通密度。

**解** 如图 4-3 所示，选择该载流导线的坐标系。由于导线具有圆柱对称性，故选择圆柱坐标系。设场点的位置坐标为 $P(\rho, \varphi, z)$，则电流元 $I \, \mathrm{d}\boldsymbol{l}' = I \, \mathrm{d}z' \boldsymbol{a}_z$ 到场点的距离矢量为

线电流的磁场

$$\boldsymbol{R} = \rho \boldsymbol{a}_{\rho} + (z - z')\boldsymbol{a}_z$$

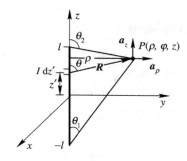

图 4 - 3　载流导线产生的磁场

因而 $P$ 点的磁通密度为

$$\boldsymbol{B} = \frac{\mu_0}{4\pi} \oint_C \frac{I \, \mathrm{d}z' \boldsymbol{a}_z \times \boldsymbol{a}_R}{R^2} = \frac{\mu_0 I}{4\pi} \boldsymbol{a}_{\varphi} \oint_C \frac{\rho \mathrm{d}z'}{R^3}$$

由图 4 - 3 的几何关系得

$$R = \rho \csc\theta, \ z - z' = \rho \cot\theta$$

即

$$\mathrm{d}z' = \rho \csc^2\theta \, \mathrm{d}\theta$$

因而，有

$$\boldsymbol{B} = \frac{\mu_0 I}{4\pi} \boldsymbol{a}_{\varphi} \int_{\theta_1}^{\theta_2} \frac{\sin\theta}{\rho} \, \mathrm{d}\theta = \boldsymbol{a}_{\varphi} \frac{\mu_0 I}{4\pi\rho}(\cos\theta_1 - \cos\theta_2)$$

如果导线无限长，则 $\theta_1 \rightarrow 0$，$\theta_2 \rightarrow \pi$，因此无限长载流直导线的磁通密度为

$$\boldsymbol{B} = \boldsymbol{a}_{\varphi} \frac{\mu_0 I}{2\pi\rho}$$

可见，沿 $z$ 轴放置的载流直导线产生的磁通密度场是一个连续的闭合曲线，其方向是以直导线为轴以 $\rho$ 为半径的柱面的切线 $\boldsymbol{a}_{\varphi}$ 方向，并与电流源的方向呈右手螺旋关系。

### 4.1.2　磁通密度的散度及磁通连续性原理

#### 1. 磁通密度的散度

利用式 $\nabla\left(\dfrac{1}{R}\right) = -\dfrac{\boldsymbol{a}_R}{R^2}$，式（4 - 1 - 3）又可以写为

$$\boldsymbol{B}(\boldsymbol{r}) = \frac{\mu_0}{4\pi} \int_V \boldsymbol{J}(\boldsymbol{r}') \times \left[-\nabla\left(\frac{1}{R}\right)\right] \mathrm{d}V'$$

应用恒等式：

$$\nabla \times (\psi \boldsymbol{A}) = \nabla\psi \times \boldsymbol{A} + \psi\nabla \times \boldsymbol{A}$$

同时注意到 $\nabla$ 是对场点作用的算子，故 $\nabla \times \boldsymbol{J}(\boldsymbol{r}') = 0$，磁通密度可以表达如下：

$$\boldsymbol{B}(\boldsymbol{r}) = \nabla \times \left[ \frac{\mu_0}{4\pi} \int_V \frac{\boldsymbol{J}(\boldsymbol{r}')}{R} \, \mathrm{d}V' \right] \qquad (4-1-5)$$

又根据恒等式 $\nabla \cdot (\nabla \times \boldsymbol{A}) \equiv 0$，可得

$$\nabla \cdot \boldsymbol{B} = 0 \qquad (4-1-6)$$

式(4-1-6)表明，由恒定电流产生的场是无散场或连续的场。

一个散度为零的矢量可用另一个矢量的旋度来表示。磁通密度的散度恒等于零，所以它可以用矢量 $\boldsymbol{A}$ 的旋度来表示，即

$$\boldsymbol{B} = \nabla \times \boldsymbol{A} \qquad (4-1-7)$$

由第 1 章已知，只有当一个矢量场的散度和旋度同时确定时，这个矢量场才唯一确定。例如令 $\boldsymbol{A}' = \boldsymbol{A} + \nabla \psi$，由于 $\nabla \times (\nabla \psi) \equiv 0$，所以有 $\nabla \times \boldsymbol{A}' = \nabla \times \boldsymbol{A}$。因此，要唯一地确定矢量 $\boldsymbol{A}$，还必须定义 $\boldsymbol{A}$ 的散度。在恒定磁场中，我们定义 $\nabla \cdot \boldsymbol{A} = 0$，并将此约束条件称为库仑规范(Coulomb's Gauge)。

比较式(4-1-5)和式(4-1-7)得

$$\boldsymbol{A} = \frac{\mu_0}{4\pi} \int_V \frac{\boldsymbol{J}(\boldsymbol{r}')}{R} \, \mathrm{d}V' \qquad (4-1-8)$$

此处 $\boldsymbol{A}$ 称为磁矢位(Magnetic Vector Potential)，其单位为 Wb/m(韦伯/米)。

如果电流为面电流分布或线电流分布，其磁矢位 $\boldsymbol{A}$ 的表达式分别为

$$\boldsymbol{A} = \frac{\mu_0}{4\pi} \int_S \frac{\boldsymbol{J}_S(\boldsymbol{r}')}{R} \, \mathrm{d}S' \qquad (4-1-9)$$

$$\boldsymbol{A} = \frac{\mu_0}{4\pi} \int_C \frac{I \, \mathrm{d}\boldsymbol{l}'}{R} \qquad (4-1-10)$$

式(4-1-8)~式(4-1-10)表明，磁矢位 $\boldsymbol{A}$ 的方向与电流源的方向一致。因此当电流分布已知，利用上述公式即可求得磁矢位 $\boldsymbol{A}$，再对其求旋度便得到磁通密度 $\boldsymbol{B}$，这样做比直接求磁通密度方便。

另外，磁矢位的表达式(4-1-8)~式(4-1-10)的参考点均选在无穷远处。与静电场相似，当源延伸到无穷远点时，必须重新选择参考点，以表达式简捷、有意义为准则。

【例 4-2】　求如图 4-4 所示的一个半径为 $a$ 的微小电流环的磁矢位和磁通密度。

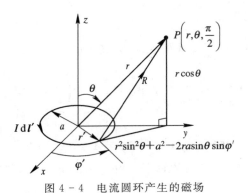

图 4-4　电流圆环产生的磁场

  **解**　采用球坐标系。因为电流圆环及其磁场具有圆对称性，故将待求场点 $P\left(r,\theta,\dfrac{\pi}{2}\right)$ 置于 $yz$ 平面内，不会失去普遍性。

  电流环在 $P$ 点产生的磁矢位的表达式为

$$\boldsymbol{A}=\frac{\mu_0}{4\pi}\int_C\frac{I\,\mathrm{d}\boldsymbol{l}'}{R}$$

其中：

$$I\,\mathrm{d}\boldsymbol{l}'=\boldsymbol{a}_{\varphi'}Ia\,\mathrm{d}\varphi'=Ia(-\boldsymbol{a}_x\sin\varphi'+\boldsymbol{a}_y\cos\varphi')\,\mathrm{d}\varphi'$$

$$R=|\boldsymbol{r}-\boldsymbol{r}'|=\sqrt{r^2+a^2-2ra\,\sin\theta\,\sin\varphi'}$$

因为 $r\gg a$，所以

$$\frac{1}{R}\approx\frac{1}{r}\left(1+\frac{a}{r}\,\sin\theta\,\sin\varphi'\right)$$

磁矢位

$$\boldsymbol{A}=\frac{\mu_0 Ia}{4\pi}\int_0^{2\pi}\frac{1}{r}\left(1+\frac{a}{r}\,\sin\theta\,\sin\varphi'\right)(-\boldsymbol{a}_x\sin\varphi'+\boldsymbol{a}_y\cos\varphi')\,\mathrm{d}\varphi'$$

将上式积分得

$$\boldsymbol{A}=-\boldsymbol{a}_x\frac{\mu_0 Ia^2}{4r^2}\sin\theta$$

将上式写成球坐标中的表达式，有

$$\boldsymbol{A}=\boldsymbol{a}_\varphi\frac{\mu_0 Ia^2}{4r^2}\sin\theta$$

  令小电流环的面积 $\pi a^2=S$，$IS=p_{\mathrm{m}}$，$\boldsymbol{p}_{\mathrm{m}}=I\boldsymbol{S}$，$\boldsymbol{S}$ 的方向与电流的方向呈右手螺旋关系。小电流环的磁矢位可以表达为

$$\boldsymbol{A}=\frac{\mu_0\boldsymbol{p}_{\mathrm{m}}\times\boldsymbol{a}_r}{4\pi r^2}\qquad\qquad(4-1-11)$$

  于是，小电流环的磁通密度为

$$\boldsymbol{B}=\nabla\times\boldsymbol{A}=\frac{\mu_0 p_{\mathrm{m}}}{4\pi r^3}(\boldsymbol{a}_r 2\cos\theta+\boldsymbol{a}_\theta\sin\theta)\qquad(4-1-12)$$

  由此，我们可以看到式（4-1-12）和静电场中电偶极子的电场表达式（2-1-23）之间有一定的对偶性，即将式（2-1-23）中的 $1/\varepsilon_0$ 换成 $\mu_0$，$p$ 换成 $p_{\mathrm{m}}$，则 $\boldsymbol{E}(\boldsymbol{r})$ 就变成 $\boldsymbol{B}(\boldsymbol{r})$。这样一个微小的电流环路就可以等效为一个磁偶极子，它的磁偶极矩 $p_{\mathrm{m}}=IS$。小电流环的磁力线如图 4-5 所示。

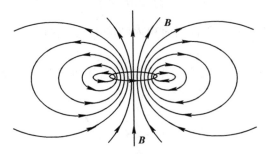

图 4-5　带电流的圆环所产生的磁力线

实际上，在磁场的实验研究中已证实：一根微小的永久磁针周围的磁场分布与微小电流环周围的磁场分布是相同的。有一种解释是永久磁针的两端分别存在正磁荷和负磁荷。这种虚构的磁荷$\pm q_\mathrm{m}$相隔距离$d$便形成一个磁偶极子，其磁矩为$\boldsymbol{p}_\mathrm{m} = q_\mathrm{m}\boldsymbol{d}$，从而也一定等效于电流回路的磁矩$\boldsymbol{p}_\mathrm{m} = I\boldsymbol{S}$。总之，电偶极子及其电场与磁偶极子及其磁场之间存在对偶关系；小电流环及其磁场与小磁针及其磁场之间具有等效关系。

**2. 磁通连续性原理**

通过任意曲面$S$上的磁通量（Magnetic Flux）定义为

$$\Psi = \int_S \boldsymbol{B} \cdot \mathrm{d}\boldsymbol{S} \quad \mathrm{Wb} \qquad (4-1-13)$$

若曲面$S$为闭合曲面，则穿过闭合曲面$S$的磁通量为

$$\Psi = \oint_S \boldsymbol{B} \cdot \mathrm{d}\boldsymbol{S}$$

对上式应用散度定理，有

$$\oint_S \boldsymbol{B} \cdot \mathrm{d}\boldsymbol{S} = \int_V \nabla \cdot \boldsymbol{B} \, \mathrm{d}V = 0 \qquad (4-1-14)$$

式中，$V$为闭合曲面$S$所包围的体积。

式（4-1-14）表明，穿过一个封闭面$S$的磁通量等于离开这个封闭面的磁通量，换句话说，磁通线永远是连续的。可见，恒定磁场是无散场和连续场。

## 4.1.3 磁场强度与安培环路定律

在研究静电场时，我们曾用电场强度将电通密度表示为$\boldsymbol{D} = \varepsilon\boldsymbol{E}$。现在，我们定义自由空间的磁场强度（Magnetic Intensity）$\boldsymbol{H}$为

$$\boldsymbol{H} = \frac{\boldsymbol{B}}{\mu_0} \qquad (4-1-15)$$

或

$$\boldsymbol{B} = \mu_0 \boldsymbol{H} \qquad (4-1-16)$$

下面我们用磁场强度来讨论安培环路定律。

安培环路定律（Ampere's Circuital Law）简称为安培定律，它阐明磁场强度沿任一闭合路径的线积分等于闭合路径所包围的电流，即

$$\oint_C \boldsymbol{H} \cdot \mathrm{d}\boldsymbol{l} = I \qquad (4-1-17)$$

此处的电流$I$为闭合路径所包围面积内的净电流，它可以是任意形状导体所载的电流。

将上式应用斯托克斯定理，并考虑到电流可用体电流密度表示为$I = \int_S \boldsymbol{J} \cdot \mathrm{d}\boldsymbol{S}$，因而

$$\int_S (\nabla \times \boldsymbol{H}) \cdot \mathrm{d}\boldsymbol{S} = \int_S \boldsymbol{J} \cdot \mathrm{d}\boldsymbol{S}$$

所以

$$\nabla \times \boldsymbol{H} = \boldsymbol{J} \qquad\qquad (4-1-18)$$

式(4-1-18)为恒定磁场中安培定律的微分形式。它表明由恒定电流产生的磁场是有旋场。

式(4-1-14)和式(4-1-17)称为恒定磁场基本方程的积分形式，式(4-1-6)和式(4-1-18)称为恒定磁场基本方程的微分形式。

在静电场中，要计算对称分布的电荷在某一区域的电场，我们利用了高斯定理。而在恒定磁场中，如果电流或电流分布对称，用安培定律就可以简捷地求出磁场，而无需用毕奥-萨伐尔定律的复杂积分过程。

磁场计算

**【例 4 - 3】**　一根沿 $z$ 轴方向的无限长直导线通过 $z$ 方向的电流 $I$。试用安培定律求空间任一点的磁场强度与磁通密度。

**解**　由对称性，该电流产生的磁力线必然是同心圆，如图 4-6 所示。沿每个圆的磁场强度值是相同的，因此对任意半径 $\rho$，有

$$\oint_C \boldsymbol{H} \cdot \mathrm{d}\boldsymbol{l} = \int_0^{2\pi} H_\varphi \rho \, \mathrm{d}\varphi = 2\pi\rho H_\varphi = I$$

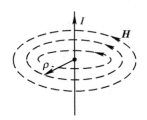

图 4 - 6　载流长直导线的磁场

因此，空间任一点的磁场强度为

$$\boldsymbol{H} = \frac{I}{2\pi\rho}\boldsymbol{a}_\varphi$$

磁通密度为

$$\boldsymbol{B} = \frac{\mu_0 I}{2\pi\rho}\boldsymbol{a}_\varphi$$

可见，用安培定律算得的结果与例 4-2 相同，但却简便得多。

同轴线的磁场

**【例 4 - 4】**　无限长同轴电缆内导体半径为 $a$，外导体内、外半径分别为 $b$ 和 $c$。电缆中有恒定电流 $I$ 流过（内导体上电流为 $I$，外导体上电流为反方向的 $I$），求电缆内、外空间的磁场。设内外导体间为空气。

**解**　图 4-7 示出了同轴电缆的磁场，注意到同轴电缆结构对称，磁场必然是对称的。在半径 $\rho$ 等于常数的圆柱上磁场只有 $\boldsymbol{a}_\varphi$ 方向且大小恒定，可用安培定律来计算。

在 $a < \rho < b$ 区域内

$$\oint_C \boldsymbol{H} \cdot \mathrm{d}\boldsymbol{l} = \int_0^{2\pi} H_\varphi \rho \, \mathrm{d}\varphi = 2\pi\rho H_\varphi = I$$

因而，有

$$\boldsymbol{H} = \frac{I}{2\pi\rho}\boldsymbol{a}_\varphi$$

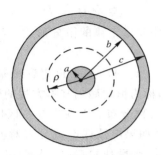

图 4 - 7　同轴电缆的磁场

当 $\rho > c$ 时

$$\oint_C \boldsymbol{H} \cdot \mathrm{d}\boldsymbol{l} = \int_0^{2\pi} H_\varphi \rho \,\mathrm{d}\varphi = 2\pi\rho H_\varphi = I - I = 0$$

即同轴电缆外的磁场为零。

### 4.1.4　矢量泊松方程

磁矢位

因为 $\boldsymbol{B} = \nabla \times \boldsymbol{A}$ 和 $\boldsymbol{B} = \mu_0 \boldsymbol{H}$，所以 $\boldsymbol{H} = \dfrac{1}{\mu_0} \nabla \times \boldsymbol{A}$，再将其两边取旋度得

$$\nabla \times \nabla \times \boldsymbol{A} = \mu_0 \boldsymbol{J}$$

根据矢量恒等式：

$$\nabla \times \nabla \times \boldsymbol{A} = \nabla(\nabla \cdot \boldsymbol{A}) - \nabla^2 \boldsymbol{A}$$

同时考虑到库仑规范 $\nabla \cdot \boldsymbol{A} = 0$，可得

$$\nabla^2 \boldsymbol{A} = -\mu_0 \boldsymbol{J} \qquad (4-1-19)$$

式(4-1-19)称为矢量泊松方程(Vectorial Possion Equation)。对于无源区域($\boldsymbol{J} = 0$)，有

$$\nabla^2 \boldsymbol{A} = 0 \qquad (4-1-20)$$

式(4-1-20)称为矢量拉普拉斯方程(Vectorial Laplace Equation)。

必须指出，这里的 $\nabla^2$ 后面是矢量，所以称为矢量拉普拉斯算子($\nabla^2 \boldsymbol{A} = \nabla(\nabla \cdot \boldsymbol{A}) - \nabla \times \nabla \times \boldsymbol{A}$)，同标量拉普拉斯方程中的 $\nabla^2$ 算子($\nabla^2$ 后面是标量，称为标量算子)完全不同。

在直角坐标系中，$\boldsymbol{A} = \boldsymbol{a}_x A_x + \boldsymbol{a}_y A_y + \boldsymbol{a}_z A_z$，代入式(4-1-19)中得到

$$\nabla^2 (\boldsymbol{a}_x A_x + \boldsymbol{a}_y A_y + \boldsymbol{a}_z A_z) = -\mu_0 (\boldsymbol{a}_x J_x + \boldsymbol{a}_y J_y + \boldsymbol{a}_z J_z)$$

由矢量恒等式 $\nabla^2(a\boldsymbol{A}) = (\nabla^2 a)\boldsymbol{A} + (\nabla^2 \boldsymbol{A})a$ 及 $\nabla^2 \boldsymbol{a}_x = 0$，上式可分解为三个分量的泊松方程：

$$\left.\begin{array}{l} \nabla^2 A_x = -\mu_0 J_x \\ \nabla^2 A_y = -\mu_0 J_y \\ \nabla^2 A_z = -\mu_0 J_z \end{array}\right\} \qquad (4-1-21)$$

三个分量方程即是标量方程，这时的算子 $\nabla^2 = \dfrac{\partial^2}{\partial x^2} + \dfrac{\partial^2}{\partial y^2} + \dfrac{\partial^2}{\partial z^2}$ 是标量拉普拉斯算子。式(4-1-21)的三个分量方程和静电场的电位泊松方程形式相同，因此它们的求解方法也相同。

除直角坐标系外，其他坐标系中的 $\nabla^2 \boldsymbol{A}$ 有更为复杂的运算和形式，详见附录 1。

**【例 4 - 5】**　沿 $z$ 轴方向和 $+y$ 轴方向为无限长的铁磁体槽，其内有一很长的 $z$ 轴方向的电流 $I$，如图 4 - 8 所示。如果铁磁体的磁导率 $\mu \to \infty$。试写出槽内磁矢位 $\boldsymbol{A}$ 应满足的微分方程及边界条件。

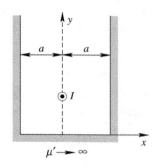

图 4 - 8　铁磁体槽

**解**　槽内除线电流 $I$ 所在的位置之外，其他均为无源区域，而电流仅有 $z$ 轴方向，所以由它所产生的磁矢位也为 $z$ 轴方向，即

$$\boldsymbol{A} = \boldsymbol{a}_z A_z$$

又由于槽和电流沿 $z$ 轴方向均为无限长，因此，磁矢位满足的微分方程为

$$\nabla^2 A_z = \frac{\partial^2 A_z}{\partial x^2} + \frac{\partial^2 A_z}{\partial y^2} = 0$$

而铁磁体的磁导率 $\mu \to \infty$，意味着铁磁体的表面为等磁位面，磁场强度 $\boldsymbol{H}$ 的方向与界面垂直，故磁场强度的切向分量为零，即在 $x = \pm a$ 处，$H_y = 0$；在 $y = 0$，$-a < x < a$ 处 $H_x = 0$。由

$$\nabla \times (\boldsymbol{a}_z A_z) = \boldsymbol{a}_x \frac{\partial A_z}{\partial y} - \boldsymbol{a}_y \frac{\partial A_z}{\partial x} = \boldsymbol{B}$$

得磁矢位应满足的边界条件为：

(1) 在 $x = \pm a$，$0 < y < +\infty$ 处，$\dfrac{\partial A_z}{\partial x} = 0$；

(2) 在 $y = 0$，$-a < x < a$ 处，$\dfrac{\partial A_z}{\partial y} = 0$。

**4.2 节课件**

# 4.2　磁介质的磁化、介质中的场方程

从电磁学中知道：长度为 $L$、载流为 $I$ 的均匀密绕的螺线管线圈的中心的磁通密度最大。将不同物质的样品放在螺线管的上端，并观察它们所感受的力，结果发现不同样品将会受到不同的力。我们将感受轻微推斥力的物质称为抗磁体(Diamagnetic)，所有的有机化合物和大部分无机化合物都是抗磁体。有两种不同类型的物质感受到吸引力。我们把受到轻微力量被拉向中心的物质称为顺磁体(Paramagnet)，如金属铝、铜等；而把被磁力吸进去的物

质称为铁磁体(Ferromagnetic)，如铁、磁铁矿等。铁磁物质所受磁力可能是顺磁物质所受磁力的 5000 倍。

由于顺磁物质与抗磁物质所受的力很弱，因此实际上将它们归在一起，统称为非磁性物质，非磁性物质的磁导率与自由空间的相同。

下面我们讨论磁性物质的磁化。

在磁性物质(常称为媒质)中，分子中的电子以恒速围绕原子核作圆周运动形成分子电流，它相当于一个微小电流环可以等效为磁偶极子。其磁偶极矩 $\boldsymbol{p}_\mathrm{m}$ 的表达式为

$$\boldsymbol{p}_\mathrm{m} = I_a \boldsymbol{S} \tag{4-2-1}$$

式中，$I_a$ 为分子电流，$\boldsymbol{S}$ 为分子电流环的面积矢量，其方向与分子电流 $I_a$ 的绕行方向成右手螺旋关系，如图 4-9 所示。

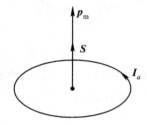

图 4-9  分子磁偶极矩

在没有外加磁场时，就一般媒质而言，由于各分子磁矩的取向随机而相互抵消，对外不呈现磁性，如图 4-10(a)所示。在外施磁场作用下，各分子磁矩沿磁场方向排列，如图 4-10(b)所示。磁偶极子的有序排列类似于电偶极子在电介质中的有序排列，但有显著的区别。电偶极子的有序排列总是减弱原来的电场，而磁介质中磁偶极子的有序排列则是加强原来的磁场。媒质内部磁偶极子的有序排列，相当于沿媒质表面流动的电流，如图 4-10(c)所示。这些电流称为束缚电流(Bound Current)，也称为磁化电流，它在媒质内部产生一个附加场。

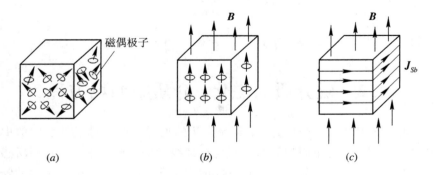

图 4-10  磁偶极子的排列

(a) 磁偶极子随机排列的磁性物质；(b) 外场 $\boldsymbol{B}$ 使磁偶极子有序排列；

(c) 排列好的电流环等效于沿物质表面的电流

　　设在体积 $\Delta V$ 内有 $n$ 个原子，$\boldsymbol{p}_{mi}$ 是第 $i$ 个原子的磁矩，于是单位体积的磁矩定义为

$$\boldsymbol{M} = \lim_{\Delta V \to 0} \frac{\displaystyle\sum_{i=1}^{n} \boldsymbol{p}_{mi}}{\Delta V} \qquad (4-2-2)$$

如果 $\boldsymbol{M} \neq 0$，表明该物体是已经磁化的。

　　设在磁化介质中取一个体积元 $\mathrm{d}V'$，其磁矩为 $\boldsymbol{M}\,\mathrm{d}V'$，由它所产生的磁矢位为

$$\mathrm{d}\boldsymbol{A} = \frac{\mu_0 \boldsymbol{M} \times \boldsymbol{a}_R}{4\pi R^2}\,\mathrm{d}V'$$

体积 $V$ 内的磁化磁矩所产生的磁矢位为

$$\boldsymbol{A} = \frac{\mu_0}{4\pi} \int_V \frac{\boldsymbol{M} \times \boldsymbol{a}_R}{R^2}\,\mathrm{d}V' \qquad (4-2-3)$$

利用恒等式：

$$\nabla'\left(\frac{1}{R}\right) = \frac{\boldsymbol{a}_R}{R^2}$$

$$\boldsymbol{M} \times \nabla'\left(\frac{1}{R}\right) = \frac{1}{R}\nabla' \times \boldsymbol{M} - \nabla' \times \left(\frac{\boldsymbol{M}}{R}\right)$$

磁矢位可以写成

$$\boldsymbol{A} = \frac{\mu_0}{4\pi} \int_V \frac{\nabla' \times \boldsymbol{M}}{R}\,\mathrm{d}V' - \frac{\mu_0}{4\pi} \int_V \nabla' \times \left(\frac{\boldsymbol{M}}{R}\right)\,\mathrm{d}V'$$

利用矢量恒等式：

$$\int_V \nabla' \times \left(\frac{\boldsymbol{M}}{R}\right)\,\mathrm{d}V' = \oint_S \boldsymbol{n}' \times \frac{\boldsymbol{M}}{R}\,\mathrm{d}S'$$

令

$$\boldsymbol{J}_b = \nabla \times \boldsymbol{M} \qquad (4-2-4)$$

为束缚体电流密度，则

$$\boldsymbol{J}_{Sb} = \boldsymbol{M} \times \boldsymbol{n} \qquad (4-2-5)$$

为束缚面电流密度。

　　在式($4-2-4$)和式($4-2-5$)中，我们略去了上面的撇号，但须理解旋度与叉乘运算都是对源点进行的，其中，$\boldsymbol{n}$ 为媒质的外法向单位矢量。

　　磁矢位 $\boldsymbol{A}$ 可重写为

$$\boldsymbol{A} = \frac{\mu_0}{4\pi} \int_V \frac{\boldsymbol{J}_b}{R}\,\mathrm{d}V' + \frac{\mu_0}{4\pi} \oint_S \frac{\boldsymbol{J}_{Sb}}{R}\,\mathrm{d}S' \qquad (4-2-6)$$

　　式($4-2-6$)表明，媒质磁化后所产生的附加场，可用束缚电流 $\boldsymbol{J}_b$ 和 $\boldsymbol{J}_{Sb}$ 来等效计算。如果空间中同时还有自由体电流密度 $\boldsymbol{J}$ 和束缚电流 $\boldsymbol{J}_b$，则在计算磁化后总的合成磁场时，可以把媒质所占空间视为真空，把束缚电流和自由电流在真空中产生的磁场进行叠加，即

$$\nabla \times \left(\frac{\boldsymbol{B}}{\mu_0}\right) = \boldsymbol{J} + \boldsymbol{J}_b = \nabla \times \boldsymbol{H} + \nabla \times \boldsymbol{M}$$

因此有

$$\boldsymbol{B} = \mu_0(\boldsymbol{H} + \boldsymbol{M}) \qquad (4-2-7)$$

上式适用于任何线性的或非线性的媒质。对于线性、均匀、各向同性的媒质，磁矩 $\boldsymbol{M}$ 与 $\boldsymbol{H}$ 的关系为

$$\boldsymbol{M} = \chi_m \boldsymbol{H} \qquad (4-2-8)$$

此处 $\chi_m$ 为一比例常数，称为磁化率（Magnetic Susceptibility）。将式（4-2-8）代入式（4-2-7），得

$$\boldsymbol{B} = \mu_0(1+\chi_m)\boldsymbol{H} = \mu_0\mu_r\boldsymbol{H} = \mu\boldsymbol{H} \qquad (4-2-9)$$

式中，$\mu = \mu_0\mu_r$ 为媒质的磁导率（Permeability），参数 $\mu_r$ 称为媒质的相对磁导率。对于线性、各向同性、均匀媒质，$\chi_m$ 和 $\mu_r$ 都是无量纲的常数。

对于顺磁物质，$\chi_m$ 的数量级为 $10^{-3}$ 的正数，对于抗磁物质，$\chi_m$ 的数量级为 $10^{-6} \sim 10^{-9}$ 的负数，因此，这两种物质的 $\mu_r$ 都接近于 1。一般情况下，工程中常把这些物质的磁性质看作与真空相同。铁磁物质的 $\boldsymbol{B}$ 与 $\boldsymbol{H}$ 不呈线性关系，且 $\boldsymbol{B}$ 与 $\boldsymbol{H}$ 的函数关系随铁磁物质的结构而异，但仍然可用式（4-2-9）来表示，只是其中的 $\mu$ 不再是常数。

至此，综合第 2 章介绍的媒质的极化、导电及磁化性能，对线性各向同性媒质，有下列方程：

$$\left. \begin{array}{l} \boldsymbol{D} = \varepsilon\boldsymbol{E} \\ \boldsymbol{J} = \sigma\boldsymbol{E} \\ \boldsymbol{B} = \mu\boldsymbol{H} \end{array} \right\} \qquad (4-2-10)$$

基本方程

这三个方程通常叫作媒质的本构方程（Constitutive Equations）。

# 4.3　恒定磁场的边界条件

4.3 节课件

在通过具有不同磁导率的两种媒质的交界面时，一般来说磁场也要发生突变。为此，我们从恒定磁场基本方程的积分形式出发，来确定磁场在交界面上的突变规律，该突变规律也称为边界条件。

由恒定磁场的两个基本方程 $\oint_S \boldsymbol{B} \cdot \mathrm{d}\boldsymbol{S} = 0$ 和 $\oint_C \boldsymbol{H} \cdot \mathrm{d}\boldsymbol{l} = I$，用与静电场的边界条件相类似的方法，可以得到边界条件的表达式

$$\left. \begin{array}{llll} B_{1n} = B_{2n} & & 或 & \boldsymbol{n} \cdot (\boldsymbol{B}_1 - \boldsymbol{B}_2) = 0 \\ H_{1t} - H_{2t} = J_S & & 或 & \boldsymbol{n} \times (\boldsymbol{H}_1 - \boldsymbol{H}_2) = \boldsymbol{J}_S \end{array} \right\} \qquad (4-3-1)$$

式（4-3-1）的第一式表示，在分界面处磁通密度 $\boldsymbol{B}$ 的法向分量是连续的；其第二式表明在分界面处磁场强度 $\boldsymbol{H}$ 的切向分量一般是不连续的，除非分界面上的面电流密度 $J_S = 0$。

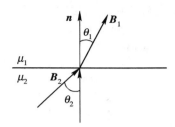

图 4 - 11　两种磁介质的边界

如果分界面上的 $J_s = 0$，如图 4 - 11 所示，则有

$$\frac{\tan\theta_1}{\tan\theta_2} = \frac{\mu_1}{\mu_2} \tag{4 - 3 - 2}$$

式(4 - 3 - 2)表明：

(1) 如果 $\theta_2 = 0$，则 $\theta_1 = 0$。换句话说，磁场垂直穿过两种磁介质的分界面时，磁场的方向不发生改变，且数值相等；

(2) 如果 $\mu_2 \gg \mu_1$，且 $\theta_2 \neq 90°$，则 $\theta_1 \to 0$。这就是说，磁场由铁磁体物质穿出进入一个非磁性物质的区域时，磁场几乎垂直于铁磁体物质的表面，这与电场垂直于理想导体的表面类似。

**【例 4 - 6】**　设 $x < 0$ 的半空间充满磁导率为 $\mu$ 的均匀媒质，$x > 0$ 的半空间的磁导率为 $\mu_0$，现有一无限长直电流 $I$ 沿 $z$ 轴正向流动，且处在两种媒质的分界面上，如图 4 - 12 所示。求两种媒质中的磁通密度和磁化电流的分布。

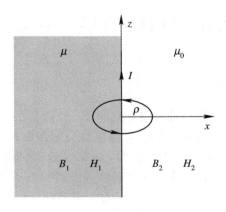

图 4 - 12　两种媒质中的磁通密度

**解**　因为线电流位于两种媒质的分界面上，所以分界面上磁场的方向与分界面垂直，设在 $x < 0$ 的半空间的磁通密度和磁场分别为 $B_1$ 和 $H_1$，在 $x > 0$ 的半空间的磁通密度和磁场分别为 $B_2$ 和 $H_2$。

根据安培定律：

$$\oint_C \boldsymbol{H} \cdot \mathrm{d}\boldsymbol{l} = I$$

得

$$H_1 \pi\rho + H_2 \pi\rho = I$$

在两种媒质的交界面上磁通密度的法向分量连续，即满足边界条件：

$$B_1 = B_2 = B$$

再利用媒质的本构方程：

$$H_1 = \frac{B_1}{\mu}$$

$$H_2 = \frac{B_2}{\mu_0}$$

综合上述分析，可以求得两种媒质中的磁通密度为

$$B = \frac{\mu \mu_0 I}{(\mu + \mu_0) \pi \rho}$$

由于导磁媒质是均匀的，所以媒质内部无磁化电流。在两种媒质的分界面上，由于磁场与界面垂直，故也没有磁化电流。但在电流与媒质相接触的媒质分界面上，存在磁化电流 $I_b$。现以 $z$ 轴为中心轴，根据安培定律：

$$\oint_C \boldsymbol{B} \cdot \mathrm{d}\boldsymbol{l} = \mu_0(I + I_b)$$

即

$$2\pi \rho B = \mu_0(I + I_b)$$

将前面算出的磁通密度表达式代入可得磁化电流为

$$I_b = \frac{\mu_r - 1}{\mu_r + 1} I$$

# 4.4　自感、互感与磁耦合

4.4 节课件

## 4.4.1　自感与互感

在线性媒质中，一个电流回路在空间任一点产生的磁通密度 $\boldsymbol{B}$ 的大小与其电流 $I$ 成正比，因而穿过回路的磁通量也与回路电流 $I$ 成正比。如果一个回路是由一根导线密绕成 $N$ 匝组成的，则穿过这个回路的总磁通（称为全磁通）等于各匝磁通之和，也就是一个密绕线圈的全磁通等于与单匝线圈交链的磁通和匝数的乘积，因此，全磁通又称为磁链（Magnetic Flux Linkage）。

电感与
分布电感

若穿过回路的磁链 $\Psi$ 是由回路本身的电流 $I$ 产生的，则磁链 $\Psi$ 与电流 $I$ 的比值定义为自感，其表达式为

$$L = \frac{\Psi}{I} \tag{4-4-1}$$

其中，磁链的表达式为

$$\Psi = \int_S \boldsymbol{B} \cdot \mathrm{d}\boldsymbol{S} = \oint_C \boldsymbol{A} \cdot \mathrm{d}\boldsymbol{l} \tag{4-4-2}$$

自感互感计算

式中，$l$ 的方向就是电流 $I$ 的方向，$S$ 的方向与电流 $I$ 的方向遵循右手螺旋法则。$\boldsymbol{B}$ 和 $\boldsymbol{A}$ 分别为电流 $I$ 在回路内产生的磁通密度和磁矢位。

　　自感(Self-Inductance)或电感(Inductance)的单位为 H(亨)，它取决于回路的形状、尺寸、匝数和媒质的磁导率。

　　若有两个彼此靠近的回路 $C_1$、$C_2$，电流分别为 $I_1$ 和 $I_2$，如图 4-13 所示。如果回路 $C_1$ 中的电流 $I_1$ 所产生的磁通密度和磁矢位分别为 $\boldsymbol{B}_1$ 和 $\boldsymbol{A}_1$，它与回路 $C_2$ 相交链的磁链为 $\boldsymbol{\Psi}_{12}$，则 $\boldsymbol{\Psi}_{12}$ 的表达式为

$$\boldsymbol{\Psi}_{12} = \int_{S_2} \boldsymbol{B}_1 \cdot \mathrm{d}\boldsymbol{S}_2 = \oint_{C_2} \boldsymbol{A}_1 \cdot \mathrm{d}\boldsymbol{l}_2 \qquad (4-4-3)$$

式中，$\boldsymbol{l}_2$ 的方向就是电流 $I_2$ 的方向，$\boldsymbol{S}_2$ 的方向与电流 $I_2$ 的方向遵循右手螺旋法则。则 $\boldsymbol{\Psi}_{12}$ 与 $I_1$ 的比值定义为互感：

$$M_{12} = \frac{\boldsymbol{\Psi}_{12}}{I_1} \qquad (4-4-4)$$

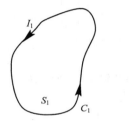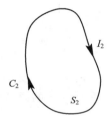

图 4-13　自感与互感

　　如果回路 $C_2$ 中的电流 $I_2$ 所产生的磁通密度和磁矢位分别为 $\boldsymbol{B}_2$ 和 $\boldsymbol{A}_2$，它与回路 $C_1$ 相交链的磁链为 $\boldsymbol{\Psi}_{21}$，则 $\boldsymbol{\Psi}_{21}$ 的表达式为

$$\boldsymbol{\Psi}_{21} = \int_{S_1} \boldsymbol{B}_2 \cdot \mathrm{d}\boldsymbol{S}_1 = \oint_{C_1} \boldsymbol{A}_2 \cdot \mathrm{d}\boldsymbol{l}_1 \qquad (4-4-5)$$

$\boldsymbol{\Psi}_{21}$ 与 $I_2$ 的比值定义为互感 $M_{21}$：

$$M_{21} = \frac{\boldsymbol{\Psi}_{21}}{I_2} \qquad (4-4-6)$$

$M_{12}$ 和 $M_{21}$ 均称为回路 $C_1$ 和 $C_2$ 的互感(Mutual Inductance)，单位与自感相同，且有 $M_{12} = M_{21}$。

　　由式(4-4-3)和式(4-4-5)可知，互感有正有负，这取决于两电流的方向。假设回路 $C_1$ 中的电流 $I_1$ 所产生与回路 $C_2$ 相交链的磁链为 $\boldsymbol{\Psi}_{12}$，回路 $C_2$ 中的电流 $I_2$ 所产生与回路 $C_2$ 相交链的磁链为 $\boldsymbol{\Psi}_{22}$，若 $\boldsymbol{\Psi}_{12}$ 与 $\boldsymbol{\Psi}_{22}$ 有相同的方向，则互感系数取正值，否则互感系数取负值。当电流 $I_1$ 或 $I_2$ 改变方向时，互感也将改变符号。下面举例说明自感和互感的计算。

平行线的
磁场

平行线的
自感

　　【例 4-7】　求如图 4-14 所示双导线传输线单位长度的自感。已知导线半径为 $a$，导线间距 $D \gg a$。

　　解　双导线中各通一方向相反的电流。由安培环路定律求得双导线之间 $xOz$ 平面内点 $P$ 处的磁通密度为

$$\boldsymbol{B} = \boldsymbol{a}_y \left( \frac{\mu_0 I}{2\pi x} + \frac{\mu_0 I}{2\pi(D-x)} \right) \quad a \leqslant x \leqslant D-a$$

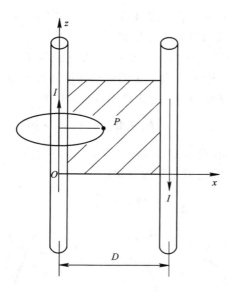

图 4-14   双导线传输线自感的计算

因此，单位长度双导线平面上的磁链为

$$\Psi = \int_S \boldsymbol{B} \cdot \mathrm{d}\boldsymbol{S}$$

$$= \int_0^1 \int_a^{D-a} \frac{\mu_0 I}{2\pi} \left(\frac{1}{x} + \frac{1}{D-x}\right) \boldsymbol{a}_y \cdot \boldsymbol{a}_y \, \mathrm{d}x \mathrm{d}z$$

积分得到

$$\Psi = \frac{\mu_0 I}{\pi} \ln \frac{D-a}{a}$$

故双导线传输线单位长度的自感为

$$L = \frac{\Psi}{I} = \frac{\mu_0}{\pi} \ln \frac{D-a}{a} \approx \frac{\mu_0}{\pi} \ln \frac{D}{a} \quad \mathrm{H/m}$$

类似分析可得同轴线单位长度的自感为

$$L = \frac{\mu_0}{2\pi} \ln \frac{b}{a} \quad \mathrm{H/m}$$

式中，$a$ 和 $b$ 分别为同轴线的内、外导体半径。

应当指出，上面计算的自感是只考虑了导线外部的磁通，故称该电感为外自感，在导线内部的磁力线同样套链着电流，其磁链与电流的比值称为内自感。通常我们所说的自感一般指外自感。

【例 4-8】   有一长方形闭合回路与双线传输线在同一平面内，如图 4-15 所示，回路两长边与传输线平行，求传输线与回路之间的互感。

互感

解   建立如图所示的坐标，双线传输线在矩形线圈中产生的磁通密度为

$$\boldsymbol{B}_1 = \boldsymbol{a}_y \left(-\frac{\mu_0 I_1}{2\pi x} + \frac{\mu_0 I_1}{2\pi(x-d)}\right) \quad x > d$$

根据矩形闭合回路 $S_2$ 中的电流方向，可以确定该回路法向为 $-\boldsymbol{a}_y$，于是穿过该回路的磁链为

电场磁场关系

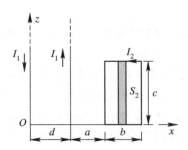

图 4 - 15　双线传输线与矩形线圈互感的计算

$$\Psi_{12} = \int_{S_2} \boldsymbol{B}_1 \cdot \mathrm{d}\boldsymbol{S}_2 = \frac{\mu_0 I_1}{2\pi} \int_0^c \int_{a+d}^{a+d+b} \left( \frac{1}{x-d} - \frac{1}{x} \right) \boldsymbol{a}_y \cdot (-\boldsymbol{a}_y)\ \mathrm{d}x \mathrm{d}z$$

因此，两者的互感为

$$M = \frac{\Psi_{12}}{I_1} = \frac{\mu_0 c}{2\pi} \ln \frac{a(a+d+b)}{(a+b)(a+d)}$$

由此可见，互感的大小不仅取决于回路的形状、尺寸、匝数和媒质的磁导率，还与两个回路的相互位置有关，互感的正负则取决于通过两回路电流的方向。

### 4.4.2　磁耦合

均匀磁场

　　磁耦合也称为磁场耦合，在低频电路中又称为电流耦合。任意靠近的两个电流回路之间都存在着互感，比如印刷线路板上具有相同返回路径或靠近返回路径的线路间就存在着互感，这些互感也称为耦合电感。图 4 - 16 是典型的电路连接形式，两个回路之间存在互感，当信号频率较低时，耦合系数比较小，互感的影响往往可以忽略；而当频率较高时，耦合系数变大，会引起信号的串扰（Crosstalk），有时这种串扰甚至比分布电容所带来的串扰更严重。因此在电路设计中，由互感产生磁耦合效应而引起信号的串扰问题更加值得关注，特别是在高速数字电路设计时更是不容忽视。

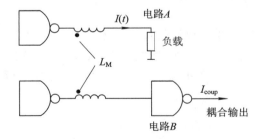

图 4 - 16　电路中的磁耦合

本章小结

　　正确认识耦合电感的存在以及快速估计互感对电路的影响程度，也是电子线路设计工程师需要认真对待的问题。

# 习　　题

　　4.1　自由空间中有一半径为 $a$ 的载流线圈，电流强度为 $I$，求其轴线上任一点处的磁通密度。

4.2　真空中直线长电流 $I$ 的磁场中有一等边三角形回路，如题4.2图所示，求通过三角形回路的磁通量。

4.3　若半径为 $a$、电流为 $I$ 的无限长圆柱导体置于空气中，已知导体的磁导率为 $\mu_0$，求导体内、外的磁场强度 $H$ 和磁通密度 $B$。

典型例题

4.4　如果在半径为 $a$、电流为 $I$ 的无限长圆柱导体内有一个不同轴的半径为 $b$ 的圆柱空腔，两轴线的距离为 $c$，且 $c+b<a$，如题4.4图所示。求空腔内的磁通密度。

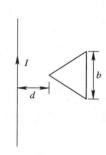

题 4.2 图

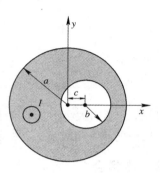

题 4.4 图

4.5　在下面的矢量中，哪些可能是磁通密度 $B$？如果是，与它相应的电流密度 $J$ 为多少？

(1) $F=a_\rho \rho$（圆柱坐标系）；

(2) $F=-a_x y+a_y x$；

(3) $F=a_x x-a_y y$；

(4) $F=-a_\varphi r$（球坐标系）。

思考题

4.6　已知某电流在空间产生的磁矢位是

$$A = a_x x^2 y + a_y x y^2 + a_z (y^2 - z^2)$$

求磁感应强度 $B$。

4.7　两半径为 $a$ 且平行放置的长直圆柱导体，轴线距离为 $d(d<2a)$。现将相交部分挖成一空洞，并且在相交处用绝缘纸隔开，如题4.7图所示。设两导体分别通有面密度为 $J_1=J_0 a_z$ 和 $J_2=-J_0 a_z$ 的电流，求空洞中的磁场强度。

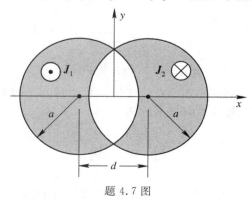

题 4.7 图

4.8 边长分别为 $a$ 和 $b$ 载有电流 $I$ 的小矩形回路如题 4.8 图所示，求远处的一点 $P(x, y, z)$ 的磁矢位。

4.9 无限长直线电流 $I$ 垂直于磁导率分别为 $\mu_1$ 和 $\mu_2$ 的两种磁介质的交界面，如题 4.9 图所示，试求两种媒质中的磁通密度 $\boldsymbol{B}_1$ 和 $\boldsymbol{B}_2$。

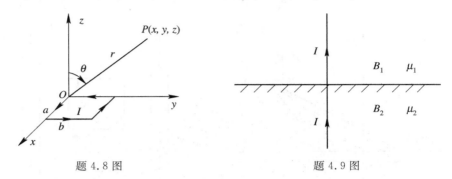

题 4.8 图        题 4.9 图

4.10 任意一个平面电流回路在真空中产生的磁场强度为 $\boldsymbol{H}_0$，若平面回路位于磁导率分别为 $\mu_1$ 和 $\mu_2$ 的两种磁介质的交界面上，试求两种媒质内的磁场强度 $\boldsymbol{H}_1$ 和 $\boldsymbol{H}_2$。

4.11 一个薄铁圆盘的半径为 $a$，厚度为 $b(b \ll a)$，如题 4.11 图所示，在平行于 $z$ 轴方向均匀磁化，磁化强度为 $\boldsymbol{M}$。试求沿薄铁圆盘轴线上一点的磁场强度和磁通密度。

4.12 均匀磁化的无限大导磁媒质的磁导率为 $\mu$，磁通密度为 $\boldsymbol{B}$，若在该媒质内有两个空腔，空腔 1 的形状为一薄盘，空腔 2 的形状像一长针，腔内都充有空气，如题 4.12 图所示。试求两空腔中心处磁场强度大小的比值。

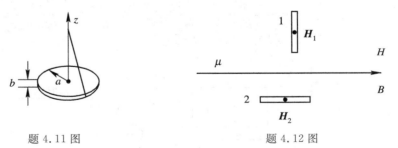

题 4.11 图        题 4.12 图

4.13 已知钢在某种磁饱和情况下的磁导率为 $\mu_1 = 2000\mu_0$，当钢中的磁通密度 $B_1 = 0.5 \times 10^{-2}$ T、$\theta_1 = 75°$ 时，试求此时磁力线由钢进入自由空间一侧后，磁通密度 $B_2$ 的大小及 $B_2$ 与法线的夹角 $\theta_2$（如题 4.13 图所示）。

4.14 一条扁平的直导带，宽为 $2a$，中心线与 $z$ 轴重合，流过电流为 $I$，如题 4.14 图所示。证明：在第一象限内

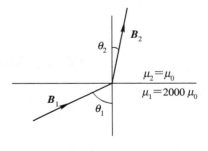

题 4.13 图

$$B_x = -\frac{\mu_0 I}{4\pi a}\alpha, \quad B_y = \frac{\mu_0 I}{4\pi a}\ln\frac{r_2}{r_1}$$

4.15 通有电流 $I_1$ 的两平行长直导线，两轴线距离为 $d$，两导线间有一载有电流 $I_2$ 的矩形线圈，如题 4.15 图所示。求两平行长直导线对线圈的互感。

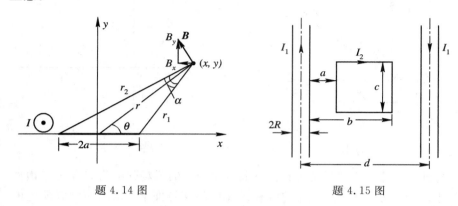

题 4.14 图　　　　　　题 4.15 图

4.16 一个电流为 $I_1$ 的长直导线和一个电流为 $I_2$ 的圆环在同一平面上，圆心与导线的距离为 $d$。证明：两电流间相互作用的安培力为

$$F = \mu_0 I_1 I_2 \left(\sec\frac{\alpha}{2} - 1\right)$$

其中，$\alpha$ 是圆环在直线最接近圆环的点所张的角。

4.17 如题 4.17 图所示的无限长直线附近有一矩形回路，回路与导线不共面。证明：它们之间的互感为

$$M = -\frac{\mu_0 a}{2\pi}\ln\frac{R}{[2b(R^2 - C^2)^{1/2} + b^2 + R^2]^{1/2}}$$

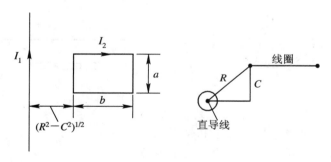

题 4.17 图

4.18 简述产生磁耦合的机理。

# 第 5 章   时变电磁场与电磁波

由前面章节的研究我们已经知道：静电场是由静止的且其电量不随时间变化的电荷所产生的，恒定磁场是由恒定电流所产生的；静电场是保守场，因为其旋度等于零；恒定磁场是连续的，因为其散度等于零。由于静电场和恒定磁场都不随时间变化，因此统称为静态场。静态场的突出特点是电场和磁场各自独立，即在没有恒定磁场时静电场也可存在，反之亦然。当电荷或电流随时间变化时，它们所产生的电场和磁场也随时间变化，且随时间变化的电场可以产生时变磁场，时变磁场也可以产生电场，电场和磁场成为了统一的电磁场的不可分割的部分。

随时间变化的电磁场称为动态场或时变电磁场，时变电磁场的核心理论是麦克斯韦方程（Maxwell Equations）。本章首先介绍法拉第电磁感应定律、位移电流、麦克斯韦方程和边界条件；然后介绍坡印廷定理与坡印廷矢量；最后介绍时谐电磁场及其波动方程。

## 5.1   法拉第电磁感应定律

5.1 节课件

法拉第（Michael Faraday）通过大量的实验总结出：当穿过线圈所包围面积 $S$ 的磁通发生变化时，线圈回路 $C$ 中将会感应一个电动势。

感应电动势在闭合回路中产生感应电流。法拉第定律（Faraday's Law）指出感应电动势的大小与磁通对时间的变化率成正比，其方向由楞次定律（Lenz's Law）给出：感应电动势在闭合回路中引起的感应电流的方向是使它所产生的磁场阻止回路中磁通的变化。法拉第定律和楞次定律的结合就是法拉第电磁感应定律（Faraday's Law of Electromagnetic Induction），其数学表达式为

$$\mathscr{E} = -\frac{d\Psi}{dt} = -\frac{d}{dt}\int_S \boldsymbol{B} \cdot d\boldsymbol{S} \qquad (5-1-1)$$

式中，$\mathscr{E}$ 为感应电动势，它的正方向与穿过曲面 $S$ 和回路 $C$ 交链的磁通 $\Psi$ 的正方向成右手螺旋关系。

时变磁通可通过在线圈附近移动磁铁来产生，如图 5-1 所示，或者由断开或接通另一个线圈的电路来建立，如图 5-2 所示。

由第 2 章知道，在导体内维持电流必须在导体内存在非保守场，我们可以用导体内的感应电场（非库仑电场）来定义感应电动势：

$$\mathscr{E} = \oint_C \boldsymbol{E}_{\text{in}} \cdot \mathrm{d}\boldsymbol{l}$$

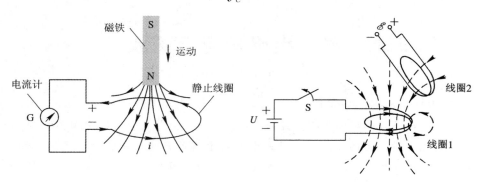

图 5 - 1　由磁通量增加产生的
　　　　　感应电动势与电流

图 5 - 2　接通线圈 1 的开关 S 时，
　　　　　在线圈 2 中的感应电动势

如果空间中同时存在由静止电荷产生的保守电场 $\boldsymbol{E}_c$，则总电场 $\boldsymbol{E} = \boldsymbol{E}_{\text{in}} + \boldsymbol{E}_c$，因此电场沿闭合路径的积分为

$$\oint_C \boldsymbol{E} \cdot \mathrm{d}\boldsymbol{l} = \oint_C (\boldsymbol{E}_{\text{in}} + \boldsymbol{E}_c) \cdot \mathrm{d}\boldsymbol{l} = \oint_C \boldsymbol{E}_{\text{in}} \cdot \mathrm{d}\boldsymbol{l}$$

即

$$\oint_C \boldsymbol{E} \cdot \mathrm{d}\boldsymbol{l} = -\frac{\mathrm{d}}{\mathrm{d}t} \int_S \boldsymbol{B} \cdot \mathrm{d}\boldsymbol{S} \qquad (5-1-2)$$

式(5-1-2)为电磁场表示的法拉第电磁感应定律的积分形式。其中，穿过线圈回路磁通的变化可能是由于随时间变化的磁场穿过(交链)静止的线圈，或线圈在均匀磁场中连续改变它的形状或位置，或上述两种情况的综合，因此，式(5-1-2)是普遍适用的公式。

如果线圈是静止的，则穿过线圈回路的磁通变化只可能是由于磁场随时间变化而引起的，此时式(5-1-2)可表示为

$$\oint_C \boldsymbol{E} \cdot \mathrm{d}\boldsymbol{l} = -\int_S \frac{\partial \boldsymbol{B}}{\partial t} \cdot \mathrm{d}\boldsymbol{S} \qquad (5-1-3)$$

对上式应用斯托克斯定理，可得

$$\nabla \times \boldsymbol{E} = -\frac{\partial \boldsymbol{B}}{\partial t} \qquad (5-1-4)$$

式(5-1-4)称为法拉第电磁感应定律的微分形式。它表明时变场中，电场不再是无旋场，且变化的磁场激发电场，这正是变压器和感应电动机的工作原理。

时变电磁场

5.2 节课件

## 5.2　位 移 电 流

变化的磁场会产生电场，那么变化的电场能否产生磁场呢？回答是肯定的。麦克斯韦把恒定磁场中的安培定律用于时变场时出现了矛盾，为此提出位移电流的假说，对安培定律做了修正。位移电流的假说就是变化的电场产生磁场的结果。

位移电流

设一个电容器与时变电源相连，外加电源电压随时间上升或下降，表征由电源送至每一极板上的电荷量 $q$ 在变化。电荷的变化形成随时间变化的电流，该时变电流 $i(t)$ 必然在此区域内建立时变磁场。选择一个闭合路径 $C$，包围电容器外的开曲面 $S$，如图 5-3 所示，由安培定律得

$$\oint_C \boldsymbol{H} \cdot \mathrm{d}\boldsymbol{l} = \int_S \boldsymbol{J} \cdot \mathrm{d}\boldsymbol{S} = i(t) \qquad (5-2-1)$$

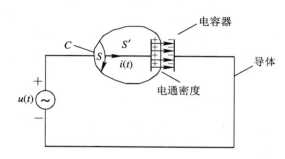

图 5-3　电容器的位移电流

但若考虑同一路径 $C$ 所包围的包含电容器极板的另一个开曲面 $S'$，由于电容器内传导电流等于零，故

$$\oint_C \boldsymbol{H} \cdot \mathrm{d}\boldsymbol{l} = \int_{S'} \boldsymbol{J} \cdot \mathrm{d}\boldsymbol{S} = 0 \qquad (5-2-2)$$

显然，式(5-2-1)与式(5-2-2)相矛盾。上述矛盾导致麦克斯韦断言，电容器中必然有电流存在。由于这种电流并非由传导产生，他认为，在电容器的两极板间存在着另一种电流，其量值与传导电流相等，因为对于 $S$ 和 $S'$ 构成的闭合面，应用电流连续性方程，有

$$\oint_{S+S'} \boldsymbol{J} \cdot \mathrm{d}\boldsymbol{S} = -\frac{\mathrm{d}q}{\mathrm{d}t}$$

位移电流
密度

再对上式应用高斯定理 $\oint_{S+S'} \boldsymbol{D} \cdot \mathrm{d}\boldsymbol{S} = q$，则有

$$\oint_{S+S'} \boldsymbol{J} \cdot \mathrm{d}\boldsymbol{S} = -\oint_{S+S'} \frac{\partial \boldsymbol{D}}{\partial t} \cdot \mathrm{d}\boldsymbol{S} = -\oint_{S+S'} \boldsymbol{J}_{\mathrm{d}} \cdot \mathrm{d}\boldsymbol{S}$$

即

$$\boldsymbol{J}_{\mathrm{d}} = \frac{\partial \boldsymbol{D}}{\partial t} \qquad (5-2-3)$$

麦克斯韦称式(5-2-3)中的 $\boldsymbol{J}_{\mathrm{d}}$ 为位移电流(Displacement Current)密度，单位为 A/m²。

一般来说，空间同时存在传导电流和位移电流，所以，安培定律的修正形式为

$$\oint_C \boldsymbol{H} \cdot \mathrm{d}\boldsymbol{l} = \int_S \left( \boldsymbol{J} + \frac{\partial \boldsymbol{D}}{\partial t} \right) \cdot \mathrm{d}\boldsymbol{S} \qquad (5-2-4)$$

式(5-2-4)称为全电流定律，它表明时变场中的磁场是由传导电流和位移电流共同产生的，位移电流产生磁效应代表了变化的电场能够产生磁场，其微分形式为

$$\nabla \times \boldsymbol{H} = \boldsymbol{J} + \frac{\partial \boldsymbol{D}}{\partial t} \qquad (5-2-5)$$

对安培定律的修正是麦克斯韦最重大的贡献之一。正是由于这一项的存在，使麦克斯韦能够预言电磁场将在空间以波的形式传播。稍后数年（1880年），赫兹（Hertz）用实验证明了电磁波的存在，并证实了波的性质正如麦克斯韦所预言的。可以说，所有现代的通信手段，都是基于安培定律的这项修正。

**【例 5-1】** 海水的电导率 $\sigma = 4$ S/m，相对介电常数 $\varepsilon_r = 81$，求频率为 1 MHz 时，位移电流与传导电流的比值。设电场是正弦变化的，且 $\boldsymbol{E} = \boldsymbol{a}_x E_0 \cos\omega t$。

**解** 根据位移电流的定义

$$\boldsymbol{J}_d = \frac{\partial \boldsymbol{D}}{\partial t} = -\boldsymbol{a}_x \omega \varepsilon E_0 \sin\omega t$$

所以位移电流的幅值为

$$J_{dm} = \omega \varepsilon E_0$$

而传导电流的幅值为

$$J_{cm} = \sigma E_0$$

因此，位移电流与传导电流的比值为

$$\frac{J_{dm}}{J_{cm}} = \frac{\omega \varepsilon}{\sigma} = \frac{\omega \varepsilon_r \varepsilon_0}{\sigma} = \frac{2\pi f \times 81 \times \frac{1}{36\pi} \times 10^{-9}}{4} = 1.125 \times 10^{-3}$$

从上式可见，位移电流的大小与频率成正比。

# 5.3　麦克斯韦方程组及边界条件

5.3 节课件

麦克斯韦方程组（Maxwell Equations）是在基本实验定律的基础上经过推广建立起来的，是麦克斯韦以完美的数学形式对电磁场规律的高度概括和总结，它深刻反映了电磁场运动的实质和全部特性，经典电磁场的求解问题都是从麦克斯韦方程组出发讨论的。麦克斯韦方程组包含丰富的内容和深刻的物理意义。

## 5.3.1　麦克斯韦方程组及其物理意义

麦克斯韦方程组可以写成积分形式：

Maxwell 方程组

$$\left. \begin{aligned}
\oint_C \boldsymbol{H} \cdot \mathrm{d}\boldsymbol{l} &= \int_S \left( \boldsymbol{J} + \frac{\partial \boldsymbol{D}}{\partial t} \right) \cdot \mathrm{d}\boldsymbol{S} \\
\oint_C \boldsymbol{E} \cdot \mathrm{d}\boldsymbol{l} &= -\int_S \frac{\partial \boldsymbol{B}}{\partial t} \cdot \mathrm{d}\boldsymbol{S} \\
\oint_S \boldsymbol{B} \cdot \mathrm{d}\boldsymbol{S} &= 0 \\
\oint_S \boldsymbol{D} \cdot \mathrm{d}\boldsymbol{S} &= q
\end{aligned} \right\} \qquad (5-3-1)$$

相应的微分形式为

$$\nabla \times \boldsymbol{H} = \boldsymbol{J} + \frac{\partial \boldsymbol{D}}{\partial t} \qquad (5-3-2a)$$

$$\nabla \times \boldsymbol{E} = -\frac{\partial \boldsymbol{B}}{\partial t} \qquad (5-3-2b)$$

$$\nabla \cdot \boldsymbol{B} = 0 \qquad (5-3-2c)$$

$$\nabla \cdot \boldsymbol{D} = \rho_v \qquad (5-3-2d)$$

麦克斯韦方程组的微分形式表示某点的场与场源的关系，它只适用于媒质的物理性质不发生突变的点。积分形式表示在任一闭合曲线及其所围成的面积内或任一闭合曲面及其所包围的体积内场与场源的时空变化关系。积分形式与微分形式的麦克斯韦方程组所表示的场与场源的关系是一致的。

麦克斯韦方程组中两个旋度方程是表示电场与磁场相互作用的方程，这两个方程表明：电流与变化的电场产生磁场，而变化的磁场又产生电场。$\boldsymbol{J}$、$\partial \boldsymbol{D}/\partial t$ 是磁场的旋涡源，$-\partial \boldsymbol{B}/\partial t$ 是电场的旋涡源。麦克斯韦方程 $(5-3-2c)$ 表示磁通的连续性，即不存在自由的磁荷；方程 $(5-3-2d)$ 表示电荷产生电场，且电荷是电场的发散源。

方程组 $(5-3-2)$ 表明：时变电场是有旋有散的，因此电力线可以是闭合的，也可以是不闭合的。而时变磁场则无散有旋，因此磁力线总是闭合的。闭合的电力线和磁力线相交链，不闭合的电力线从正电荷出发，终止于负电荷。而闭合的磁力线要么与电流相交链，要么与电力线相交链。

在没有电荷也没有电流的无源区域中，时变电场和时变磁场都是有旋无散的，电力线和磁力线相互交链，自行闭合，即变化的电场产生变化的磁场，变化的磁场也会激起变化的电场。正是由于电场与磁场之间的相互激发、相互转化，形成了电磁波动，使电磁能量以有限的速度（光速）向远处传播出去，即电磁波。

麦克斯韦方程组不仅揭示了电磁场的运动规律，而且揭示了电磁场可以独立于电荷与电流之外而单独存在，这从理论上预言了电磁波的存在，并指出光波就是一种电磁波。

式 $(5-3-1)$ 和式 $(5-3-2)$ 称为麦克斯韦方程组的非限定形式，适用于任意媒质。在线性、均匀、各向同性的媒质中，由于 $\boldsymbol{D} = \varepsilon \boldsymbol{E}$、$\boldsymbol{B} = \mu \boldsymbol{H}$ 和 $\boldsymbol{J} = \sigma \boldsymbol{E}$，将其代入式 $(5-3-1)$ 和式 $(5-3-2)$ 可得到仅用场量 $\boldsymbol{E}$ 和 $\boldsymbol{H}$ 表达的方程，称为限定形式的麦克斯韦方程组。

## 5.3.2　时变电磁场的边界条件

麦克斯韦方程组的微分形式描述一种媒质内电磁场的变化规律。实际问题所涉及的场域中往往会有不同的媒质的交界面。在边界上，由于媒质的性质有突变，电磁场量一般也要发生变化。对于边界上的点，麦克斯韦方程组的微分形式已失去意义，必须用新的方程代替，这就是边界条件。两种不同媒质的分界面上各场量所满足的方程称为边界条件，边界条件与麦克斯韦方程组相当，是麦克斯韦方程组在边界面上的表述形式。

　　麦克斯韦方程组的积分形式在包括交界面的整个区域都是成立的，因此边界条件由积分形式的麦克斯韦方程组导出。

　　如图 5 - 4 所示，假定媒质 1 和媒质 2 的参数分别为 $\varepsilon_1$、$\mu_1$、$\sigma_1$ 和 $\varepsilon_2$、$\mu_2$、$\sigma_2$，其中的场分量分别为 $\boldsymbol{E}_1$、$\boldsymbol{D}_1$、$\boldsymbol{H}_1$、$\boldsymbol{B}_1$、$\boldsymbol{J}_1$ 和 $\boldsymbol{E}_2$、$\boldsymbol{D}_2$、$\boldsymbol{H}_2$、$\boldsymbol{B}_2$、$\boldsymbol{J}_2$，在它们的分界面上应满足的边界条件为

标量形式　　　　　　　　　矢量形式

$$E_{1t} = E_{2t} \qquad\qquad \boldsymbol{n} \times (\boldsymbol{E}_1 - \boldsymbol{E}_2) = 0 \qquad (5-3-3)$$

$$H_{1t} - H_{2t} = J_S \qquad \boldsymbol{n} \times (\boldsymbol{H}_1 - \boldsymbol{H}_2) = \boldsymbol{J}_S \qquad (5-3-4)$$

$$B_{1n} = B_{2n} \qquad\qquad \boldsymbol{n} \cdot (\boldsymbol{B}_1 - \boldsymbol{B}_2) = 0 \qquad (5-3-5)$$

$$D_{1n} - D_{2n} = \rho_S \qquad \boldsymbol{n} \cdot (\boldsymbol{D}_1 - \boldsymbol{D}_2) = \rho_S \qquad (5-3-6)$$

$$J_{1n} - J_{2n} = -\frac{\partial \rho_S}{\partial t} \qquad \boldsymbol{n} \cdot (\boldsymbol{J}_1 - \boldsymbol{J}_2) = -\frac{\partial \rho_S}{\partial t} \qquad (5-3-7)$$

$$\frac{J_{1t}}{\sigma_1} = \frac{J_{2t}}{\sigma_2} \qquad\qquad \boldsymbol{n} \times \left(\frac{\boldsymbol{J}_1}{\sigma_1} - \frac{\boldsymbol{J}_2}{\sigma_2}\right) = 0 \qquad (5-3-8)$$

式中，下标 t 表示切向分量，下标 n 表示法向分量，$\rho_S$ 和 $J_S$ 分别为分界面上的自由面电荷密度和自由面电流密度，交界面处单位法向矢量 $\boldsymbol{n}$ 由媒质 2 指向媒质 1。

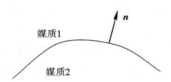

图 5 - 4　不同媒质的交界面

　　若两种媒质均为理想介质，则边界面上不存在面电荷和面电流，此时边界条件为

$$\boldsymbol{n} \times (\boldsymbol{E}_1 - \boldsymbol{E}_2) = 0 \qquad (5-3-9)$$

$$\boldsymbol{n} \times (\boldsymbol{H}_1 - \boldsymbol{H}_2) = 0 \qquad (5-3-10)$$

$$\boldsymbol{n} \cdot (\boldsymbol{B}_1 - \boldsymbol{B}_2) = 0 \qquad (5-3-11)$$

$$\boldsymbol{n} \cdot (\boldsymbol{D}_1 - \boldsymbol{D}_2) = 0 \qquad (5-3-12)$$

　　若媒质 1 为理想介质，媒质 2 为理想导体，即 $\sigma_1 = 0$，$\sigma_2 = \infty$，则在理想导体中，$\boldsymbol{E}_2$ 必定为零，否则 $\boldsymbol{J}_2$ 将为无穷大。此时由麦克斯韦第二方程可得理想导体中的时变磁场也必为零。因此在理想导体表面的边界条件为

$$\boldsymbol{n} \times \boldsymbol{E}_1 = 0, \ \boldsymbol{n} \times \boldsymbol{H}_1 = \boldsymbol{J}_S, \ \boldsymbol{n} \cdot \boldsymbol{D}_1 = \rho_S, \ \boldsymbol{n} \cdot \boldsymbol{B}_1 = 0 \quad (5-3-13)$$

　　式(5 - 3 - 13)表明：对于时变场中的理想导体，电场总是与理想导体相垂直，而磁场总是与理想导体相切。导体内部既没有电场也没有磁场。

　　实际上，理想导体是不存在的，但在良导体与空气的分界面上，电磁场的分布情况与理想导体差别很小，因此常近似地应用上面的边界条件，从而使问题简化。

【**例 5 - 2**】　在两导体平板($z=0$ 和 $z=d$)之间的空气中传播的电磁波如图 5 - 5 所示。已知其电场强度为 $\boldsymbol{E}=\boldsymbol{a}_y E_0 \sin\left(\dfrac{\pi}{d}z\right)\cos(\omega t - k_x x)$，式中，$k_x$ 为常数。试求：

（1）磁场强度 $\boldsymbol{H}$；

（2）这个电磁场满足的边界条件是什么？并求两导体表面的电流密度 $\boldsymbol{J}_S$。

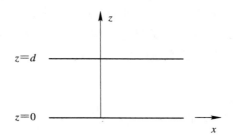

图 5 - 5　两导体平板之间传播的电磁波

**解**　（1）由麦克斯韦第二方程

$$\nabla \times \boldsymbol{E} = -\frac{\partial \boldsymbol{B}}{\partial t} = -\mu_0 \frac{\partial \boldsymbol{H}}{\partial t}$$

而

$$\nabla \times \boldsymbol{E} = \begin{vmatrix} \boldsymbol{a}_x & \boldsymbol{a}_y & \boldsymbol{a}_z \\ \dfrac{\partial}{\partial x} & \dfrac{\partial}{\partial y} & \dfrac{\partial}{\partial z} \\ 0 & E_y & 0 \end{vmatrix}$$

$$= \boldsymbol{a}_z k_x E_0 \sin\left(\frac{\pi}{d}z\right)\sin(\omega t - k_x x) - \boldsymbol{a}_x \frac{\pi}{d}E_0 \cos\left(\frac{\pi}{d}z\right)\cos(\omega t - k_x x)$$

可得

$$\boldsymbol{H} = \boldsymbol{a}_z \frac{k_x}{\omega \mu_0} E_0 \sin\left(\frac{\pi}{d}z\right)\cos(\omega t - k_x x) + \boldsymbol{a}_x \frac{\pi}{\omega \mu_0 d} E_0 \cos\left(\frac{\pi}{d}z\right)\sin(\omega t - k_x x)$$

（2）在 $z=0$ 和 $z=d$ 的理想导体表面的单位法向矢量分别为 $\boldsymbol{a}_z$ 和 $-\boldsymbol{a}_z$。显然，在两理想导体的表面均满足切向电场和法向磁场等于零的边界条件。两导体表面的电流密度分别为

$$\boldsymbol{J}_{S\text{下}} = \boldsymbol{a}_z \times \boldsymbol{H}\mid_{z=0} = \boldsymbol{a}_y \frac{\pi}{\omega \mu_0 d} E_0 \sin(\omega t - k_x x)$$

$$\boldsymbol{J}_{S\text{上}} = -\boldsymbol{a}_z \times \boldsymbol{H}\mid_{z=d} = \boldsymbol{a}_y \frac{\pi}{\omega \mu_0 d} E_0 \sin(\omega t - k_x x)$$

由此可见，电磁波可被限制在一定的区域内传输，这就是平行板波导的原理。

# 5.4　坡印廷定理与坡印廷矢量

电磁场是一种物质且具有能量，能量分布于电磁场所在的整个空间。空间某点的能量即能量密度。时变电场、磁场随时间变化，因此空间各点的电

5.4 节课件

场能量和磁场能量也要随时间变化。由于电场和磁场可以相互转化，电磁能量也可以相互转化，并随着电、磁场在空间传播而形成电磁能流，实质上，坡印廷定理是能量守恒定律在电磁问题中的具体表现。

### 5.4.1　坡印廷定理和坡印廷矢量

　　设封闭曲面 $S$ 包围的体积为 $V$ 的空间中既没有电荷也没有电流，区域内的电场强度和磁场强度分别为 $\boldsymbol{E}$ 和 $\boldsymbol{H}$，$V$ 内充满线性、各向同性的媒质，媒质参数为 $\mu$、$\varepsilon$ 和 $\sigma$，则电场在此导电媒质中引起的传导电流为 $\boldsymbol{J}=\sigma\boldsymbol{E}$，而传导电流在体积 $V$ 内引起的功率损耗为

$$P = \int_V \boldsymbol{J} \cdot \boldsymbol{E}\, \mathrm{d}V \qquad (5-4-1)$$

　　将麦克斯韦第一方程 $\boldsymbol{J}=\nabla\times\boldsymbol{H}-\dfrac{\partial \boldsymbol{D}}{\partial t}$ 代入式(5-4-1)中，并利用矢量恒等式：

$$\nabla \cdot (\boldsymbol{E}\times\boldsymbol{H}) = \boldsymbol{H}\cdot(\nabla\times\boldsymbol{E}) - \boldsymbol{E}\cdot(\nabla\times\boldsymbol{H})$$

Poynting 定理

并将麦克斯韦第二方程 $\nabla\times\boldsymbol{E}=-\dfrac{\partial \boldsymbol{B}}{\partial t}$ 代入式(5-4-1)中，得

$$-\nabla \cdot (\boldsymbol{E}\times\boldsymbol{H}) = \boldsymbol{H}\cdot\frac{\partial \boldsymbol{B}}{\partial t} + \boldsymbol{E}\cdot\frac{\partial \boldsymbol{D}}{\partial t} + \boldsymbol{J}\cdot\boldsymbol{E} \qquad (5-4-2)$$

对上式应用散度定理得

$$-\oint_S (\boldsymbol{E}\times\boldsymbol{H}) \cdot \mathrm{d}\boldsymbol{S} = \int_V \left[ \boldsymbol{H}\cdot\frac{\partial \boldsymbol{B}}{\partial t} + \boldsymbol{E}\cdot\frac{\partial \boldsymbol{D}}{\partial t} + \boldsymbol{J}\cdot\boldsymbol{E} \right]\mathrm{d}V \qquad (5-4-3)$$

　　式(5-4-3)即为适合任意媒质的坡印廷定理(Poynting's Theorem)。

　　对于非色散媒质，利用矢量函数求导公式：

$$\frac{\partial}{\partial t}(\boldsymbol{A}\cdot\boldsymbol{B}) = \frac{\partial \boldsymbol{A}}{\partial t}\cdot\boldsymbol{B} + \boldsymbol{A}\cdot\frac{\partial \boldsymbol{B}}{\partial t}$$

得

$$\boldsymbol{H}\cdot\frac{\partial \boldsymbol{B}}{\partial t} + \boldsymbol{E}\cdot\frac{\partial \boldsymbol{D}}{\partial t} = \frac{\partial w}{\partial t}$$

而

$$w = \frac{1}{2}\boldsymbol{E}\cdot\boldsymbol{D} + \frac{1}{2}\boldsymbol{H}\cdot\boldsymbol{B} \qquad (5-4-4)$$

式中，$w$ 为单位体积内的电磁能量。于是，坡印廷定理可以写成如下形式：

$$-\frac{\partial}{\partial t}\int_V w\, \mathrm{d}V = \int_V \boldsymbol{J} \cdot \boldsymbol{E}\, \mathrm{d}V + \oint_S (\boldsymbol{E}\times\boldsymbol{H}) \cdot \mathrm{d}\boldsymbol{S} \qquad (5-4-5)$$

　　式(5-4-5)中，左边这一项表示单位时间内体积 $V$ 内电磁总能量的减少量。根据能量守恒定律，体积 $V$ 内能量的减少就意味着体积 $V$ 内有能量的耗损与流失，那么式中右边两项必定反映这两个方面。而右边第一项表示能量的耗损，第二项是一个在封闭面上进行的面积分，显然，这个积分表示单位时间内从体积 $V$ 内穿出封闭面向外流失的能量。定义被积函数：

$$\boldsymbol{S}(\boldsymbol{r},\, t) = \boldsymbol{E}(\boldsymbol{r},\, t)\times\boldsymbol{H}(\boldsymbol{r},\, t) \qquad (5-4-6)$$

式(5-4-6)称为坡印廷矢量(Poynting Vector)，其单位为 $W/m^2$(瓦/平方米)，它的方向表示该点功率流的方向，也称为能流密度矢量。坡印廷矢量的方向总是与考察点处的电场强度 $E$ 和磁场强度 $H$ 相垂直，且 $E$、$H$、$S$ 三者之间成右手螺旋关系；它的数值表示单位时间内穿过与能量流动方向垂直的单位面积的能量。

在时变电磁场中，$S = E \times H$ 代表瞬时功率流密度，它沿着与坡印廷矢量相垂直的截面积的积分代表通过该面积的瞬时功率。

如果闭合面 $S$ 为理想导电壁，则式(5-4-5)右端第二项的积分为零，此时 $S$ 所包围的体积 $V$ 内的总能量保持恒定。若用 $W$ 表示体积 $V$ 内的电场和磁场的总能量，即

$$W = \int_V w \, \mathrm{d}V$$

则有

$$\frac{\partial}{\partial t} W + \int_V \boldsymbol{J} \cdot \boldsymbol{E} \, \mathrm{d}V = 0 \qquad (5-4-7)$$

式(5-4-7)表明，体积 $V$ 内传导电流所消耗的功率是由电场和磁场能量提供的。此时可以等效为一个有耗的二阶电路。如果体积 $V$ 内的媒质是不导电的，即 $\sigma = 0$，则有

$$W = 常数 \qquad (5-4-8)$$

式(5-4-8)表明，在体积 $V$ 内只存在电场能量与磁场能量的相互转换，总电磁能量保持不变，这正是理想空腔中固有振荡的情况。

式(5-4-4)为电磁场能量密度，其中第一项为电场能量密度，第二项为磁场能量密度。分别表示为

$$w_\mathrm{e} = \frac{1}{2} \boldsymbol{E} \cdot \boldsymbol{D}$$

$$w_\mathrm{m} = \frac{1}{2} \boldsymbol{H} \cdot \boldsymbol{B}$$

在线性、均匀、各向同性的媒质中，有

$$w_\mathrm{e} = \frac{1}{2} \varepsilon E^2 \qquad (5-4-9)$$

$$w_\mathrm{m} = \frac{1}{2} \mu H^2 \qquad (5-4-10)$$

式(5-4-9)和式(5-4-10)同样适用于静态场。

在恒定电流的空间中，由于式(5-4-5)的左边为零，因此坡印廷定理可改为

$$-\oint_S (\boldsymbol{E} \times \boldsymbol{H}) \cdot \mathrm{d}\boldsymbol{S} = \int_V \boldsymbol{J} \cdot \boldsymbol{E} \, \mathrm{d}V \qquad (5-4-11)$$

式(5-4-11)表明，在无源区域中，单位时间内通过闭合曲面流入体积 $V$ 内的能量等于体积 $V$ 内的焦耳损耗。

【例 5-3】　设同轴线的内导体半径为 $a$，外导体的内半径为 $b$，两导体间为空气。设内、外导体间的电压为 $U$，导体中流过的电流为 $I$。

（1）当同轴线的导体为理想导体时,计算空气中的能流密度矢量及其传输的功率;

（2）当导体的导电率为 $\sigma$ 时,计算通过内导体表面进入导体内的功率。

**解** （1）建立圆柱坐标系,并假设 $z$ 轴为轴向。由于导体为理想导体,因此在半径 $\rho < a$ 的内导体内部电场强度等于零。由于内、外导体间有电压,因此在内、外导体的空间中存在着电场,其电场强度的表达式为

$$\boldsymbol{E} = \frac{U}{\rho \, \ln \dfrac{b}{a}} \boldsymbol{a}_\rho$$

又因为导体中流过的电流为 $I$,根据安培环路定律,在半径为 $\rho$ 的内、外导体的空间中存在的磁场为

$$\boldsymbol{H} = \frac{I}{2\pi\rho} \boldsymbol{a}_\varphi$$

所以内、外导体间的空气中的能流密度矢量为

$$\boldsymbol{S} = \boldsymbol{E} \times \boldsymbol{H} = \frac{UI}{2\pi\rho^2 \, \ln \dfrac{b}{a}} \boldsymbol{a}_z$$

上式说明电磁能量是沿着同轴线的轴线方向流动的,其传输的功率为

$$P = \int_s \boldsymbol{E} \times \boldsymbol{H} \cdot \mathrm{d}\boldsymbol{S} = \int_a^b \frac{UI}{2\pi\rho^2 \, \ln \dfrac{b}{a}} \boldsymbol{a}_z \cdot \boldsymbol{a}_z 2\pi\rho \, \mathrm{d}\rho = UI$$

由上述分析可见,沿同轴线传输的功率等于电压和电流的乘积,这与电路理论中的结果是一致的。值得注意的是：这个结果是在不包括导体本身在内的横截面上积分得到的。因此,由理想导体构成的同轴线在传输能量时,功率全部是从内、外导体之间的绝缘空间中通过的,导体本身并不传输能量。

（2）导体中流过的电流为 $I$,导体的导电率为 $\sigma$,则在内导体内部（$\rho < a$）的电场强度为

$$\boldsymbol{E} = \frac{\boldsymbol{J}}{\sigma} = \frac{I}{\pi a^2 \sigma} \boldsymbol{a}_z$$

根据电场的切向分量连续的边界条件,在半径 $\rho > a$ 的内导体表面附近的空气中,除了存在径向电场分量 $E_\rho$ 外,还存在切向分量 $E_z$,其大小为

$$E_z \mid_{\rho=a} = \frac{I}{\pi a^2 \sigma}$$

因此,能流密度矢量除了沿着同轴线的轴线方向流动的分量外,还有一个沿着径向进入导体内的分量,即

$$\boldsymbol{S} = \boldsymbol{E} \times \boldsymbol{H} = -\frac{I^2}{2\pi^2 a^3 \sigma} \boldsymbol{a}_\rho$$

进入内导体单位长度的功率为

$$P = \int_s \boldsymbol{E} \times \boldsymbol{H} \cdot \mathrm{d}\boldsymbol{S} = -\int_0^1 \frac{I^2}{2\pi^2 a^3 \sigma} \boldsymbol{a}_\rho \cdot \boldsymbol{a}_\rho 2\pi a \, \mathrm{d}z = \frac{I^2}{\pi a^2 \sigma} = I^2 R$$

式中,$R$ 为该导体单位长度的电阻。上式表明,从导线表面流入的电磁能量

等于导体内部的焦耳热损耗功率。

### *5.4.2    场的互能量

由于电磁场的能量密度和能流密度不是场强的线性函数,因此,能量和能流不满足叠加原理。这就是说,两个电磁场系统叠加后的总能量一般不等于两者单独存在时所具有的能量之和,还会出现两场量的交叉项,该交叉项代表两个电磁场系统相互作用的能量,称为场的互能量。

假设在线性、均匀、各向同性的媒质中同时存在两个电场 $E_1$ 和 $E_2$,则合成场的电场能量密度为

$$w_e = \frac{1}{2}\varepsilon E_1^2 + \frac{1}{2}\varepsilon E_2^2 + \varepsilon E_1 \cdot E_2 \qquad (5-4-12)$$

上式中前两项为两个电场的自能量密度,第三项为两个电场系统相互作用时的互能量密度,记

$$W_{\text{int}} = \int_V \varepsilon \boldsymbol{E}_1 \cdot \boldsymbol{E}_2 \, \mathrm{d}V \qquad (5-4-13)$$

为两电场系统的互能量。

实际上,互能量就是将两个电场系统的场源从无穷远搬到现在所处位置时外力所做的功。因此两个场系统叠加时,其合成场的总能量等于两者的自能量与它们的互能量之和。

### 5.4.3    时变电磁场的唯一性定理

在研究电磁现象时,实际的空间总是存在各种不连续的分界面,例如导体与介质的分界面、介质与介质的分界面等。当我们研究这些"边值问题"时,或者说在给定的边界条件下确定有限区域中的电磁场问题时,在什么边界条件下,麦克斯韦方程组的解是唯一的? 时变电磁场的唯一性定理回答了这个问题。

时变电磁场的唯一性定理叙述如下:在一有限的区域 $V$ 中,如果 $t=0$ 时的电场强度和磁场强度的初始值处处是已知的,并且在 $t \geqslant 0$ 时边界面上电场强度的切向分量或磁场强度的切向分量也是已知的,那么在 $t>0$ 时,区域 $V$ 中的电磁场也就唯一地确定了。下面我们用反证法来证明它的正确性。

如图 5-6 所示,考虑由封闭曲面 $S$ 所包围的有限区域 $V$,设体积 $V$ 内的媒质是各向同性的线性媒质,且场源不在 $V$ 内,并假设 $t=0$ 时的电场强度 $E_1$ 和 $E_2$ 及磁场强度 $H_1$ 和 $H_2$ 在 $V$ 内处处相同。

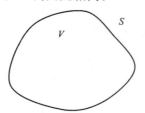

图 5-6    时变电磁场的唯一性定理

由于 $V$ 内是线性媒质，因此麦克斯韦方程组是线性方程组。设 $\boldsymbol{E}_1$ 和 $\boldsymbol{H}_1$ 及 $\boldsymbol{E}_2$ 和 $\boldsymbol{H}_2$ 都是麦克斯韦方程组的解，根据叠加原理，则 $\boldsymbol{E}=\boldsymbol{E}_1-\boldsymbol{E}_2$ 和 $\boldsymbol{H}=\boldsymbol{H}_1-\boldsymbol{H}_2$ 也是麦克斯韦方程组的解。根据线性、各向同性媒质中的坡印廷定理，有

$$\frac{\partial}{\partial t}\int_V\left(\frac{1}{2}\varepsilon\mid\boldsymbol{E}\mid^2+\frac{1}{2}\mu\mid\boldsymbol{H}\mid^2\right)\mathrm{d}V+\int_V\frac{\mid\boldsymbol{J}\mid^2}{\sigma}\mathrm{d}V=-\oint_S(\boldsymbol{E}\times\boldsymbol{H})\cdot\boldsymbol{n}\,\mathrm{d}S$$

$$(5-4-14)$$

由于 $t\geqslant0$ 时电场强度和磁场强度的切向分量是给定的，在边界面上有 $\boldsymbol{n}\times\boldsymbol{E}=0$ 和 $\boldsymbol{n}\times\boldsymbol{H}=0$，因此在边界面上有

$$\boldsymbol{n}\cdot(\boldsymbol{E}\times\boldsymbol{H})=0$$

因而式(5-4-14)可以写为

$$\frac{\partial}{\partial t}\int_V\left(\frac{1}{2}\varepsilon\mid\boldsymbol{E}\mid^2+\frac{1}{2}\mu\mid\boldsymbol{H}\mid^2\right)\mathrm{d}V=-\int_V\frac{\mid\boldsymbol{J}\mid^2}{\sigma}\mathrm{d}V\quad(5-4-15)$$

式(5-4-15)右端永远小于或等于零，而左端永远大于或等于零，且在 $t=0$ 时等于零。因此在 $t>0$ 时，要使式(5-4-15)成立，只有满足条件：$\boldsymbol{E}=\boldsymbol{E}_1-\boldsymbol{E}_2=0$ 和 $\boldsymbol{H}=\boldsymbol{H}_1-\boldsymbol{H}_2=0$，即两个解完全相同。这就是说，对于时变电磁场，在已知初始状态的条件下，只要给定边界面上电场强度和磁场强度的切向分量，则区域 $V$ 内的电磁场就唯一地确定了，这就是时变电磁场的唯一性定理。与静态场中的唯一性定理相比，除了要给定边界条件之外，还必须给定初始状态条件。

# 5.5 时谐电磁场

**5.5 节课件**

时变电磁场的一种最重要的类型是时间简谐(时谐)场(Time-Harmonic Field)，在这种形式的场中，激励源以单一频率随时间作正弦变化。在线性系统中，一个正弦变化的源，在系统中所有的点都产生随时间作正弦变化的场。在线性媒质中，以任意规律随时间变化的电磁场，都可看成是一系列时谐场分量的叠加。因此，分析时谐电磁场获得单频稳态响应是分析所有时变电磁场的基础。

在电路理论中，我们将随时间作正弦变化的电压和电流用相量来表示。任何矢量都能用它沿三个互相垂直坐标轴的分量来表示，每一分量可视为标量。因此，时谐电磁场也可以用相量来表示，或者说时谐电磁场可以用相量(Phasor)分析法。

## 5.5.1 时谐电磁场的相量表示法

在直角坐标系中，任意时谐电场强度 $\boldsymbol{E}$ 可表示为

$$\boldsymbol{E}(x,y,z,t)=\boldsymbol{a}_xE_x(x,y,z,t)+\boldsymbol{a}_yE_y(x,y,z,t)+\boldsymbol{a}_zE_z(x,y,z,t)$$

$$(5-5-1)$$

式中，电场强度各分量为

$$E_x(x,y,z,t) = E_{xm}(x,y,z)\cos[\omega t + \varphi_x(x,y,z)]$$
$$E_y(x,y,z,t) = E_{ym}(x,y,z)\cos[\omega t + \varphi_y(x,y,z)]$$ （5-5-2）
$$E_z(x,y,z,t) = E_{zm}(x,y,z)\cos[\omega t + \varphi_z(x,y,z)]$$

其中，$E_{xm}$、$E_{ym}$、$E_{zm}$ 分别为各坐标分量的振幅，$\varphi_x$、$\varphi_y$、$\varphi_z$ 则是各坐标分量的相位，每一坐标分量都可以写成

$$E_x(x,y,z,t) = \mathrm{Re}[E_{xm}(x,y,z)\mathrm{e}^{\mathrm{j}[\omega t + \varphi_x(x,y,z)]}] = \mathrm{Re}[E_{xm}\mathrm{e}^{\mathrm{j}\varphi_x}\mathrm{e}^{\mathrm{j}\omega t}] = \mathrm{Re}[\dot{E}_{xm}\mathrm{e}^{\mathrm{j}\omega t}]$$
$$E_y(x,y,z,t) = \mathrm{Re}[\dot{E}_{ym}\mathrm{e}^{\mathrm{j}\omega t}]$$
$$E_z(x,y,z,t) = \mathrm{Re}[\dot{E}_{zm}\mathrm{e}^{\mathrm{j}\omega t}]$$

将上式代入式（5-5-1）得

$$\boldsymbol{E}(x,y,z,t) = \mathrm{Re}[\dot{\boldsymbol{E}}_m\mathrm{e}^{\mathrm{j}\omega t}]$$ （5-5-3）

式中，$\dot{\boldsymbol{E}}_m = \boldsymbol{a}_x\dot{E}_{xm} + \boldsymbol{a}_y\dot{E}_{ym} + \boldsymbol{a}_z\dot{E}_{zm}$ 称为电场强度的复振幅矢量，它只是空间坐标的函数，与时间 $t$ 无关。$\mathrm{e}^{\mathrm{j}\omega t}$ 称为时间因子，它反映了电场强度随时间变化的规律。

对于其他场分量，也可以写成相量表示式

$$\boldsymbol{D} = \mathrm{Re}[\dot{\boldsymbol{D}}_m\mathrm{e}^{\mathrm{j}\omega t}]$$
$$\boldsymbol{H} = \mathrm{Re}[\dot{\boldsymbol{H}}_m\mathrm{e}^{\mathrm{j}\omega t}]$$
$$\boldsymbol{B} = \mathrm{Re}[\dot{\boldsymbol{B}}_m\mathrm{e}^{\mathrm{j}\omega t}]$$ （5-5-4）
$$\boldsymbol{J} = \mathrm{Re}[\dot{\boldsymbol{J}}_m\mathrm{e}^{\mathrm{j}\omega t}]$$
$$\rho_V = \mathrm{Re}[\dot{\rho}_{Vm}\mathrm{e}^{\mathrm{j}\omega t}]$$

由式（5-5-3）和式（5-5-4）可见，只要已知场量的复振幅矢量，将其乘以时间因子 $\mathrm{e}^{\mathrm{j}\omega t}$，再取实部就可得到场量的瞬时值表达式。因此，以后一般只研究场量的复振幅。

### 5.5.2　麦克斯韦方程组的相量形式

将各个场量的相量表示式代入式（5-3-2），并注意到 $\dfrac{\partial}{\partial t}\boldsymbol{E}(x,y,z,t) = \mathrm{Re}[\mathrm{j}\omega\dot{\boldsymbol{E}}_m\mathrm{e}^{\mathrm{j}\omega t}]$，且去掉下标 m，即可得到

$$\nabla \times \dot{\boldsymbol{H}} = \dot{\boldsymbol{J}} + \mathrm{j}\omega\dot{\boldsymbol{D}}$$
$$\nabla \times \dot{\boldsymbol{E}} = -\mathrm{j}\omega\dot{\boldsymbol{B}}$$ （5-5-5）
$$\nabla \cdot \dot{\boldsymbol{B}} = 0$$
$$\nabla \cdot \dot{\boldsymbol{D}} = \dot{\rho}_V$$

复场量

式（5-5-5）称为麦克斯韦方程组的相量形式，也称为频域表达式。不难看出，当用相量形式表示后，麦克斯韦方程中的场量和场源都由四维变成了三维，偏微分方程变成了代数方程，使问题简化了。以后为了方便，表示复数的符号"·"均省略。

【**例 5-4**】　将下列用相量形式表示的场矢量变换成瞬时值，或作相反的变换。

（1）$\boldsymbol{E} = \boldsymbol{a}_x E_0 \mathrm{e}^{\mathrm{j}\varphi}$

(2) $E = a_x j E_0 e^{-jkz}$

(3) $E = a_x E_0 \cos(\omega t - kz) + a_y 2E_0 \sin(\omega t - kz)$

**解** (1) $E(x, y, z, t) = \text{Re}[a_x E_0 e^{j\varphi} e^{j\omega t}] = a_x E_0 \cos(\omega t + \varphi)$

(2) $E(x, y, z, t) = \text{Re}[a_x E_0 e^{j\left(\frac{\pi}{2} - kz\right)} e^{j\omega t}] = a_x E_0 \cos\left(\omega t - kz + \frac{\pi}{2}\right)$

(3) $E(x, y, z, t) = \text{Re}[a_x E_0 e^{j(\omega t - kz)} - a_y 2E_0 e^{j\left(\omega t - kz + \frac{\pi}{2}\right)}]$

因此，有

$$E = (a_x - a_y j2) E_0 e^{-jkz}$$

### 5.5.3 复坡印廷矢量及平均坡印廷矢量

对于时谐电磁场，其电场强度和磁场强度用相量表示为

$$E(t) = \text{Re}[E e^{j\omega t}] = \frac{1}{2}[E e^{j\omega t} + E^* e^{-j\omega t}]$$

$$H(t) = \text{Re}[H e^{j\omega t}] = \frac{1}{2}[H e^{j\omega t} + H^* e^{-j\omega t}]$$

其中，$E^*$、$H^*$ 分别是 $E$、$H$ 的共轭复相量，将其代入坡印廷矢量的瞬时表达式，有

$$S(t) = E(t) \times H(t) = \frac{1}{2}[E e^{j\omega t} + E^* e^{-j\omega t}] \times \frac{1}{2}[H e^{j\omega t} + H^* e^{-j\omega t}]$$

$$= \frac{1}{2}\text{Re}[E \times H^*] + \frac{1}{2}\text{Re}[E \times H e^{j2\omega t}]$$

在一个周期内求其平均值，得

$$S_{\text{av}} = \frac{1}{T} \int_0^T S(t) \, dt = \text{Re}\left[\frac{1}{2} E \times H^*\right] = \text{Re}[S]$$

式中

$$S = \frac{1}{2} E \times H^* \qquad (5-5-6)$$

$S$ 称为复坡印廷矢量，它与时间无关，代表复功率流密度。注意式中的电场强度和磁场强度是复振幅而不是有效值。复坡印廷矢量的实部为平均功率流密度，也称为平均坡印廷矢量，记作 $S_{\text{av}}$，即

$$S_{\text{av}} = \frac{1}{2}\text{Re}(E \times H^*) \qquad (5-5-7)$$

**【例 5-5】** 已知无源（$\rho_V = 0$ 和 $J = 0$）的自由空间中，时变电磁场的电场强度复矢量为

$$E(z) = a_y E_0 e^{-jkz}$$

式中，$k$、$E_0$ 均为常数。求：

(1) 磁场强度复矢量；

(2) 坡印廷矢量的瞬时值；

(3) 平均坡印廷矢量。

**解** (1) 由 $\nabla \times E = -j\omega\mu_0 H$，得

$$\boldsymbol{H} = -\frac{1}{\mathrm{j}\omega\mu_0}\nabla\times\boldsymbol{E} = -\frac{1}{\mathrm{j}\omega\mu_0}\boldsymbol{a}_z\times\boldsymbol{a}_y\frac{\partial}{\partial z}(E_0\mathrm{e}^{-\mathrm{j}kz}) = -\boldsymbol{a}_x\frac{k}{\omega\mu_0}E_0\mathrm{e}^{-\mathrm{j}kz}$$

(2) 电场、磁场的瞬时值分别为

$$\boldsymbol{E}(z,\ t) = \mathrm{Re}[\boldsymbol{E}(z)\mathrm{e}^{\mathrm{j}\omega t}] = \boldsymbol{a}_y E_0\cos(\omega t - kz)$$

$$\boldsymbol{H}(z,\ t) = \mathrm{Re}[\boldsymbol{H}(z)\mathrm{e}^{\mathrm{j}\omega t}] = -\boldsymbol{a}_x\frac{k}{\omega\mu_0}E_0\cos(\omega t - kz)$$

坡印廷矢量的瞬时值为

$$\boldsymbol{S}(z,\ t) = \boldsymbol{E}(z,\ t)\times\boldsymbol{H}(z,\ t) = \boldsymbol{a}_z\frac{k}{\omega\mu_0}E_0^2\cos^2(\omega t - kz)$$

(3) 平均坡印廷矢量为

$$\boldsymbol{S}_{\mathrm{av}} = \frac{1}{2}\mathrm{Re}[\boldsymbol{E}(z)\times\boldsymbol{H}^*(z)]$$

$$= \frac{1}{2}\mathrm{Re}\left[\boldsymbol{a}_y E_0\mathrm{e}^{-\mathrm{j}kz}\times\left(-\boldsymbol{a}_x\frac{k}{\omega\mu_0}E_0\mathrm{e}^{-\mathrm{j}kz}\right)^*\right]$$

$$= \boldsymbol{a}_z\frac{1}{2}\frac{k}{\omega\mu_0}E_0^2$$

# 5.6　波动方程与电磁波

正如前面所述，时变电磁场的时变电场和时变磁场相互激励、相互转化，使电磁场以电磁波的形式传播出去，电磁波是电磁场运动的一种重要形式。下面我们讨论在无源媒质中电磁场波动规律的波动方程。

设媒质的介电常数为 $\varepsilon$、磁导率为 $\mu$、电导率为 $\sigma$，对于线性(Linear)、均匀(Homogeneous)和各向同性(Isotropic)媒质，$\varepsilon$ 和 $\mu$ 都是标量常数。除非特别说明，一般我们均假定媒质是线性、均匀和各向同性。

在线性、均匀和各向同性的无源媒质中，麦克斯韦方程组为

波动现象

$$\left.\begin{array}{ll}\nabla\times\boldsymbol{H} = \sigma\boldsymbol{E} + \varepsilon\dfrac{\partial\boldsymbol{E}}{\partial t} & (1)\\[2mm] \nabla\times\boldsymbol{E} = -\mu\dfrac{\partial\boldsymbol{H}}{\partial t} & (2)\\[2mm] \nabla\cdot\boldsymbol{B} = 0\Rightarrow\nabla\cdot\boldsymbol{H} = 0 & (3)\\[2mm] \nabla\cdot\boldsymbol{D} = 0\Rightarrow\nabla\cdot\boldsymbol{E} = 0 & (4)\end{array}\right\} \qquad (5-6-1)$$

对上述方程(2)求旋度，得

$$\nabla\times\nabla\times\boldsymbol{E} = -\mu\nabla\times\frac{\partial\boldsymbol{H}}{\partial t}$$

利用矢量恒等式 $\nabla\times\nabla\times\boldsymbol{E} = \nabla(\nabla\cdot\boldsymbol{E}) - \nabla^2\boldsymbol{E}$ 和 $\nabla\cdot\boldsymbol{E} = 0$，并将式(5-6-1)的(1)代入得

$$\nabla^2\boldsymbol{E} = \mu\sigma\frac{\partial\boldsymbol{E}}{\partial t} + \mu\varepsilon\frac{\partial^2\boldsymbol{E}}{\partial t^2} \qquad (5-6-2)$$

类似地推导可得

$$\nabla^2\boldsymbol{H} = \mu\sigma\frac{\partial\boldsymbol{H}}{\partial t} + \mu\varepsilon\frac{\partial^2\boldsymbol{H}}{\partial t^2} \qquad (5-6-3)$$

式(5-6-2)和式(5-6-3)称为一般波动方程(General Wave Equation)。这些方程支配着无源均匀导电媒质中电磁场的行为。在二阶微分方程中,一阶项的存在表明电磁场在导电媒质中的传播是衰减的(有能量损耗)。因此导电媒质(Conducting Medium)也称为有耗媒质(Lossy Medium)。

驻波

当媒质为完全电介质(Perfect Dielectric)或无耗媒质(Lossless Medium),即媒质的导电率 $\sigma = 0$ 时,上述波动方程变为

$$\left.\begin{array}{l} \nabla^2 \boldsymbol{E} - \mu\varepsilon\dfrac{\partial^2 \boldsymbol{E}}{\partial t^2} = 0 \\[3mm] \nabla^2 \boldsymbol{H} - \mu\varepsilon\dfrac{\partial^2 \boldsymbol{H}}{\partial t^2} = 0 \end{array}\right\} \qquad (5-6-4)$$

波动方程

式(5-6-4)称为时变亥姆霍兹方程(Helmholtz Equation),它表明电磁场在无耗媒质中的传播是不衰减的。

对于时谐电磁场,$\dfrac{\partial^2}{\partial t^2} \rightarrow -\omega^2$,将场量的相量形式代入式(5-6-4),并考虑到 $k^2 = \omega^2 \mu\varepsilon$ 可得

$$\left.\begin{array}{l} \nabla^2 \boldsymbol{E} + k^2 \boldsymbol{E} = 0 \\[2mm] \nabla^2 \boldsymbol{H} + k^2 \boldsymbol{H} = 0 \end{array}\right\} \qquad (5-6-5)$$

式(5-6-5)称为亥姆霍兹方程,也称为无源、无耗媒质中时谐电磁场的波动方程。

时变电磁场在空间以波的形式传播,即电磁波。电磁波的传播规律由波动方程来约束。所有电磁波问题均可以归结为在给定的边界条件和初始条件下解波动方程的问题。

本章小结

# 习　题

5.1　设有一个断开的矩形线圈与一根长直导线位于同一平面内,如题5.1图所示。假设:

(1) 长直导线中通过的电流为 $i = I\cos\omega t$,线圈不动;

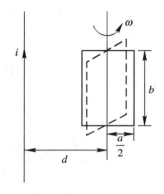

题 5.1 图

典型例题

（2）长直导线中通过的电流为不随时间变化的直流电流 $i=I$，线圈以角速度 $\omega$ 旋转；

（3）长直导线中通过的电流为 $i=I\cos\omega t$，线圈以角速度 $\omega$ 旋转。

在上述三种情况下，分别求线圈中的感应电动势。

5.2　圆柱形电容器，内导体半径和外导体内半径分别为 $a$ 和 $b$，长度为 $l$。设外加电压为 $U_0\sin\omega t$，试计算电容器极板间的总位移电流，证明它等于引线中的传导电流。

5.3　设 $y=0$ 为两种磁介质的分界面，$y<0$ 为媒质 1，其磁导率为 $\mu_1$，$y>0$ 为媒质 2，其磁导率为 $\mu_2$，如题 5.3 图所示。分界面上有以电流密度 $\boldsymbol{J}_S=2\boldsymbol{a}_x$ A/m² 分布的面电流，已知媒质 1 中的磁场强度为

$$\boldsymbol{H}_1 = \boldsymbol{a}_x + 2\boldsymbol{a}_y + 3\boldsymbol{a}_z \text{ A/m}$$

求媒质 2 中的磁场强度 $\boldsymbol{H}_2$。

思考题

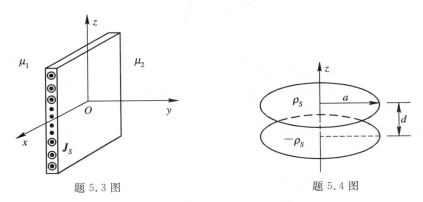

题 5.3 图　　　　　　　　　题 5.4 图

5.4　一平板电容器的极板为圆盘状，其半径为 $a$，极板间距离为 $d$（$d\ll a$），如题 5.4 图所示。

（1）假设极板上电荷均匀分布，且 $\rho_S=\pm\rho_m\cos\omega t$，忽略边缘效应，求极板间的电场和磁场；

（2）证明这样的场不满足电磁场基本方程。

5.5　计算下列媒质中的传导电流密度与位移电流密度在频率 $f_1=1$ kHz 和 $f_2=1$ MHz 时的比值。

（1）铜：$\sigma=5.8\times10^7$ S/m，$\varepsilon_r=1$；

（2）蒸馏水：$\sigma=2\times10^{-4}$ S/m，$\varepsilon_r=80$；

（3）聚苯乙烯：$\sigma=10^{-16}$ S/m，$\varepsilon_r=2.53$。

5.6　已知在空气中，电场强度矢量为

$$\boldsymbol{E} = \boldsymbol{a}_y 0.1\sin(10\pi x)\cos(6\pi\times10^9 t-\beta z) \text{ V/m}$$

试求磁场强度 $\boldsymbol{H}$ 和相位常数 $\beta$。

5.7　自由空间中，已知电场强度 $\boldsymbol{E}$ 的表达式为

$$\boldsymbol{E} = \boldsymbol{a}_x 4\cos(\omega t-\beta z) + \boldsymbol{a}_y 3\cos(\omega t-\beta z)$$

求：（1）磁场强度的复数表达式；

（2）坡印廷矢量的瞬时表达式；

（3）平均坡印廷矢量。

5.8　在由 $x=0$ 和 $x=a$ 两个无限大理想导电壁构成的区域内存在一个如下的电场（如题 5.8 图所示）：

$$\boldsymbol{E} = \boldsymbol{a}_y E_0 \sin(k_x x) \cos(\omega t - \beta z)$$

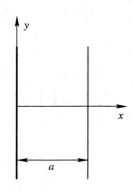

题 5.8 图

求：（1）此区域中的磁场强度 $\boldsymbol{H}$；

（2）这个电磁场应满足的边界条件及 $k_x$ 的值；

（3）两导体表面的电流密度。

5.9　将下列复数形式的场矢量变换成瞬时表达式，或作相反的变换。

（1）$\boldsymbol{E} = \boldsymbol{a}_x 4\mathrm{e}^{-\mathrm{j}\beta z} + \boldsymbol{a}_y 3\mathrm{j}\mathrm{e}^{-\mathrm{j}\beta z}$

（2）$\boldsymbol{E} = \boldsymbol{a}_x 4 \sin\left(\dfrac{\pi}{a}x\right)\sin(\omega t - \beta z) + \boldsymbol{a}_z \cos\left(\dfrac{\pi}{a}x\right)\cos(\omega t - \beta z)$

（3）$\boldsymbol{E} = \boldsymbol{a}_x \cos(\omega t - \beta z) + \boldsymbol{a}_y 2 \sin(\omega t - \beta z)$

（4）$\boldsymbol{E} = \boldsymbol{a}_y 3\mathrm{j} \cos(k_x \cos\theta)\mathrm{e}^{-\mathrm{j}kz\sin\theta}$

（5）$\boldsymbol{E} = \boldsymbol{a}_y 2 \sin(\omega t - \beta z + \varphi)$

5.10　证明自由空间仅随时间变化的场，如 $\boldsymbol{B} = \boldsymbol{B}_{\mathrm{m}} \sin\omega t$，不满足麦克斯韦方程组。若将时间变量 $t$ 换成 $t - \beta z$，则它可以满足电磁场基本方程组。

5.11　设真空中同时存在两个频率的正弦场，其电场强度表达式分别为 $\boldsymbol{E}_1 = \boldsymbol{a}_x E_{10} \mathrm{e}^{-\mathrm{j}k_1 z}$ 和 $\boldsymbol{E}_2 = \boldsymbol{a}_y E_{20} \mathrm{e}^{-\mathrm{j}k_2 z}$。试证明总的平均能流密度矢量等于两个正弦电磁场各自的平均能流密度矢量之和。

5.12　对于线性、均匀和各向同性导电媒质，设媒质的介电常数为 $\varepsilon$、磁导率为 $\mu$、电导率为 $\sigma$，试证明无源区域中时谐电磁场所满足的波动方程为

$$\nabla^2 \boldsymbol{E} = \mathrm{j}\omega\mu\sigma\boldsymbol{E} - k^2 \boldsymbol{E}$$
$$\nabla^2 \boldsymbol{H} = \mathrm{j}\omega\mu\sigma\boldsymbol{H} - k^2 \boldsymbol{H}$$

式中，$k^2 = \omega^2 \mu\varepsilon$。

5.13　证明真空中随时间变化的电荷电流分布 $\rho_V$ 和 $\boldsymbol{J}$ 所激发的场满足如下的波动方程：

$$\nabla^2 \boldsymbol{E} - \frac{1}{c^2}\frac{\partial^2 \boldsymbol{E}}{\partial t^2} = \mu_0 \frac{\partial \boldsymbol{J}}{\partial t} + \frac{1}{\varepsilon_0}\nabla \rho_V$$

$$\nabla^2 \boldsymbol{B} - \frac{1}{c^2} \frac{\partial^2 \boldsymbol{B}}{\partial t^2} = -\mu_0 \nabla \times \boldsymbol{J}$$

式中，$c$ 为光速。

5.14　已知半径为 $a$、导电率为 $\sigma$ 的无限长直圆柱导线沿轴向通以均匀分布的恒定电流 $I$，如题 5.14 图所示。设导线表面上均匀分布着面电荷密度 $\rho_s$。

（1）求导线表面外侧的能流密度矢量；

（2）证明单位时间内由导线表面进入其内部的电磁能量恰好等于导线内的焦耳损耗。

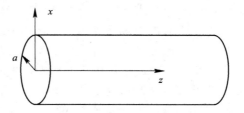

题 5.14 图

5.15　设电场强度和磁场强度分别为

$$\boldsymbol{E} = \boldsymbol{E}_0 \cos(\omega t + \varphi_e) \quad \text{和} \quad \boldsymbol{H} = \boldsymbol{H}_0 \cos(\omega t + \varphi_m)$$

求其平均坡印廷矢量。

5.16　试写出在线性、各向同性、无耗、无源的均匀媒质中用 $\boldsymbol{E}$ 和 $\boldsymbol{B}$ 表示的麦克斯韦方程组。

# 第 6 章　平 面 电 磁 波

如前所述，时变电磁场以波的形式向前传播，波动的规律由波动方程、边界条件及初始条件来确定。按电磁波的等相位面形状的不同，可以将其分为平面电磁波、柱面电磁波和球面电磁波。一个点源激励球面波，一个圆柱源激励柱面波，一个无限大平面源激励平面波，因此，理想的平面电磁波是不存在的。但当我们研究的区域远离波源时，呈球面的波阵面上的一小部分就可以近似为平面，在此平面内的波可以当作平面波来分析。

等相位面为平面的电磁波称为平面电磁波，如果在等相位面内电场强度与磁场强度的大小和方向均不变，则称为均匀平面波。对于均匀平面波，各场分量仅与传播方向的坐标有关，或者说均匀平面波的电磁场分量和与传播方向相垂直的坐标无关。

本章主要研究平面电磁波在几种典型媒质中的传播规律和不同媒质分界面的反射、透射；介绍诸如行波、驻波和行驻波，TEM 波、TE 波和 TM 波，趋肤效应和趋肤深度，极化、色散和群速，全反射和全透射等基本概念。

## 6.1　无耗媒质中的均匀平面波

我们将波的传播方向称为纵向（Longitudinal Direction），与传播方向垂直的平面称为横向平面（Transverse Plane），如图 6-1 所示。若在任意固定时间观察平面波，电磁波在其横向平面中场分量的大小和方向都不变，则我们称这种平面波为均匀平面波（Uniform Plane Wave）。例如，沿 $z$ 轴方向传播的均匀平面波，电场 $E$ 和磁场 $H$ 都不是 $x$ 和 $y$ 的函数，而只是 $z$ 的函数。

**6.1 节课件**

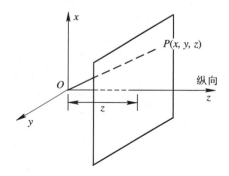

图 6-1　平面电磁波

平面波

现在来讨论波动方程在均匀平面波情况下的解。设均匀平面波沿 $z$ 轴传

播，其电场沿 $x$ 轴取向，也就是沿 $y$ 轴和 $z$ 轴的电场分量为零。因此，有

$$\boldsymbol{E} = \boldsymbol{a}_x E_x(z) \tag{6-1-1}$$

于是，式(5-6-5)的电场矢量波动方程简化为一个标量方程

$$\frac{\mathrm{d}^2 E_x}{\mathrm{d}z^2} + k^2 E_x = 0 \tag{6-1-2}$$

$$k = \omega \sqrt{\mu\varepsilon} \tag{6-1-3}$$

这是一个齐次二阶常微分方程，其通解为

$$E_x = E_{\mathrm{mf}}\mathrm{e}^{-\mathrm{j}kz} + E_{\mathrm{mb}}\mathrm{e}^{\mathrm{j}kz} \tag{6-1-4}$$

在时域中能将其写为

$$E_x(z,t) = |E_{\mathrm{mf}}| \cos(\omega t - kz + \varphi_{\mathrm{mf}}) + |E_{\mathrm{mb}}| \cos(\omega t + kz + \varphi_{\mathrm{mb}}) \tag{6-1-5}$$

式中，右边第一项代表沿 $+z$ 轴方向传播的均匀平面波，第二项代表沿 $-z$ 轴方向传播的均匀平面波，$E_{\mathrm{mf}}$ 和 $E_{\mathrm{mb}}$ 是由边界条件决定的常数。这两种波除传播方向相反外，其他性质均相同。

如果电介质区是无限延伸的，则只有一个沿 $+z$ 轴方向传播的均匀平面波。此时，电场矢量一般表示为

$$\boldsymbol{E} = \boldsymbol{a}_x E_0 \mathrm{e}^{-\mathrm{j}kz} \tag{6-1-6}$$

式中 $E_0$ 为一常数。电场在时域中的表达式为

$$E_x(z, t) = |E_0| \cos(\omega t - kz + \varphi_0) \tag{6-1-7}$$

下面，我们对平面波即式(6-1-7)进行较为详细的分析，从而建立起电磁波的一些重要概念。

**1. 电磁波的相位**

式(6-1-7)中的 $(\omega t - kz + \varphi_0)$ 代表了场的波动状态，称为电磁波的相位(Phase)。它由三部分构成。其中，$\omega t$ 表示随时间变化部分；$-kz$ 表示随空间距离变化部分；$\varphi_0$ 表示场在 $z=0$，$t=0$ 时的状态，称为初相位。

**2. 行波与相速**

平面波在空间某点 $z=z_0$ 处的 $E_x$ 与 $t$ 的关系曲线如图 6-2 所示。由图可以看出，均匀平面波在空间任意观察点处，其场强是以角频率 $\omega$ 随时间按正弦规律变化的。当 $t$ 增加一个周期 $T$，$\omega T = 2\pi$，场强恢复其初始的大小和相位。

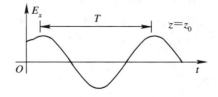

图 6-2　电场与时间的关系曲线

等幅行波

场强也随 $z$ 变化。图 6-3 给出的是不同时刻 $t_1$ 和 $t_2(t_2 > t_1)$ 的电场与距

离 $z$ 的关系曲线。由图可见，在任一固定时刻，场强随距离 $z$ 同样按正弦规律变化，且随着时间的推移，函数的各点沿 $+z$ 方向向前移动，因此称之为行波（Traveling Wave）。

现把平面波的相位记为 $\varphi=(\omega t - kz + \varphi_0)$，令 $t = t_0$，并作出 $\varphi$ 与 $z$ 的关系曲线如图 6-4 所示。由图可见，在传播方向上，行波的相位随距离 $z$ 的增大而连续滞后。这是行波的一个基本特点。

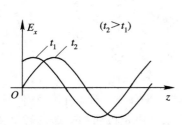

图 6-3　电场与距离 $z$ 的关系曲线　　　图 6-4　相位与距离的关系曲线

行波既然是一个行进的波，那么，必然可以找到一个物理量来表示其行进的速度。我们定义平面波的等相位面移动的速度为相速（Phase Velocity），所谓等相位面，即满足下列关系的平面：

$$\omega t - kz + \varphi_0 = 常数$$

将上式两边对时间 $t$ 微分，整理可得行波的相速为

$$v_{\mathrm{p}} = \frac{\mathrm{d}z}{\mathrm{d}t} = \frac{\omega}{k} = \frac{1}{\sqrt{\mu\varepsilon}} \tag{6-1-8}$$

在自由空间中，其介电常数和磁导率与真空中的几乎相同，即 $\varepsilon = \varepsilon_0 = \frac{1}{36\pi} \times 10^{-9} \mathrm{F/m}$，$\mu = \mu_0 = 4\pi \times 10^{-7} \mathrm{H/m}$，代入上式得其传播相速为 $v_{\mathrm{p}} = 3 \times 10^8 \mathrm{m/s} = c$（真空中的光速）。因此，电磁波在自由空间中传播的速度等于光速。

相速还可以表示为

$$v_{\mathrm{p}} = \frac{c}{n} \tag{6-1-9}$$

式中，

$$n = \sqrt{\mu_r \varepsilon_r} \tag{6-1-10}$$

$n$ 称为媒质的折射率（Index of Refraction）。显然，相速取决于媒质的介电常数和磁导率。如果相速与频率无关，此时的媒质称之为非色散（Nondispersive）媒质，否则称之为色散（Dispersive）媒质。上述均匀、线性、各向同性的无耗媒质一定是非色散媒质。

### 3. 波长与相位常数

由于平面波在任意给定的时刻（$t = t_0$），其波形随距离 $z$ 按正弦波变化，如图 6-5 所示。因此，任意给定时刻，相位相差 $2\pi$ 的两平面间的距离 $\lambda$ 称为波长（Wavelength），$k\lambda = 2\pi$，写作

$$\lambda = \frac{2\pi}{k} \tag{6-1-11}$$

由于 $k = 2\pi/\lambda$，它表示电磁波单位距离上的相位变化，因此称 $k$ 为相位常数 (Phase Constant)，它又表示 $2\pi$ 距离上波的个数，所以 $k$ 也称为波数。

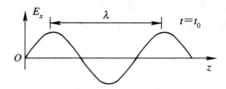

图 6-5  电磁波的波长

### 4. 波阻抗与功率流密度

由麦克斯韦第二方程得

$$H = \frac{1}{-j\omega\mu} \nabla \times E$$

将平面波的电场 $E = a_x E_0 e^{-jkz}$ 代入上式，相应的磁场为

$$H = \frac{1}{\eta} a_z \times E = a_y \frac{E_0}{\eta} e^{-jkz} \tag{6-1-12}$$

其中，$a_z$ 为平面波的传播方向，而

$$\eta = \frac{E_x}{H_y} = \sqrt{\frac{\mu}{\varepsilon}} \tag{6-1-13}$$

由于 $E$ 的单位是 V/m，$H$ 的单位是 A/m，$\eta$ 的单位是 Ω。因此，$\eta$ 称为本征阻抗或波阻抗(Intrinsic or Wave Impedance)，它也等于电场与磁场的振幅之比。

在自由空间(或真空)中，$\eta_0 = \sqrt{\dfrac{\mu_0}{\varepsilon_0}} = 120\pi = 377\ \Omega$。

无耗媒质中，任意点的平均功率流密度为

$$S_{av} = \frac{1}{2} \text{Re}[E \times H^*] = \frac{|E_0|^2}{2\eta} a_z \tag{6-1-14}$$

### 5. 沿任意方向传播的平面波表达式

在表达式(6-1-6)中，电磁波的传播方向为 $+z$ 轴，波的等相位面是垂直于 $z$ 轴的平面，或者说是 $z =$ 常数的平面，如图 6-1 所示。该等相位面上任一点 $P(x, y, z)$ 的位置矢量为 $r = a_x x + a_y y + a_z z$，由于 $r \cdot a_z = (a_x x + a_y y + a_z z) \cdot a_z = z$。因此等相位面也可用 $r \cdot a_z =$ 常数来表示。在实际中，电磁波的传播方向不一定是沿某坐标轴，而可能是沿任意方向。若均匀平面波沿任意单位矢量 $a$ 的方向传播，则空间任一点 $r = a_x x + a_y y + a_z z$ 处的电场矢量可表示为

$$E = E_0 e^{-jka \cdot r} \tag{6-1-15}$$

在无源区域内，由于

$$\nabla \cdot E = \nabla \cdot (E_0 e^{-jka \cdot r}) = E_0 \cdot \nabla(e^{-jka \cdot r}) = 0$$

式中，

$$\nabla(\mathrm{e}^{-\mathrm{j}k\boldsymbol{a}\cdot\boldsymbol{r}}) = -\mathrm{j}k\boldsymbol{a}\,\mathrm{e}^{-\mathrm{j}k\boldsymbol{a}\cdot\boldsymbol{r}}$$

因此有

$$-\mathrm{j}k(\boldsymbol{E}_0\cdot\boldsymbol{a})\mathrm{e}^{-\mathrm{j}k\boldsymbol{a}\cdot\boldsymbol{r}} = 0$$

要使上式成立，必须有 $\boldsymbol{E}_0\cdot\boldsymbol{a}=0$，即电场与传播方向垂直，可见，式(6-1-15)隐含了平面波电场垂直于传播方向这一条件。

相应的磁场矢量为

$$\boldsymbol{H} = \frac{1}{\eta}\boldsymbol{a}\times\boldsymbol{E} = \frac{1}{\eta}\boldsymbol{a}\times\boldsymbol{E}_0\,\mathrm{e}^{-\mathrm{j}k\boldsymbol{a}\cdot\boldsymbol{r}} \qquad (6-1-16)$$

并且有

$$\boldsymbol{E}\cdot\boldsymbol{a} = 0, \quad \boldsymbol{H}\cdot\boldsymbol{a} = 0 \qquad (6-1-17)$$

$$\boldsymbol{S}_{\mathrm{av}} = \boldsymbol{a}\,\frac{|\boldsymbol{E}_0|^2}{2\eta} \qquad (6-1-18)$$

无耗媒质中
电磁波

式(6-1-17)表明，在无耗媒质中，均匀平面电磁波的电场强度和磁场强度均与波的传播方向垂直，或者说在传播方向上既没有电场分量又没有磁场分量，故又称均匀平面波为横电磁波（TEM 波，Transverse Electromagnetic Wave）。而波的传播方向就是电磁波的能流方向。

综合以上讨论，可以归纳出无耗媒质中传播的均匀电磁波（如图 6-6 所示）具有以下特征：

（1）电磁波的电场 $\boldsymbol{E}$ 与磁场 $\boldsymbol{H}$ 都与传播方向垂直，即沿传播方向的电场和磁场分量等于零，因此称为横电磁波（TEM 波）；$\boldsymbol{E}$、$\boldsymbol{H}$ 与 $\boldsymbol{S}$ 三者互相垂直，且成右手螺旋关系。

（2）电场与磁场的振幅之比为一常数 $\eta$，故只要求得电场就可由式(6-1-16)求得磁场，即电场和磁场不仅有相同的波形，且在空间同一点具有同样的相位。

（3）在无耗媒质中电磁波传播的速度仅取决于媒质参数本身，而与其他因素无关。因此可以说，无耗媒质是无色散媒质。

（4）均匀平面电磁波在无耗媒质中以恒定的速度无衰减地传播，在自由空间中其行进的速度等于光速。

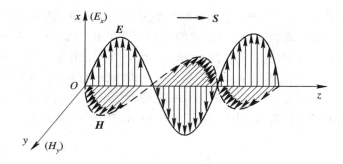

图 6-6　无耗媒质中传播的均匀电磁波及电场 $\boldsymbol{E}$、磁场 $\boldsymbol{H}$ 与 $\boldsymbol{S}$ 的关系

无耗媒质
中的波

【例 6-1】　设自由空间中均匀平面波的电场强度为 $\boldsymbol{E}(z,\ t)=\boldsymbol{a}_x 60\pi\cdot\cos(\omega t-6\pi z)$，求：

(1) 传播速度；

(2) 波长；

(3) 波的频率；

(4) 磁场强度的瞬时表达式；

(5) 平均坡印廷矢量。

**解**　(1) 自由空间中，波以光速传播，所以

$$v_p = 3\times 10^8 \text{ m/s}$$

(2) 波长为

$$\lambda = \frac{2\pi}{k} = \frac{2\pi}{6\pi} = \frac{1}{3} \text{ m}$$

(3) 波的频率为

$$f = \frac{c}{\lambda} = \frac{3\times 10^8}{1/3} = 9\times 10^8 = 900 \text{ MHz}$$

(4) 电场的复矢量表达式为

$$\boldsymbol{E} = \boldsymbol{a}_x 60\pi \mathrm{e}^{-\mathrm{j}6\pi z}$$

根据式 (6-1-12) 得

$$\boldsymbol{H} = \frac{1}{\eta_0}\boldsymbol{a}_z \times \boldsymbol{E} = \frac{1}{120\pi}\boldsymbol{a}_z \times \boldsymbol{a}_x 60\pi \mathrm{e}^{-\mathrm{j}6\pi z} = \boldsymbol{a}_y 0.5 \mathrm{e}^{-\mathrm{j}6\pi z}$$

因此，磁场强度的瞬时表达式为

$$\boldsymbol{H}(z,\ t) = \boldsymbol{a}_y 0.5 \cos(18\pi \times 10^8 t - 6\pi z) \text{ A/m}$$

(5) 平均坡印廷矢量

$$\boldsymbol{S}_{\mathrm{av}} = \frac{1}{2}\mathrm{Re}[\boldsymbol{E}\times\boldsymbol{H}^*] = \frac{|\boldsymbol{E}_\mathrm{m}|^2}{2\eta_0}\boldsymbol{a}_z = \frac{(60\pi)^2}{240\pi}\boldsymbol{a}_z = 15\pi\boldsymbol{a}_z$$

# 6.2　导电媒质中的均匀平面波

6.2 节课件

## 6.2.1　复介电常数

在导电媒质中，麦克斯韦第一方程的复数形式可写成如下形式：

$$\nabla \times \boldsymbol{H} = \sigma\boldsymbol{E} + \mathrm{j}\omega\varepsilon\boldsymbol{E} = \mathrm{j}\omega\varepsilon\left(1-\mathrm{j}\frac{\sigma}{\omega\varepsilon}\right)\boldsymbol{E} = \mathrm{j}\omega\tilde{\varepsilon}\boldsymbol{E} \qquad (6-2-1)$$

式中，$\tilde{\varepsilon} = \varepsilon\left(1-\mathrm{j}\dfrac{\sigma}{\omega\varepsilon}\right)$ 是个复数，称为导电媒质的**复介电常数**（Complex Permittivity）。其实部代表位移电流的贡献，它不引起功率损耗；而其虚部代表传导电流的贡献，将引起能量的损耗。因此，我们可以根据传导电流与位移电流的比值 $\dfrac{\sigma}{\omega\varepsilon}$ 的大小对媒质进行分类。

若 $\dfrac{\sigma}{\omega\varepsilon} \gg 1$，即传导电流占优势，称为**导体**（Conductor）；若 $\dfrac{\sigma}{\omega\varepsilon} \ll 1$，则位移

电流占优势，称为绝缘体(Insulator)(亦称电介质)；若 $\frac{\sigma}{\omega\varepsilon}$ 之值介于两者之间，称为半导体(Semiconductor)。可见，媒质分类没有绝对的界线。通常，$\frac{\sigma}{\omega\varepsilon}>100$ 时，可认为是导体；$\frac{\sigma}{\omega\varepsilon}<0.01$ 时，可认为是电介质；如果 $0.01\leqslant\frac{\sigma}{\omega\varepsilon}\leqslant100$，则称为半导体或半导电媒质。

因此，在时变电磁场中，对材料性质的划分，不仅要考虑材料本身的电导率 $\sigma$，还要考虑材料的介电常数 $\varepsilon$ 以及工作频率 $f$。例如，某种具有一定电导率的材料，在低频时为"导体"，在高频时为"半导体"，而在极高频时则为"电介质"，这是因为位移电流随着频率的升高而不断增大，使比值 $\frac{\sigma}{\omega\varepsilon}$ 不断变小。

另外，导电媒质的复介电常数 $\tilde{\varepsilon}$ 可表示为

$$\tilde{\varepsilon} = \varepsilon\left(1-\mathrm{j}\frac{\sigma}{\omega\varepsilon}\right)=|\tilde{\varepsilon}|\,\mathrm{e}^{-\mathrm{j}\delta}$$

式中，幅角 $\delta$ 由下式给定：

$$\tan\delta = \frac{\sigma}{\omega\varepsilon} \tag{6-2-2}$$

$\tan\delta$ 称为损耗正切(Loss Tangent)，是在工程中很有用的一个物理量，它反映了引起能量损耗的传导电流的相对大小，并用来说明材料的损耗特性。例如，在微波频率下，作为电介质，其 $\tan\delta$ 一般不应大于 $10^{-3}$ 数量级。$\delta$ 称为损耗正切角。

## 6.2.2 导电媒质中的均匀平面波

引入复介电常数 $\tilde{\varepsilon}$ 的概念，使导电媒质中的麦克斯韦方程与无耗媒质(电介质)中的麦克斯韦方程形式上完全相同，所不同的是前者为复介电常数 $\tilde{\varepsilon}$，而后者是实介电常数 $\varepsilon$。因此，只要将无耗媒质场的表达式中的 $\varepsilon$ 用 $\tilde{\varepsilon}$ 取代即可得导电媒质中场的表达式。在无耗媒质的解中，有两处出现 $\varepsilon$，一个是相位常数 $k$，另一个是波阻抗 $\eta$。下面分别讨论之。

将无耗媒质的相位常数 $k$ 及波阻抗 $\eta$ 中的 $\varepsilon$ 均以 $\tilde{\varepsilon}$ 来取代，即得导电媒质中的复相位常数和复波阻抗。

复相位常数 $\tilde{k}$ 的表达式为

$$\tilde{k} = \omega\sqrt{\mu\tilde{\varepsilon}} = \beta-\mathrm{j}\alpha \tag{6-2-3}$$

其中，$\alpha>0$、$\beta>0$ 分别称为衰减常数和相位常数。$\alpha$、$\beta$ 的表达式分别为

$$\alpha = \omega\sqrt{\mu\varepsilon}\left\{\frac{1}{2}\left[\sqrt{1+\left(\frac{\sigma}{\omega\varepsilon}\right)^2}-1\right]\right\}^{\frac{1}{2}} \tag{6-2-4}$$

$$\beta = \omega\sqrt{\mu\varepsilon}\left\{\frac{1}{2}\left[\sqrt{1+\left(\frac{\sigma}{\omega\varepsilon}\right)^2}+1\right]\right\}^{\frac{1}{2}} \tag{6-2-5}$$

而复波阻抗 $\tilde{\eta}$ 的表达式为

$$\tilde{\eta} = \sqrt{\frac{\mu}{\tilde{\varepsilon}}} = |\tilde{\eta}|\, e^{j\theta_0} \tag{6-2-6}$$

将无耗媒质中的电磁场表达式(6-1-6)及式(6-1-12)中的 $k$ 和 $\eta$ 分别代以 $\tilde{k}$ 和 $\tilde{\eta}$，可得有耗媒质中场的表达式：

$$\boldsymbol{E} = \boldsymbol{a}_x E_0 e^{-\alpha z} e^{-j\beta z} \tag{6-2-7}$$

$$\boldsymbol{H} = \boldsymbol{a}_y \frac{1}{|\tilde{\eta}|} E_0 e^{-\alpha z} e^{-j\beta z} e^{-j\theta_0} \tag{6-2-8}$$

$$\boldsymbol{S}_{av} = \frac{1}{2}\mathrm{Re}[\boldsymbol{E}\times\boldsymbol{H}^*] = \boldsymbol{a}_z \frac{|E_0|^2}{2|\tilde{\eta}|} e^{-2\alpha z}\cos\theta_0 \tag{6-2-9}$$

式(6-2-3)～式(6-2-9)表明：

衰减行波

(1) 无限大导电媒质中的波是一个衰减的行波，简称衰减波(Attenuated Wave)。衰减是由传导电流引起的。电场和磁场的振幅随距离按指数规律 $e^{-\alpha z}$ 衰减，衰减的快慢取决于 $\alpha$，称 $\alpha$ 为衰减常数(Attenuation Constant)，它表示场强在单位距离上的衰减，单位是 Np/m(奈贝/米)。

(2) $\tilde{k}=\beta-j\alpha$ 中的衰减常数 $\alpha$ 表示在传播过程中衰减得快慢，而 $\beta$ 表示在传播过程中相位的变化，因此，称 $\beta$ 为相位常数(Phase Constant)。$\alpha$、$\beta$ 从不同的侧面反映场在传播过程中的变化，所以，我们称 $\tilde{k}$ 为传播常数(Propagation Constant)。

(3) 均匀平面波在导电媒质中传播时，电场与磁场不同相，彼此间存在一个固定的相位差 $\theta_0$。

有耗媒质中的波

(4) 无限大导电媒质中的均匀平面电磁波仍然是 TEM 波，即 $\boldsymbol{E}$、$\boldsymbol{H}$ 和 $\boldsymbol{S}$ 三者仍相互垂直并成右手螺旋关系，如图 6-7 所示。这一特性与无限大无耗媒质中的电磁波相同。

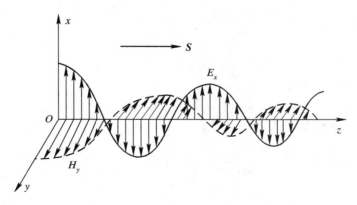

图 6-7　导电媒质中的均匀平面波及 $\boldsymbol{E}$、$\boldsymbol{H}$ 及 $\boldsymbol{S}$ 的关系

有耗媒质中
电磁波

上述分析还表明，在导电媒质中，电磁波的相速不再是个常数，它不仅取决于媒质参数，还与信号的频率有关。我们把电磁波的相速随着频率的变化而变化的现象称为色散。因此，导电媒质为色散媒质(Dispersive Medium)。$\alpha$、$\beta$ 都随着频率的变化而变化，当信号在导电媒质中传播时，不同频率的波

有不同的衰减和相移。对于模拟信号来说，带宽为 $\Delta\omega$ 的信号在前进过程中其波形将一直变化，当信号到达目的地时发生了畸变，这将会引起信号的失真；而对于数字信号来说，由于频率越高衰减越大，使到达接收点的数字信号脉冲展宽，因此，要降低误码必然要降低信号的传输速率，这必然会影响数字通信的带宽和容量。

若媒质为弱导电媒质，即 $\dfrac{\sigma}{\omega\varepsilon}\ll1$，式（6-2-4）和式（6-2-5）可简化为

$$\alpha \approx \frac{\sigma}{2}\sqrt{\frac{\mu}{\varepsilon}} \qquad (6-2-10)$$

$$\beta \approx \omega\sqrt{\mu\varepsilon} \qquad (6-2-11)$$

可见，对于弱导电媒质有 $\beta\gg\alpha$，此时电磁波的衰减很小且与频率无关，相速也与频率无关。因此，弱导电媒质也可以看成是非色散媒质。

【例 6-2】 某工作频率为 1.8 GHz 的均匀平面波在 $\mu_r=1.6$、$\varepsilon_r=25$ 和 $\sigma=2.5$ S/m 的媒质中传播。设该区域中电场强度为 $\boldsymbol{E}(z,t)=\boldsymbol{a}_x e^{-\alpha z}\cos(\omega t-\beta z)$，求：

（1）传播常数；

（2）衰减常数；

（3）波阻抗；

（4）相速；

（5）平均坡印廷矢量。

**解** （1）电磁波的角频率为

$$\omega = 2\pi f = 2\pi \times 1.8 \times 10^9 = 3.6\pi \times 10^9 \quad \text{rad/s}$$

复介电常数 $\tilde\varepsilon$ 可表示为

$$\tilde\varepsilon = \varepsilon\left(1-j\frac{\sigma}{\omega\varepsilon}\right) = \varepsilon\left(1-j\frac{2.5\times36\pi}{3.6\pi\times10^9\times25\times10^{-9}}\right) = \varepsilon(1-j1)$$

传播常数为

$$\tilde{k} = \omega\sqrt{\mu\tilde\varepsilon} = \beta - j\alpha = 262 - j109$$

（2）衰减常数为

$$\alpha = 109 \quad \text{Np/m}$$

（3）波阻抗为

$$\tilde\eta = \sqrt{\frac{\mu}{\tilde\varepsilon}} = \sqrt{\frac{\mu_0\mu_r}{\varepsilon_0\varepsilon_r(1-j1)}} = 120\pi\sqrt{\frac{1.6}{25\sqrt2}}e^{j22.5°} = 80e^{j22.5°}$$

（4）相速为

$$v_p = \frac{\omega}{\beta} = \frac{3.6\pi\times10^9}{262} = 4.3\times10^7 \quad \text{m/s}$$

（5）电场的复矢量表达式为

$$\boldsymbol{E} = \boldsymbol{a}_x e^{-\alpha z}e^{-j\beta z}$$

故平均坡印廷矢量

$$S_{av} = \frac{1}{2}\mathrm{Re}[\boldsymbol{E} \times \boldsymbol{H}^*] = \boldsymbol{a}_z \frac{|E_0|^2}{2|\tilde{\eta}|}\mathrm{e}^{-2\alpha z}\cos\theta_0$$

$$= \boldsymbol{a}_z \frac{1}{2 \times 80}\mathrm{e}^{-2 \times 109 z}\cos 22.5°$$

$$= \boldsymbol{a}_z 5.77\mathrm{e}^{-218 z} \quad \mathrm{mW/m^2}$$

可见，能量的衰减比信号的衰减更快。

**6.3 节课件**

## 6.3　良导体中的均匀平面波、趋肤效应

根据前面的定义，$\dfrac{\sigma}{\omega\varepsilon}\gg 1$ 的导电媒质是导体，因此，电磁波在导体中传输可认为是波在导电媒质中传输的一个特例。

由于 $\dfrac{\sigma}{\omega\varepsilon}\gg 1$，因此，导体材料的复介电常数为

$$\tilde{\varepsilon} = \varepsilon\left(1 - \mathrm{j}\frac{\sigma}{\omega\varepsilon}\right) \approx -\mathrm{j}\frac{\sigma}{\omega}$$

因而，导体材料的传播常数为

$$\tilde{k} = \omega\sqrt{\mu\tilde{\varepsilon}} \approx \sqrt{-\mathrm{j}\omega\mu\sigma} = \sqrt{\frac{\omega\mu\sigma}{2}} - \mathrm{j}\sqrt{\frac{\omega\mu\sigma}{2}} = \beta - \mathrm{j}\alpha$$

因此，

$$\alpha = \beta = \sqrt{\frac{\omega\mu\sigma}{2}} \qquad\qquad (6-3-1)$$

将式(6-3-1)代入式(6-2-7)~式(6-2-9)得在导体中均匀平面电磁波的电磁场及平均坡印廷矢量为

$$E_x = E_0 \mathrm{e}^{-\alpha z}\mathrm{e}^{-\mathrm{j}\beta z} \qquad\qquad (6-3-2)$$

$$H_y = \sqrt{\frac{\sigma}{\omega\mu}}E_0 \mathrm{e}^{-\alpha z}\mathrm{e}^{-\mathrm{j}\beta z}\mathrm{e}^{-\mathrm{j}\pi/4} \qquad\qquad (6-3-3)$$

$$S_{av} = \frac{1}{2}\mathrm{Re}[\boldsymbol{E} \times \boldsymbol{H}^*] = \boldsymbol{a}_z \frac{1}{2\sqrt{2}}|E_0|^2\sqrt{\frac{\sigma}{\omega\mu}}\mathrm{e}^{-2\alpha z} \qquad (6-3-4)$$

上述分析表明：当电磁波在电导率 $\sigma$ 很大的良导体(Good Conductor)中传播时，衰减常数 $\alpha$ 一般也很大。因此，电磁波在良导体中衰减很快，特别是当频率很高时，情况更是如此。电磁波进入良导体中很小的距离后，能量几乎全部被衰减掉。换句话说，高频电磁波只集中在良导体的表面薄层，而在良导体内部则几乎无高频电磁波存在，这种现象称为趋肤效应(Skin Effect)。问题是电磁波的振幅小到没有意义之前它能传多远？这可用趋肤深度来回答。

将导体中电磁波的电场振幅降为导体表面处振幅的 $1/e$ 时传播的距离定义为趋肤深度(Skin Depth)，记为 $\delta_c$，即当 $\alpha\delta_c = 1$ 时，电磁波的电场振幅降为 $1/e$，因此

$$\delta_c = \frac{1}{\alpha} = \sqrt{\frac{2}{\omega\mu\sigma}} = \frac{1}{\sqrt{f\pi\mu\sigma}} \qquad (6-3-5)$$

式(6-3-5)表明，导体的导电率越高，工作频率越高，则趋肤深度越小。实际上波透入 $5\delta_c$ 的距离后，其振幅降至 $1\%$ 以下，也就认为波在导电媒质中消失了。

现在我们来计算铜在不同工作频率时的透入深度，从而了解高频电磁波对良导体的透入深度的数量级。现取频率 $f=1$ MHz 和 $f=30$ GHz，铜的电导率为 $\sigma=5.8\times10^7$ S/m，将其代入式(6-3-5)即得铜的趋肤深度。

趋肤效应

当 $f=1$ MHz 时，铜的趋肤深度 $\delta_c$：

$$\delta_c = \frac{1}{\sqrt{f\pi\mu\sigma}} = \frac{1}{\sqrt{10^6\times\pi\times4\pi\times10^{-7}\times5.8\times10^7}} \approx 66\times10^{-6} \text{ m}$$

当 $f=30$ GHz 时，铜的趋肤深度 $\delta_c$：

$$\delta_c = \frac{1}{\sqrt{f\pi\mu\sigma}} = \frac{1}{\sqrt{30\times10^9\times\pi\times4\pi\times10^{-7}\times5.8\times10^7}} \approx 0.38\times10^{-6} \text{ m}$$

另外，导体的表面阻抗在工程上也是十分有意义的物理量。所谓导体的表面阻抗就是导体表面的切向电场强度与磁场强度的比值，它等于波阻抗，由式(6-3-2)、式(6-3-3)可得

$$Z_s = \frac{E_x}{H_y}\bigg|_{z=0} = \sqrt{\frac{\omega\mu}{2\sigma}}(1+\text{j}) = R_s + \text{j}X_s \qquad (6-3-6)$$

式中，$R_s$ 和 $X_s$ 分别称为表面电阻和表面电抗。由表达式(6-3-6)可见，$R_s \propto \sqrt{\omega}$，即导体表面阻抗随工作频率的升高而急剧加大。因此，导体在高频时的电阻远大于低频时的电阻，这正是由于趋肤效应造成的。

趋肤效应
（文本）

趋肤效应在工程中是很有意义的。在无线电装置中，常配置有铜制或铁制的屏蔽罩，这是利用电磁波不能穿透导体而起屏蔽作用的；在工业上，利用高频时金属导体上的电流将集中在表面，而对材料表面进行加热淬火；在传输高频信号时，导线上的电流集中在导线的表面，这相当于减小了导线的有效截面积，从而增大了导线电阻，为了减小电阻，只有增大导线的截面，所以人们在高频时多用多股线或同轴线来代替单根导线；由于趋肤效应，导体表面层的导电性能对电阻的影响最大，为了减小电阻，常在一些要求高的高频器件或部件表面镀上一层电导率特别高的材料，如金、银等。

# 6.4　电磁波的极化

6.4节课件

在实际工作中，可观察到这样的现象：当金属导线与传过来的电磁波的电场方向平行时，电场在导线上感应的电动势最强，而当金属导线与传过来的电磁波的电场方向垂直时，在导线上感应的信号为零，这说明电磁波电场在空间的取向是很重要的一个问题。电磁波电场在空间的取向称为电磁波的极化，确切地说，传播方向上任一固定点处的电场矢量端点随时间变化所描绘的轨迹称为极化(Polarization)，可分为线极化、圆极化和椭圆极化三种。

极化

波的极化

（三维）

### 6.4.1　线极化波

设有一电磁波沿 $+z$ 方向传播，其电场 $E$ 有两个正交的分量 $E_x$ 和 $E_y$（如图 6-8 所示），它们的表达式为

$$\left.\begin{array}{l} E_x = E_{mx} \cos(\omega t - kz + \varphi_x) \\ E_y = E_{my} \cos(\omega t - kz + \varphi_y) \end{array}\right\} \tag{6-4-1}$$

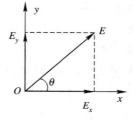

图 6-8　线极化波

同相线极化

如果在 $z=0$ 的平面上观察，且假设这两个分量之间不存在相位差，即 $\varphi_x = \varphi_y = \varphi$，则其合成场大小为

$$E = \sqrt{E_x^2 + E_y^2} = \sqrt{E_{mx}^2 + E_{my}^2} \cos(\omega t + \varphi) \tag{6-4-2}$$

它与 $x$ 轴所成的夹角 $\theta$（见图 6-8）为

$$\theta = \arctan \frac{E_y}{E_x} = \arctan \frac{E_{my}}{E_{mx}} = 常数 \tag{6-4-3}$$

由于合成电场强度的方向与 $x$ 轴所成的夹角 $\theta$ 不随时间而改变，所以 $E$ 的矢端轨迹为一直线，因而称之为线极化波（Linear Polarized Wave）。

反相线极化

如果式（6-4-1）中的两个分量初相位相反，那么在空间固定位置上观察其合成电场强度 $E$ 的矢端随时间变化所描绘的轨迹仍然为一直线。这就是说，具有两个正交且同相（或反相）的电场分量的电磁波，必定是线极化波；或者说，任意一个线极化波必然可以分解为两个相互正交的同相（或反相）线极化波。

### 6.4.2　圆极化波

若沿 $+z$ 轴传播的电磁波的电场 $E$ 由两个相互正交、幅度相等且相位相差 $90°$ 的分量组成，即

$$\left.\begin{array}{l} E_x = E_m \cos(\omega t - kz + \varphi_x) \\ E_y = E_m \cos(\omega t - kz + \varphi_x \pm 90°) \end{array}\right\} \tag{6-4-4}$$

其合成电场的大小为

$$E = \sqrt{E_x^2 + E_y^2} = E_m \tag{6-4-5}$$

式（6-4-5）表明，其合成电场的大小是个常数。

它与 $x$ 轴所成的夹角的正切为

$$\tan\theta = \frac{E_y}{E_x} = \mp \tan(\omega t - kz + \varphi_x)$$

当我们在传播方向上任意固定点，比如在 $z=0$ 的平面上来观察电场时，电

场强度与 $x$ 轴所成的夹角为

$$\theta = \mp(\omega t + \varphi_x) \qquad (6-4-6)$$

右旋圆极化

　　式$(6-4-5)$和式$(6-4-6)$表明，合成电场 $\boldsymbol{E}$ 的大小不随时间变化，而其方向与 $x$ 轴的夹角 $\theta$ 随时间的变化而变化，即合成电场强度 $\boldsymbol{E}$ 的矢端轨迹为一个圆，因而称之为圆极化。当 $E_x$ 的相位超前 $E_y$ 的相位 90°时，合成电场 $\boldsymbol{E}$ 的方向与 $x$ 轴的夹角 $\theta$ 随时间的增加而增加，对应式$(6-4-6)$右边取正号，此时合成电场 $\boldsymbol{E}$ 的旋转方向与传播方向（$+z$ 轴）成右手螺旋关系，我们将其称为右旋圆极化波（Right-hand Circular Polarized Wave）。当 $E_x$ 的相位滞后 $E_y$ 的相位 90°，对应式$(6-4-6)$右边取负号时，合成电场 $\boldsymbol{E}$ 的方向与 $x$ 轴的夹角 $\theta$ 随时间的增加而减小，则会得到左旋（Left-hand）圆极化波，如图 $6-9$ 所示。

左旋圆极化

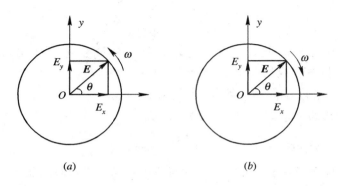

图 $6-9$　圆极化波

（$a$）右旋；（$b$）左旋

　　实际上，一个圆极化波可分解成两个正交、等幅且相位相差 90°的线极化波。

## 6.4.3　椭圆极化波

　　若沿 $z$ 轴传播的电磁波电场 $\boldsymbol{E}$ 的两个正交分量 $E_x$ 和 $E_y$ 的振幅和相位关系为一般情况时，合成场 $\boldsymbol{E}$ 的矢端轨迹将为一个椭圆，如图 $6-10$ 所示，这样的电磁波称为椭圆（Elliptically）极化波。椭圆极化波与圆极化波一样也分为右旋椭圆极化波（Right-hand Elliptically Polarized Wave）和左旋（Left-hand）椭圆

右旋椭圆极化

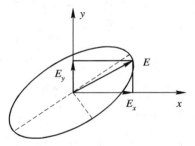

图 $6-10$　椭圆极化波

左旋椭圆极化

极化波。

　　当椭圆极化波的长轴与短轴相等时即为圆极化波；当短轴缩短到零时即为线极化波，因此圆极化波与线极化波都是椭圆极化波的特例。线极化、圆极化和椭圆极化旋转示意图如图 6-11 所示。

三维右旋
圆极化

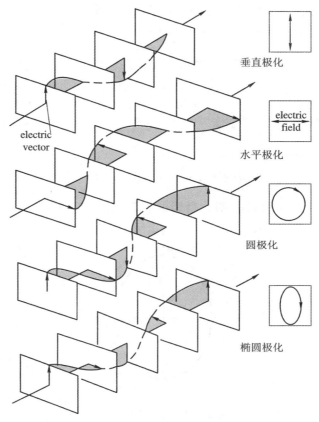

垂直极化

electric
field

水平极化

圆极化

椭圆极化

图 6-11　线极化、圆极化和椭圆极化旋转示意图

　　电磁波的极化特性在工程中有重要的意义。当我们考虑自由空间和大地之间的分界面时，如果电场矢量平行于地面称为水平极化（Horizontal Polarization），如果电场垂直于大地平面，则称为垂直极化（Vertical Polarization）。

　　一个平行于地面放置的线天线所产生的远区电场是平行于地面的水平极化波。例如，电视信号的发射通常采用水平极化方式，因此，电视接收天线应调整到与地面平行，使其极化状态与所接收波的极化状态匹配，以获得最佳接收效果，电视公用天线的架设就应用了这个原理。相反，如果一个线天线与地面垂直，其远区辐射电场就是与地面垂直的垂直极化波。例如，调幅电台发射的远区电磁波的电场就是与地面垂直的垂直极化波，因此，听众要获得最佳收听效果，就应将天线调整到与地面垂直。

三维左旋
圆极化

　　很多情况下，系统必须采用圆极化波才能正常工作。一个线极化波可以分解为两个振幅相等、旋向相反的圆极化波，所以不同取向的线极化波都可由圆极化天线收到，因此，在雷达、导航、制导、通信和电子对抗中广泛采用圆极化波。

**【例 6 - 3】**　若某区域内的电场强度为

$$\boldsymbol{E} = (3\boldsymbol{a}_x + j4\boldsymbol{a}_y)e^{-j0.5z}$$

试确定波的极化。

**解**　电场的两个分量在时域中的表达式分别为

$$E_x(z, t) = 3\cos(\omega t - 0.5z)$$

$$E_y(z, t) = 4\cos\left(\omega t - 0.5z + \frac{\pi}{2}\right)$$

在 $z = 0$ 的平面上，

$$E_x(0, t) = 3\cos\omega t$$

$$E_y(0, t) = -4\sin\omega t$$

将两式平方后相加得

$$\frac{1}{9}E_x^2(0, t) + \frac{1}{16}E_y^2(0, t) = 1$$

这是一个椭圆方程。因此，波为椭圆极化波，如图 6 - 12 所示。

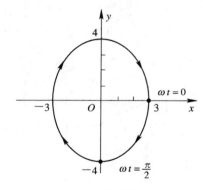

图 6 - 12　左旋椭圆极化波

为了决定旋转方向，可以选择 $\omega t = 0$、$\omega t = \dfrac{\pi}{2}$，分别计算它们的电场值。当 $\omega t = 0$ 时，$E_x(0, 0) = 3$，$E_y(0, 0) = 0$，此时电场的端点在 $+x$ 轴上；当 $\omega t = \dfrac{\pi}{2}$ 时，$E_x\left(0, \dfrac{\pi}{2\omega}\right) = 0$，$E_y\left(0, \dfrac{\pi}{2\omega}\right) = -4$，电场的端点在 $-y$ 轴上。因此，旋转方向为顺时针，波为左旋椭圆极化波。

# 6.5　电磁波的色散与群速

6.5 节课件

我们知道，单频率的正弦波是不能携带任何信息的，也就是说，任何实际的信号总是由许许多多的频率成分组成的，即占有一定的频带宽度。在6.1节曾经指出，无耗媒质是非色散媒质。非色散媒质中，相速 $v_p = \dfrac{1}{\sqrt{\mu\varepsilon}}$ 只取决于媒质的介电常数和磁导率，而与频率无关。因此，相速代表电磁波传播的速度。而导电媒质是色散媒质，不同的频率有不同的相速，若用相速来描述一个信号在色散媒质中的传播速度会比较困难。为了解决这个问题，我们引入群速的概念。

设有两个振幅均为 $A_m$、频率为 $\omega+\Delta\omega$ 和 $\omega-\Delta\omega$ 的电磁波，沿 $+z$ 方向传播，在色散媒质中，它们对应的相位常数是 $\beta+\Delta\beta$ 和 $\beta-\Delta\beta$，其表达式为

$$\psi_1 = A_m \cos[(\omega+\Delta\omega)t-(\beta+\Delta\beta)z]$$
$$\psi_2 = A_m \cos[(\omega-\Delta\omega)t-(\beta-\Delta\beta)z]$$

它们的合成波为

$$\psi = \psi_1 + \psi_2 = 2A_m \cos(\Delta\omega t - \Delta\beta z)\cos(\omega t - \beta z)$$

上式表明，合成波的振幅是受调制的，这个按余弦变化的调制波称为包络波，如图 6 - 13 所示。

群速

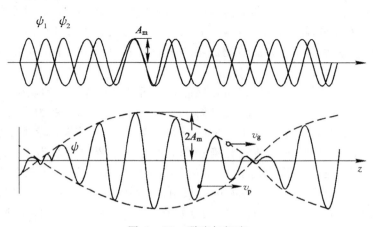

图 6 - 13　群速与相速

色散与群速

群速（Group Velocity）就是包络波上某一恒定相位点推进的速度，由 $(\Delta\omega t - \Delta\beta z)=$ 常数，得

$$v_g = \frac{dz}{dt} = \frac{\Delta\omega}{\Delta\beta} \xrightarrow{(\Delta\omega \ll \omega)} \frac{d\omega}{d\beta}$$

因此，群速与相速的关系为

$$v_g = \frac{d\omega}{d\beta} = \frac{d(v_p\beta)}{d\beta} = v_p + \beta\frac{dv_p}{d\beta} = v_p + \frac{\omega}{v_p}\frac{dv_p}{d\omega}v_g$$

即

$$v_g = \frac{v_p}{1-\frac{\omega}{v_p}\frac{dv_p}{d\omega}} \qquad (6-5-1)$$

显然，有以下三种可能：

（1）$\frac{dv_p}{d\omega}=0$，即相速与频率无关时，群速等于相速，为无色散。

（2）$\frac{dv_p}{d\omega}<0$，即频率越高相速越小时，群速小于相速，为正常色散。

（3）$\frac{dv_p}{d\omega}>0$，即频率越高相速越大时，群速大于相速，为反常色散。

　　实际上,群速就是电磁波能量传播的速度,其值小于或等于光速,至少目前还没有发现有超光速的;而相速是电磁波的等相位面前进的速度,其值在某种条件下可以大于光速,比如当电磁波在金属波导中传播时,相速就大于光速而群速小于光速,也就是出现了正常色散现象。电磁波在理想的无耗媒质中传播时不存在色散,而实际情况下,色散总是存在的,如光纤的色散、波导的色散以及大气色散等。

# 6.6　均匀平面波对平面边界的垂直入射

**6.6 节课件**

　　平面电磁波在均匀、线性、各向同性的无限大媒质中传输时,只存在沿一个方向(前向)传输的行波。而实际中遇到的情况往往是比较复杂的,例如电磁波在传输过程中遇到不同媒质的分界面、遇到各种障碍物等。在这种情况下,电磁波既要在边界面两侧的媒质中满足麦克斯韦方程,又要满足分界面上的边界条件。

　　下面,我们来讨论不同媒质分界面为平面时电磁波的运动规律。

　　假设 $z=0$ 为两种媒质的分界面,$z<0$ 为媒质 1,$z>0$ 为媒质 2,如图 6-14 所示。并假定入射波(Incident Wave)沿 $+z$ 方向传播,即垂直入射到两种媒质的分界面上。在分界面处有一部分波透过边界并继续沿 $+z$ 方向在媒质 2 中传播,这种波称为透射波(Transmitted Wave)。另一部分在分界面处反射并沿 $-z$ 方向传播,这种波称为反射波(Reflected Wave)。在媒质 1 中,电磁场为入射波与反射波的叠加。而在媒质 2 中,只有沿 $+z$ 方向传播的行波。

**反射波**

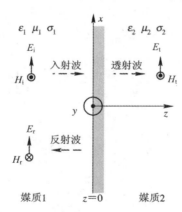

图 6-14　平面波垂直入射于平面边界

　　设入射波的电场为 $x$ 轴取向的线极化波,在媒质 1 中的传播常数为 $\tilde{k}_1 = \omega\sqrt{\mu_1\varepsilon_1}$,则其电场表达式为

$$\boldsymbol{E}_i = \boldsymbol{a}_x E_i = \boldsymbol{a}_x E_{im} e^{-j\tilde{k}_1 z} \tag{6-6-1}$$

如果媒质 1 的波阻抗为 $\tilde{\eta}_1$,则入射波的磁场强度为

$$\boldsymbol{H}_i = \boldsymbol{a}_y \frac{1}{\tilde{\eta}_1} E_{im} e^{-j\tilde{k}_1 z} \tag{6-6-2}$$

**有耗媒质的反射**

反射波的电场与磁场分别为

$$\boldsymbol{E}_r = \boldsymbol{a}_x E_{rm} e^{j\tilde{k}_1 z} \tag{6-6-3}$$

$$\boldsymbol{H}_r = -\boldsymbol{a}_y \frac{1}{\tilde{\eta}_1} E_{rm} e^{j\tilde{k}_1 z} \tag{6-6-4}$$

如果媒质 2 的波阻抗为 $\tilde{\eta}_2$，传播常数为 $\tilde{k}_2 = \omega\sqrt{\mu_2\tilde{\varepsilon}_2}$，则媒质 2 中的电场与磁场分别为

$$\boldsymbol{E}_t = \boldsymbol{a}_x E_{tm} e^{-j\tilde{k}_2 z} \tag{6-6-5}$$

$$\boldsymbol{H}_t = \boldsymbol{a}_y \frac{1}{\tilde{\eta}_2} E_{tm} e^{-j\tilde{k}_2 z} \tag{6-6-6}$$

媒质 1 中的合成电场、磁场为

$$\boldsymbol{E}_1 = \boldsymbol{E}_i + \boldsymbol{E}_r = \boldsymbol{a}_x (E_{im} e^{-j\tilde{k}_1 z} + E_{rm} e^{j\tilde{k}_1 z}) \tag{6-6-7}$$

$$\boldsymbol{H}_1 = \boldsymbol{H}_i + \boldsymbol{H}_r = \boldsymbol{a}_y \frac{1}{\tilde{\eta}_1} (E_{im} e^{-j\tilde{k}_1 z} - E_{rm} e^{j\tilde{k}_1 z}) \tag{6-6-8}$$

应用 $z=0$ 的边界条件就能最后确定各媒质中的场。现在，我们来讨论两种特殊的情况。

### 6.6.1　理想介质与理想导体的分界面

当媒质 1 为理想介质，媒质 2 为理想导体时（即 $\sigma_1=0$，$\sigma_2=\infty$），由于理想导体中不可能有电磁场存在，故 $\boldsymbol{E}_t=\boldsymbol{0}$，$\boldsymbol{H}_t=0$。而媒质 1 中的电场、磁场分别为

$$\boldsymbol{E}_1 = \boldsymbol{E}_i + \boldsymbol{E}_r = \boldsymbol{a}_x (E_{im} e^{-jk_1 z} + E_{rm} e^{jk_1 z}) \tag{6-6-9}$$

$$\boldsymbol{H}_1 = \boldsymbol{H}_i + \boldsymbol{H}_r = \boldsymbol{a}_y \frac{1}{\eta_1} (E_{im} e^{-jk_1 z} - E_{rm} e^{jk_1 z}) \tag{6-6-10}$$

其中，$k_1 = \omega\sqrt{\mu_1\varepsilon_1}$，$\eta_1 = \sqrt{\dfrac{\mu_1}{\varepsilon_1}}$。

根据边界（$z=0$）上电场切向分量连续的条件，得

$$E_{im} + E_{rm} = 0$$

即

$$E_{rm} = -E_{im} \tag{6-6-11}$$

为了表示分界面处波的反射情况，定义分界面处反射波电场与入射波电场的比值为反射系数（Reflection Coefficient），记为 $R$；定义分界面处透射波电场与入射波电场之比为透射系数（Transmission Coefficient），记为 $T$。显然，

$$\left.\begin{array}{l} R = -1 \\ T = 0 \end{array}\right\} \tag{6-6-12}$$

上式表明，当电磁波垂直入射到理想导体表面时，电磁波全部被反射，简称全反射。

此时，媒质 1 中的合成场为

$$\boldsymbol{E}_1 = \boldsymbol{a}_x (E_{im} e^{-jk_1 z} - E_{im} e^{jk_1 z}) = \boldsymbol{a}_x (-j2E_{im} \sin k_1 z) \tag{6-6-13}$$

$$\boldsymbol{H}_1 = \boldsymbol{a}_y \frac{1}{\eta_1} (E_{im} e^{-jk_1 z} + E_{im} e^{jk_1 z}) = \boldsymbol{a}_y \frac{1}{\eta_1} (2E_{im} \cos k_1 z) \tag{6-6-14}$$

分析式(6-6-13)和式(6-6-14)，我们可以得到电磁波经理想导体全反射后空间电磁场分布的一些重要特征：

(1) 由入射波和反射波合成的电场和磁场在空间仍然相互垂直。

(2) 合成场的振幅随距离 $z$ 按正弦(余弦)规律变化。在 $z=0,-\dfrac{\lambda}{2},\cdots,$ $-n\dfrac{\lambda}{2}$ 等处，电场的幅值为零，我们称这些点为电场波节(Node)点；而在 $z=-\dfrac{\lambda}{4},-\dfrac{3\lambda}{4},\cdots,-(2n+1)\dfrac{\lambda}{4}$ 等处，电场的幅值为最大，我们称这些点为电场波腹(Loop)点。磁场的波节点与波腹点正好与电场的相反，即电场波节点恰是磁场的波腹点，而电场的波腹点正是磁场的波节点，如图6-15所示。这种波节点和波腹点位置固定不动的波叫作驻波(Standing Wave)。

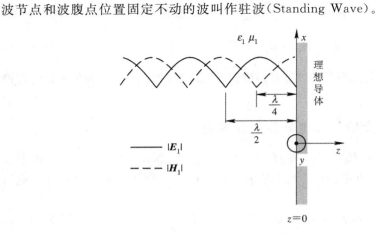

图 6-15　电磁场驻波振幅分布

(3) 电场和磁场在时间上有90°的相位差，即电场最大时磁场为零，磁场最大时电场为零，其平均坡印廷矢量等于零。因此驻波只是电磁能量的振荡，而没有能量的传输。

反射与透射

## 6.6.2　两种理想电介质分界面

两种媒质均为理想电介质，即 $\sigma_1=0$，$\sigma_2=0$。在媒质1中传播常数为 $k_1=\omega\sqrt{\mu_1\varepsilon_1}$，波阻抗为 $\eta_1=\sqrt{\mu_1/\varepsilon_1}$，则电磁场的表达式为

$$\boldsymbol{E}_1=\boldsymbol{E}_i+\boldsymbol{E}_r=\boldsymbol{a}_x(E_{im}e^{-jk_1z}+E_{rm}e^{jk_1z}) \tag{6-6-15}$$

$$\boldsymbol{H}_1=\boldsymbol{H}_i+\boldsymbol{H}_r=\boldsymbol{a}_y\frac{1}{\eta_1}(E_{im}e^{-jk_1z}-E_{rm}e^{jk_1z}) \tag{6-6-16}$$

设媒质2的传播常数为 $k_2=\omega\sqrt{\mu_2\varepsilon_2}$，波阻抗为 $\eta_2=\sqrt{\mu_2/\varepsilon_2}$，则媒质2中电磁场的表达式为

$$\boldsymbol{E}_t=\boldsymbol{a}_xE_{tm}e^{-jk_2z} \tag{6-6-17}$$

$$\boldsymbol{H}_t=\boldsymbol{a}_y\frac{1}{\eta_2}E_{tm}e^{-jk_2z} \tag{6-6-18}$$

行波、驻波与
行驻波

在 $z=0$ 的分界面上，电场和磁场应满足的边界条件是切向电场和切向

磁场连续，即

$$\left.\begin{array}{l} E_{im} + E_{rm} = E_{tm} \\ \dfrac{1}{\eta_1}(E_{im} - E_{rm}) = \dfrac{1}{\eta_2}E_{tm} \end{array}\right\} \tag{6-6-19}$$

将上式整理得

$$\left.\begin{array}{l} E_{rm} = \dfrac{\eta_2 - \eta_1}{\eta_2 + \eta_1}E_{im} \\ E_{tm} = \dfrac{2\eta_2}{\eta_2 + \eta_1}E_{im} \end{array}\right\} \tag{6-6-20}$$

因此，分界面处的反射系数和透射系数分别为

$$\left.\begin{array}{l} R = \dfrac{\eta_2 - \eta_1}{\eta_2 + \eta_1} \\ T = \dfrac{2\eta_2}{\eta_2 + \eta_1} \end{array}\right\} \tag{6-6-21}$$

且反射系数与透射系数之间满足

$$1 + R = T \tag{6-6-22}$$

媒质 1 中的总场为

$$\boldsymbol{E}_1 = \boldsymbol{E}_i + \boldsymbol{E}_r = \boldsymbol{a}_x E_{im}(e^{-jk_1 z} + Re^{jk_1 z}) \tag{6-6-23}$$

$$\boldsymbol{H}_1 = \boldsymbol{H}_i + \boldsymbol{H}_r = \boldsymbol{a}_y \frac{E_{im}}{\eta_1}(e^{-jk_1 z} - Re^{jk_1 z}) \tag{6-6-24}$$

由表达式(6-6-23)和(6-6-24)及表达式(6-6-17)和(6-6-18)可以得到以下结论：

(1) 媒质 1 中存在着入射波和反射波这两个成分。由于反射系数的大小始终小于 1，入射波的振幅总是大于反射波的振幅。如果将入射波分为两部分，一部分入射波电场的振幅等于反射波电场的振幅，则两者叠加形成驻波，而入射波的另一部分仍为行波。所以，媒质 1 中的波是行波和驻波之和，称为行驻波。显然，在行驻波的情况下，电磁场在空间的振幅分布有极大值和极小值，极大值点称为波腹点，极小值点称为波节点。波腹点的值不等于原入射成分的两倍，波节点值不为零。电场的波节点与波腹点的位置仍与磁场的情况相反。

(2) 若 $\eta_2 > \eta_1$，$R$ 为正，说明在分界面上反射波电场与入射波电场同相，则在界面上必定出现电场波腹点；反之，若 $\eta_2 < \eta_1$，$R$ 为负，说明在分界面上反射波电场与入射波电场反相，则在界面上必定出现电场波节点。

(3) 在媒质 2 中，只有透射波一种成分，故媒质 2 中传输的仍为行波。

【例 6-4】 平面电磁波在 $\varepsilon_1 = 9\varepsilon_0$ 的媒质 1 中沿 $+z$ 方向传播，在 $z=0$ 处垂直入射到 $\varepsilon_2 = 4\varepsilon_0$ 的媒质 2 中。若来波在分界面处最大值为 0.1 V/m，极化为 $+x$ 方向，角频率为 300 Mrad/s，求：

(1) 反射系数；

(2) 透射系数；

(3) 写出媒质 1 和媒质 2 中电场的表达式。

**解**　媒质 1 的传播常数为

$$k_1 = \omega \sqrt{\mu_0 \varepsilon_1} = 3$$

波阻抗为

$$\eta_1 = \sqrt{\frac{\mu_0}{\varepsilon_1}} = \frac{120\pi}{3} = 40\pi$$

媒质 2 的传播常数为

$$k_2 = \omega \sqrt{\mu_0 \varepsilon_2} = 2$$

波阻抗为

$$\eta_2 = \sqrt{\frac{\mu_0}{\varepsilon_2}} = \frac{120\pi}{2} = 60\pi$$

（1）反射系数为

$$R = \frac{\eta_2 - \eta_1}{\eta_2 + \eta_1} = \frac{60\pi - 40\pi}{60\pi + 40\pi} = 0.2$$

（2）透射系数为

$$T = \frac{2\eta_2}{\eta_2 + \eta_1} = \frac{120\pi}{60\pi + 40\pi} = 1.2$$

（3）媒质 1 中电场的表达式为

$$\boldsymbol{E}_1 = \boldsymbol{E}_i + \boldsymbol{E}_r = \boldsymbol{a}_x(0.1e^{-j3z} + 0.02e^{j3z})$$
$$= \boldsymbol{a}_x[0.04\cos(3z) + 0.08e^{-j3z}]$$

媒质 2 中电场的表达式为

$$\boldsymbol{E}_2 = \boldsymbol{E}_t = \boldsymbol{a}_x 0.12e^{-j2z}$$

由表达式可见，媒质 1 中的合成电磁场为行驻波，或者称为混合波状态，而媒质 2 中的电磁场为行波状态。

# 6.7　均匀平面波对平面边界的斜入射

6.7 节课件

当电磁波以任意角度入射到分界面上时，称之为斜入射（Oblique Incidence）。假设 $z=0$ 为两种不同媒质的分界面。为了描述入射波的极化，我们定义：入射波射线与分界面的法线所组成的平面为入射平面（Plane of Incidence）。若电场矢量平行于入射平面，称为平行极化（Parallel Polarized）；若电场矢量垂直于入射平面，称为垂直极化（Perpendicularly Polarized）。

## 6.7.1　在介质—理想导体分界面的斜入射

设媒质 1 为线性、各向同性、均匀的理想电介质，媒质 2 为理想导体。现有一平面波沿 $\boldsymbol{a}^i$ 方向传播，与分界面的单位法线 $\boldsymbol{n}$ 的夹角为 $\theta^i$，称为入射角。由于电磁波不能进入理想导体，因此，不管平面波是平行极化还是垂直极化，当它入射到理想导体表面时都将被全反射，即反射系数的大小都等于 1。设反射波的传播方向为 $\boldsymbol{a}^r$，它与单位法线 $\boldsymbol{n}$ 的夹角 $\theta^r$ 称为反射角，如图 6-16 所示。

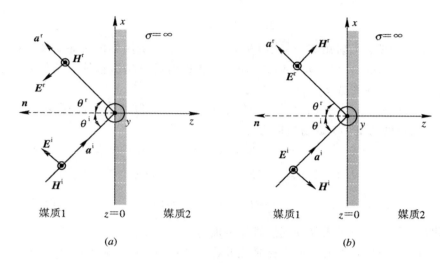

图 6 - 16　在介质—理想导体分界面的斜入射

（a）平行极化波；（b）垂直极化波

### 1. 平行极化波

利用式(6 - 1 - 15)，入射波(Incidence Wave)电场和反射波(Reflected Wave)电场可分别表示为

$$\boldsymbol{E}^{i} = \boldsymbol{E}_{0}^{i} e^{-jk\boldsymbol{a}^{i} \cdot \boldsymbol{r}} \qquad (6-7-1)$$

$$\boldsymbol{E}^{r} = \boldsymbol{E}_{0}^{r} e^{-jk\boldsymbol{a}^{r} \cdot \boldsymbol{r}} \qquad (6-7-2)$$

TEM、TE 与

TM 波

其中，

$$\boldsymbol{a}^{i} = \boldsymbol{a}_{x} \sin\theta^{i} + \boldsymbol{a}_{z} \cos\theta^{i} \qquad (6-7-3)$$

$$\boldsymbol{a}^{r} = \boldsymbol{a}_{x} \sin\theta^{r} - \boldsymbol{a}_{z} \cos\theta^{r} \qquad (6-7-4)$$

媒质 1 中的总电场为

$$\begin{aligned}
\boldsymbol{E}(x, z) &= \boldsymbol{E}^{i} + \boldsymbol{E}^{r} \\
&= \boldsymbol{a}_{x}\big[E_{0}^{i} \cos\theta^{i} e^{-jk(x \sin\theta^{i} + z \cos\theta^{i})} - E_{0}^{r} \cos\theta^{r} e^{-jk(x \sin\theta^{r} - z \cos\theta^{r})}\big] \\
&\quad + \boldsymbol{a}_{z}\big[-E_{0}^{i} \sin\theta^{i} e^{-jk(x \sin\theta^{i} + z \cos\theta^{i})} - E_{0}^{r} \sin\theta^{r} e^{-jk(x \sin\theta^{r} - z \cos\theta^{r})}\big]
\end{aligned}$$

$$(6-7-5)$$

相应的磁场为

$$\boldsymbol{H}(x, z) = \boldsymbol{a}_{y} \frac{1}{\eta}\big[E_{0}^{i} e^{-jk(x \sin\theta^{i} + z \cos\theta^{i})} + E_{0}^{r} e^{-jk(x \sin\theta^{r} - z \cos\theta^{r})}\big] \quad (6-7-6)$$

其中，$\eta = \sqrt{\dfrac{\mu}{\varepsilon}}$ 为媒质的波阻抗。根据理想导体表面切向电场为零的边界条件，有

$$E(x, 0) = E_{0}^{i} \cos\theta^{i} e^{-jkx \sin\theta^{i}} - E_{0}^{r} \cos\theta^{r} e^{-jkx \sin\theta^{r}} = 0 \quad (6-7-7)$$

要使上式对所有的 $x$ 成立，只有：

$$\left. \begin{array}{l} \theta^{i} = \theta^{r} = \theta \\ E_0^{i} = E_0^{r} = E_0 \end{array} \right\} \qquad (6-7-8)$$

上式表明：入射角等于反射角，这是光学中众所周知的关系，称为斯涅尔反射定律(Snell's Law of Reflection)；入射波的电场振幅等于反射波的电场振幅，即反射系数 $R_{/\!/}=1$。

将式(6-7-8)代入式(6-7-5)和式(6-7-6)得理想介质中($z<0$ 的区域)任意点处的电场、磁场分量为

$$E_x(x,z) = -\mathrm{j}2E_0 \cos\theta \sin(kz\cos\theta)\mathrm{e}^{-\mathrm{j}kx\sin\theta} \qquad (6-7-9)$$

$$E_z(x,z) = -2E_0 \sin\theta \cos(kz\cos\theta)\mathrm{e}^{-\mathrm{j}kx\sin\theta} \qquad (6-7-10)$$

$$H_y(x,z) = \frac{1}{\eta}2E_0 \cos(kz\cos\theta)\mathrm{e}^{-\mathrm{j}kx\sin\theta} \qquad (6-7-11)$$

因此，平行极化波斜入射到理想导体表面时有以下结论：

(1) 在理想导体的表面平行极化波将会全反射，且反射系数 $R_{/\!/}=1$；

(2) 在垂直于分界面的方向($z$ 轴方向)上，合成波的场量是驻波；

(3) 在平行于分界面的方向($x$ 轴方向)上，合成波的场量是行波，它的相速为

$$v_{px} = \frac{\omega}{k_x} = \frac{\omega}{k\,\sin\theta} = \frac{v_p}{\sin\theta} \qquad (6-7-12)$$

式中，$v_p=\omega/k$ 是入射波沿 $\boldsymbol{a}^{i}$ 方向的相速。

(4) 合成波的等振幅面垂直于 $z$ 轴，而波的等相位面垂直于 $x$ 轴，故它是非均匀平面波(Non-uniform Plane Wave)。

(5) 当 $\sin(kz\cos\theta)=0$ 即 $z=-\dfrac{n\lambda}{2\cos\theta}(n=0,1,2,\cdots)$ 时，$E_x\equiv0$。因此，若在 $z=-\dfrac{\lambda}{2\cos\theta}$ 处插入一导体板，将不会改变其场分布，这个理想导体板与 $z=0$ 处的理想导体构成了所谓的平行板波导。

(6) 由于沿电磁波传播方向($x$ 轴方向)不存在磁场分量($H_x=0$)，因此，称这种波为横磁波，简称 TM(Transverse Magnetic)波。

**2. 垂直极化波**

如图 6-16($b$)所示，入射波电场垂直于入射面，即入射波和反射波电场均只有 $E_y$ 分量，而磁场有 $H_x$ 和 $H_z$ 分量。用类似于平行极化波的分析方法，可得到 $z<0$ 的媒质 1 中任意点的电场、磁场分别为

$$\boldsymbol{E}(x,z) = \boldsymbol{a}_y[E_0^{i}\mathrm{e}^{-\mathrm{j}k(x\sin\theta^{i}+z\cos\theta^{i})} + E_0^{r}\mathrm{e}^{-\mathrm{j}k(x\sin\theta^{r}-z\cos\theta^{r})}] \qquad (6-7-13)$$

$$\boldsymbol{H}(x,z) = \boldsymbol{a}_x\frac{1}{\eta}[-E_0^{i}\cos\theta^{i}\mathrm{e}^{-\mathrm{j}k(x\sin\theta^{i}+z\cos\theta^{i})}$$
$$+E_0^{r}\cos\theta^{r}\mathrm{e}^{-\mathrm{j}k(x\sin\theta^{r}-z\cos\theta^{r})}] + \boldsymbol{a}_z\frac{1}{\eta}[-E_0^{i}\sin\theta^{i}\mathrm{e}^{-\mathrm{j}k(x\sin\theta^{i}+z\cos\theta^{i})}$$
$$+E_0^{r}\sin\theta^{r}\mathrm{e}^{-\mathrm{j}k(x\sin\theta^{r}-z\cos\theta^{r})}] \qquad (6-7-14)$$

由理想导体表面切向电场为零的边界条件，即 $z=0$ 处 $E_y=0$，得

$$\left.\begin{array}{l} \theta^i = \theta^r = \theta \\ E_0^i = -E_0^r = E_0 \end{array}\right\} \qquad (6-7-15)$$

可见，入射波的电场振幅与反射波的电场振幅等幅反相，即反射系数 $R_\perp = -1$。

将式(6-7-15)代入式(6-7-13)和式(6-7-14)得

$$E_y(x,z) = -\mathrm{j}2E_0 \sin(kz\,\cos\theta)\mathrm{e}^{-\mathrm{j}kx\,\sin\theta} \qquad (6-7-16)$$

$$H_x(x,z) = -\frac{2E_0}{\eta}\cos\theta\,\cos(kz\,\cos\theta)\mathrm{e}^{-\mathrm{j}kx\,\sin\theta} \qquad (6-7-17)$$

$$H_z(x,z) = -\mathrm{j}\frac{2E_0}{\eta}\sin\theta\,\sin(kz\,\cos\theta)\mathrm{e}^{-\mathrm{j}kx\,\sin\theta} \qquad (6-7-18)$$

从上述分析中，可以得到以下结论：

(1) 理想导体的表面垂直极化波和平行极化波一样也会产生全反射，且反射系数 $R_\perp = -1$；

(2) 在垂直于分界面的方向($z$ 轴方向)上，合成波的场量是驻波；

(3) 在平行于分界面的方向($x$ 轴方向)上，合成波的场量是行波，它的相速为

$$v_{px} = \frac{\omega}{k_x} = \frac{\omega}{k\,\sin\theta} = \frac{v_p}{\sin\theta} \qquad (6-7-19)$$

(4) 合成波是非均匀平面波；

(5) 在 $z = -\dfrac{\lambda}{2\,\cos\theta}$ 处插入一导体板，将不会改变其场分布。

(6) 由于沿电磁波传播方向($x$ 轴方向)不存在电场分量($E_x=0$)，所以，称这种波为横电波，简称 TE(Transverse Electronic)波。

## 6.7.2 在介质—介质分界面的斜入射

设两种媒质均为理想介质，且媒质 1 参数为 $\mu_1$、$\varepsilon_1$，媒质 2 参数为 $\mu_2$、$\varepsilon_2$，如图 6-17 所示。不论是平行极化波还是垂直极化波，当电磁波沿 $\boldsymbol{a}^i$ 方向从媒质 1 入射到两种媒质的分界面时，一部分被反射，反射波沿 $\boldsymbol{a}^r$ 方向传播，另一部分透射(Transmission)到媒质 2 中，透射波沿 $\boldsymbol{a}^t$ 方向传播，透射线与反射面法线的夹角 $\theta^t$ 称为透射角。

我们先来分析如图 6-17($a$)所示平行极化波的情况。

设媒质 1 中的传播常数 $k_1 = \omega\sqrt{\mu_1\varepsilon_1}$，波阻抗 $\eta_1 = \sqrt{\dfrac{\mu_1}{\varepsilon_1}}$，媒质 1 中的入射波与反射波的合成电场为

$$\begin{aligned} \boldsymbol{E}_1(x,z) &= \boldsymbol{E}^i + \boldsymbol{E}^r = \boldsymbol{E}_0^i \mathrm{e}^{-\mathrm{j}k_1 \boldsymbol{a}^i \cdot \boldsymbol{r}} + \boldsymbol{E}_0^r \mathrm{e}^{-\mathrm{j}k_1 \boldsymbol{a}^r \cdot \boldsymbol{r}} \\ &= \boldsymbol{a}_x\left[E_0^i\cos\theta^i \mathrm{e}^{-\mathrm{j}k_1(x\,\sin\theta^i + z\,\cos\theta^i)} - E_0^r\cos\theta^r \mathrm{e}^{-\mathrm{j}k_1(x\,\sin\theta^r - z\,\cos\theta^r)}\right] \\ &\quad + \boldsymbol{a}_z\left[-E_0^i\sin\theta^i \mathrm{e}^{-\mathrm{j}k_1(x\,\sin\theta^i + z\,\cos\theta^i)} - E_0^r\sin\theta^r \mathrm{e}^{-\mathrm{j}k_1(x\,\sin\theta^r - z\,\cos\theta^r)}\right] \end{aligned}$$

$$(6-7-20)$$

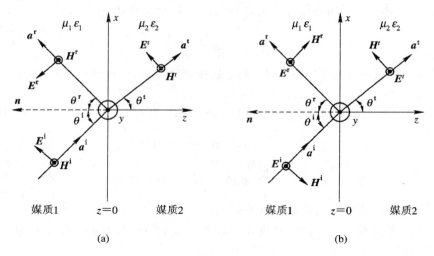

图 6 - 17　在介质—介质分界面的斜入射

（a）平行极化波；（b）垂直极化波

相应的磁场为

$$\boldsymbol{H}_1(x,z)=\boldsymbol{a}_y\frac{1}{\eta_1}\big[E_0^i\,\mathrm{e}^{-\mathrm{j}k_1(x\sin\theta^i+z\cos\theta^i)}+E_0^r\mathrm{e}^{-\mathrm{j}k_1(x\sin\theta^r-z\cos\theta^r)}\big]$$

$$(6-7-21)$$

设媒质 2 的传播常数 $k_2=\omega\sqrt{\mu_2\varepsilon_2}$，波阻抗 $\eta_2=\sqrt{\dfrac{\mu_2}{\varepsilon_2}}$，则媒质 2 中的电场和磁场表达式分别为

$$\boldsymbol{E}_2(x,z)=\boldsymbol{a}_x\big[E_0^t\cos\theta^t\mathrm{e}^{-\mathrm{j}k_2(x\sin\theta^t+z\cos\theta^t)}\big]+\boldsymbol{a}_z\big[-E_0^t\sin\theta^t\mathrm{e}^{-\mathrm{j}k_2(x\sin\theta^t+z\cos\theta^t)}\big]$$

$$(6-7-22)$$

$$\boldsymbol{H}_2(x,z)=\boldsymbol{a}_y\frac{1}{\eta_2}\big[E_0^t\,\mathrm{e}^{-\mathrm{j}k_2(x\sin\theta^t+z\cos\theta^t)}\big]\qquad(6-7-23)$$

在 $z=0$ 的分界面上，电场的切向分量连续

$$E_0^i\cos\theta^i\mathrm{e}^{-\mathrm{j}k_1 x\sin\theta^i}-E_0^r\cos\theta^r\mathrm{e}^{-\mathrm{j}k_1 x\sin\theta^r}=E_0^t\cos\theta^t\mathrm{e}^{-\mathrm{j}k_2 x\sin\theta^t}$$

$$(6-7-24)$$

要使上式对所有的 $x$ 均成立，必有

$$k_1\sin\theta^i=k_1\sin\theta^r=k_2\sin\theta^t\qquad(6-7-25)$$

因此，可以得到

$$\theta^i=\theta^r\qquad(6-7-26)$$

即入射角等于反射角。

由式(6-7-25)还可得到

$$k_1\sin\theta^i=k_2\sin\theta^t\qquad(6-7-27)$$

这就是斯涅尔折射定律(Snell Refraction Law)。由于这一原因，透射波又称为折射波(Refracted Wave)。

通常情况下，一般介质的磁导率很接近自由空间的磁导率，所以 $\mu_1=$

$\mu_2 = \mu_0$，此时有

$$\frac{\sin\theta^{\mathrm{t}}}{\sin\theta^{\mathrm{i}}} = \sqrt{\frac{\varepsilon_1}{\varepsilon_2}} = \frac{n_1}{n_2} \qquad (6-7-28)$$

其中，$n_1$ 与 $n_2$ 分别是媒质 1 和媒质 2 的折射率。

由式(6 - 7 - 24)得

$$E_0^{\mathrm{i}} \cos\theta^{\mathrm{i}} - E_0^{\mathrm{r}} \cos\theta^{\mathrm{i}} = E_0^{\mathrm{t}} \cos\theta^{\mathrm{t}} \qquad (6-7-29)$$

根据在 $z=0$ 的分界面上，磁场的切向分量连续的边界条件，得

$$\frac{E_0^{\mathrm{i}}}{\eta_1} + \frac{E_0^{\mathrm{r}}}{\eta_1} = \frac{E_0^{\mathrm{t}}}{\eta_2} \qquad (6-7-30)$$

联立上述两式即得反射系数和透射系数的表达式分别为

$$R_{/\!/} = \frac{E_0^{\mathrm{r}}}{E_0^{\mathrm{i}}} = \frac{\eta_1 \cos\theta^{\mathrm{i}} - \eta_2 \cos\theta^{\mathrm{t}}}{\eta_1 \cos\theta^{\mathrm{i}} + \eta_2 \cos\theta^{\mathrm{t}}} \qquad (6-7-31)$$

$$T_{/\!/} = \frac{E_0^{\mathrm{t}}}{E_0^{\mathrm{i}}} = \frac{2\eta_2 \cos\theta^{\mathrm{i}}}{\eta_1 \cos\theta^{\mathrm{i}} + \eta_2 \cos\theta^{\mathrm{t}}} \qquad (6-7-32)$$

且有

$$1 + R_{/\!/} = T_{/\!/} \left(\frac{\eta_1}{\eta_2}\right) \qquad (6-7-33)$$

类似的分析可得到图 6 - 17(b)垂直极化波的反射系数和透射系数公式

$$R_{\perp} = \frac{E_0^{\mathrm{r}}}{E_0^{\mathrm{i}}} = \frac{\eta_2 \cos\theta^{\mathrm{i}} - \eta_1 \cos\theta^{\mathrm{t}}}{\eta_2 \cos\theta^{\mathrm{i}} + \eta_1 \cos\theta^{\mathrm{t}}} \qquad (6-7-34)$$

$$T_{\perp} = \frac{E_0^{\mathrm{t}}}{E_0^{\mathrm{i}}} = \frac{2\eta_2 \cos\theta^{\mathrm{i}}}{\eta_2 \cos\theta^{\mathrm{i}} + \eta_1 \cos\theta^{\mathrm{t}}} \qquad (6-7-35)$$

且有

$$1 + R_{\perp} = T_{\perp} \qquad (6-7-36)$$

### 6.7.3　全反射和全透射

#### 1. 全反射

全反射

由式(6 - 7 - 28)可以看出，当 $\varepsilon_1 > \varepsilon_2$ 时，必然有 $\theta^{\mathrm{t}} > \theta^{\mathrm{i}}$，且折射角 $\theta^{\mathrm{t}}$ 随着入射角 $\theta^{\mathrm{i}}$ 的增大而增大，因此，总存在一个入射角 $\theta^{\mathrm{i}}$，使 $\theta^{\mathrm{t}} = \dfrac{\pi}{2}$。此时，折射波将沿着分界面表面传播。若入射角 $\theta^{\mathrm{i}}$ 再增大，媒质 2 中将没有折射波，或者说入射波全部被反射了。我们将使 $\theta^{\mathrm{t}} = \dfrac{\pi}{2}$ 时的入射角称为临界角（Critical Angle），记作 $\theta_{\mathrm{c}}$：

$$\theta_{\mathrm{c}} = \arcsin\sqrt{\frac{\varepsilon_2}{\varepsilon_1}} \qquad (6-7-37)$$

由式(6 - 7 - 31)和式(6 - 7 - 34)可以看出，当 $\theta^{\mathrm{i}} = \theta_{\mathrm{c}}$ 时，$|R_{/\!/}| = |R_{\perp}| = 1$，当 $\theta^{\mathrm{i}} > \theta_{\mathrm{c}}$ 时，仍然有 $|R_{/\!/}| = |R_{\perp}| = 1$。可见，无论是平行极化波还是垂直

极化波，当入射角等于或大于临界角 $\theta_c$ 时，都将产生全反射。因此，临界角也称为全反射角（Angle of Total Reflection）。此时，媒质 2 中虽然没有电磁波传入，但由于在分界面上要满足电场、磁场切向分量连续的条件，所以媒质 2 中应有场分量存在，这些场量将沿 $z$ 方向作指数规律衰减。由于媒质 2 中的波在 $+z$ 方向作衰减而沿平行于分界面方向传播，因此称为表面波（Surface Wave）。全反射是实现表面波传播的基础，这也正是光纤的传输原理。

**2. 全透射**

由式（6 - 7 - 31）可知，对于平行极化波，当 $\theta^i = \theta_B$ 时有 $\eta_1 \cos\theta^i - \eta_2 \cos\theta^t = 0$，反射系数等于零，即没有反射波存在，或者说电磁波发生了全透射，我们称 $\theta_B$ 为布儒斯特角（Brewster Angle），其表达式为

$$\theta_B = \arcsin\sqrt{\frac{\varepsilon_2}{\varepsilon_1 + \varepsilon_2}} \qquad (6-7-38)$$

而对于垂直极化波，反射系数不可能等于零。所以，当一任意极化的电磁波以布儒斯特角入射时，反射波将只包含垂直极化分量。这表明椭圆极化波或圆极化波经过反射后将成为线极化波。因此，布儒斯特角又称为极化角（Polarizing Angle）。

本章小结

# 习　题

典型例题

6.1　已知电磁波的电场强度的瞬时表达式为
$$\boldsymbol{E} = \boldsymbol{a}_x E_0 \cos(\omega t - \beta z + \varphi_0)$$
问它是否为均匀平面波，其传播方向和磁场强度分别沿什么方向。

6.2　自由空间中一均匀平面波的磁场强度为
$$\boldsymbol{H} = (\boldsymbol{a}_y + \boldsymbol{a}_z)H_0 \cos(\omega t - \pi x) \text{ A/m}$$
求：（1）波的传播方向；

思考题

（2）波长和频率；

（3）电场强度；

（4）瞬时坡印廷矢量。

6.3　无耗媒质的相对介电常数 $\varepsilon_r = 4$，相对磁导率 $\mu_r = 1$，一平面电磁波沿 $+z$ 方向传播，其电场强度的表达式为
$$\boldsymbol{E} = \boldsymbol{a}_y E_0 \cos(6 \times 10^8 t - \beta z)$$
求：（1）电磁波的相速；

（2）波阻抗和 $\beta$；

（3）磁场强度的瞬时表达式；

（4）平均坡印廷矢量。

6.4　一均匀平面电磁波从海水表面（$x=0$）沿 $+x$ 方向向海水中传播。在 $x=0$ 处，电场强度为
$$\boldsymbol{E} = \boldsymbol{a}_y 100 \cos(10^7 \pi t) \quad \text{V/m}$$

若海水的 $\varepsilon_r=80$，$\mu_r=1$，$\sigma=4$ S/m。求：

　（1）衰减常数、相位常数、波阻抗、相位速度、波长、趋肤深度；

　（2）写出海水中的电场强度表达式；

　（3）电场强度的振幅衰减到表面值的 1% 时，波传播的距离；

　（4）当 $x=0.8$ m 时，电场和磁场的表达式；

　（5）如果电磁波的频率变为 $f=50$ kHz，重复（3）的计算。比较两个结果会得到什么结论？

　6.5　判断下列平面波的极化形式：

　（1）$\boldsymbol{E}=\boldsymbol{a}_x\cos(\omega t-\beta z)+\boldsymbol{a}_y 2\sin(\omega t-\beta z)$

　（2）$\boldsymbol{E}=\boldsymbol{a}_x\sin(\omega t-\beta z)+\boldsymbol{a}_y\cos(\omega t-\beta z)$

　（3）$\boldsymbol{E}=\boldsymbol{a}_x\sin(\omega t-\beta z)+\boldsymbol{a}_y 5\sin(\omega t-\beta z)$

　（4）$\boldsymbol{E}=\boldsymbol{a}_x\cos\left(\omega t-\beta z-\dfrac{\pi}{4}\right)+\boldsymbol{a}_y 2\sin\left(\omega t-\beta z+\dfrac{\pi}{4}\right)$

　6.6　均匀平面电磁波频率 $f=100$ MHz，从空气垂直入射到 $x=0$ 的理想导体上，设入射波电场沿 $+y$ 方向，振幅 $E_m=6$ mV/m，如题 6.6 图所示。试写出：

　（1）入射波电场和磁场表达式；

　（2）反射波电场和磁场表达式；

　（3）空气中合成波的电场和磁场的表达式；

　（4）空气中离导体表面最近的第一个波腹点的位置。

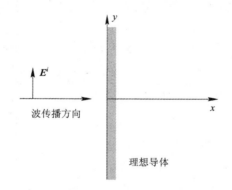

题 6.6 图

　6.7　一圆极化平面电磁波的电场为

$$\boldsymbol{E}=(\boldsymbol{a}_y+\mathrm{j}\boldsymbol{a}_z)E_0\mathrm{e}^{-\mathrm{j}\beta x}\quad\text{V/m}$$

它沿 $+x$ 方向从空气中垂直入射到 $\varepsilon_r=4$、$\mu_r=1$ 的理想介质表面上。

　（1）求反射波和透射波的电场；

　（2）它们分别属于什么极化？

　6.8　自由空间中一均匀平面电磁波垂直入射到半无限大无耗介质平面上，已知自由空间与介质分界面上的反射系数为 0.5，且分界面为电场波腹点，介质内透射波的波长是自由空间波长的 1/6，求介质的相对磁导率和相对介电常数。

6.9 均匀平面波的电场强度为 $E = a_x 10 e^{-j6z}$，已知其频率为 $\omega = 1.8 \times 10^9$ rad/s，该波从空气垂直入射到有耗媒质 $\varepsilon_r = 2.5$、损耗角正切为 0.5 的 $z = 0$ 的分界面上。求：

(1) 反射波和透射波的电场和磁场的瞬时值表达式；

(2) 空气中及有耗媒质中的平均坡印廷矢量。

6.10 一右旋圆极化波垂直入射到位于 $z = 0$ 的理想导体板上，如题 6.10 图所示，其电场强度的复数表达式为

$$E = (a_x - j a_y) E_0 e^{-j\beta z} \quad \text{V/m}$$

(1) 求反射波的表达式并说明其极化形式；

(2) 求导体板上的感应电流；

(3) 写出总电场的瞬时值表达式。

6.11 有一均匀平面电磁波由空气斜入射到 $z = 0$ 的理想导体平面上，如题 6.11 图所示，其电场强度的复数表示式为

$$E = a_y E_0 e^{-j(6x + 8z)} \quad \text{V/m}$$

(1) 求波的频率和波长；

(2) 写出入射波电场和磁场的瞬时值表达式；

(3) 确定入射角；

(4) 求反射波电场和磁场的复数表达式；

(5) 求合成波的电场和磁场的复数表达式。

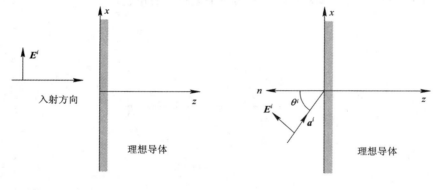

题 6.10 图　　　　　　　　题 6.11 图

6.12 一个线极化平面波从自由空间入射到 $\varepsilon_r = 4$、$\mu_r = 1$ 的理想介质表面上，如果入射波的电场与入射面的夹角为 45°。试求：

(1) 入射角 $\theta_i$ 为何值时，反射波只有垂直极化波；

(2) 此时反射波的平均功率是入射波的百分之几？

6.13 垂直极化波从水下以入射角 $\theta_i = 20°$ 投射到水与空气的分界面上，设水的 $\varepsilon_r = 81$，$\mu_r = 1$，试求：

(1) 临界角 $\theta_c$；

(2) 反射系数和透射系数。

6.14 均匀平面波从自由空间垂直入射到某介质平面时，在自由空间形

成驻波，设反射系数的大小为 0.46，介质平面上有驻波最小点，求介质的相对介电常数。

6.15 在无线电装置中常配有电磁屏蔽罩，屏蔽罩由铜制成，要求铜的厚度至少为 5 个趋肤深度，为防止 200 kHz～3 GHz 的无线电干扰，求铜的厚度；若要屏蔽 10 kHz～3 GHz 的电磁干扰，铜的厚度又是多少？

6.16 一个频率为 300 MHz 的平行极化平面波从自由空间(媒质 1)斜入射到 $\varepsilon_r = 4$、$\mu_r = 1$(媒质 2)的理想介质表面上，如果入射线与分界面法线的夹角为 60°，入射波电场的振幅为 $E_0$，如题 6.16 图所示。试求：

(1) 入射波电场强度的表达式；

(2) 入射波磁场强度的表达式；

(3) 反射系数和透射系数。

6.17 一均匀平面波从自由空间(媒质 1)沿 +z 方向垂直入射到 $\varepsilon_r = 8$、$\mu_r = 2$(媒质 2)的理想介质表面上，电磁波的频率为 100 MHz，入射波电场的振幅为 $E_0$，极化为 +x 方向，如题 6.17 图所示。试求：

(1) 入射波电场强度的表达式；

(2) 入射波磁场强度的表达式；

(3) 反射系数和透射系数；

(4) 媒质 1 中的电场表达式；

(5) 媒质 2 中的电场表达式。

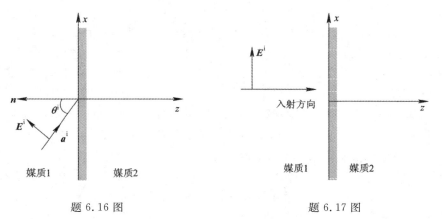

题 6.16 图　　　　　　　题 6.17 图

6.18 自由空间中一均匀平面波的电场强度为

$$\boldsymbol{E} = \boldsymbol{a}_x E_0 \cos(\omega t - \beta z) + \boldsymbol{a}_y 2 E_0 \sin\left(\omega t - \beta z + \frac{\pi}{3}\right)$$

求其平均坡印廷矢量。

# 第 7 章 传 输 线

前面几章讨论了电磁场与电磁波的一些基本概念。电磁波谱很宽,其中将波长从100 km 到 0.1 mm(频率从 3 kHz 到 3000 GHz)的电磁波称为无线电波(Radio Wave),它被广泛应用于通信、雷达、导航、遥感、电子对抗等系统中。下面几章主要研究电磁波在上述领域应用所必需的基本知识,主要包括传输线、波导与谐振腔、电磁波辐射与接收、无线信道、干扰与电磁兼容等。

传输线(Transmission Line)是用以传输电磁波信息和能量的各种形式传输系统的总称,它的作用是引导电磁波沿一定方向传输,因此又称为导波系统(Guide Wave System),它所导引的电磁波称为导行波。

传输线大致可以分为三种类型。第一类是双导体传输线,它由两根或两根以上的平行导体构成,因其传输的电磁波是横电磁波(TEM 波)或准 TEM 波,故又称为 TEM 波传输线,主要包括平行双线、同轴线、带状线和微带线等;第二类是均匀填充介质的金属波导管,因电磁波在管内传播,故称为波导(Waveguide),主要包括矩形波导、圆波导、脊形波导和椭圆波导等;第三类是介质传输线,因电磁波沿传输线表面传播,故称为表面波波导,主要包括介质波导、镜像线和单根表面波传输线等。限于篇幅,本书仅讨论前两种传输系统。

研究导波系统的传输特性主要有"场"和"路"两种方法。所谓场分析法,就是从麦克斯韦方程出发,求出满足边界条件的波动方程解,得出导波系统中电场和磁场的表达式,进而分析其传输特性,这一部分内容将在下章中叙述。所谓等效电路法,实质上类似于低频电路分析法,它在分析场分布的基础上,在一定的条件下采用等效阻抗、等效电压等概念,得出沿线等效电压电流的表达式,进而分析其传输特性。该方法实质是在一定的条件下化场为路,有足够的精度,数学上较为简便,因此被广泛应用于传输线的分析。

本章首先用等效电路法讨论了均匀传输线上等效电压与电流的分布特性,接着分析传输线的状态参量——输入阻抗、反射系数及驻波比;讨论了传输线的等效原理;分析了史密斯圆图及其应用;介绍了传输线效率、损耗及功率容量的概念;给出了双导线、同轴线及微带传输线的基本特性;介绍了传输线的匹配与滤波的方法。

# 7.1 均匀传输线的分析

7.1 节课件

## 7.1.1 均匀传输线等效及传输线方程的解

一般将截面尺寸、形状、媒质分布、材料及边界条件均不变的导波系统称为规则导波系统，又称为均匀传输线（Homogeneous Transmission Line），它可以用两根平行导线来表示，如图 7-1(a)所示。当高频电流通过传输线时，导线将产生热耗，这表明导线具有分布电阻；由于导线间绝缘不完善而存在漏电流，这表明沿线各处有分布电导；电流通过导线，在周围产生磁场，即导线存在分布电感；两导线间存在电压，其间有电场，则导线间存在分布电容。这四个分布元件可分别用单位长分布电阻 $R$、单位长分布漏电导 $G$、单位长分布电感 $L$ 和单位长分布电容 $C$ 来描述，以上参数可通过静态场的分析方法得到，其等效电路如图 7-1(b)所示。

各类传输线

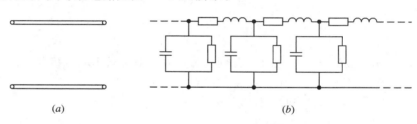

图 7-1 均匀传输线及其等效

设传输线始端接有内阻为 $Z_g$ 的信号源，终端接有阻抗为 $Z_L$ 的负载，并建立如图 7-2(a)所示坐标，原点在终端负载处，方向由负载指向信号源，其上任意微分小段可等效为由电阻 $R\Delta z$、电感 $L\Delta z$、电容 $C\Delta z$ 和漏电导 $G\Delta z$ 组成的网络，如图 7-2(b)所示。

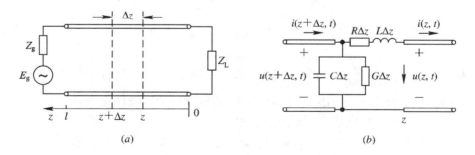

图 7-2 传输线系统及微分段的等效

设时刻 $t$ 在离传输线终端 $z$ 处的电压和电流分别为 $u(z, t)$ 和 $i(z, t)$，而在位置 $z+\Delta z$ 处的电压和电流分别为 $u(z+\Delta z, t)$ 和 $i(z+\Delta z, t)$。对很小的 $\Delta z$，应用基尔霍夫定律，有：

$$u(z + \Delta z,\ t) - u(z,\ t) = R\Delta z i(z,\ t) + L\Delta z \frac{\partial i(z,t)}{\partial t}$$

$$i(z + \Delta z,\ t) - i(z,\ t) = G\Delta z u(z + \Delta z,\ t) + C\Delta z \frac{\partial u(z+\Delta z,t)}{\partial t}$$

$$(7-1-1)$$

将上式整理，并忽略高阶小量，可得

$$\frac{\partial u(z,\ t)}{\partial z} = R i(z,\ t) + L \frac{\partial i(z,\ t)}{\partial t}$$

$$\frac{\partial i(z,\ t)}{\partial z} = G u(z,\ t) + C \frac{\partial u(z,\ t)}{\partial t}$$

$$(7-1-2)$$

对于角频率为 $\omega$ 的正弦电源，传输线上的电压和电流可用复振幅表示：

$$u(z,\ t) = \mathrm{Re}[U(z) \mathrm{e}^{\mathrm{j}\omega t}]$$
$$i(z,\ t) = \mathrm{Re}[I(z) \mathrm{e}^{\mathrm{j}\omega t}]$$

$$(7-1-3)$$

将上式代入式$(7-1-2)$，并消去时间因子 $\mathrm{e}^{\mathrm{j}\omega t}$，可得

$$\frac{\mathrm{d}U(z)}{\mathrm{d}z} = Z I(z)$$
$$\frac{\mathrm{d}I(z)}{\mathrm{d}z} = Y U(z)$$

$$(7-1-4)$$

其中，$Z = R + \mathrm{j}\omega L$，$Y = G + \mathrm{j}\omega C$，分别称为传输线单位长串联阻抗和单位长并联导纳。

由式$(7-1-4)$，得到

$$\frac{\mathrm{d}^2 U(z)}{\mathrm{d}z^2} - \gamma^2 U(z) = 0$$
$$\frac{\mathrm{d}^2 I(z)}{\mathrm{d}z^2} - \gamma^2 I(z) = 0$$

$$(7-1-5)$$

其中，$\gamma^2 = ZY = (R+\mathrm{j}\omega L)(G+\mathrm{j}\omega C)$。式$(7-1-5)$二阶常系数微分方程的通解为

$$U(z) = A_1 \mathrm{e}^{+\gamma z} + A_2 \mathrm{e}^{-\gamma z}$$
$$I(z) = \frac{1}{Z_0}(A_1 \mathrm{e}^{+\gamma z} - A_2 \mathrm{e}^{-\gamma z})$$

$$(7-1-6)$$

其中，$Z_0 = \sqrt{\dfrac{R+\mathrm{j}\omega L}{G+\mathrm{j}\omega C}}$，称为传输线的特性阻抗。$A_1$、$A_2$ 为积分常数，由传输线的边界条件决定。由图 $7-2(a)$可知，传输线的边界条件通常有以下三种：

(1) 已知始端电压 $U_i$ 和始端电流 $I_i$；

(2) 已知终端电压 $U_L$ 和终端电流 $I_L$；

(3) 已知信号源电动势 $E_g$ 和内阻 $Z_g$ 以及负载阻抗 $Z_L$。

下面以第二种边界条件为例，来确定待定系数 $A_1$、$A_2$。

将边界条件：$z=0$ 处 $U(0)=U_L$，$I(0)=I_L$，代入式$(7-1-6)$可解得

$$A_1 = \frac{1}{2}(U_L + I_L Z_0)$$
$$A_2 = \frac{1}{2}(U_L - I_L Z_0)$$

$$(7-1-7)$$

再将上式代入式(7-1-6)，则有

$$\left.\begin{array}{l}U(z) = U_{\mathrm{L}} \cosh\gamma z + I_{\mathrm{L}} Z_0 \sinh\gamma z \\[2mm] I(z) = I_{\mathrm{L}} \cosh\gamma z + \dfrac{U_{\mathrm{L}}}{Z_0} \sinh\gamma z\end{array}\right\} \qquad (7-1-8)$$

将上式写成矩阵形式为

$$\begin{bmatrix}U(z) \\ I(z)\end{bmatrix} = \begin{bmatrix}\cosh\gamma z & Z_0 \sinh\gamma z \\[2mm] \dfrac{1}{Z_0} \sinh\gamma z & \cosh\gamma z\end{bmatrix}\begin{bmatrix}U_{\mathrm{L}} \\ I_{\mathrm{L}}\end{bmatrix} \qquad (7-1-9)$$

式(7-1-9)表明，只要已知终端负载电压 $U_{\mathrm{L}}$、电流 $I_{\mathrm{L}}$ 及传输线特性参数 $\gamma$、$Z_0$，则就可求得传输线上任意一点的电压和电流。

### 7.1.2 传输线方程解的分析

在式(7-1-6)中令 $\gamma = \alpha + \mathrm{j}\beta$，为简单起见，令 $A_1$、$A_2$、$Z_0$ 均为实数，并考虑时间因子 $\mathrm{e}^{\mathrm{j}\omega t}$，则可得传输线上的电压和电流的瞬时值表达式为

$$\left.\begin{array}{l}u(z,t) = u_+(z,t) + u_-(z,t) = |A_1| \mathrm{e}^{+\alpha z} \cos(\omega t + \beta z) + |A_2| \mathrm{e}^{-\alpha z} \cos(\omega t - \beta z) \\[2mm] i(z,t) = i_+(z,t) + i_-(z,t) = \dfrac{1}{Z_0}\left[|A_1| \mathrm{e}^{+\alpha z} \cos(\omega t + \beta z) - |A_2| \mathrm{e}^{-\alpha z} \cos(\omega t - \beta z)\right]\end{array}\right\}$$
$$(7-1-10)$$

式(7-1-10)表明，传输线上任意一点的电压和电流都由两部分组成，即在任一点 $z$ 处的电压或电流均由沿 $-z$ 方向传播的行波(称为入射波)和沿 $+z$ 方向传播的行波(称为反射波)叠加而成。不管是入射波还是反射波，它们都是行波(Traveling Wave)，行波在传播过程中其幅度按 $\mathrm{e}^{-\alpha z}$ 衰减，因此称 $\alpha$ 为衰减常数(Attenuation Constant)，单位为 dB/m，而相位随 $z$ 连续滞后 $\beta z$，故称 $\beta$ 为相位常数(Phase Constant)，单位为 rad/m。传输线上电磁波的入射、反射特性与我们在第6章中探讨的均匀平面波垂直入射到媒质分界面时的入射和反射特性非常相似，可以对照学习。

### 7.1.3 特性阻抗与传播常数

#### 1. 特性阻抗 $Z_0$

在推导式(7-1-6)时引入了参数 $Z_0$：

$$Z_0 = \sqrt{\frac{R + \mathrm{j}\omega L}{G + \mathrm{j}\omega C}} \qquad (7-1-11)$$

传输线
特征参数

$Z_0$ 称为特性阻抗(Characteristic Impedance)，其物理意义可理解为传输线上行波的电压与电流的比值，它通常是个复数，且与工作频率有关。特性阻抗 $Z_0$ 由传输线自身分布参数决定，而与负载及信号源无关，故称为"特性阻抗"。

对于均匀无耗传输线，$R = G = 0$，因此均匀无耗传输线的特性阻抗为

$$Z_0 = \sqrt{\frac{L}{C}} \qquad (7-1-12)$$

此时，特性阻抗 $Z_0$ 为实数，且与频率无关。

当损耗很小时，即当 $R \ll \omega L$，$G \ll \omega C$ 时，特性阻抗为

$$Z_0 = \sqrt{\frac{R + j\omega L}{G + j\omega C}} \approx \sqrt{\frac{L}{C}} \qquad (7-1-13)$$

上式表明，损耗很小时传输线的特性阻抗近似为实数。

**2. 传播常数 $\gamma$**

传播常数（Propagation Constant）$\gamma$ 由衰减常数和相位常数构成，由前面分析知：

$$\gamma = \sqrt{(R + j\omega L)(G + j\omega C)} = \alpha + j\beta \qquad (7-1-14)$$

式（7-1-14）表明，传播常数一般为复数。

对于无耗传输线，由于 $R = G = 0$，因此 $\alpha = 0$，此时，$\gamma = j\beta$（$\beta = \omega\sqrt{LC}$）为纯虚数。

对于损耗很小的传输线，即满足 $R \ll \omega L$，$G \ll \omega C$ 时，其衰减常数和相位常数分别为

$$\left. \begin{array}{l} \alpha = \dfrac{1}{2}(RY_0 + GZ_0) \\[2mm] \beta = \omega\sqrt{LC} \end{array} \right\} \qquad (7-1-15)$$

在工程上，式（7-1-15）常用于小损耗传输线特性的估计。

## 7.1.4　反射系数与输入阻抗

**1. 反射系数**

传输线上任意一点 $z$ 处的反射波电压 $U_r(z)$（或电流）与入射波电压 $U_i(z)$（或电流）之比称为反射系数（Reflection Coefficient），即

$$\Gamma(z) = \frac{U_r(z)}{U_i(z)} = -\frac{I_r(z)}{I_i(z)} \qquad (7-1-16)$$

对无耗传输线，$\gamma = j\beta$，终端负载为 $Z_L$，由式（7-1-6）及式（7-1-7）得

$$\Gamma(z) = \frac{A_2 e^{-j\beta z}}{A_1 e^{j\beta z}} = \frac{Z_L - Z_0}{Z_L + Z_0} e^{-j2\beta z} = \Gamma_L e^{-j2\beta z} \qquad (7-1-17)$$

式中，$\Gamma_L = \dfrac{Z_L - Z_0}{Z_L + Z_0} = |\Gamma_L| e^{j\phi_L}$ 称为终端反射系数（Terminal Reflection Coefficient）。于是传输线上任意一点的反射系数可用终端反射系数表示为

$$\Gamma(z) = |\Gamma_L| e^{j(\phi_L - 2\beta z)} \qquad (7-1-18)$$

由此可见，对均匀无耗传输线来说，任意一点的反射系数 $\Gamma(z)$ 大小相等，沿线只有相位作周期性变化，其周期为 $\lambda/2$，即反射系数具有 $\lambda/2$ 重复性。

当 $Z_L = Z_0$ 时，$\Gamma_L = 0$，表明没有反射波，传输线上只存在由电源向负载方向传播的行波，此时，传输线上传输的能量全部被负载吸收，这种状态称为终端负载匹配。当终端开路（$Z_L \to \infty$）或终端短路（$Z_L = 0$）或终端接纯电抗负载（$Z_L = jX$）时，终端反射系数 $|\Gamma_L| = 1$，表明入射到终端的波全部被反射回去，此时，负载得到的功率为零。而当终端负载为任意复数时，一部分入射

波被负载吸收，一部分被反射回去。

设传输线上任意一点的反射系数为 $\Gamma(z)$，则该点处的电压及电流表示为

$$\left.\begin{aligned} U(z) &= U_\mathrm{i}(z) + U_\mathrm{r}(z) = A_1\,\mathrm{e}^{\mathrm{j}\beta z}\big[1 + \Gamma(z)\big] \\ I(z) &= I_\mathrm{i}(z) + I_\mathrm{r}(z) = \frac{A_1}{Z_0}\,\mathrm{e}^{\mathrm{j}\beta z}\big[1 - \Gamma(z)\big] \end{aligned}\right\} \tag{7-1-19}$$

### 2. 输入阻抗

传输线上任意一点 $z$ 处的电压和电流之比值定义为输入阻抗（Input Impedance）。对无耗均匀传输线，将 $\gamma = \mathrm{j}\beta$ 代入式（7-1-9）可得

$$\left.\begin{aligned} U(z) &= U_\mathrm{L}\cos(\beta z) + \mathrm{j}I_\mathrm{L}Z_0\,\sin(\beta z) \\ I(z) &= I_\mathrm{L}\cos(\beta z) + \mathrm{j}\frac{U_\mathrm{L}}{Z_0}\,\sin(\beta z) \end{aligned}\right\} \tag{7-1-20}$$

因此，均匀无耗传输线的输入阻抗为

$$Z_{\mathrm{in}}(z) = \frac{U(z)}{I(z)} = Z_0\,\frac{Z_\mathrm{L} + \mathrm{j}Z_0\,\tan(\beta z)}{Z_0 + \mathrm{j}Z_\mathrm{L}\,\tan(\beta z)} \tag{7-1-21}$$

式中，$Z_0$ 为传输线特性阻抗，$Z_\mathrm{L}$ 为终端负载阻抗。

由式（7-1-19），输入阻抗还可写成

$$Z_{\mathrm{in}}(z) = \frac{U(z)}{I(z)} = Z_0\,\frac{1 + \Gamma(z)}{1 - \Gamma(z)} \tag{7-1-22}$$

上式表明，均匀无耗传输线上任意一点的输入阻抗与观察点的位置、传输线的特性阻抗、终端负载阻抗及工作频率有关，且一般为复数，故不宜直接测量。当传输线特性阻抗一定时，输入阻抗与反射系数有一一对应的关系，因此，输入阻抗 $Z_{\mathrm{in}}(z)$ 可通过反射系数 $\Gamma(z)$ 的测量来确定。

### 3. 驻波比

终端接任意负载时，传输线上各点的电压和电流由入射波和反射波叠加而成。当入射波和反射波同相时，合成波电压幅度最大；而当入射波和反射波反相时，合成波电压幅度最小，即

$$\left.\begin{aligned} |U|_{\max} &= |U_\mathrm{i}| + |U_\mathrm{r}| = |U_\mathrm{i}|(1 + |\Gamma_\mathrm{L}|) \\ |U|_{\min} &= |U_\mathrm{i}| - |U_\mathrm{r}| = |U_\mathrm{i}|(1 - |\Gamma_\mathrm{L}|) \end{aligned}\right\} \tag{7-1-23}$$

传输线上电压最大值与电压最小值之比定义为电压驻波比（Voltage Standing Wave Ratio），用 $\rho$ 或 VSWR 表示，即

$$\rho = \frac{|U|_{\max}}{|U|_{\min}} = \frac{1 + |\Gamma_\mathrm{L}|}{1 - |\Gamma_\mathrm{L}|} \tag{7-1-24}$$

电压驻波比有时也称为电压驻波系数，简称驻波系数，其倒数称为行波系数，用 $K$ 表示：

$$K = \frac{1}{\rho} \tag{7-1-25}$$

反过来，$|\Gamma_\mathrm{L}|$ 也可用 $\rho$ 表示：

$$|\Gamma_\mathrm{L}| = \frac{\rho - 1}{\rho + 1} \tag{7-1-26}$$

反射系数与
驻波比

由此可知，当$|\Gamma_L|=0$即传输线上无反射时，驻波比$\rho=1$，行波系数$K=1$；而当$|\Gamma_L|=1$即传输线上全反射时，驻波比$\rho\to\infty$，行波系数$K=0$。因此，驻波比$\rho$的取值范围为$1\leqslant\rho<\infty$，行波系数的取值范围为$0\leqslant K\leqslant1$。驻波比（行波系数）和反射系数一样可用来描述传输线的工作状态，但它没有相位信息，工程上，常采用驻波比来描述传输线与负载的匹配程度。

### 7.1.5　相速与传输线波长

传输线上的相速（Phase Velocity）定义为行波等相位面沿传输方向的传播速度，用$v_p$来表示，与相位常数的关系为

$$v_p = \frac{\omega}{\beta} \qquad (7-1-27)$$

事实上它与第 6 章讨论的均匀平面波的相速（式（6-1-8））相同。

而传输线上的波长（Wavelength）$\lambda_g$与自由空间的波长$\lambda_0$有以下关系：

$$\lambda_g = \frac{2\pi}{\beta} = \frac{v_p}{f} = \frac{\lambda_0}{\sqrt{\varepsilon_r}} \qquad (7-1-28)$$

其中，$\varepsilon_r$为传输线周围填充介质的介电常数。可见，由于传输线周围介质的存在，传输线上信号的波长比自由空间的缩短了，工程上利用此特性，可以实现部件尺寸的缩小。

# 7.2　传输线的等效

7.2 节课件

由前面分析可知，传输线终端接不同的负载时，传输线上反射波不同，从而使合成波不同。当负载阻抗与传输线特性阻抗相同时，传输线上无反射波，即只有由信号源向负载方向传输的行波，此时的传输线处于行波状态，传输线上的电压、电流与位置无关，其示意图如图 7-3(a)所示；当负载为开

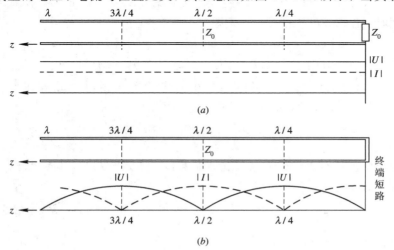

传输线上行波

图 7-3　传输线上的电压、电流分布示意图

(a) 行波时沿线电压、电流振幅分布；(b) 纯驻波时沿线电压、电流振幅分布

传输线上
纯驻波

路、短路或纯电抗时,终端处产生全反射,此时的传输线处于纯驻波状态,即传输线上的电压、电流沿线为正弦(或余弦)分布。当终端短路时纯驻波的电压、电流分布示意图如图 7-3(b)所示。而当传输线终端接任意复数阻抗负载时,由信号源入射的电磁波功率一部分被终端负载吸收,另一部分则被反射,因此传输线上既有行波又有纯驻波,构成混合波状态,称之为行驻波状态。图 7-4 给出了行驻波条件下传输线上的电压、电流分布。

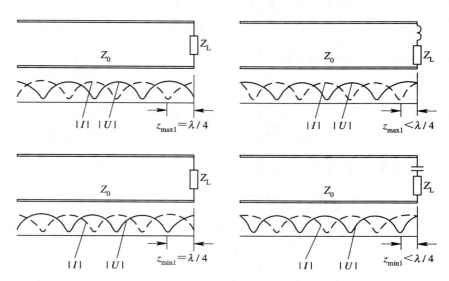

图 7-4    传输线上载行驻波时沿线电压、电流振幅分布图

传输线上
行驻波

## 7.2.1    行驻波状态

现在我们对行驻波特性作一分析。设传输线的特性阻抗为 $Z_0$,负载阻抗为 $Z_L$,终端的反射系数为

$$\Gamma_L = \frac{Z_L - Z_0}{Z_L + Z_0} = |\Gamma_L| e^{j\phi_L}$$

其对应的驻波比为 $\rho$。则我们有以下结论:

(1)电压值最大处称为电压波腹点,此时电流值最小,对应位置为

$$z_{max} = \frac{\lambda}{4\pi}\phi_L + n\frac{\lambda}{2}, \quad n = 0, 1, 2, \cdots \tag{7-2-1}$$

相应的电压、电流幅值分别为

$$\left. \begin{array}{l} |U|_{max} = |A_1|[1 + |\Gamma_L|] \\ |I|_{min} = \frac{|A_1|}{Z_0}[1 - |\Gamma_L|] \end{array} \right\} \tag{7-2-2}$$

于是可得电压波腹点的阻抗为纯电阻,其值为

$$R_{max} = Z_0 \frac{1 + |\Gamma_L|}{1 - |\Gamma_L|} = Z_0\rho \tag{7-2-3}$$

(2)电压幅度最小处称为电压波节点,此时电流幅度最大,对应位置为

$$z_{\min} = \frac{\lambda}{4\pi}\phi_{\mathrm{L}} + (2n+1)\frac{\lambda}{4}, \quad n = 0,1,2,\cdots \qquad (7-2-4)$$

相应的电压、电流幅值分别为

$$\left.\begin{array}{l} |U|_{\min} = |A_1|[1-|\Gamma_{\mathrm{L}}|] \\[2mm] |I|_{\max} = \dfrac{|A_1|}{Z_0}[1+|\Gamma_{\mathrm{L}}|] \end{array}\right\} \qquad (7-2-5)$$

该处的阻抗也为纯电阻，其值为

$$R_{\min} = Z_0\,\frac{1-|\Gamma_{\mathrm{L}}|}{1+|\Gamma_{\mathrm{L}}|} = \frac{Z_0}{\rho} \qquad (7-2-6)$$

可见电压波腹点和波节点相距 $\lambda/4$，且两点阻抗有如下关系：

$$R_{\max} \cdot R_{\min} = Z_0^2 \qquad (7-2-7)$$

实际上，无耗传输线上距离为 $\lambda/4$ 的任意两点处的阻抗的乘积均等于传输线特性阻抗的平方，这种特性称之为 $\lambda/4$ 阻抗变换性，这一点留给读者去证明。

关于传输线行波、纯驻波、行驻波三种状态的更详细的分析见文献[24]。

### 7.2.2　传输线的等效

#### 1. 等效电感与等效电容

考察任意一段长度为 $l$，特性阻抗为 $Z_0$，终端短路的无耗传输线，如图 7-5(a) 所示，将 $Z_{\mathrm{L}}=0$ 代入式 (7-1-21)，可得一段短路传输线的输入阻抗为

传输线等效

$$Z_{\mathrm{in}}(z) = \mathrm{j}Z_0\tan\beta l \qquad (7-2-8)$$

当 $l<\lambda/4$ 时，其输入阻抗具有纯电感特性，当 $\lambda/4<l<\lambda/2$ 时，该短路线具有纯电容特性。而对任意一段长度为 $l$，特性阻抗为 $Z_0$，终端开路的无耗传输线，如图 7-5(b) 所示，将 $Z_{\mathrm{L}}\to\infty$ 代入式 (7-1-21)，可得一段开路传输线的输入阻抗为

$$Z_{\mathrm{in}}(z) = -\mathrm{j}Z_0\cot\beta l \qquad (7-2-9)$$

当 $l<\lambda/4$ 时，其输入阻抗具有纯电容特性，当 $\lambda/4<l<\lambda/2$ 时，该开路线具有纯电感特性。

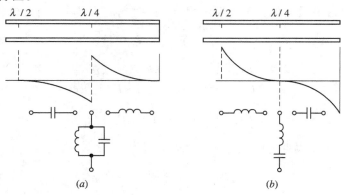

图 7-5　短路及开路传输线的等效元件

换句话来说，我们可以将一段长度 $l<\lambda/4$ 的短路线等效为一个电感，若等效电感的感抗为 $X_L$，则传输线的长度由下式决定：

$$l_{\mathrm{SL}} = \frac{\lambda}{2\pi}\arctan\left(\frac{X_L}{Z_0}\right) \qquad (7-2-10)$$

而将一段长度 $l<\lambda/4$ 的开路线等效为一个电容，若等效电容的容抗为 $X_C$，则传输线的长度由下式决定：

$$l_{\mathrm{OC}} = \frac{\lambda}{2\pi}\operatorname{arccot}\left(\frac{X_C}{Z_0}\right) \qquad (7-2-11)$$

在微波波段，工程上常采用开路线或短路线实现电感或电容。

**2. 谐振元件**

终端短路的传输线或终端开路的传输线不仅可以等效为电容或电感，而且还可以等效为谐振元件。如图 7-6(a) 所示就是利用 1/4 波长的短路传输线作为并联谐振电路，其等效电路如图 7-6(b) 所示。该谐振器与分立元件电路一样也有 $Q$ 值和工作频带宽度。另外，1/4 波长的开路传输线或 1/2 波长的短路传输线可用作串联谐振电路。

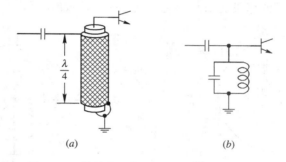

$(a)$       $(b)$

图 7-6 传输线用作谐振元件及其等效电路

工程上，利用短截线的谐振特性实现滤波等功能，图 7-7 为利用 1/4 波长的开路线实现的微波带通滤波器。

图 7-7 1/4 波长的微波带通滤波器

# 7.3 史密斯圆图及其应用

**7.3 节课件**

史密斯圆图（Smith Chart）是用来分析传输线匹配问题的有效工具，它具有概念明晰、求解直观、精度较高等特点，被广泛应用于射频工程中。

由式(7-1-22)传输线上任意一点的反射函数 $\Gamma(z)$ 可表达为

$$\Gamma(z) = \frac{\overline{Z}_{in}(z) - 1}{\overline{Z}_{in}(z) + 1} \qquad (7-3-1)$$

其中，$\overline{Z}_{in}(z) = \dfrac{Z_{in}(z)}{Z_0}$ 为归一化输入阻抗。$\Gamma(z)$ 为一复数，它可以表示为极坐标形式，也可以表示成直角坐标形式。当表示为极坐标形式时，对于无耗传输线，有

Smith 圆图

$$\Gamma(z) = |\Gamma_L| e^{j(\phi_L - 2\beta z)} = |\Gamma_L| e^{j\phi} \qquad (7-3-2)$$

式中，$\phi_L$ 为终端反射系数 $\Gamma_L$ 的辐角；$\phi = \phi_L - 2\beta z$ 是 $z$ 处反射系数的辐角。当 $z$ 增加时，即由终端向电源方向移动时，$\phi$ 减小，相当于顺时针转动；反之，由电源向负载移动时，$\phi$ 增大，相当于逆时针转动。沿传输线每移动 $\lambda/2$，反射系数经历一周。如图 7-8 所示。又因为反射系数的模值不可能大于 1，因此，它的极坐标表示被限制在半径为 1 的圆周内。图 7-9 绘出了反射系数圆图，图中每个同心圆的半径表示反射系数的大小；沿传输线移动的距离以波长为单位来计量，其起点为实轴左边的端点（即 $\phi = 180°$ 处）。在这个图中，任一点与圆心连线的长度就是与该点相应的传输线上某点处的反射系数的大小，连线与 $\phi = 0°$ 的那段实轴间的夹角就是反射系数的辐角。

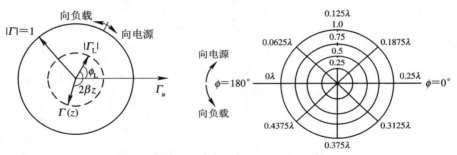

Smith 圆图
（文本）

图 7-8　反射系数极坐标表示　　　　图 7-9　反射系数圆图

对于任一个确定的负载阻抗的归一化值，都能在圆图中找到一个与之相对应的点，这一点从极坐标关系来看，也就代表了 $\Gamma_L = |\Gamma_L| e^{j\phi_L}$。它是传输线端接这一负载时计算的起点。当将 $\Gamma(z)$ 表示成直角坐标形式时，

$$\Gamma(z) = \Gamma_u + j\Gamma_v \qquad (7-3-3)$$

传输线上任意一点归一化阻抗为

$$\overline{Z}_{in} = \frac{Z_{in}}{Z_0} = \frac{1 + (\Gamma_u + j\Gamma_v)}{1 - (\Gamma_u + j\Gamma_v)} \qquad (7-3-4)$$

令 $\overline{Z}_{in} = r + jx$，则可得以下方程：

$$\left.\begin{array}{l} \left(\Gamma_u - \dfrac{r}{1+r}\right)^2 + \Gamma_v^2 = \left(\dfrac{1}{1+r}\right)^2 \\[3mm] (\Gamma_u - 1)^2 + \left(\Gamma_v - \dfrac{1}{x}\right)^2 = \left(\dfrac{1}{x}\right)^2 \end{array}\right\} \qquad (7-3-5)$$

这两个方程是以归一化电阻 $r$ 和归一化电抗 $x$ 为参数的两组圆方程。方程 (7-3-5) 的第 1 式为归一化电阻圆（Resistance Circle），见图 7-10(a)；第

2 式为归一化电抗圆(Reactance Circle),见图 7 – 10(b)。

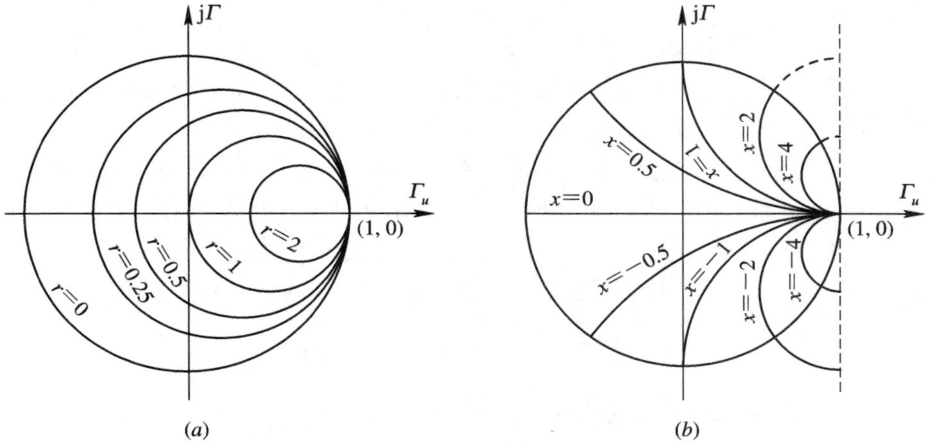

图 7 – 10 归一化等电阻圆和等电抗圆

电阻圆的圆心在实轴(横轴)$\left(\dfrac{1}{1+r},0\right)$处,半径为$\dfrac{1}{1+r}$,$r$ 愈大,圆的半径愈小。当 $r=0$ 时,圆心在$(0,0)$点,半径为 1;当 $r\to\infty$时,圆心在$(1,0)$点,半径为零。

电抗圆的圆心在$\left(1,\dfrac{1}{x}\right)$处,半径为$\dfrac{1}{x}$。由于 $x$ 可正可负,因此全簇分为两组,一组在实轴的上方,另一组在下方;当 $x=0$ 时,圆与实轴相重合;当 $x\to\pm\infty$ 时,圆缩为点$(1,0)$。

将上述的反射系数圆图、归一化电阻圆图和归一化电抗圆图画在一起,就构成了完整的阻抗圆图,也称为史密斯圆图。在实际使用中,一般不需要知道反射系数 $\Gamma$ 的情况,故不少圆图中并不画出反射系数圆图。

由上述阻抗圆图的构成可以知道:

(1) 在阻抗圆图的上半圆内的归一化阻抗为 $r+\mathrm{j}x$,其电抗为感抗;下半圆内的归一化阻抗为 $r-\mathrm{j}x$,其电抗为容抗;

(2) 实轴上的点代表纯电阻点,左半轴上的点为电压波节点,其上的刻度既代表 $r_{\min}$,又代表行波系数 $K$,右半轴上的点为电压波腹点,其上的刻度既代表 $r_{\max}$,又代表驻波比 $\rho$;

(3) 圆图旋转一周为 $\lambda/2$;

(4) $|\Gamma|=1$ 的圆周上的点代表纯电抗点;

(5) 实轴左端点为短路点,右端点为开路点;中心点处有 $\bar{Z}=1+\mathrm{j}0$,是匹配点;

(6) 在传输线上由负载向电源方向移动时,在圆图上应顺时针旋转;反之,由电源向负载方向移动时,应逆时针旋转。

为了使用方便起见,在圆图外圈常分别标有向电源方向和负载方向的电长度刻度,详见附录 2。

由无耗传输线的 $\lambda/4$ 的阻抗变换特性，将整个阻抗圆图旋转 $180°$ 即得到导纳圆图。

下面举例说明其使用方法。

**【例 7-1】**  已知传输线的特性阻抗 $Z_0 = 50\ \Omega$。假设传输线的负载阻抗为 $Z_L = (25 + j25)\ \Omega$，求离负载 $z = 0.2\lambda$ 处的等效阻抗。

**解**  先求出归一化负载阻抗 $\overline{Z}_L = 0.5 + j0.5$，在图 7-11 所示的圆图上找出与此相对应的点 $P_1$，以圆图中心点 $O$ 为中心、$\overline{OP_1}$ 为半径，顺时针（向电源方向）旋转 $0.2\lambda$ 到达 $P_2$ 点，查出 $P_2$ 点的归一化阻抗为 $2 - j1.04$，将其乘以特性阻抗即可得到 $z = 0.2\lambda$ 处的等效阻抗为 $(100 - j52)\ \Omega$。

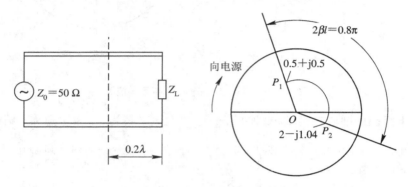

图 7-11  例 7-1 图示

**【例 7-2】**  在特性阻抗 $Z_0 = 50\ \Omega$ 的无耗传输线上测得驻波比 $\rho = 5$，电压最小点出现在 $z = \lambda/3$ 处，求负载阻抗。

**解**  电压波节点处等效阻抗为一纯电阻 $r_{\min} = K = 1/\rho = 0.2$，此点落在圆图的左半实轴上，如图 7-12 所示，从 $r_{\min} = 0.2$ 点沿等 $\rho(\rho = 5)$ 的圆反时针（向负载方向）转 $\lambda/3$，得到归一化负载为

$$\overline{Z}_L = 0.77 + j1.48$$

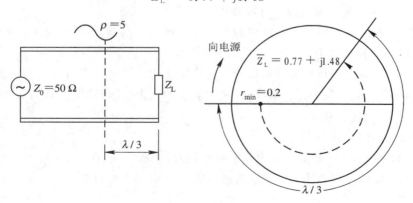

图 7-12  例 7-2 图示

故负载阻抗为

$$Z_L = (0.77 + j1.48) \times 50 = (38.5 + j74)\ \Omega$$

总之，史密斯圆图直观描述了无耗传输线各种特性参数的关系，应用于

许多专用测试设备，在微波电路设计、天线特性测量等方面有着广泛的应用。

7.4 节课件

# 7.4 传输线的效率、损耗和功率容量

前面我们讨论了无耗传输线的传输特性。实际上，由于导体及填充的介质都会有损耗，因而实际传输线通常为有耗传输线，因此分析传输线的损耗、传输效率及其功率容量是十分必要的。

## 7.4.1 传输效率

传输线终端负载吸收到的功率 $P_{\mathrm{L}}$ 与始端的入射功率 $P_0$ 之比就称为传输效率(Transmission Efficiency)，即

$$\eta = \frac{P_{\mathrm{L}}}{P_0} \tag{7-4-1}$$

设均匀传输线特性阻抗 $Z_0$ 为实数且传播常数 $\gamma = \alpha + \mathrm{j}\beta$，$\alpha \neq 0$，则沿线电压、电流的表达式为

$$\left. \begin{array}{l} U(z) = A_1 [\mathrm{e}^{\alpha z} \mathrm{e}^{\mathrm{j}\beta z} + \varGamma_{\mathrm{L}} \mathrm{e}^{-\mathrm{j}\beta z} \mathrm{e}^{-\alpha z}] \\ I(z) = \dfrac{A_1}{Z_0} [\mathrm{e}^{\alpha z} \mathrm{e}^{\mathrm{j}\beta z} - \varGamma_{\mathrm{L}} \mathrm{e}^{-\mathrm{j}\beta z} \mathrm{e}^{-\alpha z}] \end{array} \right\} \tag{7-4-2}$$

因此传输线上任一点 $z$ 处的传输功率为

$$P(z) = \frac{1}{2} \mathrm{Re}[U(z)I^*(z)] = \frac{|A_1|^2}{2Z_0} \mathrm{e}^{2\alpha z} [1 - |\varGamma_{\mathrm{L}}|^2 \mathrm{e}^{-4\alpha z}] \tag{7-4-3}$$

设传输线总长为 $l$，将 $z=l$ 代入式(7-4-3)，则始端入射功率为

$$P_0 = \frac{|A_1|^2}{2Z_0} \mathrm{e}^{2\alpha l} [1 - |\varGamma_{\mathrm{L}}|^2 \mathrm{e}^{-4\alpha l}] \tag{7-4-4}$$

终端负载在 $z=0$ 处，故负载吸收功率为

$$P_{\mathrm{L}} = \frac{|A_1|^2}{2Z_0} [1 - |\varGamma_{\mathrm{L}}|^2] \tag{7-4-5}$$

由此可得传输线的传输效率为

$$\eta = \frac{1 - |\varGamma_{\mathrm{L}}|^2}{\mathrm{e}^{2\alpha l} - |\varGamma_{\mathrm{L}}|^2 \mathrm{e}^{-2\alpha l}} \tag{7-4-6}$$

当终端负载与传输线匹配时，即 $|\varGamma_{\mathrm{L}}|=0$，此时传输效率最高，其值为

$$\eta_{\max} = \mathrm{e}^{-2\alpha l} \tag{7-4-7}$$

在高频情况下，一般有 $\alpha l \ll 1$，此时利用 $\mathrm{e}^{\pm 2\alpha l} \approx 1 \pm 2\alpha l$，式(7-4-6)可简化为

$$\eta \approx 1 - \frac{1 + |\varGamma_{\mathrm{L}}|^2}{1 - |\varGamma_{\mathrm{L}}|^2} 2\alpha l \tag{7-4-8}$$

可见，传输效率取决于传输线的长度 $l$、衰减常数 $\alpha$ 以及传输线终端匹配情况。

### 7.4.2　传输线损耗

传输线的损耗（Lossy）主要由导体损耗和介质损耗两部分组成。考虑小损耗情况，将

式（7-1-15）重写为

$$\alpha = \alpha_c + \alpha_d = \frac{R}{2Z_0} + \frac{GZ_0}{2} \tag{7-4-9}$$

传输线的损耗

其中，$\alpha_c$ 表示由导体损耗引起的衰减常数，$\alpha_d$ 表示由介质引起的衰减常数。若传输线由电导率为 $\sigma$ 的导体构成，横截面积为 $S$，则衰减常数 $\alpha_c$ 可表达为

$$\alpha_c = \frac{R}{2Z_0} = \frac{1}{2\sigma S Z_0} \tag{7-4-10}$$

设传输线填充介质的介电常数为 $\varepsilon_r$，其损耗角正切为 $\tan\delta$，则衰减常数 $\alpha_d$ 可表达为

$$\alpha_d = \frac{GZ_0}{2} = \frac{\pi \sqrt{\varepsilon_r}}{\lambda} \tan\delta \tag{7-4-11}$$

典型传输线

### 7.4.3　功率容量

传输线上容许传输的最大功率称为传输线的功率容量（Power Capacity）。限制传输线功率容量的因素主要有两方面：一是绝缘击穿电压的限制，传输线上最大电压不能超过介质的绝缘击穿电压，这与传输线的结构及介质有关；二是传输线的温升限制，温升是由导体损耗和介质损耗所引起的。当传输线的结构和介质材料选定后，功率容量由额定电压 $U_M$ 和额定电流 $I_M$ 决定。

设传输线的驻波比为 $\rho$，则功率容量可表示为

$$P_{max} = \frac{U_M I_M}{2\rho} = \frac{U_M^2}{2\rho Z_0} = \frac{I_M^2 Z_0}{2\rho} \tag{7-4-12}$$

一般来说，在传输脉冲功率时，传输功率容量受击穿电压的限制；在传输连续波功率时，则要考虑容许的最大电流。

# 7.5　双导线与同轴线

7.5节课件

平行双导线（Two-wire Parallel Lines）和同轴线（Coaxial Lines）是常用的两种 TEM 传输线，它们的分布参数的计算公式如表 7-1 所示，其外形结构分别如图 7-13(a)、(b) 所示。

表 7-1　双导线和同轴线的分布参数

| | $R$ | $G$ | $L$ | $C$ |
|---|---|---|---|---|
| 平行双导线 | $\dfrac{2}{d}\sqrt{\dfrac{f\mu}{\pi\sigma}}$ | $\dfrac{\pi\sigma'}{\ln(2D/d)}$ | $\dfrac{\mu}{\pi}\ln\dfrac{2D}{d}$ | $\dfrac{\pi\varepsilon}{\ln(2D/d)}$ |
| 同轴线 | $\sqrt{\dfrac{f\mu}{4\pi\sigma}}\left(\dfrac{1}{a}+\dfrac{1}{b}\right)$ | $\dfrac{2\pi\sigma'}{\ln(b/a)}$ | $\dfrac{\mu}{2\pi}\ln\dfrac{b}{a}$ | $\dfrac{2\pi\varepsilon}{\ln(b/a)}$ |

表中：$D$ 和 $d$ 分别为双导线间的距离和导线直径；$a$ 和 $b$ 分别为同轴线内导体的半径和外导体的内半径；$\mu$ 和 $\varepsilon$ 分别为介质的介电常数和磁导率；$\sigma$ 为导体的电导率，$\sigma'$ 为介质的漏电导率，$f$ 为工作频率。

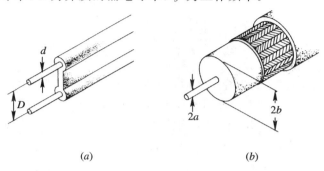

图 7 - 13　平行双导线与同轴线的外形结构

平行双导线广泛应用于电话网络等系统中，当频率升高时，其辐射损耗将变大，所以此类传输线只适合于工作频率较低的场合。对于直径为 $d$、间距为 $D$ 的平行双导线传输线，其特性阻抗由式(7 - 1 - 12)得

$$Z_0 = \sqrt{\frac{\mu_0}{\varepsilon}} \ln \frac{2D}{d} = \frac{120}{\sqrt{\varepsilon_r}} \ln \frac{2D}{d} \qquad (7 - 5 - 1)$$

其中，$\varepsilon_r$ 为导线周围填充介质的相对介电常数。在实际工作中，双导线的特性阻抗一般在 83~600 Ω 之间。

同轴线由内、外同轴的两导体柱构成，分为硬、软两种结构。硬同轴线是由圆柱形铜棒作内导体，同心的铜管作外导体，内外导体间用介质支撑，这种同轴线也称为同轴波导。软同轴线的内导体一般采用多股铜丝，外导体是铜丝网，在内外导体间用介质填充，外导体网外有一层橡胶保护壳，这种同轴线又称为同轴电缆。同轴线是一类广泛应用于电视、移动通信、雷达等系统的传输线。根据其使用场所(户外还是户内)、工作频带、功率要求、区域环境、电子干扰、造价及体积等用途特点制成了各种各样的同轴线。

由式(7 - 1 - 12)及表 7 - 1 得同轴线的特性阻抗为

$$Z_0 = \sqrt{\frac{L}{C}} = \frac{1}{2\pi} \sqrt{\frac{\mu}{\varepsilon}} \ln \frac{b}{a} \qquad (7 - 5 - 2)$$

在不同的使用要求下，同轴线应有不同的特性阻抗，其范围是 10~225 Ω。实际使用的同轴线特性阻抗一般有 50 Ω 和 75 Ω 两种。50 Ω 的同轴线兼顾了耐压、功率容量和衰减的要求，是一种通用型同轴传输线；75 Ω 的同轴线是衰减最小的同轴线，它主要用于远距离传输。

下面来讨论同轴线的功率容量。设同轴线的外导体接地，内导体上传输电压为 $U(z)$，取传播方向为 $+z$，忽略损耗，其传播常数为 $\beta$，则线上电压为

$$U(z) = U_0 e^{-j\beta z} \qquad (7 - 5 - 3)$$

线上电流为

$$I(z) = \frac{U(z)}{Z_0} = \frac{2\pi U_0}{\sqrt{\frac{\mu}{\varepsilon}} \ln \frac{b}{a}} e^{-j\beta z} \tag{7-5-4}$$

而传输功率为

$$P = \frac{1}{2} \operatorname{Re}(UI^*) = \frac{\pi U_0^2}{\sqrt{\frac{\mu}{\varepsilon}} \ln \frac{b}{a}} \tag{7-5-5}$$

可见，当上式中的 $U_0$ 为击穿电压时，此时计算所得功率即为功率容量。

应当指出，以上分析假设同轴线工作在 TEM 模式。实际上，当同轴线的截面尺寸与工作波长可比拟时，同轴线内将出现高次模式。要使同轴线工作于 TEM 模式，则同轴线的内外半径应满足以下条件：

$$\lambda_{\min} > \pi(b+a) \tag{7-5-6}$$

其中，$\lambda_{\min}$ 为最短工作波长。总之，在决定同轴线的内外直径时，必须同时考虑使用要求和工作模式。

另外，在实际中，广泛使用不同型号的电缆连接接头（Cable Connector）以实现电缆的连接，尽管其功能相似，但结构不同。它们的共同点都是将电缆的内导体和外导体分别连接起来，使用时要注意使连接头电气和机械很好地匹配。图 7 - 14 给出了两个常见的同轴连接头。

图 7 - 14　常见同轴连接头

# 7.6　微带传输线

7.6 节课件

微带传输线（Microstrip Lines）是由沉积在介质基片上的金属导体带和接地板构成的一个特殊传输系统，它可以看成由双导体传输线演化而来，即将无限薄的导体板垂直插入双导体中间，因为导体板和所有电力线垂直，所以不影响原来的场分布，再将导体圆柱变换成导体带，并在导体带之间加入介质材料，从而构成了微带线。微带线具有低轮廓、易集成、制作一致性好等特点，广泛应用于通信系统及航空、航天等方面。微带线的实际结构如图 7 - 15

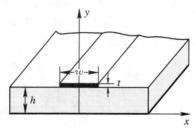

图 7 - 15　微带线及其坐标

所示。它的制造工艺一般采用薄膜技术，最常用的是真空蒸发沉积金属薄膜技术。其介质基片有纯度为 99.5% 的氧化铝陶瓷（$\varepsilon_r = 9.5 \sim 10$, $\tan\delta = 0.000\ 3$）、聚四氟乙烯（$\varepsilon_r = 2.1$, $\tan\delta = 0.0004$）和聚四氟乙烯玻璃纤维板（$\varepsilon_r = 2.55$, $\tan\delta = 0.008$），当工作频率高于 12 GHz 时可以采用石英。基片厚度 $h$ 一般在 $0.008 \sim 0.08$ mm 之间，而且一般都有金属屏蔽盒，使之免受外界干扰。屏蔽盒的高度为 $H \geqslant (5 \sim 6)h$，接地板宽度取 $a \geqslant (5 \sim 6)w$，$w$ 为中心导带的宽度。

在微波频率低端，微带基片的厚度 $h$ 远小于波长时，电磁波能量大部分集中在导带下面的介质基片内，在此区域内纵向分量很微弱，因此其主模可以看成是 TEM 模，称之为准 TEM 模，此时一般采用准静态分析法；当频率较高时，微带内可能出现高次模，从而使分析变得复杂。

微带线的传输特性主要包括特性阻抗、相速、色散和损耗。下面我们分别讨论之。

### 7.6.1 特性阻抗 $Z_0$ 与相速

微带传输线同其他传输线一样，满足传输线方程。因此对准 TEM 模而言，如忽略损耗则有

$$\left.\begin{array}{l} Z_0 = \sqrt{\dfrac{L}{C}} = \dfrac{1}{v_p C} \\[3mm] v_p = \dfrac{1}{\sqrt{LC}} \end{array}\right\} \qquad (7-6-1)$$

式中，$L$ 和 $C$ 分别为微带线上单位长度的分布电感和分布电容。

然而，由于微带线周围填充的不是一种介质，其中一部分为基片介质，另一部分为空气，这两部分对相速均产生影响，其影响程度由介电常数 $\varepsilon$ 和边界条件共同决定。当不存在介质基片即空气填充时，传输的是纯 TEM 波，此时的相速与真空中光速几乎相等，即 $v_p \approx c = 3 \times 10^8$ m/s；而当微带线周围全部用介质填充时，传输的也是纯 TEM 波，其相速 $v_p = c/\sqrt{\varepsilon_r}$。由此可见，介质部分填充的微带线（简称介质微带）的相速 $v_p$ 必然介于 $c$ 和 $c/\sqrt{\varepsilon_r}$ 之间。为此我们引入有效介电常数（Effective Relative Permittivity）$\varepsilon_e$，令

$$\varepsilon_e = \left(\frac{c}{v_p}\right)^2 \qquad (7-6-2)$$

则介质微带线相速为

$$v_p = \frac{c}{\sqrt{\varepsilon_e}} \qquad (7-6-3)$$

这样，有效介电常数 $\varepsilon_e$ 的取值就在 1 与 $\varepsilon_r$ 之间，具体数值由相对介电常数 $\varepsilon_r$ 和边界条件决定。工程上，用填充因子 $q$ 来定义有效介电常数 $\varepsilon_e$，即

$$\varepsilon_e = 1 + q(\varepsilon_r - 1) \qquad (7-6-4)$$

$q$ 值的大小反映了介质填充的程度。当 $q=0$ 时，$\varepsilon_e = 1$，对应于全空气填充；当 $q=1$ 时，$\varepsilon_e = \varepsilon_r$，对应于全介质填充。$q$ 与 $w/h$ 的关系为

$$q = \frac{1}{2}\left[1 + \left(1 + \frac{12h}{w}\right)^{-\frac{1}{2}}\right] \tag{7-6-5}$$

于是介质微带线的特性阻抗 $Z_0$ 与空气微带线的特性阻抗 $Z_0^a$ 有以下关系：

$$Z_0 = \frac{Z_0^a}{\sqrt{\varepsilon_e}} \tag{7-6-6}$$

因此，只要求得空气微带线的特性阻抗 $Z_0^a$ 及有效介电常数 $\varepsilon_e$，则可求得介质微带线的特性阻抗。通过保角变换及复变函数可以求得 $Z_0^a$ 及 $\varepsilon_e$ 的严格解，但结果为较复杂的超越函数，工程上一般采用近似公式。下面给出一组实用的计算公式。

（1）导带厚度为零时的空气微带的特性阻抗 $Z_0^a$ 及有效介电常数 $\varepsilon_e$。其计算公式如下：

$$Z_0^a = \begin{cases} 59.952\ln\left(\dfrac{8h}{w} + \dfrac{w}{4h}\right), & \dfrac{w}{h} \leqslant 1 \\[4mm] \dfrac{119.904\pi}{\dfrac{w}{h} + 2.42 - 0.44\dfrac{h}{w} + \left(1 - \dfrac{h}{w}\right)^6}, & \dfrac{w}{h} > 1 \end{cases} \tag{7-6-7}$$

$$\varepsilon_e = \frac{\varepsilon_r + 1}{2} + \frac{\varepsilon_r - 1}{2}\left(1 + \frac{12h}{w}\right)^{-\frac{1}{2}} \tag{7-6-8}$$

式中，$w/h$ 是微带的形状比，$w$ 是微带的导带宽度，$h$ 为介质基片厚度。

（2）导带厚度不为零时的空气微带的特性阻抗 $Z_0^a$。此时介质微带线的有效介电常数仍可按式（7-6-8）计算，但空气微带的特性阻抗 $Z_0^a$ 必须修正。此时导体厚度 $t \neq 0$ 可等效为导体宽度加宽 $w_e$，这是因为当 $t \neq 0$ 时，导带的边缘电容增大，相当于导带的等效宽度增加。当 $t < h$，$t < w/2$ 时相应的修正公式为

$$\frac{w_e}{h} = \begin{cases} \dfrac{w}{h} + \dfrac{t}{\pi h}\left(1 + \ln\dfrac{2h}{t}\right), & \dfrac{w}{h} \geqslant \dfrac{1}{2\pi} \\[4mm] \dfrac{w}{h} + \dfrac{t}{\pi h}\left(1 + \ln\dfrac{4\pi w}{t}\right), & \dfrac{w}{h} \leqslant \dfrac{1}{2\pi} \end{cases} \tag{7-6-9}$$

在前述零厚度时的特性阻抗计算公式中用 $w_e/h$ 代替 $w/h$ 即可得非零厚度时的特性阻抗。

## 7.6.2　波导波长 $\lambda_g$

微带线的波导波长也称为带内波长，即

$$\lambda_g = \frac{\lambda_0}{\sqrt{\varepsilon_e}} \tag{7-6-10}$$

显然微带线的波导波长与有效介电常数 $\varepsilon_e$ 有关，也就是与 $w/h$ 有关，亦即与特性阻抗 $Z_0$ 有关。对同一工作频率，不同特性阻抗的微带线有不同的波导波长。

## 7.6.3　微带线的色散特性

色散（Dispersive）是指电磁波的相速随频率而变的现象。正如前面分析，

当频率较低时，微带线上传播的波基本上是准 TEM 波，故可以不考虑色散。设不考虑色散时的频率为 $f_{\max}$，它可由下式计算得到：

$$f_{\max} = \frac{0.955}{\sqrt[4]{\varepsilon_r - 1}}\sqrt{\frac{Z_0}{h}} \quad \text{GHz} \tag{7-6-11}$$

式中，$Z_0$ 的单位为 $\Omega$，$h$ 的单位为 mm。对于给定结构的微带线来说，其 $f_{\max}$ 是一定的。如 $Z_0 = 50\ \Omega$，$\varepsilon_r = 9$，$h = 1$ mm，则无色散最高频率为 $f_{\max} = 4$ GHz。

当频率较高时，微带线的特性阻抗和相速随着频率变化而变化，也即具有色散特性。事实上，当频率升高时，相速 $v_p$ 要降低，则 $\varepsilon_e$ 应增大，而相应的特性阻抗 $Z_0$ 应减小。为此，一般用修正公式来计算介质微带线的传输特性，下面给出的这组公式的适用范围为 $2 \leqslant \varepsilon_r \leqslant 16$，$0.06 \leqslant w/h \leqslant 16$ 以及 $f \leqslant 100$ GHz。有效介电常数 $\varepsilon_e(f)$ 可用下列公式予以修正：

$$\varepsilon_e(f) = \left(\frac{\sqrt{\varepsilon_r} - \sqrt{\varepsilon_e}}{1 + 4F^{-1.5}} + \sqrt{\varepsilon_e}\right)^2 \tag{7-6-12}$$

式中：

$$F = \frac{4h\sqrt{\varepsilon_r - 1}}{\lambda_0}\left\{0.5 + \left[1 + 2\ln\left(1 + \frac{w}{h}\right)\right]^2\right\}$$

而特性阻抗计算公式为

$$Z_0(f) = Z_0\,\frac{\varepsilon_e(f) - 1}{\varepsilon_e - 1}\sqrt{\frac{\varepsilon_e}{\varepsilon_e(f)}} \tag{7-6-13}$$

其中的 $\varepsilon_e$ 由式（7-6-8）计算得出。

### 7.6.4　微带线的损耗

微带线的损耗主要是导体损耗，其次是介质损耗，此外还有一定的辐射损耗。不过当基片厚度很小，相对介电常数 $\varepsilon_r$ 较大时，绝大部分功率集中在导带附近的空间里，所以辐射损耗是很小的，和其他两种损耗相比可以忽略。因此下面着重来讨论导体损耗和介质损耗引起的衰减。

**1. 导体衰减常数 $\alpha_c$**

由于微带线的金属导体带和接地板上都存在高频表面电流，因此存在热损耗，但由于表面电流的精确分布难于求得，因此也就难于得出计算导体衰减的精确公式。工程上一般采用以下近似计算公式：

$$\left.
\begin{aligned}
\frac{\alpha_c Z_0 h}{R_S} &= \frac{8.68}{2\pi}\left[1 - \left(\frac{w_e}{4h}\right)^2\right]\left\{1 + \frac{h}{w_e} + \frac{h}{\pi w_e}\left[\ln\left(4\pi\,\frac{w/h}{t/h} + \frac{t/h}{w/h}\right)\right]\right\}, \quad \frac{w}{h} \leqslant 0.16 \\[2mm]
\frac{\alpha_c Z_0 h}{R_S} &= \frac{8.68}{2\pi}\left[1 - \left(\frac{w_e}{4h}\right)^2\right]\left\{1 + \frac{h}{w_e} + \frac{h}{\pi w_e}\left[\ln\frac{2h}{t} - \frac{t}{h}\right]\right\}, \quad 0.16 \leqslant \frac{w}{h} \leqslant 2 \\[2mm]
\frac{\alpha_c Z_0 h}{R_S} &= \frac{8.68}{\dfrac{w_e}{h} + \dfrac{2}{\pi}\ln\left[2\pi e\left(\dfrac{w_e}{2h} + 0.94\right)\right]}\left[\frac{w_e}{h} + \frac{\dfrac{w_e}{\pi h}}{\dfrac{w_e}{2h} + 0.094}\right]\left[1 + \frac{h}{w_e} + \frac{h}{\pi w_e}\left(\ln\frac{2h}{t} - \frac{t}{h}\right)\right], \frac{w}{h} \geqslant 2
\end{aligned}
\right\}$$

$$\tag{7-6-14}$$

式中，$w_e$ 为 $t$ 不为零时导带的等效宽度，$R_s$ 为导体表面电阻。

为了降低导体的损耗，除了选择表面电阻率很小的导体材料（金、银、铜）之外，对微带线的加工工艺也有严格的要求。一方面加大导体带厚度，这是由于趋肤效应的影响，导体带越厚，导体损耗越小，故一般取导体厚度超过 5~8 倍的趋肤深度；另一方面，导体带表面的粗糙度要尽可能小，一般应在微米量级以下。

**2. 介质衰减常数 $\alpha_d$**

将式(7-4-11)中的单位长漏电导 $G$ 用有效漏电导 $G_e$ 修正，并考虑到微带线的波导波长为 $\lambda_g$，此时介质衰减常数由下式决定：

$$\alpha_d = \frac{1}{2}G_e Z_0 = \frac{1}{2}qGZ_0 = \frac{27.3\sqrt{\varepsilon_r}}{\lambda_0}q\frac{\varepsilon_e}{\varepsilon_r}\tan\delta \qquad (7-6-15)$$

其中，$\tan\delta$ 为介质材料的损耗角正切。

实际上，一般情况下介质损耗并不大，例如氧化铝陶瓷 $\varepsilon_r = 9.5$、$\tan\delta \approx 10^{-4}$，在阻抗为 50 Ω，工作频率为 6.4 GHz 时，$\alpha_d \approx 0.00130$ dB/cm。可见，微带线的导体衰减远大于介质衰减，因此一般可忽略介质衰减。但当用硅和砷化镓等半导体材料作为介质基片时，微带线的介质衰减相对较大，不可忽略。

随着高速数字系统的不断发展，PCB 上布线也要看作微带传输线，因此微带传输线分析已成为数字电路设计的必备知识之一。

总之，微带传输线具有低轮廓、小尺寸、加工方便、易于集成等特点，不仅可作为传输线，更可以制作成各种射频器件，如阻抗变换器、滤波器、定向耦合器以及微带天线等，在通信、导航、雷达、探测等电子系统中被大量采用。

# 7.7 传输线的匹配与滤波

7.7 节课件

## 7.7.1 传输线的三种匹配状态

阻抗匹配具有三种不同的含义，分别是负载阻抗匹配、源阻抗匹配和共轭阻抗匹配，下面分别讨论之。

**1. 负载阻抗匹配**

负载阻抗匹配是负载阻抗等于传输线的特性阻抗的情形，此时传输线上只有从信号源到负载的入射波，而无反射波。匹配负载完全吸收了由信号源入射来的微波功率；而不匹配负载则将一部分功率反射回去，使传输线上出现驻波。当反射波较大时，波腹电场要比行波时的电场大得多，容易发生击穿，这就限制了传输线能传输的最大功率，因此要采取措施进行负载阻抗匹配。一般采用阻抗匹配器进行负载阻抗匹配。

阻抗匹配

### 2. 源阻抗匹配

电源的内阻等于传输线的特性阻抗时，电源和传输线是匹配的，这种电源称之为匹配源。对匹配源来说，它给传输线的入射功率是不随负载变化的，负载有反射时，反射回来的反射波被电源吸收。采用阻抗变换器可以把不匹配源变成匹配源，但常用的方法还是加一个去耦衰减器或隔离器，它们的作用是将反射波吸收掉。

### 3. 共轭阻抗匹配

设信号源电压为 $E_g$，信号源内阻抗 $Z_g = R_g + jX_g$，传输线的特性阻抗为 $Z_0$，总长为 $l$，终端负载为 $Z_L$，如图 $7-16(a)$ 所示，则始端输入阻抗 $Z_{in}$ 为

$$Z_{in} = Z_0 \frac{Z_L + jZ_0 \tan\beta l}{Z_0 + jZ_L \tan\beta l} = R_{in} + jX_{in} \tag{7-7-1}$$

阻抗匹配的
意义

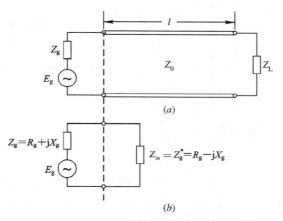

图 $7-16$ 无耗传输线信号源的共轭匹配

由图 $7-16(b)$ 可知，负载得到的功率为

$$P = \frac{1}{2} \frac{E_g E_g^*}{(Z_g + Z_{in})(Z_g + Z_{in})^*} R_{in} = \frac{1}{2} \frac{|E_g|^2 R_{in}}{(R_g + R_{in})^2 + (X_g + X_{in})^2} \tag{7-7-2}$$

要使负载得到的功率最大，首先要求：

$$X_{in} = -X_g \tag{7-7-3}$$

此时负载得到的功率为

$$P = \frac{1}{2} \frac{|E_g|^2 R_{in}}{(R_g + R_{in})^2} \tag{7-7-4}$$

可见，当 $dP/dR_{in} = 0$ 时 $P$ 取最大值，此时应满足：

$$R_g = R_{in} \tag{7-7-5}$$

综合式$(7-7-3)$和式$(7-7-5)$得

$$Z_{in} = Z_g^* \tag{7-7-6}$$

因此，对于不匹配电源，当负载阻抗折合到信号源参考端上的输入阻抗为信号源内阻抗的共轭值时，即当 $Z_{in} = Z_g^*$ 时，负载能得到最大功率值，通常将这种匹配称为共轭匹配，此时负载得到的最大功率为

$$P_{\max} = \frac{1}{2} \mid E_g \mid^2 \frac{1}{4R_g} \qquad (7-7-7)$$

### 7.7.2 阻抗匹配的方法

　　一个由信号源、传输线和负载阻抗组成的传输系统如图 $7-16(a)$ 所示，我们希望信号源输出最大功率，同时被负载全部吸收，实现高效率稳定的传输。因此一方面用阻抗匹配器使信号源输出端达到共轭匹配，另一方面用阻抗匹配器使负载与传输线特性阻抗相匹配，如图 $7-17$ 所示。由于信号源端一般用隔离器或去耦衰减器以实现信号源端匹配，因此我们着重讨论负载匹配的方法。阻抗匹配方法从频率上划分有窄带匹配和宽带匹配；从实现手段上划分有 $\lambda/4$ 阻抗变换器法、支节调配器法。下面来讨论 $\lambda/4$ 阻抗变换器匹配方法。

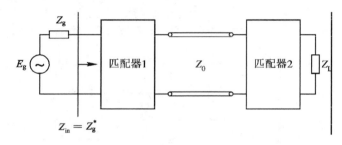

图 7 - 17　传输线阻抗匹配方法示意图

　　当负载阻抗为纯电阻 $R_L$ 且与传输线特性阻抗 $Z_0$ 不相等时，可在两者之间加接一节长度为 $\lambda/4$、特性阻抗为 $Z_{01}$ 的传输线来实现负载和传输线间的匹配，如图 $7-18(a)$ 所示。由无耗传输线输入阻抗公式得

$$Z_{in} = Z_{01}\frac{R_L + jZ_{01}\tan(\beta\lambda/4)}{Z_{01} + jR_L\tan(\beta\lambda/4)} = \frac{Z_{01}^2}{R_L} \qquad (7-7-8)$$

因此当传输线的特性阻抗 $Z_{01} = \sqrt{Z_0 R_L}$ 时，$\lambda/4$ 阻抗变换器输入端的输入阻抗 $Z_{in} = Z_0$，从而实现了负载和传输线间的阻抗匹配。

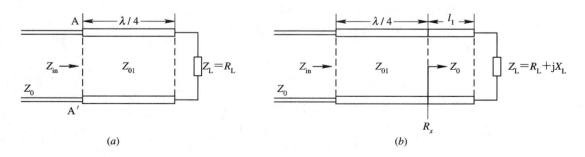

图 7 - 18　$\lambda/4$ 阻抗变换器

　　由于传输线的特性阻抗为实数，因此 $\lambda/4$ 阻抗变换器只适合于匹配电阻性负载。若负载是复阻抗，则可在离负载最近的波腹点或波节点处接入 $\lambda/4$

阻抗变换器，使变换器的终端为纯电阻 $R_x$，如图 $7-18(b)$ 所示的 $l_1$ 处。若 $l_1$ 处为电压波节点，则由式 $(7-2-6)$ 知 $R_x = Z_0/\rho$，此时

$$\left.\begin{aligned} l_1 &= \frac{\lambda}{4\pi}\phi_L + \frac{\lambda}{4} \\ Z_{01} &= \frac{Z_0}{\sqrt{\rho}} \end{aligned}\right\} \qquad (7-7-9)$$

其中，$\phi_L$ 和 $\rho$ 分别为终端反射系数的相角和驻波比。于是实现了负载为复阻抗时的阻抗匹配作用。

由于 $\lambda/4$ 阻抗变换器长度取决于波长，因此严格说它只能在中心频率点才能匹配，当频偏时匹配特性变差，所以说该匹配法是窄带的。要展宽频带，一般用多阶梯结构实现，图 $7-19$ 所示为几种实际的阻抗匹配器。

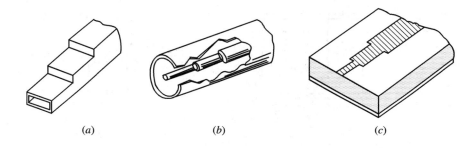

$(a)$ 　　　　　　　　　　$(b)$ 　　　　　　　　　　$(c)$

图 $7-19$　各种多阶梯阻抗匹配器

### 7.7.3　滤波器

滤波器(Filter)是传输系统中用来分离或组合各种频率成分的重要元件，它广泛应用于微波中继通信、移动通信、卫星通信、雷达、电子对抗以及微波测量仪器中。与低频段的滤波器相同，按功能可将微波波段的滤波器分为低通滤波器（Lowpass Filter）、高通滤波器（Highpass Filter）、带通滤波器（Bandpass Filter）及带阻滤波器（Bandstop Filter）。就实现方法而言，可分为无源滤波器和有源滤波器。无源滤波器一般以集总参数的原型低通滤波器为基础，经频率变换后再以传输线段实现；而有源滤波器一般是利用微波晶体管的非线性特性与微波选频器件结合而实现的。就滤波器实现的结构而言，可分为同轴型、波导型和微带型。

描述微波滤波器的性能指标主要有工作频段、中心频率、频带宽度、带内插入损耗、带外衰减、输入输出驻波比及输入输出接头标准等。

下面介绍两种用传输线段实现的无源微波滤波器——同轴型低通滤波器和微带型带阻滤波器。

#### 1. 同轴型低通滤波器

设集总参数原型低通滤波器如图 $7-20$ 所示，对于低频信号，由于电容器的容抗很大，因此近乎开路，而电感的感抗较小，近乎短路，因此低频信号很容易通过；而对于高频信号，电容器的容抗变小而电感的感抗变大，信号

通过时产生很大的衰减，从而使高频信号不能输出。

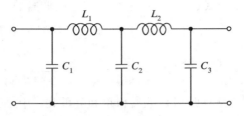

图 7 - 20　集总参数原型低通滤波器

在微波频段，不能用集总参数的元件来实现上述网络，而必须由分布参数的元件实现。对同轴型和微带型低通滤波器，通常用高、低阻抗段的级联来实现，如图 7 - 21($a$)、($b$)所示。

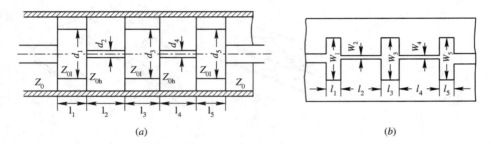

($a$)　　　　　　　　　　　　　　($b$)

图 7 - 21　同轴型和微带型低通滤波器

下面对同轴型低通滤波器的工作原理做一分析。

同轴线和微带线的高、低阻抗段分别如图 7 - 22($a$)、($b$)所示。对于高阻抗段，可等效为图 7 - 23($a$)的传输线段。22′处的负载阻抗 $Z_0$ 小于高阻抗段的特性阻抗 $Z_{0h}$，当长度 $l<\lambda/8$ 时，由式(7 - 1 - 21)可知，11′处的输入阻抗的电抗必然大于零，也即 11′呈现电感特性，其等效电路如图 7 - 23($b$)所示；同样，对于长度 $l<\lambda/8$ 的低阻抗段，其输入处呈电容特性。因此高阻抗段等效为串联电感而低阻抗段等效为并联电容，从而实现了微波低通滤波；高、低

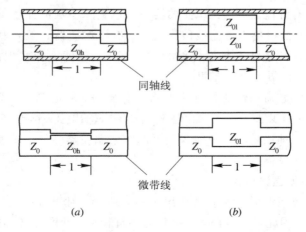

($a$)　　　　　　　　　　　　　　($b$)

图 7 - 22　同轴线和微带线的高、低阻抗段结构

阻抗段的直径大小和长度由滤波器的传输特性决定。

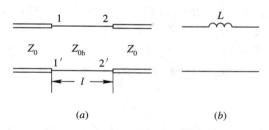

图 7 - 23 高阻抗段的等效分析

### 2. 微带型带阻滤波器

在传输系统中,常要求信号以尽可能小的衰减在电路中传输,而对工作频段以外的干扰信号有很大的衰减,这就需要带阻滤波器。在实际中常用的一种微波带阻滤波器是由相隔 $\lambda_g/4$ 的多个短截线连接而成的,如图 7 - 24 所示,其中短截线可等效为串联谐振电路,当工作频率正好是谐振电路的本振频率时,串联谐振阻抗接近于零,将主线短路,信号不能传输而实现带阻功能,采用多个短截线是为了拓宽工作频带。

图 7 - 25 所示为微带型带阻滤波器的结构示意图。为方便起见,图中未画微带的接地板。在微带主线一侧有三根相距 $\lambda_g/4$ 的分支线,它们的一端与主线有一缝隙,另一端接地。由于它们的长度小于 $\lambda_g/4$,故可等效为电感,而与主线的缝隙起到了电容耦合的作用,与电感构成了串联谐振电路,从而实现带阻的目的。

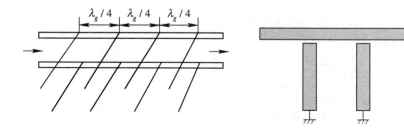

图 7 - 24 微波带阻滤波器模型　　图 7 - 25 微带型带阻滤波器的结构示意图

总之,微波滤波器的基本特性与低频相同,因此设计原则也相同,不同的是在微波段不能采用集总元件而必须采用分布参数元件,另一方面,由于分布参数的不确定性,因此微波滤波器的设计往往比低频要复杂,需要更多的实验调整。

本章小结

# 习　　题

7.1　设一特性阻抗为 $50\ \Omega$ 的均匀传输线终端接负载 $R_L = 100\ \Omega$,求负载反射系数 $\Gamma_L$,在离负载 $0.2\lambda$、$0.25\lambda$ 及 $0.5\lambda$ 处的输入阻抗及反射系数分别为多少?

7.2 求内外导体直径分别为 0.25 cm 和 0.75 cm 的空气同轴线的特性阻抗；若在两导体间填充介电常数 $\varepsilon_r = 2.25$ 的介质，求其特性阻抗及 300 MHz 时的波长。

典型例题

7.3 设特性阻抗为 $Z_0$ 的无耗传输线的驻波比为 $\rho$，第一个电压波节点离负载的距离为 $l_{min1}$，试证明此时终端负载应为

$$Z_L = Z_0 \frac{1 - \mathrm{j}\rho \, \tan\beta \, l_{min1}}{\rho - \mathrm{j} \, \tan\beta \, l_{min1}}$$

7.4 有一特性阻抗为 $Z_0 = 50 \ \Omega$ 的无耗均匀传输线，导体间的媒质参数为 $\varepsilon_r = 2.25$，$\mu_r = 1$，终端接有 $R_L = 1 \ \Omega$ 的负载。当 $f = 100 \ \mathrm{MHz}$ 时，其线长度为 $\lambda/4$。试求：

（1）传输线的实际长度；

（2）负载终端的反射系数；

（3）输入端的反射系数；

（4）输入端的阻抗。

7.5 试证明无耗传输线上任意相距 $\lambda/4$ 的两点处的阻抗的乘积等于传输线的特性阻抗的平方。

7.6 设某一均匀无耗传输线特性阻抗 $Z_0 = 50 \ \Omega$，终端接有未知负载 $Z_L$，现在传输线上测得电压最大值和最小值分别为 100 mV 和 20 mV，第一个电压波节的位置离负载 $l_{min1} = \lambda/3$，试求该负载阻抗 $Z_L$。

7.7 设某传输系统如题 7.7 图所示，画出 AB 段及 BC 段沿线各点电压、电流的振幅分布图，并求出电压的最大值和最小值（图中 $R = 900 \ \Omega$）。

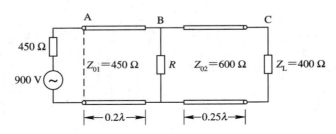

思考题

题 7.7 图

7.8 特性阻抗 $Z_0 = 100 \ \Omega$，长度为 $\lambda/8$ 的均匀无耗传输线，终端接有负载 $Z_L = (200 + \mathrm{j}300) \ \Omega$，始端接有电压为 $500\angle 0° \ \mathrm{V}$，内阻 $R_g = 100 \ \Omega$ 的电源。求：

（1）传输线始端的电压；

（2）负载吸收的平均功率；

（3）终端的电压。

7.9 已知传输线的特性阻抗为 $Z_0 = 50 \ \Omega$，测得传输线上反射系数的模 $|\Gamma| = 0.2$，求线上电压波腹点和波节点的输入阻抗。

7.10 传输线长 1.2 m，工作波长为 0.5 m。当终端短路和开路时，试判断其输入阻抗的性质（感性和容性）。若该传输线的特性阻抗为 $Z_0 = 50 \ \Omega$，试

问当终端接负载阻抗 $Z_L = 100\ \Omega$、$20\ \Omega$ 和 $50\ \Omega$ 时，输入阻抗的性质。

7.11 无耗传输线的特性阻抗 $Z_0 = 100\ \Omega$，负载阻抗 $Z_L = 50 - \text{j}50\ \Omega$，求离负载 $0.15\lambda$ 处的输入阻抗（用阻抗圆图求解）。

7.12 特性阻抗为 $300\ \Omega$ 的短路线，要求其与推挽功率放大器的输出电容 $5\ \text{pF}$ 谐振，谐振频率为 $300\ \text{MHz}$，求所需短路线的长度。

7.13 空气绝缘的同轴线外导体的内半径 $b = 20\ \text{mm}$，求同轴线耐压最高，传输功率最大或衰减最小时，同轴线内导体的半径 $a$。

7.14 微带工作在什么模式？其相速和光速、带内波长及空间波长分别有什么关系？

7.15 已知某微带的导带宽度为 $w = 2\ \text{mm}$，厚度 $t \to 0$，介质基片厚度 $h = 1\ \text{mm}$，相对介电常数 $\varepsilon_r = 9$，求此微带的有效填充因子 $q$ 和有效介电常数 $\varepsilon_e$ 及特性阻抗 $Z_0$（设空气微带特性阻抗 $Z_0^a = 88\ \Omega$）。

7.16 已知微带线的特性阻抗 $Z_0 = 50\ \Omega$，基片为相对介电常数 $\varepsilon_r = 9.6$ 的氧化铝陶瓷，设损耗角正切 $\tan\delta = 0.2 \times 10^{-3}$，工作频率 $f = 10\ \text{GHz}$，微带的有效填充因子 $q = 0.5$，求介质衰减常数 $\alpha_d$。

7.17 在 $h = 1\ \text{mm}$ 的陶瓷基片（$\varepsilon_r = 9.6$）上制作 $\lambda_g / 4$ 的 $50\ \Omega$、$20\ \Omega$、$100\ \Omega$ 的微带线，分别求它们的导体带宽度和长度。设工作频率为 $6\ \text{GHz}$，导带厚度 $t \approx 0$。

7.18 已知某微带线，介质为空气时特性阻抗为 $Z_0^a = 40\ \Omega$，实际介质 $\varepsilon_r = 10$ 时的填充因子 $q = 0.4$，试求介质部分填充微带线的特性阻抗、相速和波导波长。

7.19 特性阻抗 $Z_0 = 150\ \Omega$ 的均匀无耗传输线，终端接有负载 $Z_L = (250 + \text{j}100)\ \Omega$，用 $\lambda/4$ 阻抗变换器实现阻抗匹配，如题 7.19 图所示，试求 $\lambda/4$ 阻抗变换器的特性阻抗 $Z_{01}$ 及离终端的距离。

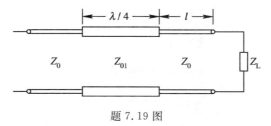

题 7.19 图

7.20 试画出四级同轴型低通滤波器的平面结构示意图，并定性说明其工作原理。

7.21 简述微波滤波器实现的方法。

# *第 8 章   波导与谐振器

上一章讨论的导波系统都是 TEM(或准 TEM)传输线，事实上还有一类常用的导波系统，它们是由均匀填充介质的金属波导管组成的，称为规则金属波导。根据其结构，波导可分为矩形波导(Rectangle Waveguide)、圆波导(Circle Waveguide)和脊形波导(Ridge Waveguide)等。由于此时的导波系统中存在纵向场分量，故不能采用上一章等效电路的分析方法，而应采用场分析法。在分析场分布的基础上，也可以将波导系统等效为传输线，进而将两种传输系统的分析统一起来。也就是说，利用等效的概念，第 7 章讲的分析方法，同样适用于波导系统。

本章从场分析出发对矩形波导的传输特性进行分析，对圆波导和脊形波导略作介绍。另外，谐振器是电磁波产生的必要部件，在此也简要叙述。

## 8.1   矩 形 波 导

8.1 节课件

矩形波导由于具有单模传输、工作频带较宽、衰减小且波形稳定等特点，因此得到广泛应用。现设矩形波导的宽边尺寸为 $a$，窄边尺寸为 $b$，并建立如图 8-1 所示的坐标。我们首先来分析波导中的场，然后分析它的基本传输特性。

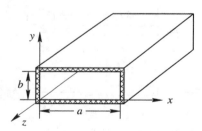

图 8-1   矩形波导及其坐标

**1. 矩形波导中的场**

对于时间因子为 $e^{j\omega t}$ 的时谐场，电磁场在波导内满足无源亥姆霍兹方程(Helmholtz Equation)，即

$$\left.\begin{array}{l} \nabla^2 \boldsymbol{E} + k^2 \boldsymbol{E} = 0 \\ \nabla^2 \boldsymbol{H} + k^2 \boldsymbol{H} = 0 \end{array}\right\} \qquad (8-1-1)$$

式中，$k^2 = \omega^2 \mu \varepsilon$。

现将电场和磁场分解为横向分量和纵向分量，即

$$\left.\begin{aligned} \boldsymbol{E} &= \boldsymbol{E}_t + \boldsymbol{a}_z E_z \\ \boldsymbol{H} &= \boldsymbol{H}_t + \boldsymbol{a}_z H_z \end{aligned}\right\} \tag{8-1-2}$$

其中，$\boldsymbol{a}_z$ 为 $z$ 向单位矢量，$t$ 表示横向坐标，在直角坐标中它代表 $(x, y)$；在圆柱坐标中它代表 $(\rho, \varphi)$。下面以直角坐标为例讨论。将式$(8-1-2)$代入式$(8-1-1)$，整理后可得

$$\left.\begin{aligned} \nabla^2 E_z + k^2 E_z &= 0 \\ \nabla^2 \boldsymbol{E}_t + k^2 \boldsymbol{E}_t &= 0 \\ \nabla^2 H_z + k^2 H_z &= 0 \\ \nabla^2 \boldsymbol{H}_t + k^2 \boldsymbol{H}_t &= 0 \end{aligned}\right\} \tag{8-1-3}$$

现以电场为例来讨论纵向场应满足的解的形式。

设 $\nabla_t^2$ 为二维拉普拉斯算子，则有

$$\nabla^2 = \nabla_t^2 + \frac{\partial^2}{\partial z^2} \tag{8-1-4}$$

利用分离变量法，令

$$E_z(x, y, z) = E_z(x, y) Z(z) \tag{8-1-5}$$

将其代入式$(8-1-3)$，并整理得

$$-\frac{(\nabla_t^2 + k^2) E_z(x, y)}{E_z(x, y)} = \frac{\dfrac{\mathrm{d}^2}{\mathrm{d}z^2} Z(z)}{Z(z)} \tag{8-1-6}$$

上式中左边是横向坐标 $(x, y)$ 的函数，与 $z$ 无关；而右边是 $z$ 的函数，与 $(x, y)$ 无关。显然，只有二者均为常数上式才能成立，设该常数为 $\gamma^2$，则有

$$\left.\begin{aligned} \nabla_t^2 E_z(x, y) + (k^2 + \gamma^2) E_z(x, y) &= 0 \\ \frac{\mathrm{d}^2}{\mathrm{d}z^2} Z(z) - \gamma^2 Z(z) &= 0 \end{aligned}\right\} \tag{8-1-7}$$

上式中第二式的形式与传输线方程$(7-1-5)$相同，其通解为

$$Z(z) = A_+ \, \mathrm{e}^{-\gamma z} + A_- \, \mathrm{e}^{\gamma z} \tag{8-1-8}$$

设规则金属波导为无限长，故没有反射波，即 $A_- = 0$，此时，式$(8-1-8)$变为

$$Z(z) = A_+ \, \mathrm{e}^{-\gamma z} \tag{8-1-9}$$

$A_+$ 为待定常数。对无耗波导，$\gamma = \mathrm{j}\beta$，$\beta$ 为相移常数。

现设 $E_{0z}(x, y) = A_+ E_z(x, y)$，则纵向电场可表达为

$$E_z(x, y, z) = E_{0z}(x, y) \mathrm{e}^{-\mathrm{j}\beta z} \tag{8-1-10a}$$

同理，纵向磁场也可表达为

$$H_z(x, y, z) = H_{0z}(x, y) \mathrm{e}^{-\mathrm{j}\beta z} \tag{8-1-10b}$$

而 $E_{0z}(x, y)$、$H_{0z}(x, y)$ 满足以下方程：

$$\left.\begin{aligned} \nabla_t^2 E_{0z}(x, y) + k_c^2 E_{0z}(x, y) &= 0 \\ \nabla_t^2 H_{0z}(x, y) + k_c^2 H_{0z}(x, y) &= 0 \end{aligned}\right\} \tag{8-1-11}$$

其中，$k_c^2 = k^2 - \beta^2$ 为传输系统的本征值。在给定的边界条件下，应用分离变

量法可得式$(8-1-11)$的解，将其分别代入式$(8-1-10a)$和$(8-1-10b)$就可求得纵向电、磁场的表达式。

根据麦克斯韦方程，无源区电场和磁场应满足的方程为

$$\left.\begin{array}{l} \nabla \times \boldsymbol{H} = j\omega\varepsilon\boldsymbol{E} \\ \nabla \times \boldsymbol{E} = -j\omega\mu\boldsymbol{H} \end{array}\right\} \qquad (8-1-12)$$

将它们用直角坐标展开，并利用式$(8-1-10)$可得各横向电、磁场的表达式为

$$\left.\begin{array}{l} E_x = -\dfrac{j}{k_c^2}\left(\omega\mu\,\dfrac{\partial H_z}{\partial y} + \beta\,\dfrac{\partial E_z}{\partial x}\right) \\[3mm] E_y = \dfrac{j}{k_c^2}\left(\omega\mu\,\dfrac{\partial H_z}{\partial x} - \beta\,\dfrac{\partial E_z}{\partial y}\right) \\[3mm] H_x = \dfrac{j}{k_c^2}\left(-\beta\,\dfrac{\partial H_z}{\partial x} + \omega\varepsilon\,\dfrac{\partial E_z}{\partial y}\right) \\[3mm] H_y = -\dfrac{j}{k_c^2}\left(\beta\,\dfrac{\partial H_z}{\partial y} + \omega\varepsilon\,\dfrac{\partial E_z}{\partial x}\right) \end{array}\right\} \qquad (8-1-13)$$

由式$(8-1-13)$可见，$E_z$ 和 $H_z$ 不能同时为零，否则全部场分量必然全为零，系统将不存在任何场。一般情况下，只要 $E_z$ 和 $H_z$ 中有一个不为零即可满足边界条件。这时又可分为两种情形：横电波（TE 波）和横磁波（TM 波）。下面分别来讨论这两种情况下场的分布。

1）TE 波（Transverse Electric Wave）

对 TE 波，$E_z = 0$，$H_z = H_{0z}(x, y)\mathrm{e}^{-j\beta z} \neq 0$，代入式$(8-1-11)$可得

$$\left(\frac{\partial^2}{\partial x^2} + \frac{\partial^2}{\partial y^2}\right)H_{0z}(x, y) + k_c^2 H_{0z}(x, y) = 0 \qquad (8-1-14)$$

应用分离变量法，令

$$H_{0z}(x, y) = X(x)Y(y) \qquad (8-1-15)$$

代入式$(8-1-14)$，并除以 $X(x)Y(y)$，得

$$-\frac{1}{X(x)}\frac{\mathrm{d}^2 X(x)}{\mathrm{d}x^2} - \frac{1}{Y(y)}\frac{\mathrm{d}^2 Y(y)}{\mathrm{d}y^2} = k_c^2$$

要使上式成立，上式左边每项必须均为常数，设分别为 $k_x^2$ 和 $k_y^2$，则有

$$\left.\begin{array}{l} \dfrac{\mathrm{d}^2 X(x)}{\mathrm{d}x^2} + k_x^2 X(x) = 0 \\[3mm] \dfrac{\mathrm{d}^2 Y(y)}{\mathrm{d}y^2} + k_y^2 Y(y) = 0 \\[3mm] k_x^2 + k_y^2 = k_c^2 \end{array}\right\} \qquad (8-1-16)$$

于是，$H_{0z}(x, y)$的通解为

$$H_{0z}(x, y) = (A_1 \cos k_x x + A_2 \sin k_x x)(B_1 \cos k_y y + B_2 \sin k_y y)$$

$$(8-1-17)$$

其中，$A_1$、$A_2$、$B_1$、$B_2$ 为待定系数，由边界条件确定。$H_z$ 应满足的边界条

件为

$$\left. \begin{array}{l} \dfrac{\partial H_z}{\partial x}\bigg|_{x=0}=\dfrac{\partial H_z}{\partial x}\bigg|_{x=a}=0 \\[3mm] \dfrac{\partial H_z}{\partial y}\bigg|_{y=0}=\dfrac{\partial H_z}{\partial y}\bigg|_{y=b}=0 \end{array} \right\} \qquad (8-1-18)$$

于是有

$$\left. \begin{array}{l} A_2=0, \quad k_x=\dfrac{m\pi}{a} \\[3mm] B_2=0, \quad k_y=\dfrac{n\pi}{b} \end{array} \right\} \qquad (8-1-19)$$

于是矩形波导 TE 波纵向磁场的基本解为

$$H_z = A_1 B_1 \cos\left(\frac{m\pi}{a}x\right)\cos\left(\frac{n\pi}{b}y\right)\mathrm{e}^{-\mathrm{j}\beta z}$$

$$= H_{mn}\cos\left(\frac{m\pi}{a}x\right)\cos\left(\frac{n\pi}{b}y\right)\mathrm{e}^{-\mathrm{j}\beta z} \qquad m,n=0,1,2,\cdots \quad (8-1-20)$$

式中，$H_{mn}$ 为模式振幅常数，说明既满足方程又满足边界条件的解有很多，我们将一个解称之为一种传播模式（Propagation Mode），故 $H_z(x,y,z)$ 的通解为所有模式之和，即

$$H_z = \sum_{m=0}^{\infty}\sum_{n=0}^{\infty} H_{mn}\cos\left(\frac{m\pi}{a}x\right)\cos\left(\frac{n\pi}{b}y\right)\mathrm{e}^{-\mathrm{j}\beta z} \qquad (8-1-21)$$

将式(8-1-21)代入式(8-1-13)得 TE 波横向场分量的表达式为

模式的含义

$$\left. \begin{array}{l} E_x = \displaystyle\sum_{m=0}^{\infty}\sum_{n=0}^{\infty} \dfrac{\mathrm{j}\omega\mu}{k_c^2}\dfrac{n\pi}{b}H_{mn}\cos\left(\dfrac{m\pi}{a}x\right)\sin\left(\dfrac{n\pi}{b}y\right)\mathrm{e}^{-\mathrm{j}\beta z} \\[4mm] E_y = \displaystyle\sum_{m=0}^{\infty}\sum_{n=0}^{\infty} \dfrac{-\mathrm{j}\omega\mu}{k_c^2}\dfrac{m\pi}{a}H_{mn}\sin\left(\dfrac{m\pi}{a}x\right)\cos\left(\dfrac{n\pi}{b}y\right)\mathrm{e}^{-\mathrm{j}\beta z} \\[4mm] H_x = \displaystyle\sum_{m=0}^{\infty}\sum_{n=0}^{\infty} \dfrac{\mathrm{j}\beta}{k_c^2}\dfrac{m\pi}{a}H_{mn}\sin\left(\dfrac{m\pi}{a}x\right)\cos\left(\dfrac{n\pi}{b}y\right)\mathrm{e}^{-\mathrm{j}\beta z} \\[4mm] H_y = \displaystyle\sum_{m=0}^{\infty}\sum_{n=0}^{\infty} \dfrac{\mathrm{j}\beta}{k_c^2}\dfrac{n\pi}{b}H_{mn}\cos\left(\dfrac{m\pi}{a}x\right)\sin\left(\dfrac{n\pi}{b}y\right)\mathrm{e}^{-\mathrm{j}\beta z} \end{array} \right\}$$

$$(8-1-22)$$

式中，$k_c=\sqrt{\left(\dfrac{m\pi}{a}\right)^2+\left(\dfrac{n\pi}{b}\right)^2}$ 为矩形波导 TE 波的截止波数。显然它与波导尺寸、传输波型有关。$m$ 和 $n$ 分别代表 TE 波沿 $x$ 方向和 $y$ 方向分布的半波个数。一组 $m$、$n$ 对应一种 TE 波，称做 $\mathrm{TE}_{mn}$ 模，但 $m$ 和 $n$ 不能同时为零，否则场分量全部为零，因此矩形波导能够存在 $\mathrm{TE}_{m0}$ 和 $\mathrm{TE}_{0n}$ 模及 $\mathrm{TE}_{mn}(m,n\neq0)$ 模。其中 $\mathrm{TE}_{10}$ 模是最低次模，其余称为高次模。

　　2) TM 波(Transverse Magnetic Wave)

　　对 TM 波，$H_z=0$，$E_z=E_{0z}(x,y)\mathrm{e}^{-\mathrm{j}\beta z}$，用与 TE 波相同的方法可求得 TM 波的全部场分量：

$$
\left.\begin{aligned}
E_x &= \sum_{m=1}^{\infty}\sum_{n=1}^{\infty} \frac{-\mathrm{j}\beta}{k_c^2}\frac{m\pi}{a}E_{mn}\cos\left(\frac{m\pi}{a}x\right)\sin\left(\frac{n\pi}{b}y\right)\mathrm{e}^{-\mathrm{j}\beta z} \\
E_y &= \sum_{m=1}^{\infty}\sum_{n=1}^{\infty} \frac{-\mathrm{j}\beta}{k_c^2}\frac{n\pi}{b}E_{mn}\sin\left(\frac{m\pi}{a}x\right)\cos\left(\frac{n\pi}{b}y\right)\mathrm{e}^{-\mathrm{j}\beta z} \\
E_z &= \sum_{m=1}^{\infty}\sum_{n=1}^{\infty} E_{mn}\sin\left(\frac{m\pi}{a}x\right)\sin\left(\frac{n\pi}{b}y\right)\mathrm{e}^{-\mathrm{j}\beta z} \\
H_x &= \sum_{m=1}^{\infty}\sum_{n=1}^{\infty} \frac{\mathrm{j}\omega\varepsilon}{k_c^2}\frac{n\pi}{b}E_{mn}\sin\left(\frac{m\pi}{a}x\right)\cos\left(\frac{n\pi}{b}y\right)\mathrm{e}^{-\mathrm{j}\beta z} \\
H_y &= \sum_{m=1}^{\infty}\sum_{n=1}^{\infty} \frac{-\mathrm{j}\omega\varepsilon}{k_c^2}\frac{m\pi}{a}E_{mn}\cos\left(\frac{m\pi}{a}x\right)\sin\left(\frac{n\pi}{b}y\right)\mathrm{e}^{-\mathrm{j}\beta z} \\
H_z &= 0
\end{aligned}\right\} \qquad (8-1-23)
$$

式中，$k_c=\sqrt{\left(\dfrac{m\pi}{a}\right)^2+\left(\dfrac{n\pi}{b}\right)^2}$。

$\mathrm{TM}_{11}$ 模是矩形波导 TM 波的最低次模，其他均为高次模。

总之，矩形波导内存在许多模式的波，TE 波是所有 $\mathrm{TE}_{mn}$ 模式场的总和，而 TM 波是所有 $\mathrm{TM}_{mn}$ 模式场的总和。

**2. 矩形波导的传输特性**

1）截止波数与截止波长

在上面推导中，有 $k_c^2=k^2-\beta^2$，其中 $\beta$ 为波导中的相移常数，$k=2\pi/\lambda$ 为自由空间波数。显然，当 $k_c=k$ 时，$\beta=0$，此时波不能在波导中传输，也称为截止（Cutoff），因此 $k_c$ 也称为截止波数（Cutoff Wave-number），它仅取决于波导结构尺寸和传播模式。

截止波长

矩形波导 $\mathrm{TE}_{mn}$ 和 $\mathrm{TM}_{mn}$ 模的截止波数均为

$$
k_{cmn}^2 = \left(\frac{m\pi}{a}\right)^2+\left(\frac{n\pi}{b}\right)^2 \qquad (8-1-24)
$$

对应截止波长为

$$
\lambda_c = \frac{2\pi}{k_{cmn}} = \frac{2}{\sqrt{\left(\dfrac{m}{a}\right)^2+\left(\dfrac{n}{b}\right)^2}} \qquad (8-1-25)
$$

此时，相移常数为

$$
\beta = \frac{2\pi}{\lambda}\sqrt{1-\left(\frac{\lambda}{\lambda_c}\right)^2} \qquad (8-1-26)
$$

其中，$\lambda=2\pi/k$ 为工作波长。

可见当工作波长 $\lambda$ 小于某个模的截止波长 $\lambda_c$ 时，$\beta^2>0$，此模可在波导中传输，故称为传导模（Propagation Mode）；当工作波长 $\lambda$ 大于某个模的截止波长 $\lambda_c$ 时，$\beta^2<0$，即此模在波导中不能传输，称为截止模（Cutoff Mode）。一个模能否在波导中传输取决于波导结构尺寸和工作频率（或波长）。对相同的 $m$ 和 $n$，$\mathrm{TE}_{mn}$ 和 $\mathrm{TM}_{mn}$ 模具有相同的截止波长，我们将截止波长相同的模式称

为简并模(Degenerate Mode)，它们虽然场分布不同，但具有相同的传输特性。图 8-2 给出了标准波导 BJ-32 各模式截止波长分布图。

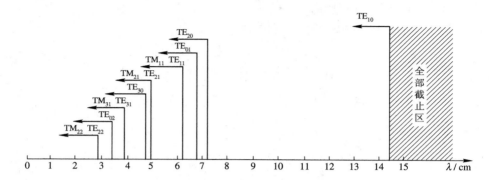

图 8-2　标准波导 BJ-32 各模式截止波长分布图

**【例 8-1】**　设某矩形波导的尺寸为 $a=8$ cm、$b=4$ cm，试求工作频率在 3 GHz 时该波导能传输的模式。

**解**　由 $f=3$ GHz 得

$$\lambda = \frac{c}{f} = 0.1 \text{ m}$$

而各模式的截止波长为

$$\lambda_{cTE_{10}} = 2a = 0.16(\text{m}) > \lambda, \ \lambda_{cTE_{01}} = 2b = 0.08(\text{m}) < \lambda$$

$$\lambda_{cTM_{11}} = \frac{2ab}{\sqrt{a^2 + b^2}} = 0.0715(\text{m}) < \lambda$$

可见，该波导在工作频率为 3 GHz 时只能传输 $TE_{10}$ 模式。

2) 主模 $TE_{10}$

在导行波中截止波长 $\lambda_c$ 最长的导行模称为该导波系统的主模(Principle Mode)。如果选择合适的工作频率可以实现单模传输。矩形波导的主模为 $TE_{10}$ 模，因为该模式具有场结构简单、稳定、频带宽和损耗小等特点，所以工程上几乎毫无例外地工作在 $TE_{10}$ 模式。下面我们着重来讨论 $TE_{10}$ 模式的场分布及其工作特性。

(1) $TE_{10}$ 模的场分布。

将 $m=1$、$n=0$ 和 $k_c=\pi/a$ 代入式(8-1-22)，并考虑时间因子 $e^{j\omega t}$，可得 $TE_{10}$ 模各场分量表达式：

横向场分布

纵向场分布

$$\left. \begin{array}{l} E_y = -\,\text{j}\,\dfrac{\omega\mu a}{\pi} H_{10}\,\sin\!\left(\dfrac{\pi}{a}x\right) \\[2mm] H_x = \text{j}\,\dfrac{\beta a}{\pi} H_{10}\,\sin\!\left(\dfrac{\pi}{a}x\right) \\[2mm] H_z = H_{10}\,\cos\!\left(\dfrac{\pi}{a}x\right) \\[2mm] E_x = E_z = H_y = 0 \end{array} \right\} \qquad (8\text{-}1\text{-}27)$$

而相移常数为

$$\beta = \frac{2\pi}{\lambda} \sqrt{1 - \left(\frac{\lambda}{2a}\right)^2} \qquad (8-1-28)$$

（2）波导波长、相速与群速。

$TE_{10}$ 模的波导波长、相速 $v_p$ 和群速 $v_g$ 分别为

$$\lambda_g = \frac{2\pi}{\beta} = \frac{\lambda}{\sqrt{1 - \left(\frac{\lambda}{2a}\right)^2}} \qquad (8-1-29)$$

$$v_p = \frac{\omega}{\beta} = \frac{c}{\sqrt{1 - \left(\frac{\lambda}{2a}\right)^2}} \qquad (8-1-30)$$

$$v_g = \frac{d\omega}{d\beta} = c\sqrt{1 - \left(\frac{\lambda}{2a}\right)^2} \qquad (8-1-31)$$

式中，$c$ 为自由空间光速，可见，$TE_{10}$ 是色散波。

（3）波阻抗。

波导是非 TEM 模传输线，因此很难唯一地确定其上的电压和电流。然而此时对电磁波能量传输有贡献的只是横向磁场和横向电场。通常将横向电场 $E_y$ 和横向磁场 $H_x$ 的比值规定为波阻抗。对于 $TE_{10}$ 有

$$Z_{TE_{10}} = \frac{\omega\mu}{\beta} = \frac{\eta}{\sqrt{1 - \left(\frac{\lambda}{2a}\right)^2}} \qquad (8-1-32)$$

式中，$\eta = \sqrt{\mu/\varepsilon}$。

有了波阻抗，就可以将波导等效为均匀传输线，用式（7-1-21）计算任意点处的输入阻抗。计算时，波长应该用波导波长 $\lambda_g$。同时也可以用传输线理论来分析波导的行波、驻波等特性。

**【例 8-2】** 矩形波导的截面尺寸为 $a \times b = 72 \text{ mm} \times 30 \text{ mm}$，波导内充满空气，信号源频率为 3 GHz，试求：

① 波导中可以传播的模式。

② 该模式的截止波长 $\lambda_c$、相移常数 $\beta$、波导波长 $\lambda_g$、相速 $v_p$、群速和波阻抗。

③ 若该波导终端接有归一化导纳为 $0.7 - j0.1$ 的负载，试求其驻波比和第一个波节点离负载的距离。

**解** ① 由信号源频率可求得其波长为

$$\lambda = \frac{c}{f} = \frac{3 \times 10^8}{3 \times 10^9} = 10 \text{ cm}$$

矩形波导中，$TE_{10}$、$TE_{20}$ 的截止波长为

$$\lambda_{cTE_{10}} = 2a = 14.4 \text{ cm}, \quad \lambda_{cTE_{20}} = a = 7.2 \text{ cm}$$

可见，波导中只能传输 $TE_{10}$ 模。

② $TE_{10}$ 的截止波长为

$$\lambda_c = 2a = 14.4 \text{ cm}$$

截止波数为

波导参数

$$k_c = \frac{\pi}{a} = 13.89\,\pi$$

自由空间的波数为

$$k = \omega\sqrt{\mu_0\varepsilon_0} = 20\,\pi$$

因此，相移常数为

$$\beta = \sqrt{k^2 - k_c^2} = 45.2$$

此时，相速和群速分别为

$$v_p = \frac{\omega}{\beta} = 4.17\times10^8 \text{ m/s}$$

$$v_g = \frac{\mathrm{d}\omega}{\mathrm{d}\beta} = c\sqrt{1 - \left(\frac{\lambda}{2a}\right)^2} = 2.16\times10^8 \text{ m/s}$$

波导波长为

$$\lambda_g = \frac{2\pi}{\beta} = 13.9 \text{ cm}$$

波阻抗为

$$Z_{\mathrm{TE}_{10}} = \frac{120\pi}{\sqrt{1 - \left(\frac{\lambda}{\lambda_c}\right)^2}} = 166.8\pi \quad \Omega$$

③ 由负载归一化导纳为 $0.7 - \mathrm{j}0.1$，可得终端反射系数为

$$\Gamma_L = \frac{1 - y_L}{1 + y_L} = 0.185\mathrm{e}^{\mathrm{j}0.38}$$

驻波比为

$$\rho = \frac{1 + |\Gamma_L|}{1 - |\Gamma_L|} = 1.46$$

第一个波节点离负载的距离为

$$z_{\min L} = \frac{\lambda_g}{4\pi}\phi_L + \frac{\lambda_g}{4} = 3.9 \text{ cm}$$

可见，在定义了波阻抗后也可用前述分析传输线的方法分析波导的传输、匹配特性。

（4）功率容量。

沿传播方向的平均功率密度就是坡印廷矢量（Poynting Vector）的 $z$ 方向分量。对矩形波导有

$$S_z = \mathrm{Re}\left(\frac{1}{2}\boldsymbol{E}\times\boldsymbol{H}^*\right)\cdot\boldsymbol{a}_z = \frac{|E_y|^2}{2Z_{\mathrm{TE}_{10}}} \qquad (8-1-33)$$

可得矩形波导 $\mathrm{TE}_{10}$ 模的传输功率为

$$P = \iint S_z\,\mathrm{d}x\,\mathrm{d}y = \frac{1}{2Z_{\mathrm{TE}_{10}}}\iint |E_y|^2\,\mathrm{d}x\,\mathrm{d}y = \frac{abE_{10}^2}{4Z_{\mathrm{TE}_{10}}} \qquad (8-1-34)$$

其中，$E_{10} = \frac{\omega\mu a}{\pi}H_{10}$ 是 $E_y$ 分量在波导宽边中心处的振幅值。由此可得波导传输 $\mathrm{TE}_{10}$ 模时的功率容量为

$$P_{\mathrm{br}} = \frac{abE_{10}^2}{4Z_{\mathrm{TE}_{10}}} = \frac{abE_{\mathrm{br}}^2}{480\pi}\sqrt{1-\left(\frac{\lambda}{2a}\right)^2} \qquad (8-1-35)$$

其中，$E_{\mathrm{br}}$ 为击穿电场幅值。因空气的击穿场强为 30 kV/cm，故空气矩形波导的功率容量为

$$P_{\mathrm{br0}} = 0.6ab\sqrt{1-\left(\frac{\lambda}{2a}\right)^2}\ \ \mathrm{MW} \qquad (8-1-36)$$

可见，波导尺寸越大，频率越高，则功率容量越大。而当负载不匹配时，由于形成驻波，电场振幅变大，功率容量会变小，因此不匹配时的功率容量 $P_{\mathrm{br}}'$ 和匹配时的功率容量 $P_{\mathrm{br}}$ 的关系为

$$P_{\mathrm{br}}' = \frac{P_{\mathrm{br}}}{\rho} \qquad (8-1-37)$$

其中，$\rho$ 为驻波系数。

当允许的传输功率不能满足要求时，可采用下述措施：① 在不出现高次模的条件下适当加大 $b$；② 密闭波导并充压缩空气或惰性气体，以提高介质的击穿强度；③ 保持波导内壁清洁和干燥；④ 提高行波系数，减小反射。

（5）损耗。

当电磁波沿传输方向传播时，波导金属壁的热损耗和波导内填充介质的损耗必然会引起能量或功率的递减。对于空气波导，由于空气介质损耗很小，可以忽略不计，而导体损耗是不可忽略的。

设导行波沿 $z$ 方向传输时的衰减常数为 $\alpha$，则沿 $z$ 向电场、磁场按 $\mathrm{e}^{-\alpha z}$ 规律变化，所以传输功率按以下规律变化：

$$P = P_0 \mathrm{e}^{-2\alpha z} \qquad (8-1-38)$$

单位长波导内传输功率的减少等于单位长功率损耗 $P_{\mathrm{L}}$，所以有

$$P_{\mathrm{L}} = -\frac{\mathrm{d}P}{\mathrm{d}z} = 2\alpha P_0 \mathrm{e}^{-2\alpha z} = 2\alpha P \qquad (8-1-39)$$

于是衰减常数 $\alpha$ 可按下式计算：

$$\alpha = \frac{P_{\mathrm{L}}}{2P}\ \ \mathrm{Np/m} \qquad (8-1-40)$$

在计算损耗功率时，因不同的导行模有不同的电流分布，所以损耗也不同，根据上述分析，可推得矩形波导 $\mathrm{TE}_{10}$ 模的衰减常数公式：

$$\alpha_{\mathrm{c}} = \frac{8.686R_{\mathrm{S}}}{120\pi b\sqrt{1-\left(\frac{\lambda}{2a}\right)^2}}\left[1+2\frac{b}{a}\left(\frac{\lambda}{2a}\right)^2\right]\ \ \mathrm{dB/m} \quad (8-1-41)$$

式中，$R_{\mathrm{S}} = \sqrt{\pi f\mu/\sigma}$ 为导体表面电阻。它取决于导体的磁导率 $\mu$、电导率 $\sigma$ 和工作频率 $f$。

由此可以看出，增大波导高度 $b$ 能使衰减变小，但当 $b>a/2$ 时单模工作频带变窄，故衰减与频带应综合考虑。

**3. 矩形波导尺寸的选择原则**

选择矩形波导尺寸时，应考虑以下几个方面的因素：

（1）波导的带宽问题：保证在给定频率范围内的电磁波在波导中都能以单一的 $TE_{10}$ 模传播，其他高次模都应截止。为此应满足：

$$\left.\begin{array}{c} \lambda_{cTE_{20}} < \lambda < \lambda_{cTE_{10}} \\ \lambda_{cTE_{01}} < \lambda < \lambda_{cTE_{10}} \end{array}\right\} \qquad (8-1-42)$$

将 $TE_{10}$ 模、$TE_{20}$ 模和 $TE_{01}$ 模的截止波长代入上式得

$$a < \lambda < 2a$$
$$2b < \lambda < 2a$$

或写作

$$\frac{\lambda}{2} < a < \lambda$$

$$0 < b < \frac{\lambda}{2}$$

即取 $b < a/2$。

（2）波导的功率容量问题：在传播所要求的功率时，波导不至于发生击穿。由式（8-1-36）可知，适当增加 $b$ 可增加功率容量，故 $b$ 应尽可能大一些。

（3）波导的衰减问题：通过波导后的信号功率不要损失太大。由式（8-1-41）知，增大 $b$ 也可使衰减变小，故 $b$ 应尽可能大一些。

综合上述因素，矩形波导的尺寸一般选为

$$\left.\begin{array}{c} a = 0.7\lambda \\ b = (0.4 \sim 0.5)a \end{array}\right\} \qquad (8-1-43)$$

通常将 $b = a/2$ 的波导称为标准波导。为了提高功率容量，通常选 $b > a/2$ 的波导，这种波导称为高波导；为了减小体积，减轻重量，有时也选 $b < a/2$ 的波导，这种波导称为扁波导。

附录 3 给出了标准矩形波导参数和型号对照表。

**4. 脊形波导**

脊形波导是矩形波导的变形，它可分为单脊形和双脊形波导两种，其结构图如图 8-3 所示。可以用场分析法分析其传输特性，但比较复杂，在此从略。这里仅给出其主要特点。

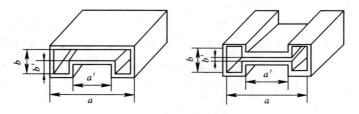

图 8-3　单脊形波导与双脊形波导的结构图

脊形波导有以下特点：

（1）与矩形波导相比，能在更宽的频率范围内工作于 $TE_{10}$ 波；

（2）具有相同尺寸 $a$ 的脊形波导，其截止频率要比普通的矩形波导低

得多；

（3）高次模的截止频率又比矩形波导高；

（4）其衰减比矩形波导大，功率容量比矩形波导小。

脊形波导的宽频带特性使其在信号变换等方面有较多的应用。

# 8.2 圆 波 导

8.2 节课件

规则金属波导除了上面介绍的矩形波导外，常用的还有圆波导，下面来讨论这种波导的主要特性。

若将同轴线的内导体抽走，则在一定条件下，由外导体所包围的圆形空间也能传输电磁能量，这就是圆形波导，简称圆波导，如图 8-4 所示。圆波导具有加工方便、双极化、低损耗等优点，较为广泛地应用于远距离通信、双极化馈线以及微波圆形谐振器等。

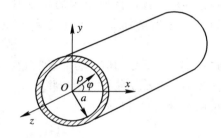

图 8-4 圆波导及其坐标系

与矩形波导一样，圆波导也只能传输 TE 和 TM 波型。设圆形波导外导体内径为 $a$，并建立如图 8-4 所示圆柱坐标。

**1. TE 波**

对于 TE 波，$E_z = 0$，$H_z = H_{0z}(\rho, \varphi)e^{-j\beta z} \neq 0$，利用分离变量法，可求得 $H_{0z}(\rho, \varphi)$ 的通解为

$$H_{0z}(\rho, \varphi) = A_1 B J_m(k_c \rho) \begin{pmatrix} \cos m\varphi \\ \sin m\varphi \end{pmatrix} \qquad (8-2-1)$$

其中，$J_m(x)$ 为 $m$ 阶贝塞尔函数。

上面的表示形式是考虑到圆波导的轴对称性，因此场的极化方向具有不确定性，使导行波的场分布在 $\varphi$ 方向存在 $\cos m\varphi$ 和 $\sin m\varphi$ 两种可能的分布，它们独立存在，相互正交，截止波长相同，构成同一导行模的极化简并模。

由边界条件：$\left. \dfrac{\partial H_{0z}}{\partial \rho} \right|_{\rho=a} = 0$，由式（6-2-1）得 $J'_m(k_c a) = 0$。

设 $m$ 阶贝塞尔函数的一阶导数 $J'_m(x)$ 的第 $n$ 个根为 $\mu_{mn}$，则有

$$k_c a = \mu_{mn} \qquad \text{或} \qquad k_c = \frac{\mu_{mn}}{a} \quad n = 1, 2, \cdots \qquad (8-2-2)$$

于是圆波导 TE 模纵向磁场 $H_z$ 基本解为

$$H_z(\rho,\ \varphi,\ z) = A_1 B J_m\left(\frac{\mu_{mn}}{a}\rho\right)\binom{\cos m\varphi}{\sin m\varphi}\mathrm{e}^{-\mathrm{j}\beta z} \qquad (8-2-3)$$

其中，$m=0,1,2,\cdots$；$n=1,2,\cdots$。令模式振幅 $H_{mn}=A_1 B$，则 $H_z(\rho,\ \varphi,\ z)$ 的通解为

$$H_z(\rho,\ \varphi,\ z) = \sum_{m=0}^{\infty}\sum_{n=1}^{\infty} H_{mn} J_m\left(\frac{\mu_{mn}}{a}\rho\right)\binom{\cos m\varphi}{\sin m\varphi}\mathrm{e}^{-\mathrm{j}\beta z} \qquad (8-2-4)$$

可见，圆波导中同样存在着无穷多种 TE 模，不同的 $m$ 和 $n$ 代表不同的模式，记作 $\mathrm{TE}_{mn}$。其中，$m$ 表示场沿圆周分布的整波数，$n$ 表示场沿半径分布的最大值个数。

此时波阻抗为

$$Z_{\mathrm{TE}_{mn}} = \frac{E_\rho}{H_\varphi} = \frac{\omega\mu}{\beta_{\mathrm{TE}_{mn}}} \qquad (8-2-5)$$

其中，$\beta_{\mathrm{TE}_{mn}} = \sqrt{k^2 - \left(\frac{\mu_{mn}}{a}\right)^2}$。

圆波导

### 2. TM 波

采用与分析 TE 波相同的分析方法，可求得 TM 波纵向电场 $E_z(\rho,\ \varphi,\ z)$ 通解为

$$E_z(\rho,\ \varphi,\ z) = \sum_{m=0}^{\infty}\sum_{n=1}^{\infty} E_{mn} J_m\left(\frac{v_{mn}}{a}\rho\right)\binom{\cos m\varphi}{\sin m\varphi}\mathrm{e}^{-\mathrm{j}\beta z} \qquad (8-2-6)$$

其中，$v_{mn}$ 是 $m$ 阶贝塞尔函数 $J_m(x)$ 的第 $n$ 个根且 $k_{\mathrm{cTM}_{mn}} = v_{mn}/a$。

可见，圆波导中存在着无穷多种 TM 模，波型指数 $m$ 和 $n$ 的意义与 TE 模的相同。

此时 TM 模的波阻抗为

$$Z_{\mathrm{TM}_{mn}} = \frac{E_\rho}{H_\varphi} = \frac{\beta_{\mathrm{TM}_{mn}}}{\omega\varepsilon} \qquad (8-2-7)$$

其中，相移常数 $\beta_{\mathrm{TM}_{mn}} = \sqrt{k^2 - \left(\frac{v_{mn}}{a}\right)^2}$。

### 3. 圆波导的传输特性

与矩形波导不同，圆波导的 TE 波和 TM 波的传输特性各不相同。

1）截止波长

由前面分析可知，圆波导 $\mathrm{TE}_{mn}$ 模、$\mathrm{TM}_{mn}$ 模的截止波数分别为

$$\begin{aligned} k_{\mathrm{cTE}_{mn}} &= \frac{\mu_{mn}}{a} \\ k_{\mathrm{cTM}_{mn}} &= \frac{v_{mn}}{a} \end{aligned} \qquad (8-2-8)$$

式中，$v_{mn}$ 和 $\mu_{mn}$ 分别为 $m$ 阶贝塞尔函数及其一阶导数的第 $n$ 个根。几个典型模式的圆波导的截止波长如表 8-1 所示。

**表 8 - 1　圆波导的截止波长**

| 模式 | $TE_{11}$ | $TM_{01}$ | $TE_{21}$ | $TE_{01}/TM_{11}$ | $TM_{21}$ | $TE_{12}$ | $TM_{02}$ | $TE_{32}$ |
|------|-----------|-----------|-----------|-------------------|-----------|-----------|-----------|-----------|
| $\lambda_c$ | $3.41a$ | $2.62a$ | $2.06a$ | $1.64a$ | $1.22a$ | $1.18a$ | $1.14a$ | $0.94a$ |

图 8 - 5 给出了圆波导中各模式截止波长的分布。

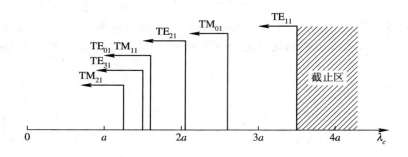

图 8 - 5　圆波导中各模式截止波长的分布

圆波导中 $TE_{11}$ 模的截止波长最长,是圆波导中的最低次模,也是主模。它的场结构分布如图 8 - 6 所示。由图可见,圆波导中 $TE_{11}$ 模的场分布与矩形波导的 $TE_{10}$ 模的场分布很相似,因此工程上,通过将矩形波导的横截面逐渐过渡变为圆波导,从而构成方圆波导变换器,如图 8 - 7 所示。

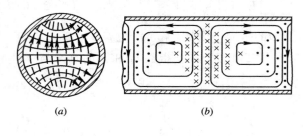

图 8 - 6　圆波导 $TE_{11}$ 模的场结构分布

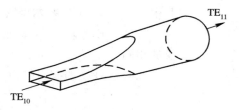

图 8 - 7　方圆波导变换器

2) 简并模

我们将截止波长相同而场分布不同的一对模式称为简并模式。在圆波导中有两种简并模,它们是 E - H 简并和极化简并。

(1) E - H 简并。

由于贝塞尔函数具有 $J_0'(x) = -J_1(x)$ 的性质,因此一阶贝塞尔函数的根和零阶贝塞尔函数导数的根相等,即 $\mu_{0n} = v_{1n}$,故有 $\lambda_{cTE_{0n}} = \lambda_{cTM_{1n}}$,从而形成了 $TE_{0n}$ 模和 $TM_{1n}$ 模的简并,这种简并称为 E - H 简并。

(2) 极化简并。

圆波导是圆对称结构。对于 $m \neq 0$ 的任意非圆对称模式,由于场沿 $\varphi$ 方向存在 $\sin m\varphi$ 和 $\cos m\varphi$ 两种场分布,两者的截止波数相同、传播特性相同,但极化面互相垂直,称之为极化简并(Polarization Degenerate)。显然,在圆波导中除 $TE_{0n}$ 和 $TM_{0n}$ 外的所有模式均存在极化简并。圆波导的主模 $TE_{11}$ 的极化是不稳定的。在传播过程中,圆波导中细微不均匀就可能引起波的极化旋转，相当于出现了新的简并模式，因为旋转后的 $TE_{11}$ 模，可分解为极化面互相垂直的两个模，从而导致不能单模传输。但也可用此极化简并现象，制成极化分离器、极化衰减器等。

**8.3节课件**

# 8.3 波导的激励与耦合

上面分析了规则金属波导中可能存在的电磁场的各种模式。那么如何在波导中产生这些导行模呢？这就是波导的激励（Encourage）。另一方面要从波导中提取信息，这就是波导的耦合（Coupling）。波导的激励与耦合本质上是电磁波的辐射和接收，是微波源向波导内有限空间的辐射或从波导的有限空间接收电磁波信息。由于辐射和接收是互易的，因此激励与耦合有相同的场结构。严格地用数学方法来分析波导的激励问题是困难的，这里仅定性地对这一问题作一说明。激励波导的方法通常有三种：电激励、磁激励和电流激励。

**1. 电激励**

将同轴线内的导体延伸一小段沿电场方向插入矩形波导内构成探针激励，由于这种激励类似于电偶极子的辐射，故称电激励。在探针附近，由于电场强度会有 $E_z$ 分量，电磁场分布与 $TE_{10}$ 模有所不同，因此必然有高次模被激发。但当波导尺寸只容许主模传输时，激励起的高次模随着远离探针位置很快就会衰减，因此高次模不会在波导内传播。为了提高功率耦合效率，在探针处两边，波导与同轴线的阻抗应匹配，为此往往在波导一端接上一个短路活塞，如图 8-8(a) 所示。调节探针插入深度 $h$ 和短路活塞位置 $l$，可以使同轴线耦合到波导中的功率达到最大。显然，短路活塞的作用是提供一个可调电抗以抵消与高次模相对应的探针电抗。

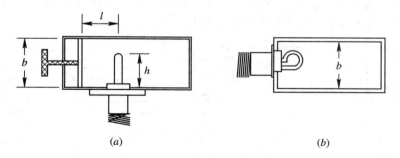

(a)                                              (b)

图 8-8 电激励与磁激励示意图

**2. 磁激励**

将同轴线的内导体延伸一小段后弯成环形，将其端部焊在外导体上，然后插入波导中所需激励模式的磁场最强处，并使小环法线平行于磁力线，如图 8-8(b) 所示。由于这种激励类似于磁偶极子辐射，故称为磁激励。同样，也可连接一短路活塞以提高耦合功率。但由于耦合环不容易和波导紧耦合，而且匹配困难，频带较窄，最大耦合功率也比探针激励小，故在实际中常用探针激励。

### 3. 电流激励

除了上述两种激励之外，在波导之间的激励往往采用小孔或缝激励，即在两个波导的公共壁上开孔或缝，使一部分能量辐射到另一波导去，以此建立所要的传输模式。由于波导开口处的辐射类似于电流元的辐射故称为电流激励。小孔耦合最典型的应用是定向耦合器。它在主波导和耦合波导的公共壁上开小孔以实现主波导向耦合波导传送能量，如图 8-9 所示。另外小孔或缝的激励方法还可用波导与谐振腔之间的耦合、两条微带之间的耦合等。

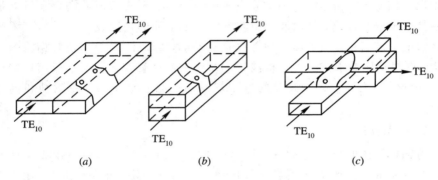

图 8-9 波导的小孔耦合

激励与耦合

# 8.4 谐 振 器

微波谐振器(Resonator)一般有传输线型谐振器和非传输线型谐振器两大类，传输线型谐振器是由一段两端短路或开路的导波系统构成的，如金属空腔谐振器、同轴线谐振器和微带谐振器等，如图 8-10 所示，在实际应用中大部分采用此类谐振器。本节首先讨论微波谐振器的演化过程及其基本参量，然后分析矩形空腔谐振器和微带谐振器的工作原理。

8.4节课件

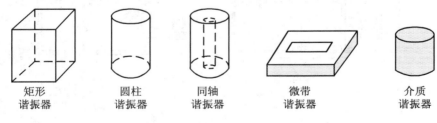

图 8-10 各种传输线型谐振器

## 8.4.1 微波谐振器的演化过程及其基本参量

低频电路中的 $LC$ 回路是由平行板电容 $C$ 和电感 $L$ 并联构成的，如图 8-11($a$) 所示，它的谐振频率为

$$f_0 = \frac{1}{2\pi\sqrt{LC}} \qquad\qquad (8-4-1)$$

　　当要求提高谐振频率时，必须减小 $L$ 和 $C$。减小电容的措施是增大平行板距离，减小电感的措施是减少电感线圈的匝数，直到仅有一匝，如图 8 - 11($b$)所示；再进一步提高频率的方法是，将多个单匝线圈并联以减小电感 $L$，如图8 - 11($c$)所示；进一步增加电感数目，以致相连成片，形成一个封闭的中间凹进去的导体空腔，如图 8 - 11($d$)所示，这就成了重入式空腔谐振器；继续把构成电容的两极拉开，则谐振频率进一步提高，这样就形成了一个圆盒子和方盒子，如图 8 - 11($e$)所示，这是微波空腔谐振器的常用形式。虽然它们与最初的谐振电路相比已经面目全非了，但两者的作用完全一样，只是适用的频率不同而已。对于谐振腔而言，已经无法分出哪里是电感、哪里是电容，腔体内充满电磁场，因此只能用场的方法进行分析。

谐振的本质

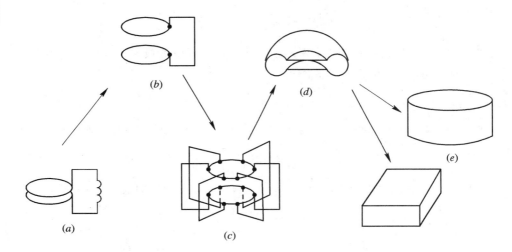

图 8 - 11　微波谐振器的演化过程

　　集总参数谐振回路的基本参量是电感 $L$、电容 $C$ 和电阻 $R$，由此可导出谐振频率、品质因数和谐振阻抗或导纳。但是在微波谐振器中，集总参数 $L$、$R$、$C$ 已失去具体意义，所以通常将谐振器频率 $f_0$、品质因数 $Q_0$ 和等效电导 $G_0$ 作为微波谐振器的三个基本参量。

**1. 谐振频率 $f_0$**

　　谐振频率 $f_0$ 是微波谐振器最主要的参数。对于金属空腔谐振器，可以看作一段金属波导两端短路，因此腔中的波不仅在横向呈驻波分布，而且沿纵向也呈驻波分布。为了满足金属波导两端短路的边界条件，腔体的长度 $l$ 和波导波长 $\lambda_g$ 应满足：

$$l = p\frac{\lambda_g}{2}, \quad p = 1, 2, \cdots \qquad (8-4-2)$$

于是有

$$\beta = \frac{p\pi}{l} \qquad (8-4-3)$$

而得

$$\omega^2 \mu \varepsilon = \left(\frac{2\pi}{\lambda_g}\right)^2 + \left(\frac{2\pi}{\lambda_c}\right)^2 \qquad (8-4-4)$$

于是谐振频率：

$$f_0 = \frac{v}{2\pi}\left[\left(\frac{p\pi}{l}\right)^2 + \left(\frac{2\pi}{\lambda_c}\right)^2\right]^{1/2} \qquad (8-4-5)$$

由上式可见，谐振频率由振荡模式、腔体尺寸以及腔中填充介质($\mu$, $\varepsilon$)所确定，而且在谐振器尺寸一定的情况下，与振荡模式相对应有无穷多个谐振频率。

**2. 品质因数 $Q_0$**

品质因数 $Q_0$ 是表征谐振器频率选择性的重要参量，它的定义为

$$Q_0 = 2\pi \frac{W}{W_T} = \omega_0 \frac{W}{P_1} \qquad (8-4-6)$$

式中，$W$ 为谐振器中的储能，$W_T$ 为一个周期内谐振器损耗的能量，$P_1$ 为谐振器的损耗功率。谐振器的储能为

$$W = W_e + W_m = \frac{1}{2}\int_V \mu \mid H \mid^2 \mathrm{d}V = \frac{1}{2}\int_V \varepsilon \mid E \mid^2 \mathrm{d}V \qquad (8-4-7)$$

谐振器的平均损耗主要由导体损耗引起，设导体表面电阻为 $R_s$，则有

$$P_1 = \frac{1}{2}\oint_S \mid J_s \mid^2 R_s \, \mathrm{d}S = \frac{1}{2}R_s\int_S \mid H_t \mid^2 \mathrm{d}S \qquad (8-4-8)$$

式中，$H_t$ 为导体内壁的切向磁场，而 $J_s = n \times H_t$，$n$ 为法向矢量。于是有

$$Q_0 = \frac{\omega_0 \mu}{R_s} \frac{\int_V \mid H \mid^2 \mathrm{d}V}{\int_S \mid H_t \mid^2 \mathrm{d}S} = \frac{2}{\delta} \frac{\int_V \mid H \mid^2 \mathrm{d}V}{\int_S \mid H_t \mid^2 \mathrm{d}S} \qquad (8-4-9)$$

式中，$\delta$ 为导体内壁的趋肤深度。因此只要求得谐振器的内场分布，即可求得品质因数 $Q_0$。

为粗略估计谐振器内的 $Q_0$ 值，近似认为 $\mid H \mid = \mid H_t \mid$，这样式(8-4-9)可近似为

$$Q_0 \approx \frac{2}{\delta} \frac{V}{S} \qquad (8-4-10)$$

式中，$S$、$V$ 分别表示谐振器的内表面积和体积。

可见，品质因数 $Q_0 \propto V/S$，应选择谐振器的形状使其 $V/S$ 大；谐振器的线尺寸与工作波长成正比，即 $V \propto \lambda_0^3$，$S \propto \lambda_0^2$，故有 $Q_0 \propto \lambda_0/\delta$，由于 $\delta$ 仅为几微米，因此对厘米波段，$Q_0$ 的值将在 $10^4 \sim 10^5$ 量级。

上述讨论品质因数 $Q_0$ 时，未考虑外接激励与耦合的情况，因此称之为无载品质因数或固有品质因数。

**3. 等效电导 $G_0$**

等效电导 $G_0$ 是表征谐振器功率损耗特性的参量。在谐振器某等效参考面的边界上取两点 $c$、$d$，并已知谐振器的内场分布，则等效电导 $G_0$ 可表示为

$$G_0 = R_s \frac{\oint_S |\boldsymbol{H}_t|^2 \, \mathrm{d}S}{\left(\int_c^d \boldsymbol{E} \cdot \mathrm{d}\boldsymbol{l}\right)^2} \tag{8-4-11}$$

可见，等效电导 $G_0$ 具有多值性，与所选择的点 $c$ 和 $d$ 有关。

实际上以上讨论的三个基本参量的计算公式都是对一定的振荡模式而言的，振荡模式不同则所得参量的数值也不同。因此上述公式仅适用于少数形状规则的谐振器。对复杂的谐振器，只能用等效电路的概念，通过测量来确定 $\lambda_0$、$Q_0$ 和 $G_0$。

### 8.4.2　矩形空腔谐振器

矩形空腔谐振器是由一段长为 $l$、两端短路的矩形波导组成的，如图 8-12 所示。与矩形波导类似，它也存在两类振荡模式，即 TE 和 TM 模式。其中主模为 $\mathrm{TE}_{101}$ 模，其场分量表达式为

$$\left. \begin{aligned} E_y &= E_0 \sin\frac{\pi x}{a} \sin\frac{\pi z}{l} \\ H_x &= -\frac{\mathrm{j}E_0}{Z_{\mathrm{TE}_{10}}} \sin\frac{\pi x}{a} \cos\frac{\pi z}{l} \\ H_z &= \frac{\mathrm{j}\pi E_0}{k\eta a} \cos\frac{\pi x}{a} \sin\frac{\pi z}{l} \\ H_y &= E_x = E_z = 0 \end{aligned} \right\} \tag{8-4-12}$$

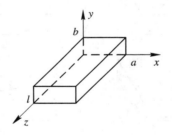

图 8-12　矩形谐振器及其坐标

可见，矩形空腔谐振器内的各分量与 $y$ 无关，电场只有 $E_y$ 分量，磁场只有 $H_x$ 和 $H_z$ 分量，沿 $x$、$z$ 方向均为驻波分布。下面讨论在主模条件下矩形空腔谐振器的主要参量。

**1. 谐振频率 $f_0$**

对 $\mathrm{TE}_{101}$ 模，$\lambda_c = 2a$，由式(8-4-5)得

$$f_0 = \frac{c\sqrt{a^2 + l^2}}{2al} \tag{8-4-13}$$

式中，$c$ 为自由空间光速，对应谐振波长为

$$\lambda_0 = \frac{2al}{\sqrt{a^2 + l^2}} \tag{8-4-14}$$

**2. 品质因数 $Q_0$**

由 $\mathrm{TE}_{101}$ 模的场表达式可得

$$W = \frac{\mu}{2}\int_V |\boldsymbol{H}|^2\,\mathrm{d}V = \frac{\mu abl}{8}E_0^2\left(\frac{1}{Z_{\mathrm{TE}}^2} + \frac{\pi^2}{k^2\eta^2a^2}\right) \qquad (8-4-15)$$

而 $Z_{\mathrm{TE}} = k\eta/\beta$，$\beta = \beta_{10} = \sqrt{k^2 - (\pi/a)^2}$，将其代入上式并整理得

$$W = \frac{\varepsilon abl}{8}E_0^2 \qquad (8-4-16)$$

导体损耗功率为

$$P_1 = \frac{R_S}{2}\int_S |\boldsymbol{H}_t|^2\,\mathrm{d}S = \frac{R_S\lambda^2E_0^2}{8\eta}\left(\frac{ab}{l^2} + \frac{bl}{a^2} + \frac{a}{2l} + \frac{l}{2a}\right) \qquad (8-4-17)$$

于是品质因数 $Q_0$ 为

$$Q_0 = \omega_0\frac{W}{P_1} = \frac{(kal)^3 b\eta}{2\pi^2 R_S}\frac{1}{2a^3b + 2bl^3 + a^3l + al^3} \qquad (8-4-18)$$

### 8.4.3　微带谐振器

微带谐振器的形式很多，主要有传输线型谐振器（如微带线节型谐振器）和非传输线型谐振器（如圆形、环形、椭圆形谐振器），这四种微带谐振器分别如图 $8-13(a)$、$(b)$、$(c)$、$(d)$ 所示。

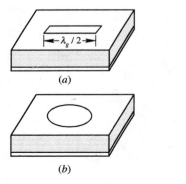
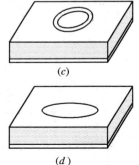

谐振器

图 $8-13$　各种微带谐振器

下面我们对线节型谐振器作一简单分析。设微带线工作在准 TEM 模式，对于一段长为 $l$ 的微带线，终端开路时，由传输线理论，可得其输入阻抗为

$$Z_{\mathrm{in}} = -\mathrm{j}Z_0\cot\beta l \qquad (8-4-19)$$

式中，$\beta = 2\pi/\lambda_g$，$\lambda_g$ 为微带线的带内波长。

根据并联谐振条件 $Y_{\mathrm{in}} = 0$，于是有

$$l = \frac{p\lambda_{g0}}{2} \quad 或 \quad \lambda_{g0} = \frac{2l}{p} \qquad p = 1,2,\cdots \qquad (8-4-20)$$

式中，$\lambda_{g0}$ 为带内谐振波长。

根据串联谐振条件 $Z_{\mathrm{in}} = 0$，于是有

$$l = \frac{(2p-1)\lambda_{g0}}{4} \quad 或 \quad \lambda_{g0} = \frac{4l}{2p-1} \qquad (8-4-21)$$

可见，长度为 $\lambda_{g0}/2$ 整数倍的两端开路的微带线构成了 $\lambda_{g0}/2$ 微带谐振器；长度为 $\lambda_{g0}/4$ 奇数倍的一端开路一端短路的微带线构成了 $\lambda_{g0}/4$ 微带谐振器。实际上，微带谐振器短路比开路难实现，所以一般采用终端开路型微带谐振器。但终端导带断开处的微带线不是理想的开路，因而计算得到的谐振长度要比实际的长度长，一般有

$$l_1 + 2\Delta l = p\,\frac{\lambda_{g0}}{2} \tag{8-4-22}$$

其中，$l_1$ 为实际导带长度，$\Delta l$ 为缩短长度。

微带谐振器的损耗主要有导体损耗、介质损耗和辐射损耗，于是总的品质因数 $Q_0$ 为

$$Q_0 = \left(\frac{1}{Q_c} + \frac{1}{Q_d} + \frac{1}{Q_r}\right)^{-1}$$

式中，$Q_c$、$Q_d$、$Q_r$ 分别是导体损耗、介质损耗和辐射损耗引起的品质因数，$Q_c$ 和 $Q_d$ 可按下式计算：

本章小结

$$\left.\begin{aligned} Q_c &= \frac{27.3}{\alpha_c \lambda_{g0}} \\ Q_d &= \frac{\varepsilon_e}{\varepsilon_r}\,\frac{1}{q\,\tan\delta} \end{aligned}\right\} \tag{8-4-23}$$

式中，$\alpha_c$ 为微带线的导体衰减常数（dB/m），$\varepsilon_e$、$q$ 分别为微带线的有效介电常数和填充因子。通常 $Q_r \gg Q_d \gg Q_c$，因此微带线谐振器的品质因数主要取决于导体损耗。

# 习　题

典型例题

8.1　试说明为什么规则金属波导内不能传播 TEM 波。

8.2　矩形波导的横截面尺寸 $a=22.86$ mm、$b=10.16$ mm，将自由空间波长为 2 cm、3 cm 和 5 cm 的信号接入此波导，问能否传输？若能，会出现哪些模式？

8.3　矩形波导截面尺寸 $a\times b=23$ mm $\times 10$ mm，波导内充满空气，信号源频率为 10 GHz，试求：

（1）波导中可以传播的模式；

（2）该模式的截止波长 $\lambda_c$、相移常数 $\beta$、波导波长 $\lambda_g$ 及相速 $v_p$。

8.4　试证明工作波长 $\lambda$、波导波长 $\lambda_g$ 和截止波长 $\lambda_c$ 满足以下关系：

$$\lambda = \frac{\lambda_g \lambda_c}{\sqrt{\lambda_g^2 + \lambda_c^2}}$$

8.5　设矩形波导 $a=2b$，工作在 $TE_{10}$ 模式，求此模式中衰减最小时的工作频率 $f$。

8.6　设矩形波导尺寸 $a\times b=6$ cm $\times 3$ cm，内充空气，工作频率为 3 GHz，工作在主模，求该波导能承受的最大功率。

思考题

8.7 已知圆波导的直径为 5 cm，填充空气介质。

(1) 求 $TE_{11}$、$TE_{01}$、$TM_{01}$ 三种模式的截止波长。

(2) 当工作波长分别为 7 cm、6 cm、3 cm 时，波导中出现上述哪些模式？

(3) 当工作波长为 7 cm 时，求最低次模的波导波长 $\lambda_g$。

8.8 已知工作波长为 8 mm，信号通过尺寸 $a \times b = 7.112$ mm $\times$ 3.556 mm的矩形波导转换到圆波导 $TE_{01}$ 模传输，要求圆波导与上述矩形波导相速相等，试求圆波导的直径；若过渡到圆波导后要求传输 $TE_{11}$ 模且相速一样，再求圆波导的直径。

8.9 已知矩形波导的尺寸 $a \times b = 23$ mm $\times 10$ mm，试求传输模的单模工作频带。

8.10 已知工作波长 $\lambda = 5$ mm，要求单模传输，试确定圆波导的半径，并指出是什么模式。

8.11 什么叫模式简并？矩形波导和圆形波导中模式简并有何异同？

8.12 为什么一般矩形(主模工作条件下)测量线探针开槽开在波导宽壁的中心线上？

8.13 在波导激励中常用哪三种激励方式？

8.14 设矩形波导宽边 $a = 2.5$ cm，工作频率 $f = 10$ GHz，用 $\lambda_g/4$ 阻抗变换器匹配一段空气波导和一段 $\varepsilon_r = 2.56$ 的波导，如题 8.14 图所示，求匹配介质的相对介电常数 $\varepsilon_r'$ 及变换器的长度。

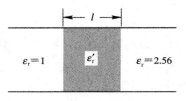

题 8.14 图

8.15 当圆极化波输入到线圆极化转换器时，输出端将变换成线极化波，试分析其工作原理。

8.16 设矩形谐振腔的尺寸 $a = 5$ cm、$b = 3$ cm、$l = 6$ cm，试求 $TE_{101}$ 模式的谐振波长和无载品质因数 $Q_0$ 的值。

# *第 9 章　电磁波的辐射与接收

　　第 6 章我们分析了电磁场以平面波在无界媒质(Unbounded Medium)中传播和在不同媒质交界面上的入射、反射、透射等问题，接着又讨论了电磁波沿传输线(Transmission Line)或波导(Wave Guidance)等导波系统的传输问题。现在，我们讨论不仅能产生电磁场，而且能使之有效辐射的系统。

　　理论与实践均证明：随时间变化的电荷或电流激发出的电磁场，可以脱离场源以电磁波的形式向远处传播出去而不再返回场源，我们把这种现象称为电磁辐射(Electromagnetic Radiating)。在电子系统中，辐射或接收电磁波的装置称为天线(Antenna)。

　　严格说来，求解天线辐射问题本质上是一个边值问题，即找出满足天线边界条件的麦克斯韦方程的解。这种方法往往比较复杂，在很多情况下甚至无法求解。因此，实际中都采用近似解法。

　　天线的种类很多。按辐射元的类型，大致可以分为线天线和面天线。

　　本章首先从滞后位出发，求解出电基本振子和磁基本振子的辐射场，然后对天线的近、远区场的特性进行分析，得到电基本振子和磁基本振子的方向函数，并介绍了描述天线特性的电参数以及常用的对称振子天线和天线阵，最后讨论了接收天线的理论。

## 9.1　位函数的波动方程及滞后位

**9.1 节课件**

　　根据场和源的关系可知，随时间变化的电荷可以产生随时间变化的电场，随时间变化的电流可以产生随时间变化的磁场；同时由麦克斯韦方程可知，随时间变化的电场可以产生磁场，随时间变化的磁场可以产生电场。这就是说，当在天线上加上交变信号后，随时间变化的电荷或电流激发出的时变电磁场，可以脱离天线以电磁波的形式向空间传播出去，也就是所谓的电磁辐射。下面来讨论关于电磁辐射的基本方程。

　　在静态场分析中引入了电位和磁矢位函数，使电场和磁场的分析得到很大程度的简化，因此在时变电磁场中也引入一些辅助的位函数以使时变场问题的分析简化。

　　磁通密度 $\boldsymbol{B}$ 是无散场,可用另一矢量 $\boldsymbol{A}$ 的旋度来表示,即

$$\boldsymbol{B} = \nabla \times \boldsymbol{A} \qquad (9-1-1)$$

其中, $\boldsymbol{A}$ 称为动态磁矢位。

天线的作用

将式(9-1-1)代入麦克斯韦第二方程式(5-3-2$b$)得

$$\nabla \times \boldsymbol{E} = -\frac{\partial}{\partial t}[\nabla \times \boldsymbol{A}] = -\nabla \times \frac{\partial \boldsymbol{A}}{\partial t}$$

即

$$\nabla \times \left[ \boldsymbol{E} + \frac{\partial \boldsymbol{A}}{\partial t} \right] = 0 \qquad (9-1-2)$$

由矢量分析知：一个旋度为零的矢量场可以用一个标量函数的梯度来表示，即

$$\boldsymbol{E} + \frac{\partial \boldsymbol{A}}{\partial t} = -\nabla \phi \qquad (9-1-3)$$

其中，$\phi$ 为动态电标位，因而有

$$\boldsymbol{E} = -\nabla \phi - \frac{\partial \boldsymbol{A}}{\partial t} \qquad (9-1-4)$$

式(9-1-1)和式(9-1-4)表明：一旦求得电磁场的磁矢位 $\boldsymbol{A}$(Magnetic Vector Potential)和电标位 $\phi$(Electronic Scalar Potential)，即可求得时变电场和时变磁场。下面来讨论这些位函数应满足的方程。

将式(9-1-1)和式(9-1-4)代入线性媒质中的麦克斯韦方程 $\nabla \times \boldsymbol{B} = \mu \boldsymbol{J} + \mu\varepsilon \frac{\partial \boldsymbol{E}}{\partial t}$，得

$$\nabla \times \nabla \times \boldsymbol{A} = \mu \boldsymbol{J} + \mu\varepsilon \frac{\partial}{\partial t}\left( -\nabla \phi - \frac{\partial A}{\partial t} \right) \qquad (9-1-5)$$

再利用矢量恒等式 $\nabla \times \nabla \times \boldsymbol{A} = \nabla(\nabla \cdot \boldsymbol{A}) - \nabla^2 \boldsymbol{A}$，有

$$\nabla^2 \boldsymbol{A} - \mu\varepsilon \frac{\partial^2 \boldsymbol{A}}{\partial t^2} = -\mu \boldsymbol{J} + \nabla\left[ \nabla \cdot \boldsymbol{A} + \mu\varepsilon \frac{\partial \phi}{\partial t} \right] \qquad (9-1-6)$$

将式(9-1-4)两边取散度，并考虑到线性媒质中的麦克斯韦方程 $\nabla \cdot \boldsymbol{E} = \frac{\rho_V}{\varepsilon}$，可得

$$\nabla^2 \phi + \frac{\partial}{\partial t}(\nabla \cdot \boldsymbol{A}) = -\frac{\rho_V}{\varepsilon} \qquad (9-1-7)$$

式(9-1-6)和式(9-1-7)就是动态磁矢位和动态电标位应满足的方程。根据亥姆霍兹定理，要唯一地确定磁矢位 $\boldsymbol{A}$，除规定它的旋度外，还必须规定它的散度。可以证明，定义不同的散度可以得到相同的电磁场，这一性质也称规范不变性。为了使位函数方程更加简单，可以令

$$\nabla \cdot \boldsymbol{A} + \mu\varepsilon \frac{\partial \phi}{\partial t} = 0 \qquad (9-1-8)$$

式(9-1-8)称为洛仑兹条件(Lorentz Condition)。将其代入式(9-1-6)、式(9-1-7)可得

$$\left. \begin{array}{l} \nabla^2 \boldsymbol{A} - \mu\varepsilon \dfrac{\partial^2 \boldsymbol{A}}{\partial t^2} = -\mu \boldsymbol{J} \\[3mm] \nabla^2 \phi - \mu\varepsilon \dfrac{\partial^2 \phi}{\partial t^2} = -\dfrac{\rho_V}{\varepsilon} \end{array} \right\} \qquad (9-1-9)$$

式(9-1-9)称为动态位函数的波动方程，又称为位函数的非齐次亥姆霍兹方程(Inhomogeneous Helmholtz Equation)。

设位函数由单一频率正弦变化的源所产生，上述波动方程变为如下时谐形式：

$$\left.\begin{aligned}\nabla^2\boldsymbol{A}+k^2\boldsymbol{A}&=-\mu\boldsymbol{J}\\\nabla^2\phi+k^2\phi&=-\frac{\rho_V}{\varepsilon}\end{aligned}\right\} \qquad (9-1-10)$$

其中，$k=\omega\sqrt{\mu\varepsilon}$ 为无界媒质中的波数。

在球坐标中求解上述方程并考虑 $k=\dfrac{\omega}{v}$ 和时间因子 $\mathrm{e}^{\mathrm{j}\omega t}$，即得位函数的表达式为

$$\left.\begin{aligned}\phi(\boldsymbol{r},t)&=\operatorname{Re}\left(\frac{1}{4\pi\varepsilon}\int_V\frac{\rho_V(\boldsymbol{r}')}{R}\mathrm{e}^{\mathrm{j}\omega\left(t-\frac{R}{v}\right)}\mathrm{d}V'\right)\\\boldsymbol{A}(\boldsymbol{r},t)&=\operatorname{Re}\left(\frac{\mu}{4\pi}\int_V\frac{\boldsymbol{J}(\boldsymbol{r}')}{R}\mathrm{e}^{\mathrm{j}\omega\left(t-\frac{R}{v}\right)}\mathrm{d}V'\right)\end{aligned}\right\} \qquad (9-1-11)$$

其中，$\boldsymbol{r}'$ 表示源点的位置矢量，$\boldsymbol{r}$ 为场点的位置矢量，$R=|\boldsymbol{r}-\boldsymbol{r}'|$。

式(9-1-11)中的时间因子 $\mathrm{e}^{\mathrm{j}\omega\left(t-\frac{R}{v}\right)}$ 表明，对离开源点距离为 $R$ 的场点，某一时刻 $t$ 的电标位 $\phi$ 和磁矢位 $\boldsymbol{A}$ 并不是由时刻 $t$ 的场源所决定的，而是由略早时刻 $t-R/v$ 时的场源所决定的。换句话说，场点的位函数的变化滞后于源点的变化，滞后的时间 $R/v$ 就是电磁波传播距离 $R$ 所需要的时间。因此，称式(9-1-11)中的电标位 $\phi$ 和磁矢位 $\boldsymbol{A}$ 为滞后位(Retarded Potential)。滞后位的复数表达式为

$$\left.\begin{aligned}\phi(\boldsymbol{r})&=\frac{1}{4\pi\varepsilon}\int_V\frac{\rho_V(\boldsymbol{r}')\mathrm{e}^{-\mathrm{j}kR}}{R}\mathrm{d}V'\\\boldsymbol{A}(\boldsymbol{r})&=\frac{\mu}{4\pi}\int_V\frac{\boldsymbol{J}(\boldsymbol{r}')\mathrm{e}^{-\mathrm{j}kR}}{R}\mathrm{d}V'\end{aligned}\right\} \qquad (9-1-12)$$

式(9-1-12)表明，已知源分布的情况下，就可求得磁矢位 $\boldsymbol{A}$ 和电标位 $\phi$，然后再分别由 $\boldsymbol{E}=-\nabla\phi-\mathrm{j}\omega\boldsymbol{A}$ 和 $\boldsymbol{B}=\nabla\times\boldsymbol{A}$ 求得电场和磁场。事实上，由于 $\boldsymbol{A}$ 和 $\phi$ 之间的关系由洛仑兹条件 $\nabla\cdot\boldsymbol{A}=-\mathrm{j}\omega\mu\varepsilon\phi$ 给出，因此通常只要求出动态矢量位 $\boldsymbol{A}$，就可求得电场强度和磁场强度。

# 9.2　基本振子的辐射

## 9.2.1　电基本振子

**9.2 节课件**

电基本振子也称为电偶极子或赫兹偶极子(Hertzian Dipole)，它是一段长度远小于波长($\mathrm{d}l\ll\lambda$)、电流 $I$ 振幅均匀分布、相位相同的直线电流元，是线天线的基本组成部分。下面我们将用磁矢位 $\boldsymbol{A}$ 来计算电基本振子的辐射特性。

设电基本振子沿 $z$ 轴放置，如图 9-1 所示。其电流元为

$$\boldsymbol{a}_z I \ \mathrm{d}l' = \boldsymbol{a}_z \frac{I}{S} S \ \mathrm{d}l' = \boldsymbol{J} \ \mathrm{d}V' \qquad (9-2-1)$$

式中，$S$ 为电流元的横截面积。

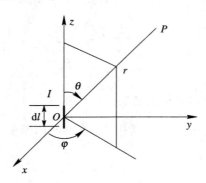

图 9 - 1　电基本振子的辐射

根据式（9 - 1 - 5），同时考虑电基本振子的长度远小于波长（$\mathrm{d}l \ll \lambda$），因此可取 $r' = 0$，即 $R \approx r$，所以其磁矢位的表达式为

$$\boldsymbol{A}(\boldsymbol{r}) = \boldsymbol{a}_z \frac{\mu}{4\pi r} I \ \mathrm{d}l \mathrm{e}^{-\mathrm{j}kr} \qquad (9-2-2)$$

式中，$k = \dfrac{2\pi}{\lambda} = \dfrac{\omega}{c}$。

根据直角坐标与球坐标的转换公式：

$$\boldsymbol{a}_z = \boldsymbol{a}_r \cos\theta - \boldsymbol{a}_\theta \sin\theta$$

因而在球坐标系中，式（9 - 2 - 2）应为

$$\boldsymbol{A}(\boldsymbol{r}) = \boldsymbol{a}_r A_z \cos\theta - \boldsymbol{a}_\theta A_z \sin\theta$$

将上式代入并求旋度得

$$\boldsymbol{H} = \frac{1}{\mu}(\nabla \times \boldsymbol{A}) = \frac{1}{\mu r^2 \sin\theta} \begin{vmatrix} \boldsymbol{a}_r & r\boldsymbol{a}_\theta & r\sin\theta \boldsymbol{a}_\varphi \\ \dfrac{\partial}{\partial r} & \dfrac{\partial}{\partial \theta} & \dfrac{\partial}{\partial \varphi} \\ A_z \cos\theta & -A_z \sin\theta & 0 \end{vmatrix}$$

由此可得

$$\left. \begin{aligned} H_\varphi &= \frac{k^2 I \ \mathrm{d}l \ \sin\theta}{4\pi}\left[\frac{\mathrm{j}}{kr} + \frac{1}{(kr)^2}\right]\mathrm{e}^{-\mathrm{j}kr} \\ H_r &= H_\theta = 0 \end{aligned} \right\} \qquad (9-2-3)$$

根据麦克斯韦第一方程：

$$\boldsymbol{E} = \frac{1}{\mathrm{j}\omega\varepsilon}(\nabla \times \boldsymbol{H}) \qquad (9-2-4)$$

因此，电基本振子在周围空间产生的电场为

$$\left. \begin{aligned} E_r &= \frac{I \ \mathrm{d}l}{4\pi} \cdot \frac{2k^3}{\omega\varepsilon_0} \cos\theta\left[\frac{-\mathrm{j}}{(kr)^3} + \frac{1}{(kr)^2}\right]\mathrm{e}^{-\mathrm{j}kr} \\ E_\theta &= \frac{I \ \mathrm{d}l}{4\pi} \cdot \frac{k^3}{\omega\varepsilon_0} \sin\theta\left[\frac{-\mathrm{j}}{(kr)^3} + \frac{1}{(kr)^2} + \frac{\mathrm{j}}{kr}\right]\mathrm{e}^{-\mathrm{j}kr} \\ E_\varphi &= 0 \end{aligned} \right\} \qquad (9-2-5)$$

下面讨论电基本振子的电磁场特性。

### 1. 近区场

在靠近电基本振子的区域（$kr \ll 1$ 即 $r \ll \lambda/(2\pi)$），由于 $kr$ 很小，故只需保留式（9 - 2 - 3）和式（9 - 2 - 5）中的 $1/(kr)$ 的高次幂项，同时令 $e^{-jkr} \approx 1$ 和 $p = -jI\,dl/\omega$。考虑上述因素后，电基本振子的近区场表达式为

$$
\left.
\begin{aligned}
E_r &= \frac{2p}{4\pi\varepsilon_0 r^3}\cos\theta \\[2mm]
E_\theta &= \frac{p}{4\pi\varepsilon_0 r^3}\sin\theta \\[2mm]
H_\varphi &= \frac{I\,dl}{4\pi r^2}\sin\theta
\end{aligned}
\right\}
\tag{9 - 2 - 6}
$$

辐射区域的
划分

分析式（9 - 2 - 6）可得到如下结论：

（1）在近区，电场 $E_\theta$ 和 $E_r$ 与静电场问题中的电偶极子的电场相似，磁场 $H_\varphi$ 和恒定电流场问题中的电流元的磁场相似。因此，近区场称为准静态场。

（2）由于场强与 $1/r$ 的高次方成正比，因此近区场随距离的增大而迅速减小，即离天线较远时，可认为近区场近似为零。

（3）电场与磁场相位相差 $90°$，说明坡印廷矢量为虚数，也就是说，电磁能量在场源和场之间振荡，没有能量向外辐射。因此，近区场又称为感应场（Induction Field）。

### 2. 远区场

实际上，收、发两端之间的距离一般是相当远的（$kr \gg 1$，即 $r \gg \lambda/(2\pi)$），在这种情况下，式（9 - 2 - 3）和式（9 - 2 - 5）中的 $1/(kr)^2$ 和 $1/(kr)^3$ 项比起 $1/(kr)$ 项而言，可忽略不计，于是电基本振子的电磁场表示式简化为

$$
\left.
\begin{aligned}
E_\theta &= j\frac{k^2 I\,dl}{4\pi\omega\varepsilon_0 r}\sin\theta\, e^{-jkr} \\[2mm]
H_\varphi &= j\frac{kI\,dl}{4\pi r}\sin\theta\, e^{-jkr}
\end{aligned}
\right\}
\tag{9 - 2 - 7}
$$

式中：

偶极子的
辐射

$$
\left.
\begin{aligned}
k^2 &= \omega^2\varepsilon_0\mu_0,\ \omega = 2\pi f = \frac{2\pi c}{\lambda} \\[2mm]
\varepsilon_0 &= \frac{1}{36\pi}\times 10^{-9}\ \text{F/m} \\[2mm]
\mu_0 &= 4\pi\times 10^{-7}\ \text{H/m} \\[2mm]
\eta_0 &= \sqrt{\frac{\mu_0}{\varepsilon_0}} = 120\pi\ \Omega
\end{aligned}
\right\}
\tag{9 - 2 - 8}
$$

将上式代入式（9 - 2 - 7），得沿 $z$ 轴放置的电基本振子的远区场为

$$E_\theta = \mathrm{j}\, \frac{60\pi I\, \mathrm{d}l}{r\lambda}\, \sin\theta \mathrm{e}^{-\mathrm{j}kr} \left.\vphantom{\frac{I\, \mathrm{d}l}{2r\lambda}}\right\}$$

$$H_\varphi = \mathrm{j}\, \frac{I\, \mathrm{d}l}{2r\lambda}\, \sin\theta \mathrm{e}^{-\mathrm{j}kr} \qquad\qquad (9-2-9)$$

由式(9-2-9)可得到如下结论：

(1) 在远区，电基本振子的场只有 $E_\theta$ 和 $H_\varphi$ 两个分量，它们在空间上相互垂直，在时间上同相位，其坡印廷矢量 $\boldsymbol{S} = \dfrac{1}{2}\boldsymbol{E} \times \boldsymbol{H}^*$ 是实数，且指向 $\boldsymbol{a}_r$ 方向。这说明电基本振子的远区场是一个沿着径向向外传播的横电磁波，所以远区场又称辐射场(Radiated Field)。工程中，一般将大于 $5\lambda \sim 10\lambda$ 的区域规定为远区。

(2) $E_\theta/H_\varphi = \eta_0 = \sqrt{\mu_0/\varepsilon_0} = 120\pi\ \Omega$ 是一常数，即等于媒质的本征阻抗(Intrinsic Impedance)，因而远区场具有与平面波相同的特性。

(3) 辐射场的强度与距离成反比，随着距离的增大，辐射场减小。这是因为辐射场是以球面波的形式向外扩散的，当距离增大时，辐射能量分布到更大的球面面积上。

(4) 在不同的 $\theta$ 方向上，辐射强度是不相等的。这说明电基本振子的辐射是有方向性的。

### 9.2.2 磁基本振子的场

在讨论了电基本振子的辐射情况后，现在再来讨论磁基本振子的辐射。

我们知道，在静态电磁场中，静止的电荷产生电场，恒定的电流产生磁场。静态场有这种特性，时变场也有这种特性。因此引入磁荷和磁流的概念，将一部分原来由电荷和电流产生的电磁场用能够产生同样电磁场的磁荷和磁流来取代，即将"电源"换成等效的"磁源"，可以大大简化计算工作。小电流环的辐射场与磁偶极子的辐射场相同。

磁基本振子也称为磁偶极子(Magnetic Dipole)，它是一个半径为 $b$ 的细线小环，且小环的周长 $2\pi b \ll \lambda$，如图 9-2 所示。假设其上有电流 $i(t) = I\cos\omega t$，其磁偶极矩矢量为

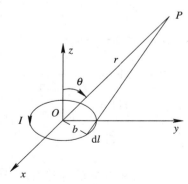

图 9-2 磁基本振子的辐射

$$\boldsymbol{p}_{\mathrm{m}} = \boldsymbol{a}_z I \pi b^2 = \boldsymbol{a}_z p_{\mathrm{m}} \quad \mathrm{A \cdot m^2} \tag{9-2-10}$$

根据电与磁的对偶性原理，只要将电基本振子场的表达式（9-2-3）和式（9-2-5）中的 $\boldsymbol{E}$ 换为 $\eta_0^2 \boldsymbol{H}$，$\boldsymbol{H}$ 换为 $-\boldsymbol{E}$，并将电偶极矩 $p = I \, \mathrm{d}l/(\mathrm{j}\omega)$ 换为磁偶极矩 $p_{\mathrm{m}}$，就可以得到沿 $z$ 轴放置的磁基本振子的场：

$$
\left.
\begin{aligned}
E_r &= E_\theta = H_\varphi = 0 \\
E_\varphi &= -\mathrm{j}\,\frac{\omega\mu_0 k^2 p_{\mathrm{m}}}{4\pi}\,\sin\theta\left[\frac{\mathrm{j}}{kr} + \frac{1}{(kr)^2}\right]\mathrm{e}^{-\mathrm{j}kr} \\
H_r &= \mathrm{j}\,\frac{k^3 p_{\mathrm{m}}}{2\pi}\,\cos\theta\left[\frac{1}{(kr)^2} - \frac{\mathrm{j}}{(kr)^3}\right]\mathrm{e}^{-\mathrm{j}kr} \\
H_\theta &= \mathrm{j}\,\frac{k^3 p_{\mathrm{m}}}{2\pi}\,\sin\theta\left[\frac{1}{kr} + \frac{1}{(kr)^2} - \frac{\mathrm{j}}{(kr)^3}\right]\mathrm{e}^{-\mathrm{j}kr}
\end{aligned}
\right\}
\tag{9-2-11}
$$

与电基本振子作相同的近似可得磁基本振子的远区场为

$$
\left.
\begin{aligned}
E_\varphi &= \frac{\omega\mu_0 p_{\mathrm{m}}}{2r\lambda}\,\sin\theta\,\mathrm{e}^{-\mathrm{j}kr} \\
H_\theta &= -\frac{1}{\eta_0}\,\frac{\omega\mu_0 p_{\mathrm{m}}}{2r\lambda}\,\sin\theta\,\mathrm{e}^{-\mathrm{j}kr}
\end{aligned}
\right\}
\tag{9-2-12}
$$

可见，电基本振子的远区场 $E_\theta$ 与磁基本振子的远区场 $E_\varphi$ 具有相同的方向函数 $|\sin\theta|$，而且在空间相互正交，相位相差 90°。将电基本振子与磁基本振子组合后，可构成一个椭圆（或圆）极化波天线，螺旋天线即是这种情况。

# 9.3　天线的电参数

**9.3 节课件**

天线具有在一定工作频带内实现能量转换、电磁波集束、极化选择等的能力。所谓能量转换，就是将发射机经馈线送到天线上的高频导波能量以电磁波的形式向周围空间辐射出去，或者将天线周围的空间电磁波转换为高频导波能量送到接收机，这要求天线是一个良好的电磁开放系统，并且要求天线与收发机之间具有良好的匹配性能；所谓电磁波集束，就是天线发射的电磁波尽可能集中在所需要的方向上，或者对确定方向上来的电磁波最大限度地接收，这就要求天线具有方向性；所谓极化选择，是指天线应能发射或接收规定极化的电磁波，这就要求天线应有适当的极化。为了表征天线的性能好坏，人们定义了天线的电参数，其电参数主要有方向图、主瓣宽度、旁瓣电平、方向系数、效率、增益、极化特性、输入阻抗、驻波比（回波损耗）和频带宽度等。下面对它们分别讨论。

## 9.3.1　天线方向图及其有关参数

### 1. 天线方向图

**天线参数**

天线方向图（Antenna Directional Pattern）是指在离天线一定距离处，辐射场的相对场强即归一化场强（Normalized Field Intensity）的大小随方向变化的曲线图，它形象地描述了天线在空间各方向上辐射场强的相对强弱。由于天线的辐射场分布于整个空间,因此天线方向图通常是三维的立体方向图。电基本振子的方向图如图 9-3 所示。在球坐标系中,电基本振子的电场强度随 $\theta$ 和 $\varphi$ 变化的曲线图如图 9-3(c) 所示。但通常情况下,均采用通过天线最大辐射方向上的两个相互垂直的平面即所谓"主平面"来表示。

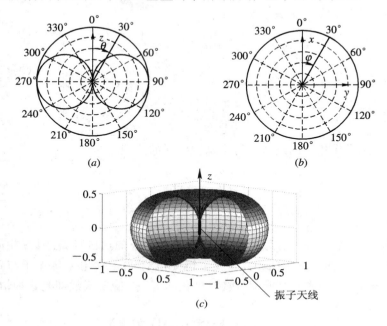

(a)　　　　　　　　　　　　(b)

(c)

图 9-3　电基本振子的方向图
(a) 电基本振子的 E 平面方向图;(b) 电基本振子的 H 平面方向图;
(c) 电基本振子的立体方向图

在超高频天线中,通常采用与场矢量相平行的两个主平面:

(1) E 平面,就是电场矢量所在的平面;

(2) H 平面,就是磁场矢量所在的平面。

【例 9-1】　画出沿 z 轴放置的电基本振子的 E 平面和 H 平面方向图。

**解**　(1) E 平面方向图。在给定 r 处,$E_\theta$ 与 $\varphi$ 无关。$E_\theta$ 的归一化场强值为

$$\frac{|E_\theta|}{|E_{\max}|} = |\sin\theta|$$

这是电基本振子的 E 平面方向图函数,其 E 平面方向图示于图 9-3(a)。

(2) H 平面方向图。在给定 r 处,对于 $\theta = \pi/2$,$E_\theta$ 的归一化场强值为 $|\sin\theta| = 1$,也与 $\varphi$ 无关。因而 H 平面方向图为一个圆,其圆心位于沿 z 方向的振子轴上,且半径为 1,如图 9-3(b) 所示。

图 9-4 为移动通信中使用的某螺旋鞭天线在频率 $f = 1900$ MHz 时的实验测试方向图。

一般来说,许多实际天线的方向图要比图 9-3 和图 9-4 复杂。图 9-5 所示为某天线的 E 平面方向图,是在极坐标中 $E_\theta$ 的归一化模值随 $\theta$ 变化的

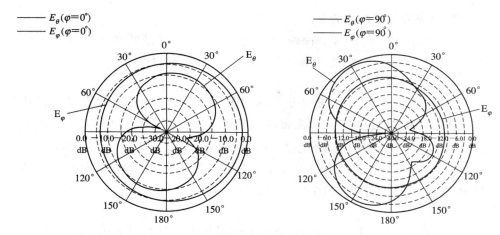

图 9 - 4　移动通信中使用的某螺旋鞭天线的实测方向图

曲 线。 它 通 常 有 一 个 主 要 最 大 值（Principal Maximum）和 若 干 个 次 要 最 大 值（Secondary Maximum）。头 两 个 零 值（Null）之 间 的 最 大 辐 射 区 域 是 主 瓣（Main Lobe）（或 称 主 波 束），其 他 次 要 的 最 大 值 区 域 都 是 旁 瓣（Side Lobe）（或 称 边 瓣、副 瓣）。

　　为 了 分 析 方 便，将 图 9 - 5 的 极 坐 标 图 画 成 直 角 坐 标 图，如 图 9 - 6 所 示。因 为 主 瓣 方 向 的 场 强 往 往 比 旁 瓣 方 向 的 场 强 大 许 多 倍，所 以 天 线 方 向 图 又 常 常 以 对 数 刻 度 来 标 绘，图 9 - 7 就 是 图 9 - 6 的 分 贝 表 示。

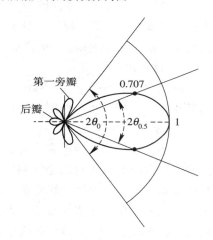

图 9 - 5　极坐标表示的方向图

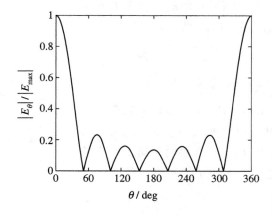

图 9 - 6　直角坐标方向图

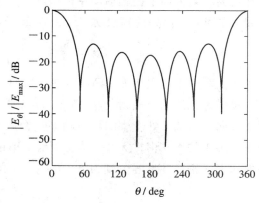

图 9 - 7　直角坐标分贝方向图

**2. 天线参数方向图特性**

为了方便对各种天线方向图的特性进行比较，就需要规定一些特性参数。这些参数有主瓣宽度、旁瓣电平、前后比及方向系数等。

1）主瓣宽度

主瓣宽度（Main Lobe Width）是衡量天线最大辐射区域尖锐程度的物理量。通常主瓣宽度定为方向图主瓣两个半功率（−3 dB）点之间的宽度。在场强方向图中，场强等于最大场强 $1/\sqrt{2}$ 的两点之间的宽度，称为半功率波瓣宽度（Half-power Lobe Width）$2\theta_{0.5}$；有时也将头两个零点之间的角度作为主瓣宽度，称为零功率波瓣宽度 $2\theta_0$。

2）旁瓣电平

旁瓣电平（Side Lobe Level）是指离主瓣最近且电平最高的第一旁瓣电平，一般以分贝表示。方向图的旁瓣区是指不需要辐射的区域，所以其电平应尽可能地低。一般情况下，对于实际天线方向图，离主瓣愈远的旁瓣电平愈低。因而，第一旁瓣电平的高低，在某种意义上反映了天线方向性的好坏。

3）前后比

前后比（Front-to-back Ratio）是指天线在最大辐射方向（前向）上的电平与其相反方向（后向）上的电平之比，通常以分贝数表示。

4）方向系数

上述方向图参数虽能在一定程度上反映天线的定向辐射的状态，但由于这些参数没有计及辐射在全空间的总效果，因此它们都不能独立地表明天线集束能量的能力。例如，旁瓣电平较低的天线并不表明集束能力强，而旁瓣电平小也不一定意味着天线方向性必然好。为了更精确地比较不同天线的方向性，需要再定义一个表示天线集束能量的电参数，这就是方向系数。

方向系数（Directional Coefficient）定义为：在离天线某一距离处，实际天线在最大辐射方向上的辐射功率流密度 $S_{max}$ 与相同辐射功率的理想无方向性天线，在同一距离处的辐射功率流密度 $S_0$ 之比，记为 $D$，即

$$D = \frac{S_{max}}{S_0} = \frac{|E_{max}|^2}{|E_0|^2} \tag{9-3-1}$$

下面由这个定义出发，导出方向系数的一般计算公式。

设实际天线的总辐射功率 TPR（Total Radiated Power）为 $P_\Sigma$，它在最大辐射方向上距离 $r$ 处产生的辐射功率流密度和场强分别为 $S_{max}$ 和 $E_{max}$；又设有一个理想的无方向性天线，其总辐射功率也为 $P_\Sigma$，它在相同距离上产生的辐射功率流密度和场强分别为 $S_0$ 和 $E_0$，其表达式分别为

$$S_0 = \frac{P_\Sigma}{4\pi r^2} = \frac{|E_0|^2}{240\pi} \tag{9-3-2}$$

$$|E_0|^2 = \frac{60 P_\Sigma}{r^2} \tag{9-3-3}$$

由方向系数的定义得

$$D = \frac{r^2 \mid E_{\max} \mid^2}{60 P_{\Sigma}} \qquad (9-3-4)$$

下面来求天线的总辐射功率 $P_{\Sigma}$。设天线归一化方向函数为 $F(\theta, \varphi)$，则它在任意方向的场强与功率流密度分别为

$$\left. \begin{aligned} \mid E(\theta, \varphi) \mid &= \mid E_{\max} \mid \cdot \mid F(\theta, \varphi) \mid \\ S(\theta, \varphi) &= \frac{1}{2} \mathrm{Re}(E_{\theta} H_{\varphi}^{*}) = \frac{\mid E(\theta, \varphi) \mid^2}{240\pi} \end{aligned} \right\} \qquad (9-3-5)$$

由上式得

$$S(\theta, \varphi) = \frac{\mid E_{\max} \mid^2}{240\pi} \mid F(\theta, \varphi) \mid^2 \qquad (9-3-6)$$

在半径为 $r$ 的球面上对功率流密度进行面积分，就得到总辐射功率：

$$P_{\Sigma} = \oiint_{S} S(\theta, \varphi) \, dS = \frac{r^2 \mid E_{\max} \mid^2}{240\pi} \int_{0}^{2\pi} \int_{0}^{\pi} \mid F(\theta, \varphi) \mid^2 \sin\theta \, d\theta \, d\varphi$$

$$(9-3-7)$$

将上式代入式(9-3-4)，即得天线方向系数的一般表达式为

$$D = \frac{4\pi}{\displaystyle\int_{0}^{2\pi} \int_{0}^{\pi} \mid F(\theta, \varphi) \mid^2 \sin\theta \, d\theta \, d\varphi} \qquad (9-3-8)$$

由式(9-3-8)可以看出，要使天线的方向系数大，不仅要求主瓣窄，而且要求全空间的旁瓣电平小。

【例 9-2】　确定沿 $z$ 轴放置的电基本振子的方向系数。

**解**　由上面分析知，电基本振子的归一化方向函数为

$$\mid F(\theta, \varphi) \mid = \mid \sin\theta \mid$$

将其代入方向系数的表达式得

$$D = \frac{4\pi}{\displaystyle\int_{0}^{2\pi} \int_{0}^{\pi} \sin^2\theta \, \sin\theta \, d\theta \, d\varphi} = 1.5$$

若以分贝表示，则 $D = 10 \lg 1.5 = 1.76$ dB。可见，电基本振子的方向系数是很低的。

在工程上，也用等效全向辐射功率 EIRP(Effective Isotropic Radiated Power) $P_{\mathrm{I}}(\theta, \phi)$ 来表征天线在各方向上的辐射特性，它和功率流密度的关系是

$$P_{\mathrm{I}}(\theta, \phi) = 4\pi r^2 S(\theta, \phi) \qquad (9-3-9)$$

它和总辐射功率 $P_{\Sigma}$ 的关系式为

$$P_{\Sigma} = \frac{1}{4\pi r^2} \oiint_{S} P_{\mathrm{I}}(\theta, \phi) \, dS \qquad (9-3-10)$$

由于该参数同时考虑了天线的方向性和效率，在实际无线辐射测试中很有用，为此 CTIA(Cellular Telecommunications & Internet Association)标准对此作了相关规定，感兴趣的读者可参考文献[26]、[27]。

## 9.3.2　天线效率

天线效率(Efficiency)定义为天线的总辐射功率与输入功率之比，记为

$\eta_A$，即

$$\eta_A = \frac{P_\Sigma}{P_{in}} = \frac{P_\Sigma}{P_\Sigma + P_1} \qquad (9-3-11)$$

其中，$P_{in}$ 为输入功率，$P_1$ 为欧姆损耗功率。

实际中，常用天线的辐射电阻 $R_\Sigma$（Radiation Resistance）来度量天线辐射功率的能力。天线的辐射电阻是一个等效电阻。其定义如下：设有一电阻 $R_\Sigma$，当通过它的电流等于天线上的最大电流时，其损耗的功率就等于其辐射功率。显然，辐射电阻的高低是衡量天线辐射能力的一个重要指标，即辐射电阻越高，天线的辐射能力越强。

由上述定义得辐射电阻与辐射功率的关系为

$$P_\Sigma = \frac{1}{2} I_m^2 R_\Sigma \qquad (9-3-12)$$

辐射电阻为

$$R_\Sigma = \frac{2P_\Sigma}{I_m^2} \qquad (9-3-13)$$

仿照引入辐射电阻的办法，定义损耗电阻 $R_1$ 为

$$R_1 = \frac{2P_1}{I_m^2} \qquad (9-3-14)$$

将上述两式代入式（9-3-11），得天线效率为

$$\eta_A = \frac{R_\Sigma}{R_\Sigma + R_1} = \frac{1}{1 + \dfrac{R_1}{R_\Sigma}} \qquad (9-3-15)$$

可见，要提高天线效率，应尽可能提高辐射电阻 $R_\Sigma$，降低损耗电阻 $R_l$。

【例 9-3】 确定电基本振子的辐射电阻。

**解** 设不考虑欧姆损耗，则根据式（9-2-9）知电基本振子的远区场为

$$E_\theta = j \frac{60\pi I\, dl}{r\lambda} \sin\theta e^{-jkr}$$

将其代入式（9-3-7），得辐射功率为

$$P_\Sigma = \frac{r^2}{240\pi} \left(\frac{60\pi I\, dl}{r\lambda}\right)^2 \int_0^{2\pi}\int_0^\pi \sin^2\theta \sin\theta\, d\theta\, d\varphi = \frac{1}{2} I^2 R_\Sigma$$

所以辐射电阻为

$$R_\Sigma = 80\pi^2 \left(\frac{dl}{\lambda}\right)^2$$

设 $dl = 1$ m，$\lambda = 300$ m（对应频率为 1 MHz），则电基本振子的辐射电阻为 0.0084 Ω，该值很小，显然不是一个实际天线。但是这可以说明一般规律：即当天线的长度与波长的比值很小时，天线的辐射电阻是很小的。这种天线通常还具有很高的电抗和很低的效率。一般情况下，为了提高辐射效率，天线的长度不能比其工作波长的四分之一小得太多。实际中，由于人们对天线作用的认识不足，造成了系统设计的不合理，甚至整机性能的下降，这一点电子设计工程师应该注意到。

### 9.3.3　增益系数

增益系数（Gain Coefficient）是综合衡量天线能量转换和方向特性的参数，它定义为方向系数与天线效率的乘积，记为 $G$，即

$$G = D \cdot \eta_A \qquad (9-3-16)$$

由上式可见，天线方向系数和效率愈高，则增益系数愈高。现在我们来研究增益系数的物理意义。

将方向系数公式（9-3-4）和效率公式（9-3-11）代入上式得

$$G = \frac{r^2 \mid E_{max} \mid^2}{60 P_{in} \eta_A} \qquad (9-3-17)$$

由上式可得一个实际天线在最大辐射方向上的场强为

$$\mid E_{max} \mid = \frac{\sqrt{60 G P_{in}}}{r} = \frac{\sqrt{60 D \eta_A P_{in}}}{r} \qquad (9-3-18)$$

假设天线为理想的无方向性天线，即 $D=1$，$\eta_A=1$，$G=1$，则它在空间各方向上的场强为

$$\mid E_{max} \mid = \frac{\sqrt{60 P_{in}}}{r} \qquad (9-3-19)$$

可见，天线的增益系数描述了一个实际天线与理想的无方向性天线相比，在最大辐射方向上将输入功率放大的倍数。这就是说，一个输入功率为 10 W 的理想的无方向性天线与一个增益为 10、输入功率为 1 W 的天线在最大辐射方向上具有相同的效果。因此，使用高增益天线可以减小输入功率。

### 9.3.4　极化特性

天线的极化特性（Polarization Characteristic）是指天线在最大辐射方向上电场矢量的端点随时间变化的规律。具体地说，就是在空间某一固定位置上，天线在最大辐射方向上的电场矢量的末端随时间变化所描绘的图形。如果是直线，就称为线极化；如果是圆，就称为圆极化；如果是椭圆，就称为椭圆极化。按天线所辐射电场的极化形式可将天线分为线极化天线、圆极化天线和椭圆极化天线。架设在地面上的天线，根据其辐射电场是平行于地面还是垂直于地面，线极化天线又可分为水平极化天线和垂直极化天线；圆极化和椭圆极化又可分为左旋和右旋。右旋极化天线只能辐射和接收右旋极化波。当右旋极化波入射到一个对称目标上时，反射波是反旋向的。在电视信号的传播中，利用这一性质可以克服由反射所引起的重影。一般来说，圆极化天线难以辐射纯圆极化波，其实际辐射的是椭圆极化波，这对利用天线的极化特性实现天线间的电磁隔离是不利的，所以对圆极化天线通常又引入轴比等参数。

在通信和雷达中，通常采用线极化天线。但如果通信的一方是剧烈摆动或高速运动着的，为了提高通信的可靠性，发射和接收都应采用圆极化天线，如 GPS 接收机就采用圆极化天线以保证接收效果；如果雷达用于干扰和侦察

对方目标，也要使用圆极化天线。另外，在人造卫星、宇宙飞船和弹道导弹等所采用的空间遥测技术中，由于信号通过电离层后会产生法拉第旋转效应，因此其发射和接收也采用圆极化天线。

### 9.3.5　频带宽度

天线的电参数都与频率有关，也就是说，上述电参数都是针对某工作频率设计的。当工作频率偏离设计频率时，往往要引起天线各个参数的变化，例如主瓣宽度增大、旁瓣电平增高、增益系数降低、输入阻抗和极化特性变坏等。实际上，天线也并非工作在点频，而是有一定的频率范围。当工作频率变化时，天线的有关电参数不超出规定范围的频率范围称为频带宽度（Frequency Band Width），简称为天线的带宽（Band Width）。

### 9.3.6　输入阻抗

把天线看成是一个二端网络，它的输入阻抗（Input Impedance）就是在天线的两个输入端点向网络看进去的阻抗值，如图 9-8 所示。为了使得信号源到天线具有最大的功率传输，就必须使天线与馈线良好匹配。也就是说，只有天线的输入阻抗尽可能地等于传输线的特性阻抗时，才能使天线获得最大功率。

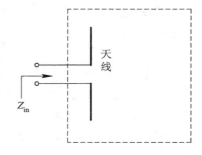

图 9-8　天线的输入阻抗

假设天线的输入阻抗为 $Z_{in}$，用特性阻抗为 $Z_0$ 的传输线将天线连接到信号源上，在天线的输入端，反射系数为

$$\Gamma = \frac{Z_{in} - Z_0}{Z_{in} + Z_0} \qquad (9-3-20)$$

此时，由于反射波的存在，在传输线上产生了驻波，其电压驻波比（Voltage Standing-Wave Ratio，VSWR）为

$$\text{VSWR} = \frac{1 + |\Gamma|}{1 - |\Gamma|} \qquad (9-3-21)$$

天线的输入阻抗对频率的变化往往十分敏感，当天线工作频率偏离设计频率时，天线与传输线的匹配变坏，致使传输线上电压驻波比增大，天线效率降低。通常情况下，可以容许的失配（Unmatch）状态是电压驻波比小于1.5时的状态。

天线输入阻抗的计算是比较困难的，因为它需要准确地知道天线上的激励和产生的近区感应场的表达式，所以很多时候通过测量驻波比的方法，推算天线的输入阻抗。

工程中，也经常使用回波损耗来说明天线与馈线匹配的程度，回波损耗定义为

$$\text{RL} = 20 \lg |\Gamma| \qquad (9-3-22)$$

可见，回波损耗反映了反射波的大小。若反射系数等于1，也就是全反

射，此时回波损耗等于零；若反射系数等于零，也就是完全匹配状态，回波损耗趋于负无穷大。工程上，一般情况下规定回波损耗小于 $-10$ dB 的频率范围为阻抗带宽。

### 9.3.7　有效长度

有效长度（Active Length）是衡量天线辐射能力的又一个重要指标。

天线的有效长度定义如下：在保持实际天线最大辐射方向上场强值不变的条件下，假设天线上电流为均匀分布时的天线等效长度。它是把天线在最大辐射方向上的场强和电流联系起来的一个参数，通常将归于输入电流 $I_{\text{in}}$ 的有效长度记为 $h_{\text{ein}}$，把归于波腹电流 $I_{\text{m}}$ 的有效长度记为 $h_{\text{em}}$。有效长度愈长，表明天线的辐射能力愈强。

**【例 9 - 4 】**　天线结构如图 9 - 9 所示。天线长度为 $2h = \dfrac{\lambda}{2}$ 的振子通常称为半波振子（Half Wavelength Dipole），其上电流分布为 $I(z) = I_{\text{m}} \cdot \sin k(h - |z|)$，求：

（1）天线远区的电场和磁场及归一化方向函数；

（2）坡印廷矢量；

（3）辐射电阻；

（4）画出其 $E$ 平面方向图，并求其半功率波瓣宽度；

（5）归于输入电流的有效长度。

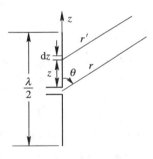

图 9 - 9　半波振子的辐射

**解**　半波振子可以看成是由一系列电基本振子沿 $z$ 轴排列（如图 9 - 9 所示）组成的，则在 $z$ 处的电基本振子的辐射场为

$$\mathrm{d}E_\theta = \mathrm{j}\frac{60\pi}{\lambda r'}\sin\theta\, \mathrm{e}^{-\mathrm{j}kr'}I(z)\,\mathrm{d}z$$

天线的辐射场即为上式的积分：

$$E_\theta = \mathrm{j}\frac{60\pi}{\lambda}\sin\theta \int_{-h}^{h} I(z)\frac{\mathrm{e}^{\mathrm{j}kr'}}{r'}\,\mathrm{d}z$$

现在，就上式作一些近似处理。

由于辐射场为远区，即 $r \gg h$，因而在 $yOz$ 平面内作下列近似：

$$r' = (r^2 + z^2 - 2rz\cos\theta)^{1/2} \approx r - z\cos\theta$$

同时令 $1/r \approx 1/r'$，则天线的辐射电场为

$$
\begin{aligned}
E_\theta &= \mathrm{j}\frac{I_{\text{m}}60\pi}{\lambda}\frac{\mathrm{e}^{-\mathrm{j}kr}}{r}\sin\theta\int_{-h}^{h}\sin k(h - |z|)\mathrm{e}^{-\mathrm{j}kz\cos\theta}\,\mathrm{d}z \\
&= \mathrm{j}\frac{I_{\text{m}}60\pi}{\lambda}\frac{\mathrm{e}^{-\mathrm{j}kr}}{r}2\sin\theta\int_{0}^{h}\sin k(h - z)\cos(kz\cos\theta)\,\mathrm{d}z \\
&= \mathrm{j}\frac{60I_{\text{m}}}{r}\mathrm{e}^{-\mathrm{j}kr}\frac{\cos(kh\,\cos\theta) - \cos kh}{\sin\theta} \\
H_\varphi &= \frac{E_\theta}{120\pi}
\end{aligned}
$$

对称振子

（1）将 $h=\lambda/4$ 代入上式得半波振子天线的辐射电场、磁场分别为

$$E_\theta = j\frac{60I_m}{r}e^{-jkr}\frac{\cos\left(\frac{\pi\cos\theta}{2}\right)}{\sin\theta}$$

$$H_\varphi = \frac{E_\theta}{120\pi} = j\frac{I_m}{2\pi r}e^{-jkr}\frac{\cos\left(\frac{\pi\cos\theta}{2}\right)}{\sin\theta}$$

半波振子的归一化方向函数为

$$F(\theta) = \frac{\cos\left(\frac{\pi\cos\theta}{2}\right)}{\sin\theta}$$

（2）坡印廷矢量为

$$\boldsymbol{S} = \frac{1}{2}\boldsymbol{E}\times\boldsymbol{H}^* = \boldsymbol{a}_r\frac{15\,|\,I_m\,|^2}{\pi r^2}\frac{\cos^2\left(\frac{\pi\cos\theta}{2}\right)}{\sin^2\theta}$$

显然，其坡印廷矢量为沿半径 $r$ 方向传播的纯实数。

（3）辐射电阻。半波振子的辐射功率为

$$P_\Sigma = \frac{1}{2}\int_0^{2\pi}\int_0^\pi E_\theta H_\varphi r^2\,\sin\theta\,\mathrm{d}\theta\,\mathrm{d}\varphi = \frac{15I_m^2}{\pi}\int_0^{2\pi}\int_0^\pi\frac{\cos^2\left(\frac{\pi\cos\theta}{2}\right)}{\sin^2\theta}\,\sin\theta\,\mathrm{d}\theta\,\mathrm{d}\varphi$$

所以其辐射电阻为

$$R_\Sigma = \frac{30}{\pi}\int_0^{2\pi}\int_0^\pi\frac{\cos^2\left(\frac{\pi\cos\theta}{2}\right)}{\sin\theta}\,\mathrm{d}\theta\,\mathrm{d}\varphi = 73.1\ \Omega$$

显然与同轴馈线的特性阻抗（一般为 50 Ω）不匹配，为此，通常用阻抗匹配网络实现天线与馈线的匹配。

（4）半波振子的 $E$ 平面方向图如图 9-10 所示。

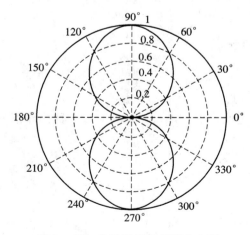

图 9-10 半波振子 $E$ 平面方向图

使 $\dfrac{\cos(\pi\cos\theta/2)}{\sin\theta} = \dfrac{1}{\sqrt{2}}(0° < \theta < 180°)$ 成立的两角之差，即为半功率波瓣宽度 $2\theta_{0.5} = 78°$。

（5）根据有效长度的定义，归于输入电流的有效长度为

$$h_{ein} = \frac{I_m}{I(0)} \int_{-h}^{h} \sin k(h - |z|) \, dz = \frac{2I_m}{I_m \sin kh} \int_{0}^{h} \sin k(h - z) \, dz$$

$$= \frac{2}{k} = 0.318\lambda$$

这就是说，电流均匀分布、长度为 $0.318\lambda$ 的振子天线与电流正弦分布、长度为 $0.5\lambda$ 的半波振子天线在最大辐射方向上有相同的场强。

# 9.4　接收天线理论

**9.4 节课件**

上一节讨论了描述发射天线的基本参数。实际上接收天线（Receiving Antenna）与发射天线（Transmitting Antenna）具有互易特性（Reciprocity Characteristic），即同一天线作为发射与接收时的电参数是相同的。因此上面很多特性参数对接收天线也适用，但接收天线也有一些特有的参数，如等效接收面积、噪声温度等。

## 9.4.1　天线接收的物理过程

当发射天线的电磁辐射被其他天线接收时，在接收天线的输出端将感应出信号电压。天线用作接收电磁波时的特性和用来发射电磁波时的相应特性有着密切的关系，如果天线发射时在某一给定方向的增益为 $G$，那么当它接收同一方向上的电磁辐射时也具有相同的增益。下面，我们来讨论接收的物理过程。

设一线极化接收天线处于外来无线电波的场中，如图 9 - 11 所示，发射天线与接收天线相距甚远，因此，到达接收天线上各点的波是均匀平面波。设入射电场可分为两个分量：一个是垂直于射线与天线轴所构成平面的分量 $E_1$，另一个是在上述平面内的分量 $E_2$。只有沿天线导体表面的电场切线分量 $E_z = E_2 \sin\theta$，才能在天线上激起电流。在这个切向分量的作用下，天线元段 $dz$ 上将产生感应电动势 $\mathscr{E} = -E_z dz$。

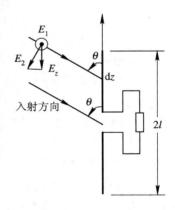

图 9 - 11　天线接收原理

设在入射场的作用下，接收天线上的电流分布为 $I(z)$，并假设电流初相为零，则接收天线（Receiving Antenna）从入射场中吸收的功率为 $dP = -\mathscr{E} I(z)$。

由上述分析可得，整个天线吸收的功率为

$$P = -\int_{-l}^{l} \mathscr{E} I(z) e^{jkz\cos\theta} = \int_{-l}^{l} E_z I(z) e^{jkz\cos\theta} \, dz \qquad (9 - 4 - 1)$$

互感

式中，因子 $e^{jkz\cos\theta}$ 是入射场到达天线上各元段的波程差。

根据电磁场的边界条件，天线在接收状态下的电流分布应和发射时相同。因此假设接收天线的电流分布为

$$I(z) = I_m \sin k(l - |z|) \tag{9-4-2}$$

则根据式(9-4-1)得接收功率为

$$P = \int_{-l}^{l} E_2 I_m \sin\theta \, \sin k(l - |z|) e^{jkz\cos\theta} \, dz$$

$$= 2\int_0^l E_2 I_m \sin\theta \, \sin k(l - z) \cos(kz \cos\theta) \, dz \tag{9-4-3}$$

因此接收天线输入电动势为

$$\mathscr{E} = \frac{P}{I_{in}} = \frac{2E_2 I_m}{I_m \sin kl} \sin\theta \int_0^l \sin k(l - z) \cos(kz \cos\theta) \, dz \tag{9-4-4}$$

根据上节有效长度(Active Length)的定义，有

$$h_{ein} = \frac{I_m}{I_m \sin kl} \int_{-l}^{l} \sin k(l - |z|) \, dz = \frac{2(1 - \cos kl)}{k \sin kl} \tag{9-4-5}$$

将式(9-4-5)代入式(9-4-4)，得接收电动势的最大值(在最大接收方向上)为

$$\mathscr{E} = E_2 h_{ein} \tag{9-4-6}$$

设入射波电场矢量为 $\boldsymbol{E}_i = \boldsymbol{a}_i E_i$，接收天线的极化方向为 $\boldsymbol{a}_p$，定义极化失配因子

$$p = \frac{|\boldsymbol{a}_i \cdot \boldsymbol{a}_p|}{|\boldsymbol{a}_i| \cdot |\boldsymbol{a}_p|} \tag{9-4-7}$$

极化失配因子描述了接收天线与其接收的电磁波极化的匹配程度，其取值范围为 $0 \sim 1$：$p = 0$ 意味着接收天线与其接收的电磁波的极化完全不匹配，此时将造成通信的中断；$p = 1$ 意味着接收天线与其接收的电磁波的极化完全匹配，这正是工程中所追求的状态。

如果接收天线的归一化方向函数为 $F(\theta, \varphi)$，它等于天线用作发射时的方向函数。将式(9-4-6)写成一般表达式：

$$\mathscr{E} = pE_i h_{ein} F(\theta, \varphi) \tag{9-4-8}$$

式中，$h_{ein}$ 是接收天线归于输入电流的有效长度。

可见，接收电动势 $\mathscr{E}$ 和天线发射状态下的有效长度成正比，且具有与发射天线相同的方向性。

如果假设发射天线的最大辐射场强为 $|E_t|_{max}$，归一化方向函数为 $F_t(\theta_t, \varphi_t)$，则接收天线的接收电动势为

$$\mathscr{E} = p|E_t|_{max} F_t(\theta_t, \varphi_t) h_{ein} F(\theta, \varphi) \tag{9-4-9}$$

当两天线极化正交时，$\mathscr{E} = 0$，天线收不到信号。

从上述分析我们可以比较清楚地了解接收天线的物理过程。

天线接收的功率实际可分为三部分：

$$P = P_\Sigma + P_L + P_{LS} \tag{9-4-10}$$

式中，$P_\Sigma$ 为接收天线的再辐射功率；$P_L$ 为负载吸收的功率；$P_{LS}$ 为馈线的反

射、极化失配等的损耗功率。

接收天线的等效电路如图 9-12 所示。图中，$Z_0$ 为包括辐射阻抗 $Z_{\Sigma 0}$ 和损耗电阻 $R_{L0}$ 在内的接收天线输入阻抗，$Z_L$ 是负载阻抗。可见，在接收状态下，天线输入阻抗相当于接收电动势 $\mathscr{E}$ 的内阻抗。

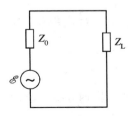

图 9-12　天线的等效电路

**【例 9-5】**　设接收的电磁波为右旋圆极化，即 $\boldsymbol{a}_i = \boldsymbol{a}_\theta - j\boldsymbol{a}_\varphi$，求接收天线分别为左旋圆极化、右旋圆极化和线极化时的极化失配因子。

**解**　（1）接收天线对入射电磁波来说为左旋圆极化，即 $\boldsymbol{a}_p = \boldsymbol{a}_\theta - j\boldsymbol{a}_\varphi$，其极化失配因子为

$$p = \frac{|\boldsymbol{a}_i \cdot \boldsymbol{a}_p|}{|\boldsymbol{a}_i| \cdot |\boldsymbol{a}_p|} = \frac{|(\boldsymbol{a}_\theta - j\boldsymbol{a}_\varphi) \cdot (\boldsymbol{a}_\theta - j\boldsymbol{a}_\varphi)|}{|\boldsymbol{a}_\theta - j\boldsymbol{a}_\varphi| \cdot |\boldsymbol{a}_\theta - j\boldsymbol{a}_\varphi|} = 0$$

因此，左旋圆极化天线不能接收右旋圆极化波。换句话说，如果用左旋圆极化天线去接收右旋圆极化波，会造成通信中断，所以接收天线的极化应该与所接收的电磁波的极化相匹配。

（2）接收天线对入射电磁波来说为右旋圆极化，即 $\boldsymbol{a}_p = \boldsymbol{a}_\theta + j\boldsymbol{a}_\varphi$，其极化失配因子为

$$p = \frac{|\boldsymbol{a}_i \cdot \boldsymbol{a}_p|}{|\boldsymbol{a}_i| \cdot |\boldsymbol{a}_p|} = \frac{|(\boldsymbol{a}_\theta - j\boldsymbol{a}_\varphi) \cdot (\boldsymbol{a}_\theta + j\boldsymbol{a}_\varphi)|}{|\boldsymbol{a}_\theta - j\boldsymbol{a}_\varphi| \cdot |\boldsymbol{a}_\theta + j\boldsymbol{a}_\varphi|} = 1$$

可见，此时极化失配因子等于 1，这正是理想的极化匹配状态，也是通信中所追求的状态。

（3）接收天线对入射电磁波来说为线极化，此时 $\boldsymbol{a}_p = \boldsymbol{a}_\theta$ 或 $\boldsymbol{a}_p = \boldsymbol{a}_\varphi$，其极化失配因子为

$$p = \frac{|\boldsymbol{a}_i \cdot \boldsymbol{a}_p|}{|\boldsymbol{a}_i| \cdot |\boldsymbol{a}_p|} = \frac{1}{\sqrt{2}}$$

因此，用线极化天线接收圆极化波时，会产生一半的功率损耗（3 dB）。

## 9.4.2　有效接收面积

有效接收面积（Active Receive Area）是衡量一个天线接收无线电波能力的重要指标。其定义如下：当天线以最大接收方向对准来波方向进行接收时，接收天线传送到匹配负载的平均功率为 $P_{L\max}$，并假定此功率是由一块与来波方向相垂直的面积所截获，则这个面积就称为接收天线的有效接收面积，记为 $A_e$，即有

$$A_{\rm e} = \frac{P_{\rm L\,max}}{S_{\rm av}} \qquad (9-4-11)$$

其中，$S_{\rm av}$ 为入射到天线上的电磁波的时间平均功率流密度：

$$S_{\rm av} = \frac{1}{2}\frac{E_{\rm i}^2}{\eta_0} \qquad (9-4-12)$$

根据图 9-12 接收天线的等效电路，传送到匹配负载的平均功率（忽略天线本身的损耗）为

$$P_{\rm L\,max} = \frac{\mathscr{E}^2}{8R_{\Sigma 0}} \qquad (9-4-13)$$

当天线以最大方向对准来波方向时，接收电动势为

$$\mathscr{E} = E_{\rm i}l \qquad (9-4-14)$$

将上述各式代入式（9-4-11）中，得

$$A_{\rm e} = \frac{30\pi l^2}{R_{\Sigma 0}} \qquad (9-4-15)$$

又因为

$$R_{\Sigma 0} = \frac{30\pi l^2}{\lambda^2}\int_0^{2\pi}\int_0^{\pi} |\,F(\theta,\,\varphi)\,|^2 \sin\theta\,{\rm d}\theta\,{\rm d}\varphi \qquad (9-4-16)$$

所以有

$$A_{\rm e} = \frac{\lambda^2}{\displaystyle\int_0^{2\pi}\int_0^{\pi} |\,F(\theta,\,\varphi)^2\,|\,\sin\theta\,{\rm d}\theta\,{\rm d}\varphi} \qquad (9-4-17)$$

将天线的方向系数公式代入上式得天线的有效接收面积为

$$A_{\rm e} = \frac{D\lambda^2}{4\pi} \qquad (9-4-18)$$

可见，如果已知天线的方向系数，就可知道天线的有效接收面积。

例如，电基本振子的方向系数为 $D=1.5$，$A_{\rm e}=0.12\lambda^2$。如果考虑天线的效率，则有效接收面积为

$$A_{\rm e} = \frac{G\lambda^2}{4\pi} \qquad (9-4-19)$$

### 9.4.3　弗里斯(Friis)传输公式

接收天线的接收功率仅仅依赖于入射到天线上的场，而与产生该场的源无关。假如发射天线的资用功率（Availability Power）为 $P_{\rm in}$，馈线（Feeder Line）的反射系数为 $\Gamma_{\rm t}$，则发射天线总的辐射功率为 $(1-|\Gamma_{\rm t}|^2)P_{\rm in}$。如果发射天线的增益为 $G_{\rm t}$，方向函数为 $F_{\rm t}(\theta_{\rm t},\varphi_{\rm t})$。此时接收天线对于发射天线的方位角为 $(\theta_{\rm t},\varphi_{\rm t})$，如图 9-13 所示，则在接收天线方向上距离发射天线 $r$ 处单位面积上的入射功率为

$$S_0 = \frac{(1-|\Gamma_{\rm t}|^2)P_{\rm in}G_{\rm t}F_{\rm t}(\theta_{\rm t},\,\varphi_{\rm t})}{4\pi r^2} \qquad (9-4-20)$$

设接收天线的有效接收面积为 $A_{\rm e}$，增益为 $G_{\rm r}$，方向函数为 $F_{\rm r}(\theta_{\rm r},\varphi_{\rm r})$，则接收天线接收的功率为

Friss 公式

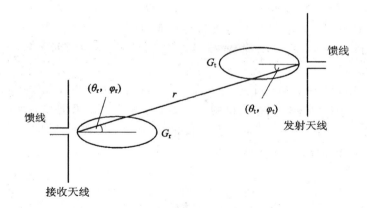

图 9 - 13  发射和接收系统

$$P_r = S_0 A_e = \frac{(1-|\Gamma_t|^2)P_{in}G_t F_t(\theta_t, \varphi_t)}{4\pi r^2} \frac{G_r \lambda^2}{4\pi} F_r(\theta_r, \varphi_r)$$

$$(9-4-21)$$

若考虑接收天线与馈线的匹配状态，并设其反射系数为 $\Gamma_r$，则接收天线输送给接收机的功率为

$$P_r = (1-|\Gamma_t|^2)(1-|\Gamma_r|^2)P_{in} \frac{\lambda^2 G_t G_r}{(4\pi r)^2} F_t(\theta_t, \varphi_t) F_r(\theta_r, \varphi_r)$$

$$(9-4-22)$$

式(9-4-22)称为弗里斯传输公式。它是在极化匹配的情况下得到的。如果极化失配，接收的功率应在上式中乘以极化失配因子的平方。

在极化匹配的情况下，如果不考虑馈线的反射，且接收、发射两天线的最大方向对准时，接收机输送给匹配负载的最大功率为

$$P_r = \frac{P_{in}\lambda^2 G_t G_r}{(4\pi r)^2} \qquad (9-4-23)$$

工程上，式(9-4-23)常用 dB 来表示，即

$$P_r(dB) = P_{in}(dB) - 32.45 - 20 \lg f(MHz)$$
$$- 20 \lg r(km) + 20 \lg G_t + 20 \lg G_r \qquad (9-4-24)$$

上式在天线的设计和测量中常常用到，而在无线通信系统中，常用上述公式来估算基站覆盖情况。

### 9.4.4  等效噪声温度

在使用接收天线时，必须考虑噪声，因为天线能够接收来自空间各种物体的噪声信号，而噪声决定了接收有用信号的最小值，或者说噪声在很大程度上影响着须采用何种形式的天线。特别是在较低频率上，大气噪声和银河噪声的影响是一个严重的限制因素。这些噪声通常用天线的等效噪声温度来表示。例如，在低于 30 MHz 时，大气噪声常常非常大，以至于即使采用高效率天线也不能改善信噪比。由于这个缘故，在接收时通常采用简单的磁棒天线(这种天线完全不适于发射)也就足够了。像太阳和发射电磁波的射电星等

高温星体的辐射特性类似于黑体，它们在微波波段和低于微波波段的频率上产生白噪声频谱。接收机接收到的噪声功率可用温度为 $T_a$ 的等效电阻 $R$ 所吸收的功率来等效，$T_a$ 称为天线的等效噪声温度（Equivalent Noise Temperature）。

设接收天线等效为一个温度为 $T_a$ 的噪声电阻 $R$，接收天线把从周围空间接收到的噪声功率送到接收机的过程类似于噪声电阻 $R$ 把噪声功率输送给与其相连的电阻网络。天线向与其匹配的接收机输送的噪声功率 $P_n$ 就等于该电阻所输送的最大噪声功率，即

$$T_a = \frac{P_n}{K_B \Delta f} \qquad (9-4-25)$$

其中，$K_B = 1.38 \times 10^{-23} (\text{J/K})$ 为波耳兹曼常数（Boltzmann Constant），而 $\Delta f$ 为与天线相连的接收机的带宽。

噪声源分布在天线周围的空间，天线的等效噪声温度为

$$T_a = \frac{D}{4\pi} \int_0^{2\pi} \int_0^\pi T(\theta, \varphi) \mid F(\theta, \varphi) \mid^2 \sin\theta \, \mathrm{d}\theta \, \mathrm{d}\varphi \qquad (9-4-26)$$

式中，$T(\theta, \varphi)$ 为噪声源的温度空间分布函数；$F(\theta, \varphi)$ 为天线的归一化方向函数。

显然，$T_a$ 愈高，天线送至接收机的噪声功率愈大，反之愈小。$T_a$ 取决于天线周围空间噪声源的强度和分布，也与天线的方向性有关。天线的噪声温度还随频率和天线在天空中的瞄准方向而变。为了减小通过天线而送入接收机的噪声，天线的最大辐射方向不能对准强噪声源，并应尽量降低旁瓣和后瓣电平。

## 9.4.5 接收天线的方向性

从以上分析可以看到，接收、发射天线互易，也就是说，对发射天线的分析，同样适合于接收天线。但从接收的角度讲，要保证正常接收，必须使信号功率与噪声功率的比值达到一定的数值。为此，对接收天线的方向性（Directivity）有以下要求：

（1）主瓣宽度尽可能窄，以抑制干扰。但如果信号与干扰来自同一方向，即使主瓣很窄，也不能抑制干扰；另一方面当来波方向易于变化时，主瓣太窄则难以保证稳定的接收。因此，如何选择主瓣宽度，应根据具体情况而定。

（2）旁瓣电平尽可能低。如果干扰方向恰与旁瓣最大方向相同，则接收噪声功率就会较高，也就是干扰较大；对雷达天线而言，如果旁瓣较大，则主瓣所看到的目标与旁瓣所看到的目标会在显示器上相混淆，造成目标的失落。因此，在任何情况下，都希望旁瓣电平尽可能地低。

（3）天线方向图中最好能有一个或多个可控制的零点，以便将零点对准干扰方向，而且当干扰方向变化时，零点方向也随之改变，这也称为零点自动形成技术。第三代移动通信 TD-SCDMA 系统就采用了这项技术。

9.5 节课件

# 9.5　对称振子天线和天线阵

从 9.2 节可知，短极子天线的辐射电阻低，不是良好的电磁功率辐射器。下面来研究中心馈电的，长度可与波长相比拟的对称振子天线的辐射特性。

## 9.5.1　对称振子天线

组阵的意义

对称振子天线是由两根粗细和长度都相同的导线构成的，中间为两个馈电端，如图 9-14 所示，这是一种应用广泛且结构简单的基本线天线。假如天线上的电流分布是已知的，则由电基本振子的辐射场沿整个导线积分便得对称振子天线的辐射场。然而，即使振子是由理想导体构成的，要精确求解这种几何结构简单、直径为有限值的天线上的电流分布仍然是很困难的。实际上，细振子天线可看成是开路传输线张开而成的，当导线无限细（$l/a = \infty$）时，张开导线上的电流分布与无耗开路传输线上的电流分布完全一致，即按正弦驻波分布。

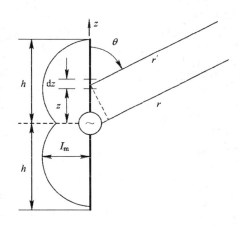

图 9-14　细振子的辐射

令振子沿 $z$ 轴放置（见图 9-14），其上的电流分布为

$$I(z) = I_m \sin\beta(h - |z|) \tag{9-5-1}$$

式中，$\beta$ 为相移常数，$\beta = k = 2\pi/\lambda_0 = \omega/c$。在距中心点为 $z$ 处取电流元段 $dz$，则它对远区场的贡献为

$$dE_\theta = j\frac{60\pi}{\lambda} \sin\theta I_m \sin\beta(h - |z|) \frac{e^{-j\beta r'}}{r'} dz \tag{9-5-2}$$

选取振子的中心与球坐标系的原点重合，上式中的 $r'$ 与从原点算起的 $r$ 稍有不同。在远区，由于 $r \gg h$，参照图 9-14，则 $r'$ 与 $r$ 的关系为

$$r' = (r^2 + z^2 - 2rz\,\cos\theta)^{\frac{1}{2}} \approx r - z\,\cos\theta \tag{9-5-3}$$

将式（9-5-3）代入式（9-5-2），同时令 $\dfrac{1}{r'} \approx \dfrac{1}{r}$，则细振子天线的辐射场为

对称振子立
体方向图

$$E_\theta = j\frac{I_m 60\pi}{\lambda}\frac{e^{-j\beta r}}{r}\sin\theta \int_{-h}^{h}\sin\beta(h-|z|)e^{-j\beta z\cos\theta}\,dz$$

$$= j\frac{I_m 60\pi}{\lambda}\frac{e^{-j\beta r}}{r}2\sin\theta\int_{0}^{h}\sin\beta(h-z)\cos(\beta z\cos\theta)\,dz$$

$$= j\frac{60I_m}{r}e^{-j\beta r}F(\theta) \tag{9-5-4}$$

其中，

$$F(\theta) = \frac{\cos(\beta h\cos\theta) - \cos\beta h}{\sin\theta} \tag{9-5-5}$$

$|F(\theta)|$ 是对称振子的 $E$ 面方向函数，它描述了归一化远区场 $|E_\theta|$ 随 $\theta$ 角的变化情况。图 9-15 分别画出了四种不同电长度(相对于工作波长的长度)，即 $2h/\lambda=1/2$、$1$、$3/2$ 和 $2$ 时的对称振子天线的归一化 $E$ 面方向图，其中 $2h/\lambda=1/2$ 和 $2h/\lambda=1$ 的对称振子分别称为半波对称振子和全波对称振子，最常用的是半波对称振子。由方向图可见，当电长度趋近于 $3/2$ 时，天线的最大辐射方向将偏离 $90°$，而当电长度趋近于 $2$ 时，在 $\theta=90°$ 平面内无辐射。

由于 $|F(\theta)|$ 不依赖于 $\varphi$，因此 $H$ 面的方向图为圆。

对称振子
$E$ 面方向图

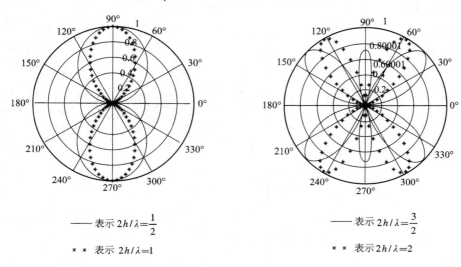

—— 表示 $2h/\lambda=\dfrac{1}{2}$

＊＊ 表示 $2h/\lambda=1$

—— 表示 $2h/\lambda=\dfrac{3}{2}$

＊＊ 表示 $2h/\lambda=2$

图 9-15  对称振子天线的归一化 $E$ 面方向图

### 9.5.2  半波振子天线的方向性

将振子长度为半波长即 $h/\lambda=0.25$ 的对称振子天线称为半波振子天线。半波振子天线被广泛地应用于短波和超短波波段，它既可作为独立天线使用，也可作为天线阵的阵单元。在微波波段，还可用作抛物面天线的馈源。

将 $\beta h=2\pi h/\lambda=\pi/2$ 代入式(9-5-5)，得半波振子的 $E$ 面方向图函数为

$$F(\theta) = \frac{\cos\left(\dfrac{\pi}{2}\cos\theta\right)}{\sin\theta} \tag{9-5-6}$$

式(9-5-6)表明，$F(\theta)$ 在 $\theta=90°$ 处具有最大值(为 1)，而在 $\theta=0°$ 与

$\theta = 180°$ 处为零，相应的方向图如图 $9-15$ 所示。将 $F(\theta)$ 代入式 $(9-3-8)$ 得半波振子的方向系数：

$$D = 1.64 \tag{9-5-7}$$

因而，半波振子的方向性比电基本振子的方向性（方向系数为 1.5，主瓣宽度为 $90°$）稍强一些。

　　为了加强天线的方向性，可以用若干天线单元按某种方式排列构成天线阵。构成天线阵的辐射单元称为天线元或阵元，天线阵的辐射场是各天线元所产生的场的矢量叠加，只要各天线单元上的电流振幅和相位分布满足适当的关系，就可以得到所需要的辐射特性。本节仅讨论由相似元组成的天线阵的方向性理论。所谓相似元是指各阵元的形状与尺寸相同，且以相同姿态排列。

### 9.5.3　二元天线阵

　　设天线阵是由间距为 $d$ 并沿 $x$ 轴排列的两个相同的天线单元所组成的，假设天线元由振幅相等的电流所激励，天线元 2 的电流相位超前天线元 1 的电流相位角度为 $\zeta$，它们的远区电场沿 $\theta$ 方向，如图 $9-16$ 所示，于是有

$$E_{\theta1} = E_{\mathrm{m}}F(\theta, \varphi)\frac{\mathrm{e}^{-jkr_1}}{r_1} \tag{9-5-8}$$

$$E_{\theta2} = E_{\mathrm{m}}F(\theta, \varphi)\mathrm{e}^{j\zeta}\frac{\mathrm{e}^{-jkr_2}}{r_2} \tag{9-5-9}$$

式中，$F(\theta, \varphi)$ 是各天线元本身的方向图函数，$E_{\mathrm{m}}$ 是电场强度的振幅。将上面两式相加得二元阵的辐射场为

$$E_\theta = E_{\theta1} + E_{\theta2} = E_{\mathrm{m}}F(\theta, \varphi)\left[\frac{\mathrm{e}^{-jkr_1}}{r_1} + \frac{\mathrm{e}^{-jkr_2}}{r_2}\mathrm{e}^{j\zeta}\right] \tag{9-5-10}$$

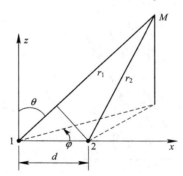

图 $9-16$　二元阵的辐射

　　由于观察点通常离天线相当远，故可认为自天线元 1、天线元 2 至点 $M$ 的两射线平行，因此 $r_2$ 与 $r_1$ 的关系可写成

$$r_2 = r_1 - d\sin\theta\cos\varphi \tag{9-5-11}$$

同时考虑到

$$\frac{1}{r_1} \approx \frac{1}{r_2} \tag{9-5-12}$$

将式(9−5−11)和式(9−5−12)代入式(9−5−10),得

$$E_\theta = E_\mathrm{m} \frac{F(\theta,\ \varphi)}{r_1} \mathrm{e}^{-\mathrm{j}kr_1}(1 + \mathrm{e}^{\mathrm{j}kd\ \sin\theta\ \cos\varphi}\mathrm{e}^{\mathrm{j}\zeta}) = \frac{2E_\mathrm{m}}{r_1}F(\theta,\ \varphi)\cos\frac{\psi}{2}\mathrm{e}^{-\mathrm{j}kr_1}$$

$$(9-5-13)$$

式中

$$\psi = kd\ \sin\theta\ \cos\varphi + \zeta \qquad (9-5-14)$$

因此,二元阵辐射场的电场强度的模值为

$$|E_\theta| = \frac{2E_\mathrm{m}}{r_1}|F(\theta,\ \varphi)|\left|\cos\frac{\psi}{2}\right| \qquad (9-5-15)$$

式中,$|F(\theta,\ \varphi)|$ 称为元因子,$\left|\cos\dfrac{\psi}{2}\right|$ 称为阵因子。

阵列方向图 1

　　元因子表示组成天线阵的单个辐射元的方向图函数,仅取决于天线元本身的形式和尺寸。它体现了天线元的方向性对天线阵的方向性的影响。

　　阵因子表示各向同性元所组成的天线阵的方向性,取决于天线阵的排列方式及其天线元上激励电流的相对振幅和相位,与天线元本身的形式和尺寸无关。

　　由式(9−5−15)可以得到如下结论:在各天线元为相似元的条件下,天线阵的方向图函数是元因子与阵因子之积,这个特性称为方向图乘积定理。

## 9.5.4　多元天线阵

　　$N$ 个天线单元沿 $x$ 轴排成一行,如图 9−17 所示,各阵元间距相等,相邻阵元之间的相位差为 $\xi$。因为天线元的形式与排列方式相同,所以依据方向图乘积定理,天线阵方向图函数等于元因子与阵因子的乘积。这里主要讨论阵因子。

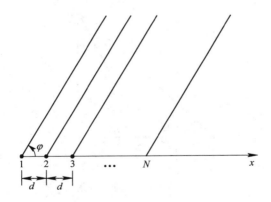

阵列天线
随相位变化

图 9−17　均匀直线阵

　　类似二元阵的分析,可得 $N$ 元均匀直线阵的辐射场:

$$E_\theta = E_\mathrm{m}\frac{F(\theta,\ \varphi)}{r}\mathrm{e}^{-\mathrm{j}kr}\sum_{i=1}^{N-1}[1 + \mathrm{e}^{\mathrm{j}\cdot i(kd\ \sin\theta\ \cos\varphi + \zeta)}] \qquad (9-5-16)$$

在上式中,令 $\theta = \pi/2$,得到 $H$ 平面方向图函数即阵因子方向函数为

阵列方向图 2

$$| A(\psi) | = \frac{1}{N} | 1 + e^{j\psi} + e^{j2\psi} + \cdots + e^{j(N-1)\psi} | \qquad (9-5-17)$$

式中，

$$\psi = kd \cos\varphi + \zeta \qquad (9-5-18)$$

式(9-5-17)右边的多项式是一等比级数，其和为

$$| A(\psi) | = \frac{1}{N} \left| \frac{1 - e^{jN\psi}}{1 - e^{j\psi}} \right| = \frac{1}{N} \left| \frac{\sin(N\psi/2)}{\sin(\psi/2)} \right| \qquad (9-5-19)$$

上式就是均匀直线阵的归一化阵因子的一般表示式。

均匀直线阵的最大值发生在 $\psi = 0$ 或 $kd \cos\varphi_m + \zeta = 0$ 时，由此得出

$$\cos\varphi_m = -\frac{\zeta}{kd} \qquad (9-5-20)$$

上式表明：

（1）若最大辐射方向在垂直于天线阵轴方向上，即 $\varphi_m = \pm\pi/2$，则由式 (9-5-20)得 $\zeta = 0$，也就是说，如果各天线单元之间没有相位差，则此天线阵的最大辐射方向一定在垂直于天线阵轴方向上，称这种天线阵为边射式天线阵。

（2）若最大辐射方向在天线阵轴方向上，即 $\varphi_m = 0$ 或 $\pi$，则由式(9-5-13)得 $\zeta = -kd (\varphi_m = 0)$ 或 $\zeta = kd (\varphi_m = \pi)$，也就是说，天线阵的各单元电流沿阵轴方向依次滞后 $kd$，则此天线阵的最大辐射方向一定在天线阵轴方向上，称这种天线阵为端射式天线阵。

图 9-18 和图 9-19 分别为八元均匀边射阵和八元均匀端射阵方向图，其天线阵元沿 $x$ 轴排列，阵元间距为 $d = \lambda/4$。

可见，直线阵相邻元电流相位差 $\zeta$ 的变化，可引起方向图最大辐射方向的相应变化。如果 $\zeta$ 随时间按一定规律重复变化，最大辐射方向连同整个方向图就能在一定空域内往返运动，即实现方向图扫描。这种通过改变相邻元电流相位差实现方向图扫描的天线阵称为相控阵。

本章小结

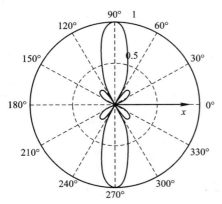

图 9-18　八元均匀边射阵方向图

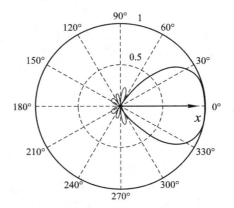

图 9-19　八元均匀端射阵方向图

# 习　题

典型例题

9.1　天线有哪些功能？天线的电参数有哪些？按极化方式划分，天线有哪几种？

9.2　从接收角度讲，对天线的方向性有哪些要求？

9.3　天线的近区场和辐射场是如何划分的？

9.4　在距电基本振子 100 km 处的最大辐射方向上，假设它所产生的电场强度的振幅为 1 mV/m，求电基本振子辐射的功率。

9.5　计算长度为 $0.1\lambda$ 的电基本振子的辐射电阻。

9.6　设电基本振子的轴线按东西方向放置，在远方有一移动电台在正南方向接收到最大电场强度，如题 9.6 图所示。当接收电台沿以电基本振子为中心的圆周移动时，接收到的电场强度逐渐减小。试问当电场强度减少到最大值的 $1/\sqrt{2}$ 时，接收电台的位置偏离正南方向多少度。

9.7　已知某天线的辐射功率为 100 W，方向系数 $D=3$。

（1）求 $r=10$ km 处，最大辐射方向的电场强度幅值；

（2）若保持辐射功率不变，要使 $r=20$ km 处的场强等于原来 $r=10$ km 处的场强，问此时天线的方向系数应为多少。

9.8　已知某天线的方向函数分别为

思考题

（1）　$F(\theta)=\cos\left[\dfrac{\pi}{4}(\cos\theta-1)\right]$；

（2）　$F(\theta)=\dfrac{\cos\left(\dfrac{\pi\cos\theta}{2}\right)}{\sin\theta}\cos\left[\dfrac{\pi}{4}(\cos\theta-1)\right]$。

试画出其方向图。

9.9　有一长度为 $2h=\lambda/2$ 沿 $z$ 轴放置的振子天线，中心馈电，假设其上电流分布为 $I(z)=I_{m}\cos kz$，式中 $k=2\pi/\lambda$，试求：

（1）振子天线的远区的电场和磁场；

（2）振子天线的坡印廷矢量；

（3）当 $\displaystyle\int_{0}^{\pi/2}\dfrac{\cos^{2}\left(\dfrac{\pi\cos\theta}{2}\right)}{\sin\theta}\,\mathrm{d}\theta=0.609$ 时的辐射电阻；

（4）方向系数；

（5）有效长度(归于输入电流)。

9.10　有一个位于 $xOy$ 平面的很细的矩形小环，环的中心与坐标原点重合，环的两边尺寸分别为 $a$ 和 $b$，并与 $x$ 轴和 $y$ 轴平行，环上电流为 $i(t)=I_{0}\cos\omega t$。假设 $a\ll\lambda$、$b\ll\lambda$，试求：

（1）小环的辐射电场；

题 9.6 图

（2）两主平面方向图。

9.11　有一长度为 $\mathrm{d}l$ 的电基本振子，载有振幅为 $I_0$、沿 $+y$ 轴方向的时谐电流，试求辐射电场表达式，并分别画出在 $xOy$ 面、$xOz$ 面、$yOz$ 面的方向图。

9.12　有一长度为 $2h=\lambda/2$ 的半波振子天线，中心馈电，其上电流分布为 $I(z)=I_\mathrm{m}\sin k(h-|z|)$，若电流振幅为 1 A，求离开天线 $r=10$ km 处最大辐射方向上的电场场强。

9.13　长度 $2h=\lambda$ 的振子天线称为全波振子，求其 $E$ 面方向图。

9.14　自由空间中半波振子接收天线沿 $z$ 轴放置，入射到振子上的电场为 $\boldsymbol{E}_\mathrm{i}=\boldsymbol{a}_\theta E_0$，其中 $E_0=5$ μV/m，入射方向为 $\theta_\mathrm{i}=60°$，如题 9.14 图所示。已知 $\lambda=10$ cm，求半波振子天线的接收电动势。

9.15　在如题 9.15 图所示的微波中继线路中，中继站的距离 $R=50$ km，接收机的系统噪声温度为 1000 K。该系统的带宽 $\Delta f=100$ MHz，工作波长 $\lambda=3$ cm，发射机和接收机天线的增益均为 40 dB。设阻抗和极化均处于最佳匹配状态，试求信噪比为 40 dB 时发射机的功率。

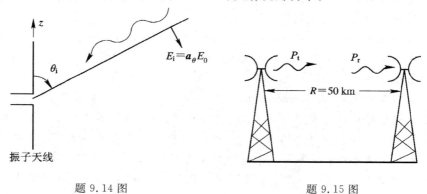

题 9.14 图　　　　　　　　　　　　题 9.15 图

9.16　有两个平行于 $z$ 轴并沿 $x$ 轴方向排列的半波振子，若

（1）$d=\lambda/4$，$\zeta=\pi/2$；

（2）$d=\lambda/4$，$\zeta=0$；

（3）$d=3\lambda/4$，$\zeta=0$；

（4）$d=3\lambda/4$，$\zeta=\pi$。

试求其 $E$ 面和 $H$ 面方向函数，并画出方向图。

# 第 10 章　无线信道、电磁干扰与电磁兼容

上一章讨论了发射天线、接收天线的一些基本概念，现在我们来讨论电磁工程中涉及的无线信道、电磁干扰和电磁兼容等概念。

电磁波从发射天线到接收天线所经历的传输媒质称为无线信道（Wireless Channel）。对于大多数无线信道来说，由于大地、大气层、电离层和大气中的水凝物（如雨滴、冰雹、雪等）的存在，无线电信号的传播将受到影响。自然环境对无线电波传播的影响与所用的频率、天线的方向性和天线离地面的高度有着密切的关系。根据传输媒质对不同频段的无线电波的不同影响，无线信道主要分为超短波或微波的视距传播信道、短波电离层反射信道、地面波传播信道和不均匀媒质散射信道等。

任一电子系统都是在一定的电磁环境中工作的，因此必然要受到电磁干扰的影响。所谓干扰是指除本系统欲传输信号以外的所有规则和非规则的信号，也称为噪声（Noise），它可分为自然噪声和人为噪声。

电磁兼容 EMC（Electromagnetic Compatibility）是指电子系统在规定的电磁环境中按照设计要求而工作的能力。在无线通信技术、高速数字系统迅猛发展和电气设备多样化的今天，电子设备内部元件之间、电子设备之间的相互影响，以及电子设备对人体的影响日益突出，尤其在飞机、导弹、卫星等飞行器上以及在家庭、汽车、火车驾驶室等狭小的空间集中了众多的电子设备，其间的相互干扰是一个严重的问题。电磁兼容研究涉及的内容很广，对电磁干扰而言，主要是减少干扰源、减轻电子干扰对电子系统的影响，以及提高电子系统的抗干扰能力。

本章首先介绍电磁波谱及信道对电波传播的影响，然后介绍视距传播、短波电离层反射、地面波传播等无线信道，最后介绍电磁干扰和电磁兼容。

# 10.1　电　磁　波　谱

按频率高低排列的电磁波称为电磁波谱，它分为无线电波、红外线、可见光、紫外线、X 射线和 γ 射线等。电磁波谱的划分如表 10-1 所示。其中，频率从几十赫兹（甚至更低）到 3000 GHz 左右（对应的波长从几十兆米到 0.1 mm 左右）的电磁波，称为无线电波（Radio Wave）；从 300 MHz 到 3000 GHz 左右（波长从 1 m 到 0.1 mm 左右）的电磁波，称为微波（Microwave）。无线电波是电磁波中波长最长的部分。

尽管各频段的电磁波都是以电场和磁场为其特征的电磁波动，但由于波

10.1 节课件

电磁波谱

长范围不同，不同频段的电磁波的传播特性有很大的区别。例如，在无线电波的低频段，如标准调幅广播频段（0.55～1.6 MHz），其波长较长，为了有效地辐射，天线的实际尺寸很大，所以它的天线通常只能安装在地面上，此时电波是沿地表面传播的。由于地面波是沿着空气和大地的交界面传播的，因此其传播情况主要取决于地面条件。对于长波来说，除高山外都可将地面看成是平坦的，而对于分米波、厘米波来说，即使水面上的小波浪或田野上的植物，也对它们的传播有障碍作用，地面波的传播衰减随着电磁波频率的升高而迅速增大。当频率升高为几兆赫兹到30～40 MHz时，电离层能将电磁波反射回地面，但电离层的折射依赖于它的电子浓度，其折射特性与电磁波的频率密切相关，当频率高于40 MHz时，电磁波将穿透电离层而不再"返回"地面，因此电离层反射信道通常只用于短波波段。当频率高于40 MHz时，由于其波长只有几米或更短，因此可以通过把高增益的天线（阵）安装在较高的塔上来实现通信。在这种情况下，是采用视距传播方式进行通信的，如电视广播、电话业务的微波视距线路等。无线电波的划分及各频段的主要应用如表10-2所示。

**表 10-1　电磁波谱的划分**

| 名　称 | 频率范围 | 波长范围 |
|---|---|---|
| 无线电波 | 小于 3 THz | 大于 0.1 mm |
| 红外线 | 0.3～384 THz | 1000～0.78 $\mu$m |
| 可见光 | 384～770 THz | 0.78～0.39 $\mu$m |
| 紫外线 | 770 THz～30 PHz | 0.39～0.01 $\mu$m |
| X 射线 | 30～30 000 PHz | 0.01 $\mu$m～0.01 nm |
| $\gamma$ 射线 | 大于 30 000 PHz | 小于 0.01 nm |

**表 10-2　无线电波的划分及各频段的主要应用**

| 频段名称 | 频率范围 | 波段名称 | 应　用 |
|---|---|---|---|
| 极低频（ELF） | 3～30 Hz | 极长波 | 地下通信、地下遥感、对潜通信等 |
| 超低频（SLF） | 30～300 Hz | 超长波 | 地质结构探测、电离层研究、对潜通信等 |
| 特低频（ULF） | 300～3000 Hz | 特长波 | 水下潜艇通信、电离层结构研究等 |
| 甚低频（VLF） | 3～30 kHz | 甚长波 | 导航、声呐、时间与频率标准传递等 |
| 低频（LF） | 30～300 kHz | 长波 | 无线电信标、导航等 |
| 中频（MF） | 300～3000 kHz | 中波 | 调幅广播、海岸警戒通信、测向等 |
| 高频（HF） | 3～30 MHz | 短波 | 电话、电报、传真、国际短波广播、业余无线电、民用频段、船—岸通信、船—空通信等 |
| 甚高频（VHF） | 30～300 MHz | 米波 | 电视、调频广播、空中交通管制、出租汽车移动通信、航空导航信标等 |
| 特高频（UHF） | 300～3000 MHz | 分米波 | 电视、卫星通信、无线电探空、警戒雷达、蜂窝移动通信、飞机导航等 |
| 超高频（SHF） | 3～30 GHz | 厘米波 | 机载雷达、微波线路、卫星通信等 |
| 极高频（EHF） | 30～300 GHz | 毫米波 | 短路径通信、雷达、卫星遥感等 |
| 超极高频 | 300～3000 GHz | 亚毫米波 | 短路径通信等 |

　　总之，不同频段的电磁波的传播特性有很大的区别，传输媒质对不同频段的无线电波有着不同的影响。根据传输媒质对不同频段的无线电波的不同影响，无线信道可分为超短波或微波的视距传播信道、短波电离层反射信道、地面波传播信道和不均匀媒质散射信道等。

# 10.2　无线信道的基本特性

10.2 节课件

## 10.2.1　无线电波在自由空间信道的传播

　　将收、发天线置于自由空间中，假设发射天线的增益为 $G_t$、输入发射天线的信号功率为 $P_{in}$，接收天线的增益为 $G_r$，并假设馈线与天线良好匹配，且两天线的最大辐射方向相对、极化最佳匹配，如图 $10-1$ 所示，则根据式 $(9-4-23)$，在距离发射天线 $r$ 处的接收天线所接收的功率为

$$P_r = \frac{P_{in}G_t}{4\pi r^2} \cdot \frac{\lambda^2 G_r}{4\pi} \qquad (10-2-1)$$

将输入功率与接收功率之比定义为自由空间信道的基本传输损耗：

$$L_{bf} = \frac{P_{in}}{P_r} = \left(\frac{4\pi r}{\lambda}\right)^2 \cdot \frac{1}{G_t G_r} \qquad (10-2-2)$$

将上式取对数得

$$L_{bf} = 10 \lg \frac{P_{in}}{P_r}$$
$$= 32.45 + 20 \lg f(\text{MHz}) + 20 \lg r(\text{km}) - G_t(\text{dB}) - G_r(\text{dB})$$
$$(10-2-3)$$

　　由上式可见，若不考虑天线的因素，则自由空间信道的传输损耗（Free Space Path Loss）是球面波在传播的过程中，随着距离的增大能量自然扩散而引起的，它反映了球面波的扩散损耗。另外，该损耗与电磁波的工作频率也成正比，频率愈高传输损耗愈大。

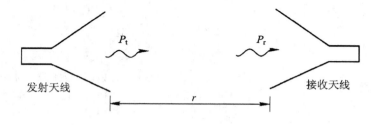

图 $10-1$　发射和接收示意图

　　【例 $10-1$】　某卫星通信信道，发射天线的增益为 $22$ dB，接收天线的增益为 $18$ dB，收发距离为 $14\,500$ km，载波中心频率为 $5.904$ GHz，求：

　　（1）该信道的基本传输损耗；

　　（2）若发射机发射功率为 $25$ W，输入接收机的功率。

　　解　（1）该信道的基本传输损耗为

$$L_{bf} = 32.45 + 20\,\lg f(\text{MHz}) + 20\,\lg r(\text{km}) - G_t(\text{dB}) - G_r(\text{dB})$$
$$= 32.45 + 75.4 + 83.2 - 22 - 18$$
$$= 151\ \text{dB}$$

（2）接收机输入功率为

$$P_{in} = 25 \times 10^{-L_{bf}/10} = 1.9335 \times 10^{-14}\ \text{W}$$

可见，卫星接收机前端的信号是十分微弱的。

### 10.2.2　无线信道特性

无线信道

反映无线信道特性的参数有信道损耗、衰落、失真及容许带宽等。

#### 1. 信道损耗

电波在实际的信道中传播时除传输扩散损耗外还有能量的损耗。这种能量损耗可能是由于大气对电波的吸收或散射引起的，也可能是由于电波绕过球形地面或障碍物时而引起的。在传播距离、工作频率、发射天线、输入功率和接收天线都相同的情况下，设接收点的实际场强为 $E$、功率为 $P_r'$，而自由空间的场强为 $E_0$、功率为 $P_r$，定义信道的衰减因子 $A$：

$$A = 20\,\lg \frac{|E|}{|E_0|} = 10\,\lg \frac{P_r'}{P_r}\quad \text{dB} \tag{10-2-4}$$

因此，信道损耗（Channel Loss）$L_b$ 为

$$L_b = 10\,\lg \frac{P_{in}}{P_r'} = 10\,\lg \frac{P_{in}}{P_r} - 10\,\lg \frac{P_r'}{P_r} = L_{bf} - A\ (\text{dB}) \tag{10-2-5}$$

若不考虑天线的影响，即令 $G_t = G_r = 1$，则实际的信道损耗为

$$L_b = 32.45 + 20\,\lg f(\text{MHz}) + 20\,\lg r(\text{km}) - A\ (\text{dB}) \tag{10-2-6}$$

式中，前三项为自由空间损耗 $L_{bf}$，$A$ 为信道衰减因子（本身为负值）。不同的传播方式、传播媒质，信道的传输损耗是不同的。

#### 2. 衰落现象

衰落（Fading），一般是指信号电平随时间的随机起伏。根据引起衰落的原因分类，大致可分为吸收型衰落和干涉型衰落。

吸收型衰落，主要是由于传输信道电参数的变化，使得信号在信道中的衰减发生相应的变化而引起的。如大气中的氧、水汽以及由后者凝聚而成的云、雾、雨、雪等都对电波有吸收作用。由于气象的随机性，这种吸收的强弱也有起伏，因此形成信号的衰落。由这种机理引起的信号电平的变化较慢，所以称为慢衰落（Slow Fading），如图 10-2($a$)所示，它通常是指信号电平的中值（五分钟中值、小时中值、月中值等）在较长时间间隔内的起伏变化。

干涉型衰落，主要是由随机多径干涉现象引起的。在某些传输方式中，由于收、发两点间存在若干条传播路径，典型的如移动通信中从基站至移动台的传播信道、短波电离层反射信道、不均匀媒质散射信道等。在这些传播方式中，传输路径、传输媒质具有随机性，因此使到达接收点的各路径信号

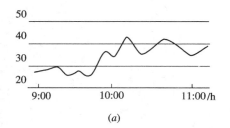

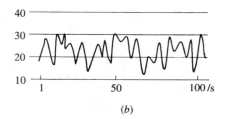

(a)

(b)

图 10 - 2 信号的衰落
(a) 慢衰落；(b) 快衰落

的时延随机变化，致使合成信号幅度和相位都发生随机起伏。这种起伏的周期很短，信号电平变化很快，故称为快衰落(Fast Fading)，如图10-2(b)所示。这种衰落在移动通信信道中表现更为明显。

快衰落叠加在慢衰落之上，在较短的时间内观察时，前者表现明显，后者不易被察觉。信号的衰落现象严重地影响电波传播的稳定性和系统的可靠性，需要采取有效措施(如分集接收等)来加以克服。

### 3. 失真与容许带宽

无线电波通过信道除产生信道损耗外，还会产生失真(Distortion)，包括振幅失真和相位失真。产生失真的原因有两个：一是信道的色散效应，二是随机多径传输效应。

色散效应是由于不同频率的无线电波在信道中的传播速度有差别而引起的信号失真。载有信号的无线电波都占据一定的频带，当电波通过信道传播到达接收点时，由于各频率成分传播速度不同，因而不能保持原来信号中的相位关系，引起波形失真。至于色散效应引起信号畸变的程度，则要结合具体信道的传输情况而定。

多径传输也会引起信号畸变。这是因为无线电波在传播时通过两个以上不同长度的路径到达接收点，如图10-3(a)所示，接收天线接收的信号是几个不同路径传来的电场强度之和。

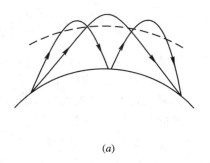

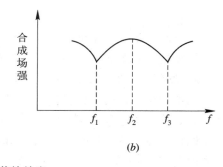

(a)

(b)

图 10 - 3 多径传输效应

设接收点的场是两条路径传来的相位差为 $\varphi = \omega\tau$ 的两个电场的矢量和。最大的传输时延与最小的传输时延的差值定义为多径时延 $\tau$。对所传输信号中的每个频率成分，相同的 $\tau$ 值会引起不同的相差。例如对 $f_1$，若 $\varphi_1 = \omega_1\tau =$

$\pi$，则因二矢量反相抵消，此分量的合成场强呈现最小值；而对 $f_2$，若 $\varphi_2 = \omega_2\tau = 2\pi$，则因二矢量同相相加，此分量的合成场强呈现最大值，如图 10 - 3 (b)所示，其余各成分依次类推，这种现象也称为频率选择性衰落。显然，若信号带宽过大，就会引起较明显的失真。因此，一般情况下，信号带宽不能超过 $1/\tau$，称为容许带宽(Allowable Bandwidth)，即

$$\Delta f = \frac{1}{\tau} \tag{10-2-7}$$

#### 4. 电波传播方向的变化

当电波在无限大均匀、线性信道内传播时，射线是沿直线传播的。然而电波传播实际所经历的空间场所是复杂多样的：不同媒质分界处将使电波折射、反射；媒质中的不均匀体，如对流层中的湍流团将使电波产生散射；球形地面和障碍物将使电波产生绕射；特别是某些传输信道的时变性，使射线轨迹随机变化，从而使到达接收天线处的射线入射角随机起伏，使接收信号产生严重的衰落。

因此，在研究实际传输信道对电波传播的影响时，电波传播方向的变化也是重要内容之一。

# 10.3　视距传播信道

**10.3 节课件**

视距传播(Horizontal Propagation)，是指工作在超短波和微波波段的电磁波基本上沿视线传播。这样的无线信道称为视距传播信道。视距传播主要用于长途干线、移动通信网及某些数据收集(如水文、气象数据的测报)系统中。地面通信(如移动通信)、卫星通信以及雷达等许多无线应用都采用这种传播方式。

## 10.3.1　视线距离

设发射天线的高度为 $h_1$，接收天线的高度为 $h_2$(见图 10 - 4)，由于地球曲率的影响，当两天线间的距离 $r \leqslant r_v$ 时，两天线互相"看得见"，反之，当 $r > r_v$ 时，两天线互相"看不见"，$r_v$ 为收、发天线的高度分别为 $h_2$ 和 $h_1$ 时相互能看见的距离，简称视距。图 10 - 4 中，$AB$ 与地球表面相切，$a$ 为地球半径，由图可得到以下关系式：

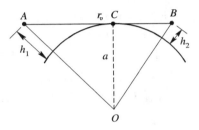

图 10 - 4　视线距离

$$r_v \approx AC + CB \approx \sqrt{2a}(\sqrt{h_1} + \sqrt{h_2}) \qquad (10-3-1)$$

将地球半径 $a = 6370 \times 10^3$ m 代入上式，即有

$$r_v = 3.57(\sqrt{h_1} + \sqrt{h_2}) \text{ km} \qquad (10-3-2)$$

式中，$h_1$ 和 $h_2$ 的单位都是 m。

　　视距传播时，电波是在地球周围的大气中传播，大气对电波产生折射与衰减。由于大气层是非均匀信道，其压力、温度与湿度都随高度而变化，导致大气层的介电常数是高度的函数。在标准大气压下，大气层的介电常数 $\varepsilon_r$ 随高度的增加而减小，并逐渐趋近于 1，因此大气层的折射率 $n = \sqrt{\varepsilon_r}$ 随高度的增加而减小。若将大气层分成许多薄片层，每一薄层是均匀的，各薄层的折射率 $n$ 随高度的增加而减小，这样当电波在大气层中依次通过每个薄层界面时，射线都将产生偏折，因而电波射线形成一条向下弯曲的弧线，如图 10-5 所示。

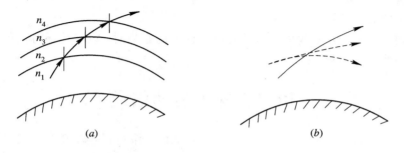

$$(a) \qquad\qquad\qquad (b)$$

图 10-5　大气层对电波的折射

　　当考虑大气的不均匀性对电波传播轨迹的影响时，视距公式应修正为

$$r_v = \sqrt{2a_e}(\sqrt{h_1} + \sqrt{h_2}) = 4.12(\sqrt{h_1} + \sqrt{h_2}) \quad \text{km} \qquad (10-3-3)$$

式中，$a_e$ 为地球的有效半径，可见大气折射的影响使电磁波可以传输更远的距离。

## 10.3.2　大气对电波的衰减

　　大气对电波的衰减主要来自两个方面，一是云、雾、雨等小水滴对电波的热吸收及水分子、氧分子对电波的谐振吸收，热吸收与小水滴的浓度有关，谐振吸收与工作波长有关；二是云、雾、雨等小水滴对电波的散射，散射衰减与小水滴半径的 6 次方成正比，与波长的 4 次方成反比。当工作波长短于 5 cm 时，就应该计及大气层对电波的衰减，尤其当工作波长短于 3 cm 时，大气层对电波的衰减将趋于严重。就云、雾、雨、雪对微波传播的影响来说，其中降雨引起的衰减是最为严重的，对 10 GHz 以上的频率，由降雨引起的电波衰减是可观的。因此，在地面和卫星通信线路的设计中需要考虑由降雨引起的衰减。

### 10.3.3　场分析

在视距信道中,除了自发射天线直接到达接收天线的直射波外,还存在从发射天线经由地面或其他路径反射到达接收天线的反射波,如图 10-6 所示。因此接收天线处的场是直射波与反射波的叠加。

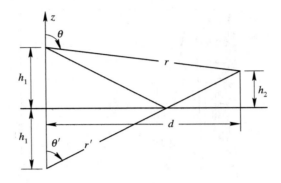

图 10-6　直射波与反射波

设 $h_1$ 为发射天线的高度,$h_2$ 为接收天线的高度,$d$ 为收、发天线的间距,$E$ 为接收点的场强,$E_{\theta 1}$ 为直射波,$E_{\theta 2}$ 为反射波。接收点的场强为

$$E = E_{\theta 1} + E_{\theta 2} \qquad (10-3-4)$$

其中

$$E_{\theta 1} = E_0 f(\theta) \frac{e^{-jkr}}{r}, \quad E_{\theta 2} = R E_0 f(\theta') \frac{e^{-jkr'}}{r'} \qquad (10-3-5)$$

式中,$R$ 为反射点处的反射系数,$R = |R| e^{j\varphi}$,$f(\theta)$ 为天线方向函数。

通常两天线间距离 $d \gg h_1, h_2$,则有

$$\left.\begin{array}{c} \theta = \theta' \\[2mm] \boldsymbol{E} = \boldsymbol{a}_\theta E_0 f(\theta) \dfrac{e^{-jkr}}{r} F \end{array}\right\} \qquad (10-3-6)$$

式中,$F$ 称为路径因子(Path Factor):

$$F = 1 + |R| e^{-j[k(r'-r)-\varphi]} \qquad (10-3-7)$$

而

$$r' - r \approx \frac{(h_1 + h_2)^2}{2d} - \frac{(h_2 - h_1)^2}{2d} = \frac{2h_1 h_2}{d} \qquad (10-3-8)$$

将其代入式(10-3-7)得

$$F = 1 + |R| e^{-j(k2h_1 h_2/d - \varphi)} \qquad (10-3-9)$$

当地面电导率为有限值时,若射线仰角很小,则有

$$R_H \approx R_V \approx -1 \qquad (10-3-10)$$

式中,$R_H$ 为水平极化波的反射系数;$R_V$ 为垂直极化波的反射系数。

对于视距通信信道来说,电波的射线仰角是很小的(通常小于 1°),此时路径因子为

$$| F |=| 1 - \mathrm{e}^{-jk2h_1h_2/d} |=2 \left| \sin\left(\frac{2\pi h_1 h_2}{d\lambda}\right) \right| \qquad (10-3-11)$$

当收、发射天线的高度均为 $40\lambda$ 时，接收点场强随收、发天线间距的变化曲线如图 10-7 所示。当收、发天线的间距为 4 km 时，接收点场强与收、发天线架设高度的关系如图10-8 所示。

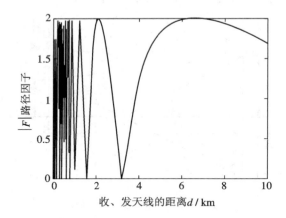

图 10-7 接收点场强与收、发天线间距的变化曲线

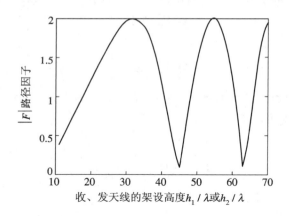

图 10-8 接收点场强与收、发天线架设高度的关系

由图可见，接收点场强随收、发天线的间距 $d$ 和天线的架设高度起伏变化，这是直射波与反射波相干涉的结果。

因此，在微波视距中继通信系统设计中，为使接收点场强稳定，希望反射波的成分愈少愈好。在设计和选择通信信道路径时，要尽可能地利用起伏不平的地形或地物，使反射波场强削弱或改变反射波的传播方向，使其不能到达接收点，以保证接收点场强稳定。而对于移动通信系统来说，除了地面反射外，还存在其他反射路径（如建筑物反射），从而使接收点场强起伏严重，称之为多径效应，此时必须采用分集技术加以克服。

10.4 节课件

# 10.4　短波电离层反射信道

短波是指频率为 3～30 MHz(相应的波长为 100～10 m)的无线电波。电离层反射传播也称为天波(Sky Wave)传播,它通常是指自发射天线发出的电波,在高空被电离层反射后到达接收点的传播方式。

## 10.4.1　电离层概况

电离层(Ionosphere)是地球高空大气层的一部分,从离地面 60 km 的高度一直延伸到 1000 km 的高空。由于电离层电子密度是非均匀分布的,因此,按电子密度随高度的变化,相应地分为 D、E、$F_1$、$F_2$ 四层,每一个层都有一个电子浓度的最大值,如图 10 - 9 所示。由于电离层主要是由于太阳的紫外线辐射形成的,因此其电子密度与日照密切相关——白天大,晚间小,而且晚间 D 层消失;电离层电子密度又随四季发生变化。除此之外,太阳的骚动与黑子活动也对电离层电子密度产生很大影响,这直接影响到短波无线电通信信道的特性。

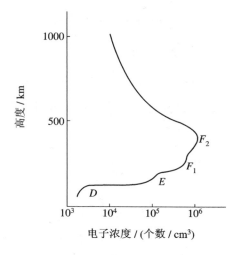

图 10 - 9　电离层电子浓度的高度分布

## 10.4.2　无线电波在电离层信道中的传播

仿照电波在视距信道中的讨论方法,将电离层信道分成许多薄片层,假设每一薄片层的电子密度是均匀的,但彼此是不等的。自由电子密度为 $N_e$ 的各向同性均匀信道的相对介电常数为

$$\varepsilon_r = 1 - \frac{80.8 N_e}{f^2} \qquad (10-4-1)$$

折射率为

$$n = \sqrt{1 - \frac{80.8N_e}{f^2}} < 1 \qquad (10-4-2)$$

其中 $f$ 为电波的频率。

当电波入射到空气—电离层界面时，由于电离层折射率小于空气折射率，折射角大于入射角，射线要向下偏折。当电波进入电离层后，由于电子密度随高度的增加而逐渐减小，因此各薄片层的折射率依次变小，电波将连续下折，直至到达某一高度处电波开始折回地面。可见，电离层对电波的"反射"实质上是电波在电离层中连续折射的结果。

参看图 10-10，在各薄片层间的界面上连续应用折射定律可得

$$n_0 \sin\theta_0 = n_1 \sin\theta_1 = \cdots = n_i \sin\theta_i \qquad (10-4-3)$$

式中，$n_0 = 1$，为空气折射率，$\theta_0$ 为电波进入电离层时的入射角。

电离层与天波

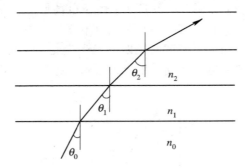

图 10-10 电离层对电波的连续折射

设电波在第 $i$ 层处到达最高点，然后即开始折回地面，则将 $\theta_i = 90°$ 代入上式得

$$\sin\theta_0 = n_i = \sqrt{1 - \frac{80.8N_i}{f^2}} \qquad (10-4-4)$$

或

$$f = \sqrt{80.8N_i} \, \sec\theta_0 \quad \text{Hz} \qquad (10-4-5)$$

上式表明了天波传播时电波频率 $f$ 与入射角 $\theta_0$ 和电波折回处的电子密度 $N_i$（电子数/m³）三者之间的关系。下面从四个方面进行讨论。

1）最高可用频率

由式（10-4-5）可求得当电波以 $\theta_0$ 角度入射时，电离层能把电波信号"反射"回来的最高可用频率为

$$f_{\max} = \sqrt{80.8N_{\max}} \, \sec\theta_0 \quad \text{Hz} \qquad (10-4-6)$$

式中，$N_{\max}$ 为电离层的最大电子密度。

也就是说，当电波入射角 $\theta_0$ 一定时，频率越高，电波反射后所到达的距离越远；当电波工作频率高于 $f_{\max}$ 时，由于电离层不存在比 $N_{\max}$ 更大的电子密度，因此电波信号不能被电离层"反射"回来而穿出电离层，如图 10-11 所示，这正是超短波和微波不能以天波形式进行传播的原因。

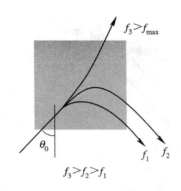

图 10 - 11　$\theta_0$ 一定，频率不同时的射线

2）天波静区

由式(10 - 4 - 4)可得电离层能把频率为 $f$ 的电波"反射"回来的最小入射角 $\theta_{0\min}$ 为

$$\theta_{0\min} = \arcsin \sqrt{1 - \frac{80.8 N_{\max}}{f^2}} \qquad (10 - 4 - 7)$$

这就是说，当电波频率一定时，射线对电离层的入射角 $\theta_0$ 越小，使电波反射所需的电子密度越大，且通信距离越近，如图 10 - 12 中的曲线 1、2 所示；但当 $\theta_0$ 继续减小时，通信距离变远，如图 10 - 12 中的曲线 3 所示；当入射角 $\theta_0 < \theta_{0\min}$ 时，则电波能被电离层"反射"回来所需的电子密度超出实际存在的 $N_{\max}$ 值，于是电波穿出电离层，如图10 - 12 中的曲线 4 所示。

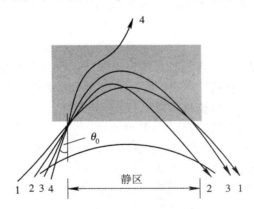

图 10 - 12　频率一定，通信距离与入射角的关系

由于入射角 $\theta_0 < \theta_{0\min}$ 的电波不能被电离层"反射"回来，使得以发射天线为中心的一定半径的区域内就不可能有天波到达，这就形成了天波的静区 (Shadow Effect)。

3）多径效应

由于天线射向电离层的是一束电波射线，各条射线的入射角稍有不同，它们将在不同的高度上被"反射"回来，因而有多条路径到达接收点（见图 10 - 13），这种现象称为多径传输。

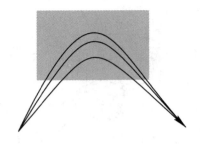

图 10-13 多径效应

电离层的电子密度随气候发生随机起伏，使得各射线路径也因此而变化。这样，各射线间的波程差也不断变化，从而使接收点的合成场的大小发生波动。这种由多径传输引起的接收点场强的起伏变化称为多径效应（Multiple Path Effect）。正如 10.2 节所述，多径效应将造成信号的衰落，对模拟信号来说会产生选择性衰落，而对数字信号会产生时散，从而会影响通信信道的带宽和传输速率，这在短波电离层反射信道设计时必须予以考虑。

4）最佳工作频率 $f_{opt}$

电离层中自由电子的运动将耗散电波的能量，使电波发生衰减，但电离层对电波的吸收主要是在 D 层和 E 层，因此为了减小电离层对电波的吸收，天波传播应尽可能采用较高的工作频率。然而当工作频率过高时，电波需到达电子密度很大的地方才能被"反射"回来，这就大大增加了电波在电离层中的传播距离，随之也增大了电离层对电波的衰减。为此，通常取最佳工作频率 $f_{opt}$ 为

$$f_{opt} = 0.85 f_{max} \qquad (10-4-8)$$

还需要注意的是，电离层的 D 层对电波的吸收是很严重的，而到了晚上，D 层会消失，致使天波信号增强，这正是晚上能接收到更多短波电台的原因。

总之，电离层反射信道具有以下特点：

（1）传输信号频率的选择是个很重要的问题。频率太高，电波穿透电离层射向太空；频率太低，电离层吸收太大，以致不能保证必需的信噪比，因此信号频率必须选择在最佳频率附近。而这个频率的确定，不仅与年、月、日、时有关，还与通信距离有关。同样的电离层状况，通信距离近的，最高可用频率低；通信距离远的，最高可用频率高。显然，为了通信可靠，必须在不同时刻使用不同的频率。但为了避免换频的次数太多，通常一日之内使用两个（日频和夜频）或三个频率。

（2）电离层反射信道随机多径效应严重，多径时延较大，信道带宽较窄。因此，对传输信号的带宽有很大限制，特别是对于数字通信来说，为了保证通信质量的要求，在接收时必须采用抗多径措施。

（3）反射信道不太稳定，衰落严重。在设计电路时必须考虑衰落的影响，使电路设计留有足够的电平余量。

（4）电离层所能反射的频率范围是有限的，即带宽有限，一般是短波范

围。由于波段范围较窄(3～30 MHz)，因此短波电台特别拥挤，电台间的干扰很大。尤其是夜间，由于电离层吸收减小，电波传播条件有所改善，干扰更大。

（5）高空电离层信道不易受到人为的破坏，在军事通信上有重要意义。

（6）短波电离层反射信道是远距离通信的重要信道之一。

**10.5 节课件**

# 10.5　地表面波传播信道

无线电波沿地球表面的传播称为地面波(Ground Wave)传播。当天线架设得不高，且最大辐射方向沿水平方向时，电波主要以地面波的形式传播。在长、中波波段和短波的低频段(1 kHz～1 MHz)均可用这种传播方式。由于地波是沿着空气和大地交界面传播的，因此其传播情况主要取决于地面条件。这就是说，地面性质和地貌地物等都对地面波传播有很大的影响。

描述大地电磁性质的主要参数是介电常数 $\varepsilon$、电导率 $\sigma$ 和磁导率 $\mu$。对于大多数地质情况，大地的磁导率 $\mu \approx \mu_0$。在交变电磁场的作用下，大地土壤内既存在位移电流也存在传导电流。通常将传导电流密度和位移电流密度的比值 $\left(\dfrac{\sigma}{\omega\varepsilon}\right)$ 远大于 1 的媒质称为导体，否则，则为电介质或半导体。对常见的地质情况，在中、长波波段大地一般均呈良导体性质。表 10 - 3 为不同地质的电参数。

表 10 - 3　不同地质的电参数

| 地质 | 相对介电常数 $\varepsilon_r$ | | 导电率 $\sigma$ | |
|---|---|---|---|---|
| | 范围 | 平均 | 范围 | 平均 |
| 海水 | 80 | 80 | $0.66 \sim 6.6$ | 4 |
| 淡水 | 80 | 80 | $10^{-3} \sim 2.4 \times 10^{-2}$ | $10^{-3}$ |
| 湿土 | $10 \sim 30$ | 20 | $3 \times 10^{-3} \sim 3 \times 10^{-2}$ | $10^{-2}$ |
| 干土 | $2 \sim 6$ | 4 | $1.1 \times 10^{-5} \sim 2 \times 10^{-3}$ | $10^{-3}$ |

设有一直立天线架设于地面之上，其辐射的垂直极化波沿地面传播，若大地是理想导体，则接收天线接收到的仍是垂直极化波(如图 10 - 14 所示)。实际上，大地并非理想导体，垂直极化波的电场沿地面传播时，就在地面感应出与其一起移动的正电荷，进而形成电流，从而产生欧姆损耗，造成大地对电波的吸收，于是沿地表面形成较小的电场水平分量，致使波前倾斜，使垂直极化波变为椭圆极化波，如图 10 - 15 所示。不言而喻，波前的倾斜程度反映了大地对电波的吸收程度。

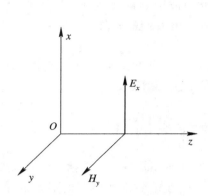

图 10 - 14 理想导电地面的场结构

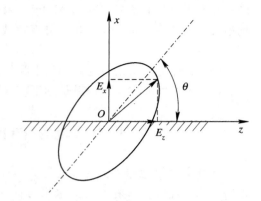

图 10 - 15 非理想导电地面的场结构

设发射天线的辐射功率为 $P_\Sigma$，$D$ 为考虑地面影响后发射天线的方向系数，$A$ 为地面波信道的衰减因子，若不考虑地球曲率半径的影响，则在距发射天线 $r$ 处的接收点的场强为

$$E_x = \frac{\sqrt{60 P_\Sigma D}}{r} A \qquad (10-5-1)$$

式中

$$A \approx \frac{2 + 0.3g}{2 + g + 0.6g^2} \qquad (10-5-2)$$

$$g = \frac{\pi r}{\lambda} \cdot \frac{\sqrt{(\varepsilon_r - 1)^2 + (60\lambda\sigma)^2}}{\varepsilon_r^2 + (60\lambda\sigma)^2} \qquad (10-5-3)$$

从以上讨论可以得到地面波传播信道有如下特点：

（1）信道的损耗与地面的电导率有关。垂直极化波沿非理想导电地面传播时，由于大地对电波能量的吸收作用，产生了沿传播方向的电场纵向分量 $E_z$，因此可以用 $E_z$ 的大小来说明地面波传输信道的传播损耗情况。地面的电导率越小，$E_z$ 就越大，信道的传播损耗越大。海水的电导率比陆地的高，因此无线电波在海面上要比陆地上传得远。

（2）信号频率越高信道损耗越大。当频率升高时，传导电流密度和位移电流密度的比值 $\left(\dfrac{\sigma}{\omega\varepsilon}\right)$ 变小，说明大地的导电性能变差，此时电场纵向分量 $E_z$ 变大。因此，地面波传播主要用于中、长波传播。短波和米波小型电台采用这种传播信道工作时，只能进行十几千米或几千米的近距离通信。

（3）地面波传播信道的信号比较稳定。由于地表面的电性能及地貌、地物等并不随时间很快地变化，并且基本上不受气候条件的影响，因此信号稳定，这是地面波传播信道的突出优点。

应该指出，地面波信道的传播情况与电波的极化形式有很大关系。地面波传播时，电磁波能量贴近地面传播，由于大地是导电媒质，水平极化波的电场和地面是平行的，它所引起的地电流必然比垂直极化波大得多，这部分能量为大地所吸收，因此，地面波传播一般均采取垂直极化波。

# 10.6　不均匀媒质散射信道

**10.6 节课件**

在实际系统中，除了上述三种无线信道外，还有不均匀媒质散射信道。电波在低空对流层或高空电离层下缘遇到不均匀的"介质团"会发生散射，散射波的一部分到达接收天线处(见图 10 - 16)，这种传播方式称为不均匀媒质散射通信，主要有电离层散射通信和对流层散射(Troposphere Scatter)通信。电离层散射主要用于 30～100 MHz 频段，对流层散射主要用于 100 MHz 以上频段。就其传播机理而言，电离层散射与对流层散射有一定的相似性。因此我们以对流层散射信道为例简单介绍不均匀媒质散射信道的传输原理。

对流层是大气的最低层，通常是指从地面算起高达(13±5) km 的区域。受太阳照射而受热的地面，通过大气的垂直对流作用，使对流层加热。一般情况下，对流层的温度、压强、湿度不断变化，在涡旋气团内部及其周围的介电常数做随机小尺度起伏，形成了不均匀的介质团。当超短波、短波投射到这些不均匀体时，就在其中产生感应电流，成为一个二次辐射源，再次将电磁能量向四面八方辐射出去。于是电波就到达不均匀介质团能"看见"，但电波发射点却不能"看见"的超视距的地方。电磁波的这种无规则方向的辐射，称为"散射"，相应的介质团称为"散射体"，如图 10 - 16 所示。对于任一固定的接收点来说，其接收场强就是收、发双方都能"看见"

**散射通信**

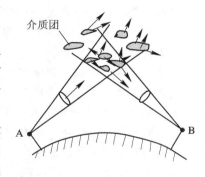

图 10 - 16　不均匀媒质传播

的那部分空间——即收、发天线波束相交的公共体积中的所有散射体的总贡献。通过上述分析可知，对流层散射信道具有下列特点：

(1) 由于散射波相当微弱，即信道的传输损耗很大(包括自由空间传输损耗、散射损耗、大气吸收损耗及来自天线方面的损耗，一般超过 200 dB)，因此对流层散射通信要采用大功率发射机、高灵敏度接收机和高增益天线。

(2) 随机性严重。由于湍流随机运动的特点，散射体是随机变化的，它们之间在电性能上是相互独立的，因而它们对接收点的场强贡献是随机的。这种随机多径传播现象，使信号产生严重的快衰落。这种快衰落一般通过采用分集接收技术来克服。

(3) 这种散射信道的优点是容量较大、可靠性高、保密性好，单跳跨距达 300～800 km。

(4) 对于无法建立微波中继站的地区，如海岛之间或需跨越湖泊、沙漠、雪山等的地区，可以采用对流层散射信道进行通信。

(5) 对流层散射通信也是应急通信系统的可选方案之一，在军事和应急指挥系统中具有重要的意义。

# 10.7　电磁干扰

电磁干扰(Electromagnetic Interference，EMI)是电子设备或系统设计必须考虑的重要因素，本节将从电磁干扰的分类、产生的原因以及干扰传播途径三个方面来讨论。

## 10.7.1　电磁干扰的分类

无线电接收的好坏不仅取决于信号强度的绝对值，更主要的是取决于信号强度与噪声强度的比值，即信号噪声比，简称为信噪比(Signal Noise Ratio，SNR)。而对电子系统而言，不受电磁干扰的影响是十分重要的。因此有必要先分析噪声与干扰的分类。

若按噪声源对系统的作用情况来分类，通常将噪声分为内部噪声和外部干扰两大类。各种电阻元件、半导体器件、介质材料等都能产生噪声，这种由器件或系统本身产生的噪声，称为内部噪声。外部干扰来自系统的外部，它又分为自然的和人为的两种。大气层内的雷电等自然现象以及大气层外的太阳、银河系等天体辐射源所产生的噪声称为自然噪声或自然干扰。人为干扰源是多种多样的，如工业电气干扰以及高压线、电机、家用电器设备和汽车点火等所产生的干扰均是人为干扰。若按噪声的性质来分类，可分为随机噪声和非随机噪声。随机噪声定义为不可预测的噪声，尽管它们可能呈现出统计的规律性。如导体、半导体、介质材料在一定的温度下，内部粒子不规则运动所产生的噪声都是随机的。非随机噪声通常是指来自其他电气设备的辐射。

干扰的存在影响系统的正常工作。例如，噪声干扰信号会使电视机屏幕上产生一组亮点而影响画面，供电线路切断瞬间会使计算机工作失常；高压电缆会使低电平信号线的信号产生误码，高功率微波炸弹可以使一个国家或地区的防御系统失灵甚至瘫痪等。

## 10.7.2　自然噪声

自然噪声包括天电噪声、宇宙噪声及其他自然噪声。

天电噪声又称为大气噪声，它主要来自雷电的辐射。雷电是一种大功率、宽频带的无线电脉冲的辐射源。它的最大辐射功率可达 $10^6$ MW 量级，频谱由几赫兹到几十兆赫兹，主要能量分布在 20 MHz 以下，集中在低频(LF)以下各波段。在设计通信线路时，必须考虑它们的影响。由于闪电脉冲在 30 MHz 以上频段内的电平很低，因此在 30 MHz 以上的频段，可以不考虑大气噪声的影响。

宇宙噪声是指宇宙空间的射电源(如太阳、月亮等)辐射的电磁波到达地面而形成的噪声。太阳是最强的射电源，在米波和分米波波段，功率流密度分别可达 $10^{-18}$ W/m² 和 $10^{-19}$ W/m²。除太阳外，其他宇宙辐射源来自银河系的中心区域，其中较强的辐射源位于天鹅座、仙后座、金牛座等星座，在地球上的某固定点的宇宙噪声具有明显的昼夜变化特征。当天线的指向偏离银河中心时，噪声电平下降。在 20～500 MHz 频率范围内，宇宙噪声的影响是主要的，当频率超过 1 GHz 时，宇宙噪声很小。因此，一般认为，宇宙噪声是用来确定米波波段以及分米波低频段所需最小场强的主要限制因素。

另外，当频率高于 1 GHz 时，各种微粒（如大气中的水汽分子、氧分子）以及雨雪等均对微波能产生吸收和散射作用，成为进入接收机的一种噪声。

### 10.7.3　人为干扰

人为干扰可能是有意干扰源或无意干扰源。按干扰的性质一般可分为宽带干扰和窄带干扰两大类；从作用的时间看，长期作用的为连续干扰源，短期间歇作用的为间歇干扰源，偶然瞬间作用的则为瞬间干扰源。一般地说，带宽小于接收机带宽的干扰称为窄带干扰；反之，频谱均匀、连续带宽大于接收机带宽的电磁干扰称为宽带干扰。大多数宽带干扰信号均可归纳为两类：① 占空比很小的脉冲型干扰，此时虽然电压或电流的峰值很高，但平均值很小；② 干扰脉冲一个接一个，非常密集，电压或电流的峰值仅略大于平均值或均方根值，即所谓的"白噪声"。对脉冲型干扰的电压（场强）测试值取峰值或准峰值，而对"白噪声"型干扰的测试值则取平均值或均方根值。

人为干扰源很多，现仅介绍几种典型的人为干扰源。

#### 1. 其他无线电设备

其他发射机，特别是大功率发射机将对本系统构成干扰，这种干扰可能是同频干扰、邻道干扰、谐波干扰或寄生干扰。应当注意，这些干扰信号不仅包括天线发射的，还可能包括从机柜或各种连接线泄漏的。

#### 2. 工业、科研和医疗设备(ISM)

通常，工业、科研和医疗设备所采用的无线电频段称为 ISM 频段，它们所产生的射频干扰能量并不低于通信系统本身的能量。这些设备（如塑料焊机和预热器等）一般产生正弦波信号，频率为 30 MHz～1 GHz，在距这些设备 300 m 处，测得的电平约为 0～60 dBm。由于 ISM 频段的使用往往是免申请的，因此随着 ISM 频段设备的不断增加，此类干扰已不容忽视。

#### 3. 本机振荡器

超外差接收机的本机振荡器产生的振荡信号及数字系统中时钟振荡器产生的同步重复脉冲，均可以经电源线传导或经机壳直接辐射，这些干扰均可能超过标准界限值。

#### 4. 转换开关

电源突然与负载接通或断开，或调整电压均会造成电流的瞬间变化。如果负载是纯电阻，则电流或电压的波形是阶跃函数，若非纯电阻，则电流或电压按指数规律变化，这些变化可能会产生电磁辐射。此外，开关断开时，电流迅速从一数值减小至零，开关触点两端很容易形成电弧，产生很大的瞬间电压脉冲，电弧也可能熄灭又起弧，要重复几次才能真正断开。同样，开关闭合时，触点要跳几次才真正闭合。虽然这种反跳和电弧发生的时间间隔仅几毫秒，电压尖端持续时间仅几微秒，但这种短促脉冲干扰很严重，特别对数字系统，可能造成误码。

测量结果表明，电流越大，峰值干扰电平也越大，触点闭合时的干扰较触点断开时要大。各种带触点的开关以及继电器等都是潜在的干扰源。

### 5. 电机

带整流子的直流电机，其电刷与整流子接触时将产生接触噪声干扰，而电刷离开一个整流子（换向）时将产生换向火花干扰。这种干扰频带很宽，一般在 $1\sim30$ kHz 范围内。即使交流电极，其电刷和滑动环接触状态的变化也会产生电火花干扰。

### 6. 其他

凡能引起电火花或电弧的一切设备都是电磁干扰源，如火花式高频电焊机、汽车和摩托车的点火系统、气体放电管等，高压传输线的电晕放电、机器绝缘体或其他附件两端的局部静电放电和核爆炸产生的核电磁脉冲等也属于电磁干扰源。这些干扰均具有脉冲干扰的特性。人为干扰在大城市或工业区就显得更为严重。一般若频率高于 300 MHz 或远离干扰源，电磁干扰的影响可忽略。

近年来发展起来的高功率微波脉冲炸弹，对无线通信系统和计算机网络系统等具有很大的杀伤力，就是电子系统不能承受过强的电磁干扰所致。如果电磁干扰超出电子系统设计时所能承受的极限，那么将会导致系统瘫痪。

表 10-4 列出了几种分布于无线电波频段内的典型辐射源。

**表 10-4　几种典型辐射源**

| 频　率 | 波　长 | 干扰对象 | 典型辐射源 |
|---|---|---|---|
| 100 GHz | 3 mm | 微波 | 电子器件 |
| 10 GHz | 3 cm | 微波、雷达 | 电子器件 |
| 1 GHz | 30 cm | 雷达 | 电子器件、各种微粒 |
| 100 MHz | 3 m | 电视、调频无线电 | 电子器件、天电 |
| 10 MHz | 30 m | 短波无线电 | 电子器件、天电 |
| 1 MHz | 300 m | 中、短波无线电 | 电子器件、天电 |
| 100 kHz | 3000 m | 长波、甚长波无线电 | 电子器件、天电 |
| 10 kHz | 30 km | 甚长波无线电、感应加热 | 电子器件、天电 |
| 1 kHz | 300 km | 特长波无线电、感应加热 | 电子器件、天电 |
| 100 Hz | 3000 km | 电力 | 电机、天电 |
| 10 Hz | 30 000 km | 电力 | 电机 |

### 10.7.4　干扰的传播途径

电磁干扰的传播途径有三种：辐射、感应和传导。若干扰是由干扰源辐射的电磁波传播到达被干扰部件区域所造成的，称为远场辐射干扰。本系统以外的广播电台、无线电通信台、雷达等都属于强辐射源。此外，发射机通过机柜、电源线、信号线泄漏的辐射波，则为弱辐射源。这种干扰一般通过敏感部件(如天线、谐振环等)进入被干扰的系统中。

当干扰源与被干扰部件之间距离较小时，如接触开关、继电器等产生的电场或磁场，通过空间的电磁耦合引入被干扰部件，这种传递方式称为近场感应。磁场通过电感性耦合，电场通过电容性耦合而进入到电路中。

干扰通过干扰源和被干扰电路之间的公共阻抗而引入被干扰电路的传递方式称为传导。这种方式是通过公共电源内阻或公共接地电阻而引入干扰信号的，如电源线、信号线等均会引入传导噪声。

总之，干扰的构成主要有三个因素，即干扰源、合适的干扰途径及敏感部件。要造成电磁干扰一方面频率要合适，另一方面干扰信号要有一定的强度和传播途径，再有就是合适的接收部件。因此，要从抑制干扰源、切断传播途径和削弱接收部件的敏感性三个方面进行干扰的抑制。当然，要完全抑制干扰是很困难的，但可以采取一定的技术措施来保证电子系统可靠地工作。电子系统设计工程师的一个重要工作就是排除可能出现的干扰，使系统正常工作。

## 10.8　电　磁　兼　容

**10.8 节课件**

随着电子设备与系统应用的日益广泛，电子系统之间的相互干扰变得十分复杂，而无线通信技术和高速数字系统的飞速发展又进一步加剧了这种相互影响。为了保证各种设备正常工作，电磁兼容问题已成为电子系统设计、制造、使用时必须考虑的重要因素之一。所谓电磁兼容(Electromagnetic Compatibility，EMC)，《GB/T 4365—2003 电工术语 电磁兼容》中的定义为：设备或系统在其电磁环境中能正常工作且不对该环境中任何事物构成不能承受的电磁骚扰的能力。

**EMI& EMC**

实质上，电磁兼容包含两层意思：第一，任一电子设备或系统应具有一定的抗电磁干扰的能力，使其在电磁环境中能正常工作；第二，设备正常工作时产生的电磁干扰应抑制在一定水平，不能对在同一环境中的其他任何事物(包括其他设备、人、动物和植物等)构成不能承受的电磁骚扰。为此国家制定了相应的强制标准和行业标准，所有的电子、电气设备均应通过相关的电磁兼容检验。

由于电磁兼容涉及面广及篇幅所限，本节主要就电子产品设计工程师在电磁兼容设计考虑中必须涉及的设计思想、屏蔽技术、接地技术、滤波技术及电磁辐射对环境的影响等五个方面进行讨论。

## 10.8.1 设计思想

从电磁兼容的定义可以看出，电磁兼容设计应从电磁干扰(EMI)特性和电磁耐受(EMS)特性两个方面进行考虑。从 EMS 角度看，主要的干扰源有射频(RF)干扰、静电干扰、电力干扰和自干扰。在系统设计中降低射频干扰的有效措施是合理地利用无线电频谱。

所谓频谱利用问题包含两个方面的意思。第一是频谱的分配。由于无线电是一有限资源，为了合理使用无线电资源，消除电磁辐射对各种武器、设备、人员的危害，预防系统间和系统内各设备的相互干扰，国际上成立了 EMC 组织进行协调，各国均成立了专门机构对此进行管理，并制定了相应的规范，一切电子设备必须经过这些专门机构的鉴定和批准才能进入市场。在国际上，频率是由国际电信联盟分配的。据此规定并结合我国实际情况，由国家无线电管委会主持并制定了一系列无线电管理法规，在法规中对无线电频段进行了合理的管理分配。设计者必须根据需要的频谱范围提出申请，经批准后才能研制相应的设备。第二是频谱的节约与发掘。即采用各种技术措施以提高频谱的利用率，例如采用压缩语音频带技术、单边带技术以及提高频率稳定度技术等来减小信道间的间隔。此外如开拓新的频段等，从根本目的上说，都是为了提高电磁兼容能力。

在具体进行电磁兼容设计时，要明确本系统在多强的电磁干扰环境中工作及本系统干扰其他系统的允许指标，在了解本系统干扰源、被干扰对象、干扰耦合途径的基础上，通过理论分析将这些指标逐级地分配到各分系统、电路和元器件。然后，采取相应的抗干扰措施，例如抑制干扰源，切断干扰传递途径或破坏谐振条件等，并通过实验了解是否达到原定指标要求，若未达到，则应进一步采取措施。

进行电磁兼容设计需要考虑两个重要参数：

(1) 敏感门限电平。使系统或设备不能正常工作的干扰临界电平称为敏感门限电平。

(2) 电磁兼容性安全系数。电磁兼容性安全系数 $m$(dB)定义为

$$m = P_s - P_1 \qquad (10-8-1)$$

式中，$P_s$ 为以分贝表示的设备或系统的敏感门限电平，$P_1$ 为以分贝表示的设备或系统实际接收的干扰电平。若 $m<0$，则表明设备或系统不兼容，处于受干扰状态；若 $m=0$，为临界状态；只有在 $m>0$ 时，设备或系统才处于兼容状态，工作安全可靠。显然，从保证安全的角度出发，$m$ 越大越好，但需投入的费用也会增加。一般来说，对影响工程项目安全或对技术性能和战术性能起重要作用的设备或系统，其安全系数规定为 6 dB；对不起主要作用的设备或系统，则安全系数可降低到 3 dB；对含有电触发引爆的设备或系统的安全系数规定为 20 dB。

如果设备或系统不能满足安全系数的要求，则应采取防护措施，例如合理布局，将干扰源与敏感设备作空间隔离；或采用时间分隔，也可同时采用

时间与空间分离；此外还可采用频率分离和极化分离等措施，也可直接增强系统、系统中某些设备、设备中的某些电路或元器件的抗干扰能力。例如，选用合适的元件，采用平衡电路、触点保护电路、整形电路等技术措施抑制和防止干扰；采用屏蔽技术以切断近场感应或远场辐射等干扰的传递途径；采用滤波技术抑制干扰源和消除与干扰信号间的耦合；采用良好的接地系统，减少通过公共地电阻而引起的相互干扰。总之，可采用各种隔离干扰技术来提高电磁兼容能力。下面分别讨论屏蔽、接地和滤波三种主要的抗干扰技术。

## 10.8.2 屏蔽技术

屏蔽就是利用导电或导磁材料制成盒状或网板而将电场或磁场的影响限制在某空间区域，即在某给定空间防止来自外部的电磁干扰或防止自内向外的电磁干扰。也就是说，用铜或铝等低阻材料或磁导率高的磁性材料制成所需形状的容器，将需要隔离的空间包围起来，这种防止电磁干扰所采取的方法称之为屏蔽(Shielding)。

屏蔽的理论基础是电磁波的反射与吸收，投射到屏蔽罩上的电磁能量一部分被反射回去，另一部分被屏蔽罩吸收。屏蔽的效果一般用屏蔽前后同一点场强的比值来表征，称为屏蔽效能(Shielding Effectiveness)。

$$SE(dB) = 20 \lg \frac{E_{inc}}{E_{tunnel}} = SE_a + SE_r \qquad (10-8-2)$$

式中，$E_{inc}$、$E_{tunnel}$分别为屏蔽前、后的场强，$SE_a$为吸收屏蔽效能，$SE_r$为反射屏蔽效能。

在线性电路中，由于干扰电压与干扰场强成正比，屏蔽效能又可定义为屏蔽前、后同一元件上干扰电压之比，即

$$SE(dB) = 20 \lg \left( \frac{U_B}{U_B'} \right) \qquad (10-8-3)$$

式中，$U_B$为屏蔽前$B$点受电场干扰的电压，$U_B'$为屏蔽后同一点受电场干扰的电压。

屏蔽的方法可分为三种，即防止静电耦合干扰的电屏蔽、防止低频磁场干扰的磁屏蔽和防止高频电磁场的电磁屏蔽，下面分别来进行讨论。

### 1. 电屏蔽

电屏蔽(Electrical Shielding)又称为静电屏蔽。它的作用是防止静电场的影响，消除两个设备或两个电路之间由于分布电容耦合所产生的影响。如图 10-17 所示，有一带正电荷 $Q$ 的导体 A 置于金属盒 B 中。由高斯定理不难证明，金属盒的内表面感应产生－$Q$ 电荷，在金属盒的外表面集结＋$Q$ 电荷，由外表面电荷所建立的电场将干扰其他设备。如果将金属盒接地，金属盒与地等电位，盒外的＋$Q$ 流入大地，盒内电荷产生的电场将不影响其他设备的工作，也就是说金属盒使盒内电荷产生的电力线不能达到盒外部，从而达到屏蔽的目的。从图 10-18 更易于看出屏蔽接地的效果，图 10-18 表示了导体 A 与 A′间的联系，在金属盒不接地时，其等效电路如图 10-19($a$)所示；

当金属盒接地后，其等效电路如图 10 - 19(b)所示。由该图可知，接地金属壳消除了 A 与 A′间的电容耦合，即构成了盒体内部与盒体外部设备间的静电屏蔽，因此，称为对外静电屏蔽或有源静电屏蔽。

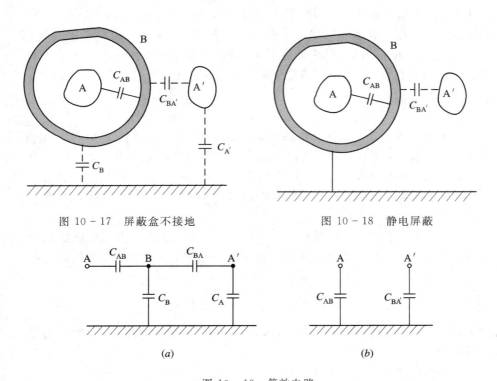

图 10 - 17    屏蔽盒不接地                    图 10 - 18    静电屏蔽

(a)                                              (b)

图 10 - 19    等效电路
(a) 屏蔽盒不接地的等效电路；(b) 屏蔽盒接地的等效电路

若被屏蔽的源是交流源，则在地线上由于正负电荷的交变流动将存在一与源频率相同的交变电流。当频率很低时，此地线为一短线，盒仍起屏蔽作用。但若频率较高，接地线为一长线，它将产生辐射，因此对有源体的静电屏蔽不适用于高频，即使在低频时也不能达到完全屏蔽，一般来说频率在 10 kHz 以下时采用静电屏蔽。

若将一空心金属盒放在静电场中，如图 10 - 20 (a)所示，在金属盒的两侧将感应产生相反性质的电荷，外部的电场对盒体内部不产生作用，称为对内静电屏蔽或无源屏蔽。无源屏蔽可以不接地，但由于屏蔽盒的存在，一方面将引起电力线的畸变，另一方面将造成邻近电路或设备之间静电耦合的增大。如图 10 - 20(b)所示，若将屏蔽壳接地，就可以消除 A 和 B 之间静电耦合的增大部分，因此对无源静电屏蔽也需接地。

静电屏蔽最常用的材料为导电良好的铜或铝，要求不高时也采用薄钢板。对于有源静电屏蔽，其屏蔽效果主要取决于金属壳体的接地质量。屏蔽体与地间的阻抗越小，屏蔽效果越好。

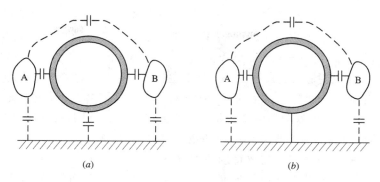

图 10 - 20　无源静电屏蔽

(a) 金属盒不接地；(b) 金属盒接地

**2. 磁屏蔽**

磁屏蔽(Magnetic Shielding)是利用高导磁率材料将磁场封闭在它的厚壁之内，一般用于 10 kHz 以下的低频。如果将磁干扰源屏蔽于高磁导率材料制成的壳中，称为对外磁屏蔽或有源磁屏蔽。此时，其产生的磁力线的绝大部分将集中于磁阻很低的壳体内，只有极少的磁力线从壳体内泄漏到壳体外部。泄漏的磁通称为漏磁通。漏磁的多少取决于壳体材料的磁导率与壳体的厚度。多层磁屏蔽可以减少漏磁。

若磁干扰源在磁壳的外部，用以防止其对壳内设备或电路的影响，称之为对内磁屏蔽或无源磁屏蔽。此时因屏蔽层的磁导率很高，磁阻低，只有少量磁力线通过磁屏蔽壳而进入壳内空间。在理想情况下，取 $\mu = \infty$ 的材料制成屏蔽壳，可完全隔绝外界磁场的影响，但实际上，这是难以实现的。

不管是有源还是无源磁屏蔽，都不需要将屏蔽壳接地。有时，为了消除磁屏蔽壳体附近设备之间的静电影响，才采取接地措施。

**3. 电磁屏蔽**

在第 6 章中我们分析了平面电磁波入射到两种不同介质的分界面上时将产生反射和折射，一部分能量反射回第一种媒质，另一部分能量透入到第二种媒质。若第二种媒质为一良导体，则平面波在其中传播时的衰减常数 $\alpha$ 可近似为

$$\alpha = \sqrt{\pi f \mu \sigma} \qquad (10-8-4)$$

式中，$\mu$ 和 $\sigma$ 分别为良导体的磁导率和电导率。因此，电磁能量在电导率较大的良导体中衰减很快，或者说电磁能量只能进入良导体表面很小的距离，我们用趋肤深度(Sink Depth)来描述，其表达式为

$$\delta_c = \frac{1}{\alpha} = \frac{1}{\sqrt{\pi f \mu \sigma}} \qquad (10-8-5)$$

显然，频率越高，趋肤深度越小。

利用电磁能量在良导电媒质中急剧衰减的原理，根据所屏蔽的电磁波的频率，选择透入深度小的材料，制成一定厚度（通常厚度 $h = 2\pi\delta_c$）的屏蔽罩。但由于高频时铁磁材料的磁滞损耗大，发热显著，对被保护装置不利，常采用低磁导率的金属材料。实际上，在高频电磁场中，电场与磁场是相互依存

的，因此，只要对两者之一进行屏蔽，另一方也将不复存在。一般情况下，采用非铁磁材料的良导体金属板屏蔽罩接地方法，即可有效地屏蔽高频电场。在不适宜用金属板作屏蔽时，可以用金属网，这时电磁波在网中的吸收损耗甚小，主要是反射损耗。网孔愈小、导线愈粗或屏蔽的空间越大，则屏蔽效果愈好。实践证明，即使非常密的网，其屏蔽效果也不如金属板，尤其是在高频时。当要求 100 dB 以上的屏蔽效果时，可采用多层金属网，将铁磁材料与非磁性良导体材料交替构成多层屏蔽的效果更好。

对于电磁屏蔽设计，需要特别注意以下几点：

（1）波源距屏蔽金属板较近时，不仅要考虑辐射场，而且要考虑近区感应场，两者的屏蔽效能是有差别的。

（2）屏蔽罩上的孔和缝的存在是降低屏蔽效能的主要原因之一。由于孔、缝耦合可以等效为二次辐射天线，它具有方向性，且使屏蔽不均匀，即可能在某些区域的屏蔽效能会很差，因此，必须科学地设计屏蔽罩上的孔或缝。

（3）屏蔽罩具有自然谐振频率，当合适频率的干扰信号以较小的能量耦合到屏蔽罩内时会产生较大的干扰，从而出现负屏蔽效能，在设计时必须避免此类问题的发生。

### 10.8.3　接地技术

为电源和信号提供回路和基准电位称为接地（Ground）。接地的主要目的是防止电磁干扰，消除公共阻抗的耦合，同时，也是为了人身和设备的安全。接地与屏蔽结合起来可解决干扰的大部分问题。

如果电子系统中各分系统之间的参考电位不同，就会产生公共阻抗的影响，为消除这种影响，必须在系统中建立一个等位面——接地面，理想的接地面的电位为零。大地是理想的接地面，也可用高电导率的材料构成接地平面。为了保证在所有的频率上都呈现低阻抗，接地面应有足够的长度、宽度和厚度。对于固定式安装的设备，接地面可用整块薄铜板或铜栅网组成，并应延伸到所有设备底面的下方，且要比底面最大尺寸伸长 2 m 或更远。大功率发射机要求在径向延伸到 1/4 最长工作波长。此外，还需设计一条接地母线，以便为设备提供就近接地汇流点，母线与接地平面间用熔接法连接，接地点间隔应小于 2 m。

为了减小干扰，需合理设计接地线，常用的有单点接地系统、多点接地系统和混合接地系统。

在单点接地系统中，将整个电路系统中某一点看作接地参考点，所有对地的连接都接到这一点上，如图 10-21 所示，它要求各接地连线的长度远小于波长。显然，在这种接地方法中，各支路电位仅与本身电流、地线电阻有关，各支路在自己的地线上产生的干扰电势不会干扰其他支路。但这种体系不能用于高频，因为地

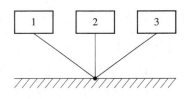

图 10-21　单点接地系统

线的感抗随频率升高而增大，同时各地线间电感耦合和电容耦合也增大，因此会产生相互干扰。这种接地方法地线连接线多而长，结构庞杂，使用不便。

为了降低地线阻抗，在高频时多采用多点接地系统。在电路系统中每一级或每一装置都各自用接地线分别就近接地，如图 10-22 所示。这样每个支路的干扰电流仅能在本支路中循环，对其他支路的影响较小。在多点串联接地系统中，如图 10-23 所示，地线中各段（OA、AB、BC 段等）存在电阻和电感，从而造成各支路之间的干扰。不难看出，离电源最近的支路受到的干扰最小。由于低电平电路单元易受干扰，设计中应将低电平电路单元靠近电源，依此类推，则可避免大信号单元对小信号的影响。实际上，接地平面上各点并非都是零电位，存在高电位或大电流区，也有高电位和大电流同时作用的区域，在两接地点之间有时有一定的电位差。有的系统中，允许基准电压变几伏，但在某些系统中连几微伏的变化都不允许。设计者应分析电路图，找出低电位点作为易受干扰电路或设备的接地点。

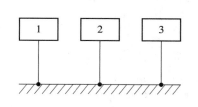

图 10-22　多点接地系统　　　　　　　　　图 10-23　多点串联接地系统

在复杂的情况下，难以通过一种接地形式来减小干扰，常采用混合接地系统。例如，把低电平电路采用单点或多点接地方式接到地线上称为信号地线；将继电器、电动机等高电平电路接到另一地线上，称为干扰地线；而将设备的机壳等接到第三根地线上称为机壳接地线或屏蔽地线；最后再将这些地线接入公共的大地。

通常，如果频率较低（$f < 1$ MHz）或接地点的间距较小，采用单点接地；当频率较高（$f > 10$ MHz）或接地点的间距较大时，采用多点接地；介于两者之间的采用混合接地。接地可分为安全地、静电地、避雷地、电源地、电路地、屏蔽地和信号地等。安全地主要考虑操作人员和设备、系统的安全，要求所有电气、电子设备的机壳和底盘都要接地，否则，机壳对地而言由于杂散阻抗的影响，可能形成高电位，人有触电的危险。系统中不是专门用于流过电流的所有导电部件也应接地，特别是一些重要部件。接地可以防止静电荷的积累，防止系统受邻近辐射体的影响而产生感应电流，造成其性能的降低。对于供电电源要单独建立基准接地点并通过扼流圈、旁路电容等将电源接地。电源接地与信号接地线间要相互隔离，尽可能减小其间的耦合。当电缆长度小于 $0.15\lambda$ 时，其屏蔽层可用单点接地，否则，应采用多点接地，这样来保证电缆屏蔽层各点的地电位。对复杂的电子设备至少要分三组接地，即低电平信号接地、高电平干扰接地和机壳接地。

### 10.8.4　滤波技术

滤波是抑制干扰的重要手段之一，它既是防护传导干扰的主要措施（如电源滤波），也是解决辐射干扰的重要武器（如收发前端的滤波）。电磁干扰滤波器通过反射干扰信号或消耗干扰信号使有用信号顺利通过而阻止其他干扰信号通过。滤波技术比屏蔽技术的成本低，产品的体积小、重量轻。电磁干扰滤波器的特点如下：

（1）干扰源的阻抗值变化范围很大，故电磁干扰滤波器通常工作在阻抗失配的状态。

（2）电磁干扰的频谱范围很宽，从低频到超高频直至甚高频，故不能用简单的集总参数来表示电磁干扰滤波器的高频特性。

（3）要求电磁干扰滤波器可以在大电流和高电压的情况下长期工作，对干扰波有较高的衰减特性，而对传输信号的衰减应很小。

电磁干扰滤波器通常分为 LC 滤波器、无源组合式滤波器、电缆滤波器、有源滤波器等。从结构上分为 $\Gamma$ 型、T 型和 $\pi$ 型滤波器等，从作用上分为低通、高通、带通和带阻滤波器等。

评价电磁干扰滤波器的性能参数主要有插入损耗、输入/输出阻抗以及额定电压值等。其中，插入损耗定义为信号源接上滤波器后负载上的电压与不接滤波器负载上的电压之比。额定电压值反映了滤波器抵御浪涌电压的能力。

在设计好滤波器后，应注意正确安装，否则会产生不良效果。通常应注意以下几点：

（1）滤波器最好安装在干扰源出口处，并与干扰源安装在同一屏蔽盒内。若干扰源内腔空间有限，则应安装在靠近干扰源线出口的外侧，且滤波器的屏蔽壳体与干扰源壳体进行良好搭接。

（2）滤波器的输入与输出线必须分开，相互隔离，防止相互之间的耦合。

（3）滤波器中的元件的接线应尽可能短，防止在某个频率上由于线分布电感和其中的电容元件产生谐振，各电抗元件可相互垂直安装，避免相互间的影响。

（4）滤波器接地线上有很大的短路电流，需防止产生电磁干扰。

（5）注意导电线间的相互隔离，避免相互交叉以减小耦合。焊接在同一插座上的每根导线都必须进行滤波，否则会破坏滤波特性。

### 10.8.5　电磁辐射对环境的影响

电磁辐射包括有意辐射和无意辐射，有意辐射是指各种无线通信系统所产生的辐射，而无意辐射是电子设备或系统对外泄漏的电磁能量。

电磁能量对人体及设备的危害主要是由于其产生的热效应和场效应。如上所述，电磁干扰就是由于电磁场的场效应而对信号接收产生的危害。

电磁能量照射到人体与电磁波照射到介质一样，将产生能量的透射、吸收和反射，产生热和非热两种效应。实验证明，当微波照射到人体后，若表面的功率密度为10 mW/cm²，则人体温度约上升 1℃。对 150～1000 MHz 的电磁波，人体表面吸收的较少，大部分为人体深部组织所吸收；对 1～3 GHz 的电磁波，人体表面与深部组织吸收的大致相当，含水量多的组织吸收的多，反之则较少；3 GHz 以上的电磁波大部分为人体表面所吸收。电磁波的影响与电磁波的频率、照射的功率密度、照射时间、波形及照射部位等有关。实验证明，波长为 1.25 cm 的微波辐射，强度达到 150 mV/cm² 时，5 min 就足以导致白鼠死亡。微波高强度的照射可能使人眼晶体混浊，造成白内障，眼睛对 1～3 GHz 频率的照射最为敏感。人的睾丸比眼睛更易受辐射危害，危害的门限值比眼睛约低一个数量级，其造成的危害是引起暂时性或永久性不育症。高强度的照射还可能引起脑功能减退和加重病理反映，导致血液中红、白细胞的减少以及损害骨骼组织的生长等。

移动通信高速发展的今天，基站设备、接收机的辐射效应越来越引起人们关注，各国尤其对手机辐射对人体的影响进行了大量研究，并提出了手机辐射安全参数——特定吸收率(Specific Absorption Rate, SAR)，它表征了手机应具有的安全指标。由于目前各国的辐射危害标准不尽相同，该参数还未成为相关产品的必检参数。相信通过进一步的研究，在不远的将来，手机及其他辐射设备对人体辐射的安全指标将成为强制标准。一些国家规定的射频辐射危害标准如表 10-5 所示。当超过上述标准时，必须采取适当的防护措施，如穿射频防护服等。

**表 10-5　射频辐射危害标准**

| 国　家 | 频　率 | 安全界限 | 条件说明 |
|---|---|---|---|
| 美　国 | 10 MHz～100 GHz | 10 mW/cm² | 6 min |
| | | 1 mW·h/cm² | 6 min 以上的平均值 |
| | 短波 | 200 V/m | 连续 8 h 的平均值 |
| | | 0.5 A/m | |
| 英国 | 30 MHz～30 GHz | 10 mW/cm² | 连续 8 h 的平均值 |
| 德国 | — | 10 mW/cm² | 无限制 |
| 法国 | — | 10 mW/cm² | 1 h 以上 |
| 俄罗斯 | 0.1～1.5 MHz | 20 V/m | |
| | | 5 A/m | |
| | 1.5～30 MHz | 20 V/m | |
| | 30～300 MHz | 5 V/m | |
| | 300 MHz | 10 μW/cm² | 6 h/d |
| | | 100 μW/cm² | 2 h/d |
| | | 1 mW/cm² | 15 min/d |
| 中国 | 中短波 | 20 V/m | 长期职业性暴露 |
| | | 5 A/m | |
| | 微波 | 38 μW/cm² | |

　　强电场可以在金属杆、线、柱等上面感应产生高电压,尤其是当这些金属体长度接近谐振长度时,人员接触可能会灼伤。射频感应电压的危害界限值为 140 V。射频感应电压还可能产生火花而造成可燃气体燃烧,导致电子设备的损坏。对于带电引爆的武器装备,如利用电爆来点燃固体燃料、启动继电器、开关阀门、启动控制系统以触发鱼雷和炸药装置,射频辐射能量可能通过电缆或屏蔽的不连续孔缝进入引爆装置而造成危害。以上这些问题均必须依靠电磁兼容设计来解决。

本章小结

　　电磁兼容检测以及干扰抑制已经成为电子产品设计、制造中的重要环节,有兴趣的读者可以参考文献[21]、[22]。

# 习　题

典型例题

　　10.1　什么是衰落?简述引起衰落的原因。

　　10.2　什么是传输失真?简述引起失真的原因。

　　10.3　某无线移动信道中,发射机发射功率为 1 kW,发射天线的增益为 6 dB,载波中心频率为 900 MHz,接收天线的增益为 1.5 dB,收发距离为 10 km,求输入到接收机的功率。

　　10.4　什么是视距传播?简述视距传播的特点。

　　10.5　某无线视距传播信道中,发射天线的高度为 225 m,接收天线的高度为 16 m,该信道的极限传播距离为多少?

　　10.6　什么是天波传播?简述天波传播的特点。

　　10.7　设电离层最大密度 $N_{\max} = 10^{12}$ 个$/m^3$,入射角 $\theta_0 = 45°$,求此时的最高可用频率。

　　10.8　何谓天波传播的静区?

　　10.9　试分析夜晚听到的电台数目多且杂音大的原因。

思考题

　　10.10　什么是地面波传播?简述地面波的波前倾斜现象。

　　10.11　不均匀信道传播方式主要有哪些?简述对流层散射传播的原理。

　　10.12　电磁干扰主要有哪些来源?

　　10.13　电磁干扰的主要传播途径有哪些?

　　10.14　何谓电磁兼容?提高电磁兼容能力的措施有哪些?

　　10.15　电磁辐射会产生哪些危害?

# 附　　录

## 附录1　矢量及其运算

**1. 矢量恒等式**

$$\boldsymbol{A}\cdot(\boldsymbol{B}\times\boldsymbol{C})=\boldsymbol{B}\cdot(\boldsymbol{C}\times\boldsymbol{A})=\boldsymbol{C}\cdot(\boldsymbol{A}\times\boldsymbol{B})$$

$$\boldsymbol{A}\times(\boldsymbol{B}\times\boldsymbol{C})=(\boldsymbol{A}\cdot\boldsymbol{C})\boldsymbol{B}-(\boldsymbol{A}\cdot\boldsymbol{B})\boldsymbol{C}$$

$$\nabla(\phi\psi)=\phi\nabla\psi+\psi\nabla\varphi$$

$$\nabla\cdot(\phi\boldsymbol{A})=\boldsymbol{A}\cdot\nabla\phi+\phi\nabla\cdot\boldsymbol{A}$$

$$\nabla\times(\phi\boldsymbol{A})=\nabla\phi\times\boldsymbol{A}+\phi\nabla\times\boldsymbol{A}$$

$$\nabla(\boldsymbol{A}\cdot\boldsymbol{B})=(\boldsymbol{A}\cdot\nabla)\boldsymbol{B}+(\boldsymbol{B}\cdot\nabla)\boldsymbol{A}+\boldsymbol{A}\times(\nabla\times\boldsymbol{B})+\boldsymbol{B}\times(\nabla\times\boldsymbol{A})$$

$$\nabla\cdot(\boldsymbol{A}\times\boldsymbol{B})=(\nabla\times\boldsymbol{A})\cdot\boldsymbol{B}-(\nabla\times\boldsymbol{B})\cdot\boldsymbol{A}$$

$$\nabla\times(\boldsymbol{A}\times\boldsymbol{B})=(\boldsymbol{B}\cdot\nabla)\boldsymbol{A}+(\nabla\cdot\boldsymbol{B})-(\boldsymbol{A}\cdot\nabla)\boldsymbol{B}-(\nabla\cdot\boldsymbol{A})\boldsymbol{B}$$

$$\nabla\cdot\nabla\phi=\nabla^2\phi$$

$$\nabla\times(\nabla\times\boldsymbol{A})=\nabla(\nabla\cdot\boldsymbol{A})-\nabla^2\boldsymbol{A}$$

$$\nabla\times(\nabla\phi)=0$$

$$\nabla\cdot(\nabla\times\boldsymbol{A})=0$$

$$\nabla\left(\frac{1}{R}\right)=-\frac{\boldsymbol{R}}{R^3}$$

$$\int_V\nabla\cdot\boldsymbol{A}\mathrm{d}V=\oint_S\boldsymbol{A}\cdot\mathrm{d}\boldsymbol{S}$$

$$\int_S\nabla\times\boldsymbol{A}\cdot\mathrm{d}\boldsymbol{S}=\oint_l\boldsymbol{A}\cdot\mathrm{d}\boldsymbol{l}$$

$$\int_V\nabla\times\boldsymbol{A}\ \mathrm{d}V=\oint_S(\boldsymbol{n}\times\boldsymbol{A})\ \mathrm{d}S$$

$$\int_V\nabla\psi\ \mathrm{d}V=\oint_S\psi\boldsymbol{n}\ \mathrm{d}S$$

$$\int_S \boldsymbol{n} \times \nabla \psi \, \mathrm{d}S = \oint_l \psi \, \mathrm{d}\boldsymbol{l}$$

**2. 三种坐标系中梯度、散度、旋度和拉普拉斯运算**

1) 直角坐标

$$\nabla u = \boldsymbol{a}_x \frac{\partial u}{\partial x} + \boldsymbol{a}_y \frac{\partial u}{\partial y} + \boldsymbol{a}_z \frac{\partial u}{\partial z}$$

$$\nabla \cdot \boldsymbol{A} = \frac{\partial A_x}{\partial x} + \frac{\partial A_y}{\partial y} + \frac{\partial A_z}{\partial z}$$

$$\nabla \times \boldsymbol{A} = \begin{vmatrix} \boldsymbol{a}_x & \boldsymbol{a}_y & \boldsymbol{a}_z \\ \dfrac{\partial}{\partial x} & \dfrac{\partial}{\partial y} & \dfrac{\partial}{\partial z} \\ A_x & A_y & A_z \end{vmatrix}$$

$$\nabla^2 u = \frac{\partial^2 u}{\partial x^2} + \frac{\partial^2 u}{\partial y^2} + \frac{\partial^2 u}{\partial z^2}$$

2) 圆柱坐标

$$\nabla u = \boldsymbol{a}_\rho \frac{\partial u}{\partial \rho} + \boldsymbol{a}_\varphi \frac{1}{\rho} \frac{\partial u}{\partial \varphi} + \boldsymbol{a}_z \frac{\partial u}{\partial z}$$

$$\nabla \cdot \boldsymbol{A} = \frac{1}{\rho} \frac{\partial}{\partial \rho}(\rho A_\rho) + \frac{1}{\rho}\left(\frac{\partial A_\varphi}{\partial \varphi}\right) + \frac{\partial A_z}{\partial z}$$

$$\nabla \times \boldsymbol{A} = \begin{vmatrix} \dfrac{\boldsymbol{a}_\rho}{\rho} & \boldsymbol{a}_\varphi & \dfrac{\boldsymbol{a}_z}{\rho} \\ \dfrac{\partial}{\partial \rho} & \dfrac{\partial}{\partial \varphi} & \dfrac{\partial}{\partial z} \\ A_\rho & \rho A_\varphi & A_z \end{vmatrix}$$

$$\nabla^2 u = \frac{1}{\rho} \frac{\partial}{\partial \rho}\left(\rho \frac{\partial u}{\partial \rho}\right) + \frac{1}{\rho^2}\left(\frac{\partial^2 u}{\partial \varphi^2}\right) + \frac{\partial^2 u}{\partial z^2}$$

3) 球坐标

$$\nabla u = \boldsymbol{a}_r \frac{\partial u}{\partial r} + \boldsymbol{a}_\theta \frac{1}{r} \frac{\partial u}{\partial \theta} + \boldsymbol{a}_\varphi \frac{1}{r \sin\theta} \frac{\partial u}{\partial \varphi}$$

$$\nabla \cdot \boldsymbol{A} = \frac{1}{r^2} \frac{\partial}{\partial r}(r^2 A_r) + \frac{1}{r \sin\theta} \frac{\partial}{\partial \theta}(\sin\theta A_\theta) + \frac{1}{r \sin\theta}\left(\frac{\partial A_\varphi}{\partial \varphi}\right)$$

$$\nabla \times \boldsymbol{A} = \begin{vmatrix} \dfrac{\boldsymbol{a}_r}{r^2 \sin\theta} & \dfrac{\boldsymbol{a}_\theta}{r \sin\theta} & \dfrac{\boldsymbol{a}_\varphi}{r} \\ \dfrac{\partial}{\partial r} & \dfrac{\partial}{\partial \theta} & \dfrac{\partial}{\partial \varphi} \\ A_r & r A_\theta & r \sin\theta A_\varphi \end{vmatrix}$$

$$\nabla^2 u = \frac{1}{r^2}\frac{\partial}{\partial r}\left(r^2\frac{\partial u}{\partial r}\right) + \frac{1}{r^2\sin\theta}\frac{\partial}{\partial\theta}\left(\sin\theta\frac{\partial u}{\partial\theta}\right) + \frac{1}{r^2\sin^2\theta}\left(\frac{\partial^2 u}{\partial\varphi^2}\right)$$

# 附录 2　史密斯圆图

史密斯圆图

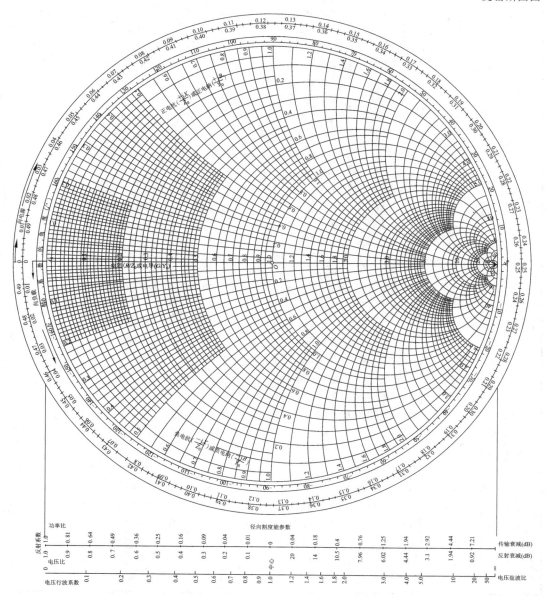

# 附录3　标准矩形波导参数和型号对照表

| 波导型号 | | 主模频带 /GHz | 截止频率 /MHz | 结构尺寸/mm | | | 衰减 /(dB/m) | 美国相应型号 EIAWR— |
|---|---|---|---|---|---|---|---|---|
| IECR— | 部标 BJ— | | | 标宽 a | 标高 b | 标厚 t | | |
| 3 | | 0.32～0.49 | 256.58 | 584.2 | 292.1 | | 0.000 78 | 2300 |
| 4 | | 0.35～0.53 | 281.02 | 533.4 | 266.7 | | 0.000 90 | 2100 |
| 5 | | 0.41～0.62 | 327.86 | 457.2 | 228.6 | | 0.001 13 | 1800 |
| 6 | | 0.49～0.75 | 393.43 | 381.0 | 190.5 | | 0.001 49 | 1500 |
| 8 | | 0.64～0.98 | 513.17 | 292.0 | 146.0 | 3 | 0.002 22 | 1150 |
| 9 | | 0.76～1.15 | 605.27 | 247.6 | 123.8 | 3 | 0.002 84 | 975 |
| 12 | 12 | 0.96～1.46 | 766.42 | 195.6 | 97.80 | 3 | 0.004 05 | 770 |
| 14 | 14 | 1.14～1.73 | 907.91 | 165.0 | 82.50 | 2 | 0.005 22 | 650 |
| 18 | 18 | 1.45～2.20 | 1137.1 | 129.6 | 64.8 | 2 | 0.007 49 | 510 |
| 22 | 22 | 1.72～2.61 | 1372.4 | 109.2 | 54.6 | 2 | 0.009 70 | 430 |
| 26 | 26 | 2.17～3.30 | 1735.7 | 86.4 | 43.2 | 2 | 0.0138 | 340 |
| 32 | 32 | 2.60～3.95 | 2077.9 | 72.14 | 34.04 | 2 | 0.0189 | 284 |
| 40 | 40 | 3.22～4.90 | 2576.9 | 58.20 | 29.10 | 1.5 | 0.0249 | 229 |
| 48 | 48 | 3.94～5.99 | 3152.4 | 47.55 | 22.15 | 1.5 | 0.0355 | 187 |
| 58 | 58 | 4.64～7.05 | 3711.2 | 40.40 | 20.20 | 1.5 | 0.0431 | 159 |
| 70 | 70 | 5.38～8.17 | 4301.2 | 34.85 | 15.80 | 1.5 | 0.0576 | 139 |
| 84 | 84 | 6.57～9.99 | 5259.7 | 28.50 | 12.60 | 1.5 | 0.0794 | 112 |
| 100 | 100 | 8.20～12.5 | 6557.1 | 22.86 | 10.16 | 1 | 0.110 | 90 |
| 120 | 120 | 9.84～15.0 | 7868.6 | 19.05 | 9.52 | 1 | 0.133 | 75 |
| 140 | 140 | 11.9～18.0 | 9487.7 | 15.80 | 7.90 | 1 | 0.176 | 62 |
| 180 | 180 | 14.5～22.0 | 11 571 | 12.96 | 6.48 | 1 | 0.238 | 51 |
| 220 | 220 | 17.6～26.7 | 14 051 | 10.67 | 4.32 | 1 | 0.370 | 42 |
| 260 | 260 | 21.7～33.0 | 17 357 | 8.64 | 4.32 | 1 | 0.435 | 34 |
| 320 | 320 | 26.4～40.0 | 21 077 | 7.112 | 3.556 | 1 | 0.583 | 28 |
| 400 | 400 | 32.9～50.1 | 26 344 | 5.690 | 2.845 | 1 | 0.815 | 22 |
| 500 | 500 | 39.2～59.6 | 31 392 | 4.775 | 2.388 | 1 | 1.060 | 19 |
| 620 | 620 | 49.8～75.8 | 39 977 | 3.759 | 1.880 | 1 | 1.52 | 15 |
| 740 | 740 | 60.5～91.9 | 48 369 | 3.099 | 1.549 | 1 | 2.03 | 12 |
| 900 | 900 | 73.8～112 | 59 014 | 2.540 | 1.270 | 1 | 2.74 | 10 |
| 1200 | 1200 | 92.2～140 | 73 768 | 2.032 | 1.016 | 1 | 2.83 | 8 |

# 附录4　量和单位

## 1. 国际单位制(SI)的基本单位

| 量 的 名 称 | 单 位 名 称 | 单位符号 |
|---|---|---|
| 长度(length) | 米(metre) | m |
| 质量(mass) | 千克(kilogram) | kg |
| 时间(time) | 秒(second) | s |
| 电流(current) | 安培(Ampere) | A |
| 热力学温度(thermodynamic temperature) | 开[尔文](Kelvin) | K |
| 物质的量(amount of substance) | 摩[尔](Mole) | mol |
| 发光强度(luminous intensity) | 坎[德拉](Kendall) | cd |

## 2. 量的符号和单位

| 量 的 名 称 | 量的符号 | 单 位 名 称 | 单位符号 |
|---|---|---|---|
| 力(force) | $F$ | 牛[顿](Newton) | N |
| 力矩 (moment of force) | $T$ | 牛[顿]米(Newton metre) | N·m |
| 方向性系数(directivity coefficient) | $D$ | (无量纲) | — |
| 功、能量(energy) | $W$ | 焦[耳](Joule) | J |
| 功率(power) | $P$ | 瓦[特](Watt) | W |
| 电动势(electromotive force) | $\varepsilon$ | 伏[特](Volt) | V |
| 电压(voltage) | $U$ | 伏[特](Volt) | V |
| 电位(potential) | $\phi$ | 伏[特](Volt) | V |
| 电通量密度(electric flux density) | $D$ | 库[仑]每平方米 (Coulomb per square metre) | $C/m^2$ |
| 电感(inductance) | $L$ | 亨[利](Henry) | H |
| 电纳(susceptance) | $B$ | 西[门子](Siemens) | S |
| 电导(conductance) | $G$ | 西[门子](Siemens) | S |
| 电导率(electric conductivity) | $\sigma$ | 西[门子]/米(Siemens per metre) | S/m |
| 电阻(resistance) | $R$ | Ohm | Ω |
| 电抗(reactance) | $X$ | Ohm | Ω |
| 阻抗(impedance) | $Z$ | Ohm | Ω |
| 导纳(admittance) | $Y$ | Siemens | S |
| 电容(capacitance) | $C$ | Farad | FP |
| 电极化率(electric susceptibility) | $\chi_e$ | (无量纲) | — |

| 量 的 名 称 | 量的符号 | 单 位 名 称 | 单位符号 |
|---|---|---|---|
| 介电常数(permittivity) | $\varepsilon$ | 法[拉]/米(Farad per metre) | F/m |
| 电荷线密度(charge line density) | $\rho_l$ | 库[仑]/米(Coulomb per metre) | C/m |
| 电荷面密度(charge areal density) | $\rho_S$ | 库[仑]/平方米<br>(Coulomb per square metre) | C/m |
| 电荷体密度(charge volume density) | $\rho_V$ | 库[仑]/立方米<br>(Coulomb per cubic metre) | $C/m^3$ |
| 面电流密度(current areal density) | $J_S$ | 安[培]/米(Ampere per metre) | A/m |
| 电流密度(current density) | $J$ | 安[培]/平方米<br>(Ampere per square metre) | $A/m^2$ |
| 电偶极矩(dipole moment) | $p$ | 库[仑]米(Coulomb metre) | C・m |
| 磁导率(magnetic permeability) | $\mu$ | 亨[利]/米(Henry per metre) | H/m |
| 磁矢位(vector magnetic potential) | $A$ | 韦[伯]/米(Weber per metre) | Wb/m |
| 角频率(angular frequency) | $\omega$ | 弧度/秒(radian per second) | rad/s |
| 极化强度(polarized intensity) | $P$ | 库仑/平方米<br>(Coulomb per square metre) | $C/m^2$ |
| 传播常数(propagation constant) | $\gamma$ | 每米(reciprocal metre) | $m^{-1}$ |
| 波长(wave length) | $\lambda$ | 米(metre) | m |
| 坡印廷矢量(Poynting vector) | $S$ | 瓦[特]/平方米<br>(Watt per square metre) | $W/m^2$ |
| 相位(phase) | $\varphi$ | 弧度(radian) | rad |
| 衰减常数(attenuation constant) | $\alpha$ | 奈培/米(Neper per metre) | Np/m |
| 相位常数(phase constant) | $\beta$ | 弧度/米(radian per metre) | rad/m |
| 相对介电常数<br>(relative dielectric constant) | $\varepsilon_r$ | 无量纲 | — |
| 相对磁导率(relative permeability) | $\mu_r$ | 无量纲 | — |
| 能量密度(energy density) | $w$ | 焦[耳]/立方米<br>(Joule per cubic metre) | $J/m^3$ |
| 磁化率(magnetic susceptibility) | $\chi_m$ | 无量纲 | — |
| 磁化强度(magnetization intensity) | $M$ | 安培/米(Ampere per metre) | A/m |
| 磁通量(magnetic flux) | $\Psi$ | 韦[伯](Weber) | Wb |
| 电通量(electric flux) | $\Phi$ | 库[仑](Coulomb) | C |
| 磁场强度(magnetic field intensity) | $H$ | 安[培]/米(Ampere per metre) | A/m |
| 磁通密度(magnetic flux density) | $B$ | 特[斯拉](Tesla) | T |
| 磁偶极矩(magnetic dipole moment) | $p_m$ | 安培平方米(Ampere metre squared) | $A・m^2$ |
| 频率(frequency) | $f$ | 赫[兹](Hertz) | Hz |

# 附录5　使用信息技术工具改造课程演示工程清单

2008年教育部推出了"使用信息技术工具改造课程"项目，本教材编写组提出了详细的改造计划，得到了有关专家和同行的认可，最终成为全国首批18个课程改造项目之一。该项目得到了南京航空航天大学、北京邮电大学 、南京邮电大学、南京理工大学、华东师范大学、中国传媒大学、江苏科技大学、江南大学、太原理工大学、杭州电子科技大学、东北林业大学、山东科技大学、河南师范大学、江苏大学、青岛科技大学等合作高校教师的大力支持，现将制作的相关演示工程清单罗列如下：

第1章　矢量分析与场论
　Ch01_01　矢量的标量积
　Ch01_02　矢量的矢量积
　Ch01_03　圆柱坐标系
　Ch01_04　球坐标系
　Ch01_05　矢量线
　Ch01_06　源与沟
　Ch01_07　通量
　Ch01_08　旋度
　Ch01_09　等值面
　Ch01_10　梯度
　Ch01_11　矢量场的分解（无旋＋无散）

第2章　静电场与恒定电场
　Ch02-01　线电荷产生的电场
　Ch02-02　电偶极子产生的电场
　Ch02-03　平行双导线产生的电场
　Ch02-04　同轴线中的电场分布
　Ch02-05　双层同轴线中的电场
　Ch02-06　接地球附近的电场
　Ch02-07　电动势
　Ch02-08　同轴线中的漏电流分布

第3章　边值问题的解法
　Ch03-01　平面和球边界附近点电荷所产生的场——镜像法1
　Ch03-02　导体球（接地、非接地）附近点电荷所产生的场——镜像法2
　Ch03-03　导体圆柱附近无限长线电荷所产生的场——镜像法3
　Ch03-04　外加电场下接地导体球附近的电场分布
　Ch03-05　外加电场下介质柱内外的电场分布
　Ch03-06　分离变量法（直角坐标）
　Ch03-07　分离变量法（圆柱坐标）

以上 66 个演示工程全部采用信息技术工具（Mathematica、Matlab 或 HFSS）制作，其中许多工程具有交互功能，全部演示工程都已在教材中用二维码的形式呈现，如果它们对读者学习本课程内容有所帮助，那我们倍感欣慰，请读者多提宝贵意见。

# 部分习题参考答案

**第 1 章**

1.2   (1) $a_A = \dfrac{a_x + 2a_y - 3a_z}{\sqrt{14}}$         (2) 135.5°       (3) $-11$ 和 $-10a_x - a_y - 4a_z$

      (4) $-42$            (5) $55a_x - 44a_y - 11a_z$ 和 $2a_x - 40a_y + 5a_z$

1.3   $x^2 + y^2 = C$

1.4   (3) $\dfrac{4}{\sqrt{17}}$

1.6   $x^2 + y^2 + z^2 = 14$

1.7   (1) 0.5 和 $-0.354$         (2) 153.6°

1.8   3

1.9   $-24a_x + 72a_y + a_z$

1.10   (1) 192.8

1.11   (1) $-\dfrac{8}{3}$           (2) $-\dfrac{8}{3}$

1.12   (1) $264\pi$         (2) 62.8

1.13   $\dfrac{\pi a^4}{4}$

1.14   $a_r \dfrac{2p_e \cos\theta}{4\pi\varepsilon_0 r^3} + a_\theta \dfrac{p_e \sin\theta}{4\pi\varepsilon_0 r^3}$

1.15   (1) $\nabla u = a_x(2x + yz) + a_y xz + a_z xy$

      (2) $\nabla u = a_x(8xy - 4z) + a_y(4x^2 + 2yz) + a_z(y^2 - 4x)$

      (3) $\nabla u = a_x 3x^2 + a_y 5z + a_z 5y$

1.16   (1) 0       (2) 2

1.17   (1) 0       (2) 0

1.18   (1) **B** 为无旋场，**C** 为无散场。

1.19   (3) 0 和 3     (4) $-\dfrac{\boldsymbol{R}}{R^3}$

1.23   $\dfrac{60}{\sqrt{17}}$

1.24   闭合曲面的通量等于 0。

## 第 2 章

2.1  $\dfrac{1}{32\pi\varepsilon_0\sqrt{2}}(-2\boldsymbol{a}_x+\boldsymbol{a}_y+\boldsymbol{a}_z)$

2.2  $\boldsymbol{E}=\dfrac{\rho S_l}{8\pi\varepsilon_0 a\sqrt{2}}(\pi\boldsymbol{a}_x-2\boldsymbol{a}_y)$

2.3  $\left(x+\dfrac{5}{3}a\right)^2+y^2+z^2=\dfrac{16a^2}{9}$

2.4  $0.293q$

2.5  $r\leqslant a$，$\boldsymbol{E}=\dfrac{Q}{4\pi\varepsilon_0 a^3}\boldsymbol{r}$；    $r\geqslant a$，$\boldsymbol{E}=\dfrac{Q}{4\pi\varepsilon_0 r^3}\boldsymbol{r}$

2.6  (1) $r<a$，$E=0$；    $a<r<b$，$\boldsymbol{E}=\dfrac{a\rho_{S_1}}{\varepsilon_0 r^2}\boldsymbol{r}$；    $r>b$，$\boldsymbol{E}=\dfrac{a\rho_{S_1}+b\rho_{S_2}}{\varepsilon_0 r^2}\boldsymbol{r}$

   (2) $U=\dfrac{a\rho_{S_1}}{\varepsilon_0}\ln\dfrac{b}{a}$

2.7  $r>a$，$\boldsymbol{E}=\dfrac{\rho_V}{3\varepsilon_0}\left(\dfrac{a^3}{r^3}\boldsymbol{r}-\dfrac{b^3}{r'^3}\boldsymbol{r}'\right)$；    $b<r<a$，$\boldsymbol{E}=\dfrac{\rho_V}{3\varepsilon_0}\left(\boldsymbol{r}-\dfrac{b^3}{r'^3}\boldsymbol{r}'\right)$

   空腔内：$\boldsymbol{E}=\dfrac{\rho_V}{3\varepsilon_0}(\boldsymbol{r}-\boldsymbol{r}')$

2.8  (1) $\phi=\dfrac{\rho_l}{4\pi\varepsilon_0}\ln\left[\dfrac{z+l+\sqrt{\rho^2+(z+l)^2}}{z-l+\sqrt{\rho^2+(z-l)^2}}\right]$

2.9  (1) $\dfrac{6\varepsilon_0}{a^4}r^3$    (2) $2\varepsilon_0$    (3) $2a$    (4) $2.2a$

2.10  (1) $-\boldsymbol{a}_r\left(1+\dfrac{a^2}{r^2}\right)A\cos\varphi+\boldsymbol{a}_\varphi\left(1-\dfrac{a^2}{r^2}\right)A\sin\varphi$    (2) $-2A\varepsilon_0\cos\varphi$

2.11  $\rho_S=0$，$\rho_{Sb}=\dfrac{3(\varepsilon-\varepsilon_0)}{\varepsilon+2\varepsilon_0}E_0\cos\theta$

2.13  $\phi=\dfrac{Q}{ab\varepsilon_0}x$

2.14  (1) $\dfrac{d_1}{d}=\dfrac{2}{3}$    (2) $C=2C_0$

2.15  (1) $\dfrac{2\pi\varepsilon\varepsilon_0}{\varepsilon_0\ln\dfrac{b'}{a}+\varepsilon\ln\dfrac{b}{b'}}$    (2) 空气会被击穿，电介质不会被击穿。

2.17  (1) $E_1=\dfrac{\sigma_2 U_0}{d_1\sigma_2+d_2\sigma_1}$；$E_2=\dfrac{\sigma_1 U_0}{d_1\sigma_2+d_2\sigma_1}$

   (2) $\rho_S=\dfrac{(\varepsilon_1\sigma_2-\varepsilon_2\sigma_1)U_0}{d_1\sigma_2+d_2\sigma_1}$    (3) $G=\dfrac{\sigma_1\sigma_2 S}{d_1\sigma_2+d_2\sigma_1}$    (4) $\dfrac{\sigma_2}{\varepsilon_2}$ 或 $\dfrac{\sigma_1}{\varepsilon_1}$

2.18  $51.4\ \Omega$

2. 20 $\dfrac{\ln \dfrac{R_2}{R_1}}{4\pi\sigma_0(1+K)}$

2. 21 $C_0 = \dfrac{\varepsilon\varphi_0 + \varepsilon_0(2\pi - \varphi_0)}{\ln \dfrac{b}{a}}$

2. 22 $a = \dfrac{b}{e}$; $U = 1.5 \times 10^6$ V

**第 3 章**

3. 1 (2) $\rho_S = \dfrac{-dq}{2\pi(d^2 + x^2 + y^2)^{3/2}}$        (3) $F = -\dfrac{q^2}{16\pi\varepsilon_0 d^2}$

3. 2 (2) $2.88 \times 10^9 q$ V

3. 3 $\phi = \dfrac{\rho_l}{4\pi\varepsilon_0} \left( \ln \dfrac{d^2\rho^2 + a^4 - 2d\rho a^2 \cos\varphi}{d^2\rho^2 + \rho^4 - 2d\rho^3 \cos\varphi} \right)$

3. 4 $\phi = \dfrac{q}{4\pi\varepsilon_0} \left( \dfrac{1}{r_1} - \dfrac{m}{r_2} + \dfrac{m + Q/q}{r} \right)$

其中: $b = \dfrac{a^2}{d}$, $m = \dfrac{a}{d}$, $r_1 = \sqrt{r^2 + d^2 - 2rd\cos\theta}$, $r_2 = \sqrt{r^2 + b^2 - 2rb\cos\theta}$

3. 5 $\phi(\rho, \varphi) = \dfrac{U_0}{2} + \dfrac{2U_0}{\pi} \sum_{n=1,3,\cdots}^{\infty} \dfrac{1}{n} \left( \dfrac{\rho}{a} \right)^n \sin n\varphi$

3. 6 $\phi = -\dfrac{\rho_0 x^3}{6\varepsilon_0 d} + \left( \dfrac{U_0}{d} + \dfrac{\rho_0 d}{6\varepsilon_0} \right) x$

$x = 0$: $\rho_S = -\dfrac{\rho_0 d}{6} - \dfrac{\varepsilon_0 U}{d}$。     $x = d$: $\rho_S = \dfrac{\varepsilon_0 U_0}{d} - \dfrac{\rho_0 d}{3}$

3. 7 $\phi_1(x) = \dfrac{d - x_0}{d} \dfrac{\rho_S}{\varepsilon_0} x$, $\boldsymbol{E}_1(x) = \boldsymbol{a}_x \dfrac{d - x_0}{d} \dfrac{\rho_S}{\varepsilon_0}$

$\phi_2(x) = \dfrac{x_0}{d} \dfrac{\rho_S}{\varepsilon_0}(d - x)$, $\boldsymbol{E}_2(x) = -\boldsymbol{a}_x \dfrac{x_0}{d} \dfrac{\rho_S}{\varepsilon_0}$

3. 8 (1) $\displaystyle\sum_{n=1,3,5,\cdots}^{\infty} \dfrac{4U_0}{n\pi} \dfrac{\sinh\left( \dfrac{n\pi}{b}x \right)}{\sinh\left( \dfrac{n\pi}{b}a \right)} \sin\left( \dfrac{n\pi}{b}y \right)$

(2) $U_0 \dfrac{\sinh\left( \dfrac{\pi}{b}x \right)}{\sinh\left( \dfrac{\pi}{b}a \right)} \sin\left( \dfrac{\pi}{b}y \right)$

3. 9 $\phi(x, y) = \displaystyle\sum_{n=1,3,5,\cdots}^{\infty} \dfrac{4U_0}{n\pi} \sin\left( \dfrac{n\pi}{a}x \right) \mathrm{e}^{-\frac{n\pi}{a}y}$

3. 10 $\phi(y, z) = U_0 \dfrac{y}{b} + \displaystyle\sum_{n=1}^{\infty} \dfrac{2U_0}{(n\pi)^2} \dfrac{b}{d} \sin\left( \dfrac{n\pi}{b}d \right) \sin\left( \dfrac{n\pi}{b}y \right) \mathrm{e}^{-\frac{n\pi}{b}z}$

3.11　　$\displaystyle\sum_{n=1,3,5,\cdots}^{\infty}\frac{4U_0}{n\pi}\frac{\sin\left(\dfrac{n\pi}{a}x\right)}{\cosh\left(\dfrac{n\pi}{a}b\right)}\cosh\left(\dfrac{n\pi}{a}y\right)$

3.12　　$\displaystyle\phi_1(\rho)=\frac{\rho_l}{\pi(\varepsilon_0+\varepsilon)}\sum_{n=1}^{\infty}\frac{1}{n}\left(\frac{\rho}{d}\right)^n\cos n\varphi-\frac{\rho_l}{2\pi\varepsilon_0}\ln d,\ \rho<a$

　　　　$\displaystyle\phi_2(\rho)=\frac{\rho_l}{2\pi\varepsilon_0}\left\{\sum_{n=1}^{\infty}\left[\frac{1}{n}\left(\frac{\rho}{d}\right)^n+\frac{\varepsilon_0-\varepsilon}{\varepsilon_0+\varepsilon}\left(\frac{a^2}{d}\right)^n\frac{1}{\rho^n}\right]\cos n\varphi-\ln d\right\},\ a<\rho<d$

　　　　$\displaystyle\phi_3(\rho)=\frac{\rho_l}{2\pi\varepsilon_0}\left\{\sum_{n=1}^{\infty}\left[\frac{1}{n}\left(\frac{d}{\rho}\right)^n+\frac{\varepsilon_0-\varepsilon}{\varepsilon_0+\varepsilon}\left(\frac{a^2}{d}\right)^n\frac{1}{\rho^n}\right]\cos n\varphi+\ln d\right\},\ \rho>d$

3.13　　$\displaystyle\boldsymbol{E}_1=\frac{3\varepsilon}{2\varepsilon+\varepsilon_0}\boldsymbol{E}_0,\ r<a$

　　　　$\displaystyle\boldsymbol{E}_2=\boldsymbol{a}_r\left[1-\frac{2(\varepsilon-\varepsilon_0)}{2\varepsilon+\varepsilon_0}\left(\frac{a}{r}\right)^3\right]E_0\cos\theta-\boldsymbol{a}_\theta\left[1+\frac{\varepsilon-\varepsilon_0}{2\varepsilon+\varepsilon_0}\left(\frac{a}{r}\right)^3\right]E_0\sin\theta,\ r>a$

　　　　$\displaystyle\rho_{Sb}=-\frac{\varepsilon-\varepsilon_0}{2\varepsilon+\varepsilon_0}3\varepsilon_0E_0\cos\theta$

3.14　　(1)　$\displaystyle\phi=\frac{aU_0}{r}-\left[1-\left(\frac{a}{r}\right)^3\right]E_0r\cos\theta,\ r>a$

　　　　(2)　$\displaystyle\phi=\frac{Q}{4\pi\varepsilon_0r}-\left[1-\left(\frac{a}{r}\right)^3\right]E_0r\cos\theta,\ r>a$

3.15　　$\displaystyle\phi=\frac{q}{4\pi\varepsilon_0R}-\sum_{m=0}^{\infty}\frac{q}{4\pi\varepsilon_0a}\left(\frac{a^2}{hr}\right)^{m+1}P_m(\cos\theta)$

　　　　其中：$R=\sqrt{h^2+r^2-2hr\cos\theta}$

3.16　　$\displaystyle\phi_1=-\frac{2\varepsilon}{\varepsilon+\varepsilon_0}E_0\rho\cos\varphi,\ \rho\leqslant a,\quad\phi_2=-E_0\rho\cos\varphi\left[1-\frac{\varepsilon_0-\varepsilon}{\varepsilon+\varepsilon_0}\left(\frac{a}{\rho}\right)^2\right],\ \rho\geqslant a$

　　　　$\displaystyle\boldsymbol{E}_1=\frac{2\varepsilon}{\varepsilon+\varepsilon_0}E_0,\quad\boldsymbol{E}_2=\left[\frac{\varepsilon_0-\varepsilon}{\varepsilon+\varepsilon_0}\left(\frac{a}{\rho}\right)^2+1\right]E_0\cos\varphi\boldsymbol{a}_\rho+\left[\frac{\varepsilon_0-\varepsilon}{\varepsilon+\varepsilon_0}\left(\frac{a}{\rho}\right)^2-1\right]E_0\sin\varphi\boldsymbol{a}_\varphi$

3.17

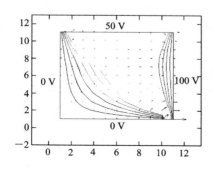 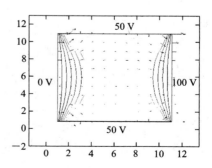

**第 4 章**

4.1    $\boldsymbol{B}=\boldsymbol{a}_z\dfrac{\mu_0 I}{2a}$

4.2    $\psi=\dfrac{\mu_0 I}{\pi}\left[\dfrac{b}{2}-\dfrac{d}{\sqrt{3}}\ln\left(1+\dfrac{\sqrt{3}b}{2d}\right)\right]$

4.3    $0\leqslant\rho<a$，$\boldsymbol{H}=\boldsymbol{a}_\varphi\dfrac{\rho I}{2\pi a^2}$；   $\rho\geqslant a$，$\boldsymbol{H}=\boldsymbol{a}_\varphi\dfrac{I}{2\pi\rho}$

4.4    $\boldsymbol{B}=\boldsymbol{a}_y\dfrac{\mu_0 cI}{2\pi(a^2-b^2)}$

4.5    (1) 不是       (2) 是，$\boldsymbol{J}=\boldsymbol{a}_z\dfrac{2}{\mu_0}$

         (3) 是，$\boldsymbol{J}=0$      (4) 是，$\boldsymbol{J}=\boldsymbol{a}_r\dfrac{-\cot\theta}{\mu_0}+\boldsymbol{a}_\theta\dfrac{2}{\mu_0}$

4.6    $\boldsymbol{B}=\boldsymbol{a}_x 2y+\boldsymbol{a}_z(y^2-x^2)$

4.7    $\boldsymbol{H}=\boldsymbol{a}_y\dfrac{J_0 d}{2}$

4.8    $\boldsymbol{A}=\boldsymbol{a}_\varphi\dfrac{\mu_0 abI}{4\pi r^2}\sin\theta$

4.9    $\boldsymbol{B}_1=\boldsymbol{a}_\varphi\dfrac{\mu_1 I}{2\pi\rho}$，$\boldsymbol{B}_2=\boldsymbol{a}_\varphi\dfrac{\mu_2 I}{2\pi\rho}$

4.10    $\boldsymbol{H}_1=\dfrac{2\mu_2}{\mu_1+\mu_2}\boldsymbol{H}_0$，$\boldsymbol{H}_2=\dfrac{2\mu_1}{\mu_1+\mu_2}\boldsymbol{H}_0$

4.11    $\boldsymbol{B}=\boldsymbol{a}_z\dfrac{\mu_0 Mba^2}{2(a^2+z^2)}$

4.12    $\dfrac{H_1}{H_2}=\dfrac{\mu}{\mu_0}$

4.13    $\theta_2=0.107°$，$B_2=0.13\times10^{-2}$ T

4.15    $M=\dfrac{\mu_0 c}{2\pi}\ln\dfrac{(b+R)(d-a-R)}{(a+R)(d-b-R)}$

**第 5 章**

5.1    (1) $\dfrac{\mu_0 b\omega}{2\pi}I\sin\omega t\ln\left(\dfrac{2d+a}{2d-a}\right)$      (2) $\dfrac{\mu_0 bad\omega\left(d^2+\dfrac{a^2}{4}\right)}{2\pi\left[\left(d^2+\dfrac{a^2}{4}\right)^2-(da\cos\omega t)^2\right]}I\sin\omega t$

5.2    $\dfrac{2\pi\varepsilon_0 l\omega}{\ln\dfrac{b}{a}}U_0\cos\omega t$

5.3    $\boldsymbol{H}_2=\boldsymbol{a}_x+2\dfrac{\mu_1}{\mu_2}\boldsymbol{a}_y+5\boldsymbol{a}_z$

5.4　(1) $\boldsymbol{E}=-\boldsymbol{a}_z\dfrac{\rho_{\mathrm{m}}}{\varepsilon_0}\cos\omega t$,　$\boldsymbol{H}=\boldsymbol{a}_{\varphi}\dfrac{\rho_{\mathrm{m}}}{2}\omega\rho\sin\omega t$

5.5　(1) $1.04\times10^{15}$, $1.04\times10^{12}$　(2) 45, $4.5\times10^{-2}$　(3) $7.11\times10^{-10}$

5.6　$\boldsymbol{H}=-\boldsymbol{a}_x0.23\times10^{-3}\sin(10\pi x)\cos(6\pi\times10^9\,t-54.41z)$

　　　　$-\boldsymbol{a}_z0.13\times10^{-3}\cos(10\pi x)\sin(6\pi\times10^9\,t-54.41z)$

　　　　$\beta=10\sqrt{3}\pi\ \mathrm{rad/m}$

5.7　$\boldsymbol{S}=\boldsymbol{a}_z\dfrac{5}{24\pi}\cos^2(\omega t-\beta z)$,　$\boldsymbol{S}_{\mathrm{av}}=\boldsymbol{a}_z\dfrac{5}{48\pi}$

5.8　(1) $\boldsymbol{H}=-\boldsymbol{a}_x\dfrac{\beta}{\omega\mu_0}\sin(k_x x)\cos(\omega t-\beta z)-\boldsymbol{a}_z\dfrac{k_x}{\omega\mu_0}\cos(k_x x)\sin(\omega t-\beta z)$

　　　(2) $k_x=\dfrac{\pi}{a}$

5.9　(1) $\boldsymbol{E}=\boldsymbol{a}_x4\cos(\omega t-\beta z)-\boldsymbol{a}_y3\sin(\omega t-\beta z)$

　　　(3) $\boldsymbol{E}=\boldsymbol{a}_x\mathrm{e}^{-\mathrm{j}\beta z}-\boldsymbol{a}_y2\mathrm{j}\mathrm{e}^{-\mathrm{j}\beta z}$

　　　(5) $\boldsymbol{E}=-\boldsymbol{a}_y2\mathrm{j}\mathrm{e}^{-\mathrm{j}(\beta z-\varphi)}$

5.14　(1) $\boldsymbol{S}=\dfrac{I}{2\pi a}\left(-\boldsymbol{a}_{\rho}\dfrac{I}{\pi a^2\sigma}+\boldsymbol{a}_z\dfrac{\rho_S}{\varepsilon_0}\right)$

5.15　$\boldsymbol{S}_{\mathrm{av}}=\dfrac{1}{2}\boldsymbol{E}_0\times\boldsymbol{H}_0\cos(\varphi_{\mathrm{e}}-\varphi_{\mathrm{m}})$

## 第 6 章

6.1　是；传播方向为$+z$方向。

6.2　(1) 沿$+x$方向

　　　(2) $\lambda=2\ \mathrm{m}$, $f=1.5\times10^8\ \mathrm{Hz}$

　　　(3) $\boldsymbol{E}=(\boldsymbol{a}_y-\boldsymbol{a}_z)120\pi H_0\cos(\omega t-\pi x)\ \mathrm{V/m}$

　　　(4) $\boldsymbol{S}=\boldsymbol{a}_x240\pi H_0^2\cos^2(\omega t-\pi x)\ \mathrm{W/m}^2$

6.3　(1) $v_{\mathrm{p}}=1.5\times10^8\ \mathrm{m/s}$　　　　　　(2) $\eta=60\pi\ \Omega$, $\beta=4\ \mathrm{rad/m}$

　　　(3) $\boldsymbol{H}=-\boldsymbol{a}_x\dfrac{E_0}{60\pi}\cos(6\times10^8t-4z)$　　(4) $\boldsymbol{S}_{\mathrm{av}}=\boldsymbol{a}_z\dfrac{E_0^2}{120\pi}$

6.4　(1) $\alpha=\beta=8.89\ \mathrm{Np/m}$(或 rad/m), $\eta=\pi\angle45°\ \Omega$, $v_{\mathrm{p}}=3.53\times10^6\ \mathrm{m/s}$

　　　　$\lambda=0.707\ \mathrm{m}$, $\delta_{\mathrm{c}}=0.112\ \mathrm{m}$

　　　(3) $x=0.52\ \mathrm{m}$

　　　(4) $\boldsymbol{E}=\boldsymbol{a}_y0.082\cos(10^7\pi t-7.11)\ \mathrm{V/m}$

　　　(5) $x=5.2\ \mathrm{m}$

6.5　(1) 右旋椭圆极化波　　　　　(2) 左旋圆极化波

　　　　　　　(3) 线极化波　　　　　　　(4) 线极化波

6.6　(1) $\boldsymbol{E}^{\mathrm{i}}=\boldsymbol{a}_y 6\times10^{-3}\cos\left(2\pi\times10^8\,t-\dfrac{2\pi}{3}x\right)$ V/m

　　　(2) $\boldsymbol{E}^{\mathrm{r}}=-\boldsymbol{a}_y 6\times10^{-3}\cos\left(2\pi\times10^8\,t+\dfrac{2\pi}{3}x\right)$ V/m

　　　(3) $\boldsymbol{E}=\boldsymbol{a}_y 12\times10^{-3}\sin\left(\dfrac{2\pi}{3}x\right)\sin(2\pi\times10^8\,t)$ V/m

　　　(4) $x=-\dfrac{3}{4}$ m

6.7　(1) $\boldsymbol{E}^{\mathrm{r}}=-\dfrac{1}{3}(\boldsymbol{a}_y+\mathrm{j}\boldsymbol{a}_z)E_0\,\mathrm{e}^{\mathrm{j}\beta x}$ V/m，$\boldsymbol{E}^{\mathrm{t}}=\dfrac{2}{3}(\boldsymbol{a}_y+\mathrm{j}\boldsymbol{a}_z)E_0\,\mathrm{e}^{-\mathrm{j}2\beta x}$ V/m

　　　(2) 反射波为右旋圆极化波，透射波为左旋圆极化波。

6.8　$\mu_{\mathrm{r}}=2$，$\varepsilon_{\mathrm{r}}=18$

6.9　(1) $\boldsymbol{E}^{\mathrm{r}}=\boldsymbol{a}_x 2.77\cos(1.8\times10^9\,t+6z+157°)$ V/m

　　　　　$\boldsymbol{E}^{\mathrm{t}}=\boldsymbol{a}_x 7.53\mathrm{e}^{-2.31z}\cos(1.8\times10^9\,t-9.77z-172°)$ V/m

　　　(2) 空气中：$\boldsymbol{S}_{\mathrm{av}}=\boldsymbol{a}_z 0.122$ W/m$^2$。有耗媒质中。$\boldsymbol{S}_{\mathrm{av}}=\boldsymbol{a}_z 0.122\mathrm{e}^{-4.62z}$ W/m$^2$

6.10　(1) $\boldsymbol{E}^{\mathrm{r}}=-(\boldsymbol{a}_x-\mathrm{j}\boldsymbol{a}_y)E_0\,\mathrm{e}^{\mathrm{j}\beta z}$ V/m，左旋圆极化波

　　　(2) $\boldsymbol{J}_S=\dfrac{2E_0}{\eta_0}(\boldsymbol{a}_x-\mathrm{j}\boldsymbol{a}_y)\cos\beta z$

　　　(3) $\boldsymbol{E}(z,\ t)=2E_0\sin\beta z(\boldsymbol{a}_x\sin\omega t-\boldsymbol{a}_y\cos\omega t)$

6.11　(1) $\lambda=0.628$ m，$f=4.78\times10^8$ Hz

　　　(2) $\boldsymbol{E}^{\mathrm{i}}=\boldsymbol{a}_y 10\cos(3\times10^9 t-6x-8z)$ V/m

　　　(3) $\theta_{\mathrm{i}}=36.9°$

　　　(4) $\boldsymbol{E}^{\mathrm{r}}=-\boldsymbol{a}_y 10\mathrm{e}^{-\mathrm{j}(6x-8z)}$，$\boldsymbol{H}^{\mathrm{r}}=\dfrac{1}{120\pi}(-\boldsymbol{a}_x 8-\boldsymbol{a}_z 6)\mathrm{e}^{-\mathrm{j}(6x-8z)}$

　　　(5) $\boldsymbol{E}(x,\ z)=-\boldsymbol{a}_y\mathrm{j}20\sin(8z)\mathrm{e}^{-\mathrm{j}6x}$

　　　　　$\boldsymbol{H}(x,\ z)=\dfrac{1}{120\pi}\big[-\boldsymbol{a}_x 16\cos(8z)+\mathrm{j}\boldsymbol{a}_z 12\sin(8z)\big]\mathrm{e}^{-\mathrm{j}6x}$

6.12　(1) $\theta_{\mathrm{i}}=\theta_{\mathrm{B}}=63.4°$　　　　　　(2) $S_{\mathrm{av}}^{\mathrm{r}}=0.18S_{\mathrm{av}}^{\mathrm{i}}$

6.13　(1) $\theta_{\mathrm{c}}=6.38°$　　　　　　　　(2) $R=\mathrm{e}^{\mathrm{j}38°}$，$T=1.89\mathrm{e}^{\mathrm{j}19°}$

6.14　$\varepsilon_{\mathrm{r}}=7.3$

6.15　(1) $6.4\times10^{-4}$ m　　　　　　　(2) $3.3\times10^{-3}$ m

6.16　(1) $\boldsymbol{E}=E_0(-\boldsymbol{a}_z 0.866+\boldsymbol{a}_x 0.5)\mathrm{e}^{-\mathrm{j}2\pi(0.5z+0.866x)}$

　　　(2) $\boldsymbol{H}=\boldsymbol{a}_y\dfrac{E_0}{120\pi}\mathrm{e}^{-\mathrm{j}2\pi(0.5z+0.866x)}$　　　(3) $R_{/\!/}=0.052$，$T_{/\!/}=0.526$

6.17　(1) $\boldsymbol{E}^{\mathrm{i}}=\boldsymbol{a}_x E_0\,\mathrm{e}^{-\mathrm{j}2\pi z/3}$　　　(2) $\boldsymbol{H}^{\mathrm{i}}=\boldsymbol{a}_y\dfrac{E_0}{120\pi}\mathrm{e}^{-\mathrm{j}2\pi z/3}$

(3) $R = -\dfrac{1}{3}$, $T = \dfrac{2}{3}$　　　(4) $\boldsymbol{E} = \boldsymbol{a}_x\left(E_0 e^{-j2\pi z/3} - \dfrac{1}{3} e^{j2\pi z/3}\right)$

(5) $\boldsymbol{E}^t = \boldsymbol{a}_x \dfrac{2}{3} E_0 e^{-j8\pi z/3}$

6.18　$\boldsymbol{S}_{av} = \boldsymbol{a}_z \dfrac{5E_0^2}{240\pi}$

## 第 7 章

7.1　$\Gamma(0.2\lambda) = \dfrac{1}{3} e^{-j0.8\pi}$, $\Gamma(0.25\lambda) = -\dfrac{1}{3}$, $\Gamma(0.5\lambda) = \dfrac{1}{3}$

　　$Z_{in}(0.2\lambda) = 29.43\angle-23.79° \ \Omega$, $Z_{in}(0.25\lambda) = 25 \ \Omega$, $Z_{in}(0.5\lambda) = 100 \ \Omega$

7.2　$Z_0 = 43.9 \ \Omega$, $\lambda = 67$ cm

7.4　50 cm, $-\dfrac{49}{51}$, $\dfrac{49}{51}$, 2500 $\Omega$

7.6　$82.4\angle64.3°$

7.7　450 V, 300 V

7.8　$372.7\angle-26.56°$ V, 138.89 W, $424.92\angle-33.69°$

7.9　75 $\Omega$, $\dfrac{100}{3} \ \Omega$

7.12　5.41 cm

7.13　7.35 mm, 12.12 mm, 5.57 mm

7.15　$\varepsilon_e = 6.5$, $q = 0.69$, $Z_0 = 34.5 \ \Omega$

7.16　$\alpha_d = 0.56$

7.17　$w = 1$ mm, $l = 4.94$ mm

7.18　18.65 $\Omega$, $1.4\times10^8$ m/s, $0.47\lambda_0$

7.19　214.5 $\Omega$, $0.043\lambda$

## 第 8 章

8.2　$\lambda = 3$ cm 的信号能传输，工作在主模 $TE_{10}$。

8.3　$TE_{10}$, 46 mm, $\beta = 158.8$, $\lambda_g = 39.5$ mm, $v_p = 3.95\times10^8$ m/s

8.5　$f = \dfrac{c}{2a\sqrt{3+2\sqrt{2}}}$

8.6　5.97 MW

8.7　(1) $\lambda_{cTE_{11}} = 85.3$ mm, $\lambda_{cTM_{01}} = 65.3$ mm, $\lambda_{cTE_{01}} = 41$ mm

　　(2) 工作波长 $\lambda = 60$ mm 时，出现 $TE_{11}$ 和 $TM_{01}$

　　(3) $\lambda_g = 122.45$ mm

8.8　直径 $d=17.3$ mm，$d=8.3$ mm

8.9　6.5 GHz$<f<$13 GHz

8.10　1.47 mm$<a<$1.91 mm

8.14　$\varepsilon_r'=1.6$，$l=0.67$ cm

## 第 9 章

9.4　$P_\Sigma=111.1$ W

9.5　$R_\Sigma=7.9$ Ω

9.6　$\pm45°$

9.7　(1) $E_m=1.34\times10^{-2}$ V/m

　　　(2) $D=12$

9.9　(1) $E_\theta=\dfrac{\text{j}60I_m}{r}\text{e}^{-\text{j}kr}\dfrac{\cos\left(\dfrac{\pi\cos\theta}{2}\right)}{\sin\theta}$，$H_\varphi=\dfrac{\text{j}I_m}{2\pi r}\text{e}^{-\text{j}kr}\dfrac{\cos\left(\dfrac{\pi\cos\theta}{2}\right)}{\sin\theta}$

　　　(2) $S=\boldsymbol{a}_r\dfrac{15|I_m|^2}{\pi r^2}\dfrac{\cos^2\left(\dfrac{\pi\cos\theta}{2}\right)}{\sin^2\theta}$

　　　(3) 73.1 Ω　　(4) 1.64　　(5) $h_{ein}=0.318\lambda$

9.10　(1) $E_\varphi=\dfrac{\omega\mu_0 p_m}{2\lambda r}\sin\theta\text{e}^{-\text{j}kr}$，其中：$p_m=abI_0\cos\omega t$

9.11　辐射电场 $\boldsymbol{E}=-\text{j}\dfrac{\eta I_0\cos\omega t\,\text{d}l}{2\lambda r}\text{e}^{-\text{j}kr}(\boldsymbol{a}_\theta\cos\theta\sin\varphi+\boldsymbol{a}_\varphi\cos\varphi)$

9.12　6 mV/m

9.13　$E$ 面方向函数为 $F(\theta)=\dfrac{\cos(\pi\cos\theta)+1}{\sin\theta}$

9.14　$1.19\times10^{-8}$ V

9.15　$6.05\times10^{-2}$ W

## 第 10 章

10.3　$3.95\times10^{-8}$ W

10.5　78.28 km

10.7　12.7 MHz

# 参 考 文 献

[1]  SCHOENBECK R J. Electronic Communications Modulation and Transmission (Second Edition)[M]. Macmillan Publishing Company，1992.

[2]  POZAR D M. Microwave Engineering[M]. Addison-Wesley Publishing Company，Inc.，1990.

[3]  WOLFF E A, KAUL R. Microwave Engineering and Systems Applications[M]. Jon Wiley & Sons，1988.

[4]  GUPTA K C, GARG R，BAHL I J. Microstrip Lines and Slotlines[M]. Artech House Inc.，1979.

[5]  ELLIOTT R S. Antenna Theory and Design[M]. Prentice-Hill，Inc.，1981.

[6]  RAPPAPORT T S. Wireless Communications Principle and Practice[M]. Publishing House of Electronics Industry Beijing，1998.

[7]  KONG J A. Electromagnetic Wave Theory(影印版)[M]. 北京：高等教育出版社，2002.

[8]  GURU B S, HIZIROGLU H R. 电磁场与电磁波[M]. 周克定，等译. 北京：机械工业出版社，2006.

[9]  谢处方，饶克谨. 电磁场与电磁波[M]. 3 版. 北京：高等教育出版社，1999.

[10]  廖承恩. 微波技术基础[M]. 西安：西安电子科技大学出版社，1994.

[11]  顾茂章，张克潜. 微波技术[M]. 北京：清华大学出版社，1989.

[12]  魏文元，宫德明，陈必森. 天线原理. 北京：国防工业出版社，1985.

[13]  周朝栋，王元坤，周良明. 线天线理论与工程. 西安：西安电子科技大学出版社，1988.

[14]  刘克成，宋学诚. 天线原理[M]. 北京：国防科技大学出版社，1989.

[15]  王保志. 微波技术与工程天线[M]. 北京：人民邮电出版社，1991.

[16]  王元坤. 电波传播概论[M]. 北京：国防工业出版社，1984.

[17]  柯林 R E. 微波工程基础[M]. 吕继尧，译. 北京：人民邮电出版社，1981.

[18]  柯林 R E. 天线与无线电波传播[M]. 王百锁，译. 大连：大连海运学院出版社，1988.

[19]  杨恩耀，杜加聪. 天线[M]. 北京：电子工业出版社. 1984.

[20]  张志涌，刘瑞桢，杨祖樱. 掌握和精通 MATLAB[M]. 北京：北京航空航天大学出版社，1999.

[21]  韦斯顿. 电磁兼容原理与应用[M]. 杨自佑，王守兰，译. 北京：机械工业出版社，2006.

［22］　钱振宇. 3C 认证中的电磁兼容测试与对策［M］. 北京：电子工业出版社，2005.

［23］　全泽松. 电磁场理论［M］. 成都：电子科技大学出版社，1995.

［24］　刘学观，郭辉萍. 微波技术与天线［M］. 2 版. 西安：西安电子科技大学出版社，2006.

［25］　何红雨. 电磁场数值计算法与 MATLAB 实现［M］. 武汉：华中科技大学出版社，2004.

［26］　ZHANG L，GUO H P. Evaluation on Measurement Uncertainty of Total Radiated Power(TRP) for GSM Mobile Phones［M］. ISTAI'2008，11：1316 - 1319.

［27］　Cellular Telecommunication & Intenet Association. CTIA Test Plan for Mobile Station Over the Air Performance［M］，America，74 - 84，April，2005.